普通高等教育"十五"国家级规划教材

西安交通大学"十二五"规划教材

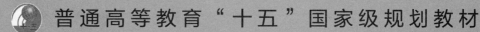
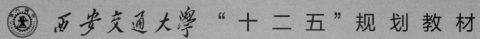

核反应堆安全分析

（第3版）

主编 朱继洲 单建强

编著 朱继洲 单建强 奚树人 张 斌

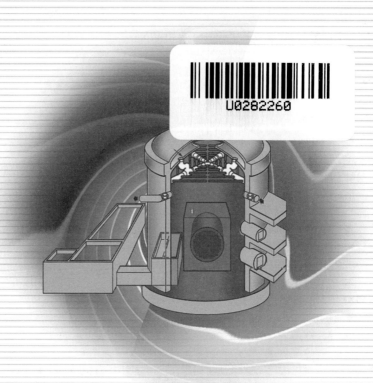

西安交通大学出版社

XI'AN JIAOTONG UNIVERSITY PRESS

内 容 简 介

本教材以压水堆、快堆、高温气冷堆和重水堆型核电厂为研究对象(以压水堆型为主),着重论述三里岛核电厂事故发生后20多年来,核安全与反应堆事故分析中的主要课题与重大进展。全书分为两篇共12章。第一篇是压水堆安全分析,在介绍核反应堆安全基本原则、安全功能基础上,用确定论安全评价法,对压水堆各类设计基准事故进行分析,介绍了事故计算的建模和典型计算程序;分析了严重事故(即超设计基准事故)物理过程与处置对策,进一步阐述了核安全评价中新的系统工程安全评价技术——概率安全评价法。第二篇是快堆、高温气冷堆和重水堆的安全分析。

本书是高等学校核科学与核技术学科各本科生专业核心课程和硕士研究生学位课程的教材。也可供从事核反应堆、核电厂管理、设计、研究、运行等方面工作的科技人员参考。

图书在版编目(CIP)数据

核反应堆安全分析/朱继洲,单建强主编. —3版.—西安:
西安交通大学出版社,2018.7(2024.8 重印)
ISBN 978 - 7 - 5693 - 0631 - 6

Ⅰ.①核… Ⅱ.①朱…②单… Ⅲ.①反应堆安全-分析
Ⅳ.①TL364

中国版本图书馆 CIP 数据核字(2018)第 104915 号

书　　名	核反应堆安全分析(第3版)
主　　编	朱继洲 单建强
编　　著	朱继洲 单建强 奚树人 张　斌
出版发行	西安交通大学出版社
	(西安市兴庆南路1号　邮政编码710048)
网　　址	http://www.xjtupress.com
电　　话	(029)82668357　82667874(市场营销中心)
	(029)82668315(总编办)
传　　真	(029)82668280
印　　刷	陕西日报印务有限公司
开　　本	787mm×1092mm　1/16　印张 21.25　字数 512 千字
版次印次	2018 年 8 月第 3 版　2024 年 8 月第 6 次印刷
书　　号	ISBN 978 - 7 - 5693 - 0631 - 6
定　　价	45.00 元

读者购书、书店添货,如发现印装质量问题,请与本社市场营销中心联系、调换。
订购热线:(029)82665248　(029)82667874
投稿热线:(029)82664954
读者信箱:21645470@qq.com

第 3 版前言

20 世纪 80 年代改革开放初,中国政府首次制定了核电发展政策,1991年,中国大陆自行设计、建造和运营管理的第一座 30 万千瓦秦山压水堆核电厂投用,结束了中国大陆"有核无电"的历史;1994 年,由法国提供核岛技术装备和英国提供常规岛技术装备的大亚湾 100 万千瓦压水堆核电厂投用,作为改革开放以后中外合作的典范工程,成功实现了中国大陆大型商用核电厂的起步。至 2017 年初,中国已有 37 座核电厂在运行、20 座核电厂在建,核发电已占全国发电量的 3.03%,三十多年来,实现了核电建设的跨越式发展和后发追赶国际先进水平的目标,为中国核电事业发展奠定了基础。

2011 年 3 月,日本福岛核电厂事故之后,中国政府提出了安全高效发展核电,要求严格实施核电安全规划和核电中长期发展规划,把"安全第一"方针落实到核电规划、建设、运行、退役全过程及所有相关产业。在做好安全检查的基础上,持续开展在役、在建核电机组安全改造。全面加强核电安全管理,提高核事故应急响应能力。加快建设现代核电产业体系,打造核电强国。

2014 年 11 月 19 日,国务院办公厅在能源发展战略行动计划(2014—2020 年)的通知中指出:"在采用国际最高安全标准、确保安全的前提下,适时在东部沿海地区启动新的核电项目建设,研究论证内陆核电建设"。而自从福岛事件之后,所有的二代在建项目便全部更换成了三代核电技术。

"十二五"期间,中国核电建设仍保持了一定的规模,新投产的装机容量仅次于美国和法国,在建规模则雄踞全球之首,核电站建设能力、设备制造能力、核电站运营能力均与世界先进水平接轨。国家能源局 2013 年 10 月公布的《服务核电企业科学发展协调工作机制实施方案》,首次提出核电"走出去"战略,将核电"走出去"作为我国与潜在核电输入国双边政治、经济交往的重要议题。

另一方面,福岛核事故对全球核电发展都产生了影响。尽管挑战重重,各国的核电发展都面临着安全保障、法律完善、公众支持、废物处理、资源环境限制、人才储备等问题,核电在未来的能源结构中必将占据重要的位置。以美国为例,"发展清洁能源"是美国非常重要的能源战略,2013 年,美国核能发电量仍占发电总量的 19%,而重要的是,核电却占了无碳能源发电的量的 61%。所以,强调"核能"在美国能源低碳化中的积极作用不言而喻。美国政府十分重视核能,将继续对现有的核电厂以及正在发展中核反应堆的项目进行支持。

《核反应堆安全分析》(高等学校试用教材)出版于 1988 年 12 月,该教材按照核反应堆安全是一门涉及面广、理论性强、概念性多的综合性课程定位编写的,并提出核安全永远是核电发展最根本的生命线,把核安全和反应堆事故分析当作核能发展中最重要的研究课题,得到各重点高等学校的广泛采用,培养学生和告诉读者必须坚持"核安全高于一切"的核心理念,迎来了中国核电事业的兴起和发展。2000 年 2 月,《核反应堆安全分析》被选用为"九五"中国核工业总公司部级重点教材再次出版,2004 年 8 月,《核反应堆安全分析(第 2 版)》又被遴选为"普通高等教育'十五'国家级规划教材,和研究生教学用书。当前,我国已有两大自主品牌——"华龙一号"和 CAP1400。中国凭借"华龙一号"迈入欧美高端市场,迈入"核电精英俱乐部"的大门,核电成为中国的新名片。在这次《核反应堆安全分析》(第 3 版)的修订中,必须突出以我国三代核电自主创新成果为基础,注意二十多年来,面对来自经济、安全、防扩散和环境等方面的挑战,我国核电运营经验不断丰富,发电量稳步增长、效率和效能不断提高,成本降低等所取得的长足的进步,将成熟的内容充实到教材中。

本教材由西安交通大学朱继洲、单建强任主编,朱继洲修订编写第 1、2、3 章,西安交通大学单建强修订了第 4、5 章和第 10 章,清华大学核能技术设计研究院奚树人修订了第 6.8 节、第 7 章和第 9 章,西安交通大学张斌修订了第 6、7 和第 8 章。

本书的出版得到西安交通大学出版社任振国编审的帮助,编著者在此表示衷心的感谢。

囿于我们的学识水平,恳请希望使用本教材的高等院校师生及各研究、设计和生产单位的广大读者、专家学者批评指正。

编著者

jzzhu@mail.xjtu.edu.cn

jqshan@mail.xjtu.edu.cn

2017 年 5 月

目　　录

第 1 篇　压水堆安全分析

第 2 篇　快堆、高温堆、重水堆的安全分析

第 1 篇
压水堆安全分析

第1章
绪　论

1.1　安全分析的任务

核科学技术的发展历史表明,经过60多年的努力,人类今天已经拥有大规模地利用核能的能力,核动力技术得到巨大发展,核电——利用核动力堆发电,是可靠、清洁、安全、经济的替代能源。

目前投入商业运行的核电机组,计有压水堆、沸水堆、压管式重水堆、气冷堆、石墨水冷堆、快中子堆等几种主要类型。由于发展历史及工程技术上的原因,压水堆型核电厂占有较大的份额,是核电机组的首选堆型。据国际原子能机构2016年11月的统计资料,正在30多个国家或地区运行的450台机组中,压水堆291台,占64.7%;沸水堆78台,占17.3%;压管式重水堆49台,占10.8%;气冷堆14台,占3.1%;石墨水冷堆15台,占3.3%;快中子堆3台,占0.66%;在建的核电机组总数升至60台。核发电总量约达到2574 TW·h,约占全世界总发电量的17%,据国际原子能机构的数据,表1-1列出各主要核电大国最新核电机组情况。

表1-1　各主要核电大国最新核电机组情况(截止2016年11月21日)

国家	在运核电机组		在建核电机组		拟建核电机组	
	台数	净装机(MW)	台数	总装机(MW)	台数	总装机(MW)
中国	36	31402	20	20500	40	46590
俄罗斯	36	26557	7	5468	25	27755
印度	22	6225	5	2990	24	23900
美国	99	99868	4	4468	5	6263
韩国	25	23133	3	4220	8	11600
阿联酋	0	0	4	5600	0	0
日本	43	40290	2	2650	9	12947
巴基斯坦	4	1005	3	2343	2	2300
白俄罗斯	0	0	2	2368	0	0
斯洛伐克	4	1814	2	880	0	0
阿根廷	3	1632	1	25	2	1950

续表 1－1

国家	在运核电机组		在建核电机组		拟建核电机组	
	台数	净装机(MW)	台数	总装机(MW)	台数	总装机(MW)
巴西	2	1884	1	1245	0	0
芬兰	4	2752	1	1720	1	1200
法国	58	63130	1	1750	0	0
英国	15	8882	0	0	4	6680

数据来源:IAEA PRIS

核电发电量占比前 10 个国家(截止 2015 年),见表 1－2。

表 1－2 核电发电量占比前 10 个国家(截止 2015 年)

排序	国家	发电量(亿千瓦时)	占比(%)
1	法国	4168	76.34
2	比利时	245.7	37.53
3	斯洛伐克	140.8	55.90
4	匈牙利	149.5	52.67
5	乌克兰	823.2	56.49
6	瑞典	543.4	34.33
7	瑞士	221.0	33.48
8	捷克	253.3	32.35
9	斯洛文尼亚	53.7	38.01
10	芬兰	223.2	33.74

数据来源:IAEA PRIS

我国大陆核电发展至今已有 40 余年,经历了核电起步、适度发展、积极发展和安全高效发展 4 个阶段。

1. 核电起步阶段

众所周知,中国军用核工业起步于 20 世纪 60 年代,自主掌握的石墨水冷生产堆和潜艇压水动力堆技术,但因受制于整体经济和科技实力,民用核工业的研究开发却相对落后,一直处于有"核"无能状态。20 世纪 70 年代初,周恩来总理批示要发展核电,大陆核电开始起步。1985 年第一座自主设计和建造的核电站——30 万千瓦秦山压水堆核电站破土动工,1991 年 12 月 15 日成功并网发电。这是中国大陆自行设计、建造和运营管理的第一座压水堆核电站,结束了中国大陆无核电的历史,标志着中国核工业的发展上了一个新台阶,使中国成为继美国、英国、法国、前苏联、加拿大、瑞典之后世界上第 7 个能够自行设计、建造核电站的国家。

2. 适度发展阶段

上世纪 80 年代初,中国政府首次制定了核电发展政策,采用"以我为主,中外合作"的方针,选用压水堆核电厂为主要堆型,先引进外国先进技术,再逐步实现设计自主化和设备国产化。1994 年,大亚湾 100 万千瓦压水堆核电站投用,大亚湾核电站引进了法国的核岛技术装备和英国的常规岛技术装备进行建造和管理,并由一家美国公司提供质量保证,作为改革开放以后中外合作的典范工程,成功实现了中国大陆大型商用核电站的起步。

2000—2005 年,在国家"适度发展核电"方针指导下,在实验性的秦山一期核电站和商业化的大亚湾核电站之后,我国相继建成了浙江秦山二期核电站、广东岭澳一期核电站、浙江秦山三期核电站等,使我国核电设计、建造、运行和管理水平得到了很大提高,为我国核电加快发展奠定了良好的基础,实现了中国核电建设跨越式发展、后发追赶国际先进水平的目标,为中国核电事业发展奠定了基础。

3. 积极发展阶段

进入 21 世纪,中国核电迈入批量化、规模化的快速发展阶段。

中国已建和在建的核电机组主要采用的堆型为压水堆,机型包括 CP 系列、AES-91、M310、CPR1000、AP1000、EPR 等技术;采用其他堆型的技术包括 CANDU 重水堆、高温气冷堆等。其中 AP1000、EPR 为三代技术,其他均为二代或二代改进技术。

经过几代核电人的艰苦奋斗,中国核电站建造运营技术已基本进入成熟阶段。2011 年日本福岛核泄漏事故发生后,中国政府以极其重视核安全的态度,暂停了所有核电项目的审批并对现有核设施进行综合安全检查。2012 年 5 月 31 日,国务院常务会议审议通过《核安全检查报告》和《核安全规划》,宣布中国民用核设施安全和质量是有保障的,核电建设项目也正式重启。据 IAEA 最新数据显示,截至 2016 年 10 月,我国大陆在运行核电机组共 36 台,总装机容量 3140.2 万千瓦,约占全国发电总量的 3.46%;在建机组 20 台,规模 2050 万千瓦,占世界在建规模的 1/3。中国已成为世界上在建核电机组规模最大的国家,但仍然与发达国家有很大差距。

4. 安全高效发展阶段

为了满足我国能源消费的持续增长需求,2013 年我国发布的《能源发展"十二五"规划》中明确提出要"安全高效发展核电",加快建设现代核电产业体系,打造核电强国。根据《核电中长期发展规划(2011—2020 年)》提出的目标,2015 年前我国在运核电装机容量将达到 4000 万千瓦,在建 1800 万千瓦。到 2020 年我国在运核电装机容量将达到 5800 万千瓦,在建 3000 万千瓦。

与此同时,我国核电海外援建的项目也在进一步增加,增添了核电产业的发展实力。早前中国政府已与阿根廷政府签署了合作建设压水堆核电站的协议,标志了第三代核电技术"华龙一号"拿下出海"首单";近期,我国已与巴基斯坦、法国、阿根廷、罗马尼亚与英国等国签订了合作协议。数据显示,2015—2030 年海外将新建约 160 座核电站,新增投资将达 15000 亿美元,海外市场商机巨大。

核电厂与常规火电厂一样,是用蒸汽作介质来发电的,两类电厂的汽轮发电机部分在本质上相同,仅工作参数不一样,只是它们用以产生蒸汽的热源不同。火电厂采用燃煤或燃油的锅炉生产高温高压过热蒸汽,而核电厂则利用核蒸汽供应系统(Nuclear Steam System,NSSS)中堆芯内裂变过程释放的大量热能产生的高温高压蒸汽。与常规火电厂相比,核电厂在控制和运行操作上,带来如下一些特殊的安全问题:

（1）压水堆核电厂是停堆后定期换料的，因此，在新堆或换新料后初期，堆芯具有较大的过剩反应性，核电厂有可能发生比设计功率高得多的超功率事故。

（2）核燃料发生裂变反应释放核能的同时，也放出瞬发中子和瞬发γ射线。由于裂变产物的积累，以及堆内构件压力容器等受中子的辐照而活化，所以反应堆不管在运行中或停闭后，都有很强的放射性。

（3）核电厂反应堆即使停闭了，堆芯会因缓发中子的裂变，以及裂变产物的β或γ辐射，仍有很强的剩余发热；因此，反应堆停闭后不能立即停止冷却，否则会出现燃料元件因过热而烧毁的危险。

（4）核电厂在运行过程中，会产生气体、液体及固体放射性废物，它们的处理和贮存问题在火力发电站中是不存在的。为了确保工作人员和居民的健康，经过处理的放射性废物向环境排放时，必须严格遵照国家的放射防护规定，力求降低排放物的放射性水平。

人类在从事创造物质财富的工业活动或谋求各种利益与方便的同时，不可避免地将受到来自各种风险的威胁。如电的利用、超音速飞机和各种机动车的使用，极大地改善了人们的生活，提高了生产效率，带来了运输上的方便。但是，也导致触电、溺电、空难等事故时有发生，交通事故在大城市居高不下，火力发电在给人类带来电能的同时也由于大量二氧化碳(CO_2)和二氧化硫(SO_2)的释放而造成温室效应和酸雨。这些危害的产生有的是必然的，只是程度不同，如火力发电所带来的环境污染；有的具有一定的发生概率，如交通事故。通常用风险 R(Risk)来表示人们在从事某项活动，在一定的时间内给人类带来的危害。这种危害不仅取决于事件发生的频率，而且还与事件发生后所引起后果的大小有关。所以，风险 R 可定义为事件发生概率 P（以频率表示）和事件后果幅值 C 的乘积，即

$$R\left[\frac{损害}{单位时间}\right]=P\left[\frac{事件}{单位时间}\right]\times C\left[\frac{损害}{事件}\right]$$

人们在从事各项活动时，并不因为将受到其风险的威胁而一概地放弃这些活动，而是首先要对这些活动所带来的收益和风险进行综合比较，通过权衡来决定取舍。但是，随着科学技术的进步，人类对生活水平和环境的要求日益提高，衡量的标准也在发展和变化。如何以合理可行的手段尽可能降低由这些活动所带来的风险，就构成了各项活动的安全目标。

核电厂的风险主要来自于事故工况下不可控的放射性核素的释放。如何减少由于这种释放对工作人员、居民和环境造成的危害就成为核电厂区别于常规火电厂的特殊安全问题，通常称之为核安全。

1.2　核安全目标

核电厂安全要求在核电厂设计、制造、建造、运行和监督管理中不断地创优。核电厂事故不但会影响其自身，而且会波及到周围环境，甚至会越出国界。因此，所有有关人员应始终关注核安全，不放过任何一个机会，将风险降低到能实现的最低水平。要使这种

创优活动富有成效,则必须基于人们对核安全的根本目标和原则的理解,并正确认识它们之间的相互关系。

我国政府在 2012 年发布的《核安全与放射线污染防治"十二五"规划及 2020 年远景目标》中明确要求:"十三五"期间及以后国内新建核电机组力争实现从设计上实际消除大量放射性物质释放的可能性。以"实际消除大量放射性物质释放"为新的安全目标,既有福岛核事故后恢复公众对核电厂安全的信心等政治方面的考虑,也从技术和工程角度对核电厂安全设计提出了更高的安全目标,即在设计基准事故或设计扩展工况范围内,核电厂事故不会导致放射性物质显著外泄;在极端事故工况下,避免发生大规模的放射性物质的释放,以保护人员、社会和环境免受危害,特别是避免出现类似福岛核事故情景造成对周围环境长期的严重污染。

考虑到核电厂安全的极端重要性以及人类认知的局限性,我国政府已经把核安全提升到国家安全的战略高度,提出了"理性、协调、并进"的中国核安全观,建议在核电厂安全设计中倡导合理可达到的尽量高的核安全理念,即核电厂在达到法规要求安全水平的基础上,应采取一切合理可达到的现实有效的措施,使核电厂达到更高的安全水平。

对核电厂规定了三个安全目标,第一个实质上是核安全的总目标,其余两个是解释总目标的辅助性目标,分别涉及到辐射防护和安全的技术方面。这些安全目标并不是互相独立的,而是相互关联,以确保安全目标的完整性。

1.2.1 安全的总目标

核安全的最终安全目标为:在核电厂里建立并维持一套有效的防护措施,以保证人员、社会及环境免遭放射性危害。需要注意,在安全的总目标的表述中突出了放射性的危害。这并不意味着核电厂不存在其他的、常规电厂都会造成的比较普通的风险,如热排放对环境的影响,事故引起的核电设备损坏所造成的巨大经济损失等。对于这些常规风险我们也应予以重视,但为了突出核电厂的特殊性,它们不包括在核安全研究的范畴内。

1.2.2 辅助目标

1. 辐射防护目标

辐射防护目标为:确保在正常运行时核电厂及从核电厂释放出的放射性物质引起的辐射照射保持在合理可行尽量低的水平,并且低于规定的限值,还确保事故引起的辐射照射的程度得到缓解。

这就是要求在正常情况下具有一套完整的辐射防护措施,在事故情况下(预期运行事件)有一套减轻事故后果的措施,包括厂内和厂外的对策,以缓解对工作人员、居民及环境的危害。

2. 技术安全目标

技术安全目标为:有很大把握预防核电厂事故的发生;对于核电厂设计中考虑的所有事故,甚至对于那些发生概率极小的事故都要确保其放射性后果(如果有的话)是小的;确保那些会带来严重放射性后果的严重事故发生的概率非常低。

事故的预防是设计人员和运行人员应尽的安全职责。为了防止事故的发生,从设计到运行都要贯彻一系列的安全原则,如采用合理的设计,可靠的设备,完善的各种规程,运行人员具有良好的安全素养等等。但是,所有这一切努力不可能保证核电厂事故的绝对不会发生,即不能保证事故预防会完全成功。因此,在设计中还要考虑到特定范围内某些可能产生严重后果的事故,设置若干非能动或能动的专设安全设施(Engineered Safety Features,ESF)来制止事故的发展,并在必要时缓解其后果。每项专设安全设施都有其特定控制的事故,对其控制效率进行确定性分析来决定这些设施的设计参量,要求安全设施达到最极端设计参量的事故称为核设施的设计基准事故(Design Basic Accident,DBA)。

对于有些更严重的事故,这时专设安全设施已不能有效地制止事故的发展,这些事故称之为超设计基准事故(Beyond Design Basic Accident,BDBA)。其中有一些可能使核电厂工况严重恶化,以致堆芯不能维持适当的冷却,或由于其他原因使燃料损坏;如果不能充分包容从燃料中释放出的放射性物质,这些事故就可能产生严重放射性后果。对于超设计基准事故,应采用另一些规程性措施来控制事故进程并缓解其后果。这些附加措施是根据运行经验、安全分析及安全研究的结果制订的,它应能有措施保证停闭反应堆,持续的堆芯冷却,足够的完整包容以及实施厂内、外应急计划。

为满足上述核安全目标,在核电厂的设计中,必须完成完整的核安全分析,以评估核电厂工作人员和公众所接受的辐射剂量及可能的环境后果。安全分析应该包括:①所有计划的正常运行模式;②在预计运行事件下的核电厂性能;③设计基准事故;④可能导致严重事故的事件序列。通过分析,可以确立工程设计抵御假设始发事件和事故的能力,验证安全系统和安全相关物项或系统的有效性,以及制定应急响应的各项要求。

作为检验所确定的安全目标,特别是技术安全目标是否被满足的一个指标,可采用下述定量的概率安全目标:

(1)一发生严重堆芯损坏的频率每运行堆年低于 10^{-5} 次事件;

(2)需要厂区外早期响应的大量放射性释放到厂区外的频率每运行堆年低于 10^{-6} 次事件。

上述概率安全目标不代替核安全法规的要求,也不是颁发许可证的唯一基础,而是核实和评估核电厂设计安全水平的一个导向值。

1.2.3 核安全与核保安

核安全(nuclear safety)的定义是:实现正常的运行工况,防止事故或减轻事故后果,从而保护工作人员、公众和环境 免受不当的辐射危害。在核安全相关原子能机构出版物中经常简写为安全。除非另有规定,安全系指核安全,特别是在讨论其他类型的安全(如防火安全、常规工业安全)时经常这样简写。

核保安(nuclear security)的定义是:防止、侦查和应对涉及核材料和其他放射性物质或相关设施的偷窃、蓄意破坏、未经授权的接触、非法转让或其他恶意行为。这包括但不限于防止、侦查和应对偷窃核材料或其他放射性物质(无论是否了解该物质的性质)、蓄意破坏和其他恶意行为、非法贩卖和未经授权的转让行为。该定义中的应对要素是指为"扭转"未经授权的接触或行动的直接后果而采取的那些行动(如追回材料)。对随之可能发生的放射学后果采取对策被认为是安全的组成部分。在核保安相关原子能机构出版物中经常简写为保安。

安全与保安这两个常用术语并无严格区别。一般来说,保安涉及可能对他人造成或威胁造成伤害的蓄意或疏忽行为;安全则涉及无论何种原因的辐射对人(或环境)造成危害这一更广泛的问题。安全与保安之间确切的相互关系取决于实际情况。

安全和保安的协同作用关系到以下方面,例如,监管基础结构、设计和建造核装置和其他设施的工程方面的规定、核装置和其他设施的出入口控制、放射源的分类、源的设计、放射源和放射性物质管理保安、无看管源的回收、应急响应计划和放射性废物管理。安全问题是活动的本质特征,是透明的,并且实施概率安全分析。保安问题涉及蓄意行为,是保密的,并且采取基于威胁的判断。

1.3　放射性物质的产生

1.3.1　裂变产物

在反应堆重核的裂变过程中,原子核分裂成为两个不同质量、不同电荷数的子核,而且,对于每一次裂变,裂变产物都是不同的。反应堆中的裂变产物包括近 40 种不同元素中的约 200 种不同的核素。质量数为 85~105 和 130~150 的核素具有较高的份额。多数裂变产物带有放射性,并通过 β 粒子和 γ 射线而衰变,衰变子核往往也是放射性的。目前有专门的计算机程序用以确定反应堆燃料在运行期间和停闭后任意时刻的裂变产物的产量和成份。比铀重的元素(超铀元素或锕系元素)的产生和转化,在程序中也有描述。

裂变产物活度可以用简便的公式来估算。若辐照时间长于某裂变产物的半衰期,则该产物的活度可以达到平衡,此时

$$A = 310YP \qquad\qquad (1-1)$$

式中,A 为活度(10^{12}Bq),Y 为核素的裂变产额(百分比),P 为堆功率(MW)。这一公式可用于估算如 ^{133}Xe、^{131}I 一类重要核素的活度。

若核素的半衰期明显长于照射时间,则其活度将随时间线性增加:

$$A = 210YPt/T_{1/2} \qquad\qquad (1-2)$$

式中,t 为照射时间,s;$T_{1/2}$ 为半衰期,s。此式对 ^{90}Sr 和 ^{137}Cs 这两种重要核素活度的估算是适用的。

对反应堆安全来说,所关心的是裂变产物向环境中的释放。对此,裂变产物必须穿透燃料包壳、一回路系统压力边界和反应堆安全壳系统。释放到环境中的核素主要是具有高裂变产额、中等半衰期和相应放射性物特性的气态或易挥发性的物质。其中主要有:惰性气体的同位素,如氪和氙;易挥发性元素,如碘、铯和碲等。这些核素的主要特征见表 1-3。

表 1-3　重要的放射性裂变产物

核素	半衰期	活度/10^{12}Bq/MW	辐射种类
惰性气体			
^{85}Kr	10.8a	7.1	β,γ
^{85m}Kr	4.4h	350	β,γ
^{88}Kr	2.8h	830	β,γ
^{133}Xe	5.3d	1 940	β,γ
^{135}Xe	9.2h	410	β,γ
挥发性元素			
^{131}I	8.1d	940	β,γ
^{132}I	2.3h	1 400	β,γ
^{133}I	21h	1 900	β,γ
^{135}I	6.7h	1 800	β,γ
^{132}Te	3.3d	1 400	β,γ
^{134}Cs	2.1a	140	β,γ
^{137}Cs	30.1a	70	β,γ
其他元素			
^{90}Sr	30.2a	52	β
^{106}Ru	1.0a	310	β
^{140}Ba	12.8d	1800	β,γ
^{144}Ce	284d	990	β,γ

由于惰性气体的化学性质是惰性的,并呈气态,要限制它特别困难。它们不粘附表面,也不被过滤器所吸附。另一方面,它们既不与生物细胞发生反应,也不在人体内积累。所以,惰性气体对健康的危害主要是由于气载放射性的外照射引起的。较重要的核素是具有长半衰期的^{85}Kr(氪)和^{133}Xe(氙)。

I(碘)的同位素发射出高能β和γ射线,这些同位素对浮尘中的放射性物质释放出来而形成的外部剂量贡献很大。同时,碘易于积累在甲状腺内造成该器官的内照射。关键的碘同位素是^{131}I,其释放量一直被用作度量事故严重程度的标准。

Cs(铯)的化学性质与K(钾)相似。铯与碘产生化学反应,将影响释放量和化学成分。通过身体的肌肉组织将铯吸收于体内,而在几个月内再分离,这个时间比^{137}Cs的半衰期短。所以体内的^{137}Cs含量很快会与食物中的含量达到平衡。肉和牛奶是铯进入人体内的重要途径。

^{90}Sr(锶)和^{106}Ru(钌)只发射β射线,不易测量。元素锶具有挥发性,但其氧化物不挥发。钌的情形刚好相反。所以堆内氧化状态对裂变产物释放形态影响很大。锶进入人体的途径是牛奶,敏感器官是骨骼,而且排除很慢。儿童受锶的影响比成人严重。

1.3.2　锕系元素

客观地说,锕系元素无裂变产物,但可以从^{238}U开始,通过连续不断的中子俘获形成。最重要的锕系元素列于表 1-4。锕系元素发射出 α 粒子和低能 γ 射线,通常它们不产生任何外部辐照剂量,由于其溶解度低,也不积累于食物中。对健康的主要危害是由于吸入了地面沉积的非悬浮物而引起。由于锕系元素的半衰期较长,如果在严重的反应堆事故情况下释放到环境,能对长期群体剂量产生影响。当裂变产物已经衰变为稳定的核素时,长寿命的锕系元素占据了乏燃料放射性活度的主要部分。所以,对锕系元素来说,重要的是评价核燃料循环中与废物最终处理有关的长期环境效应。

表 1-4　重要的锕系元素

核素	半衰期/a	活度/10^{12} Bq/MW	辐射种类	敏感器官
^{238}Pu	89	1.3	α,γ	骨骼
^{239}Pu	24 000	0.28	α,γ	骨骼
^{240}Pu	6 580	0.31	α,γ	骨骼
^{241}Pu	14.7	5.6	α,γ	骨骼
^{242}Pu	380 000	0.0005	α,γ	骨骼
^{242}Cm	0.45	15	α,γ	肠,胃
^{244}Cm	18.2	0.91	α,γ	肠,胃

1.3.3　活化产物

当反应堆一回路系统中的反应堆冷却剂或结构材料吸收中子时,便形成了活性产物。腐蚀产物能以溶解或悬浮的形式进入到反应堆的冷却剂中,并且当冷却剂流过堆芯时被活化。像裂变产物一样,活化产物的种类较多,其性质差异也较大。一般来说,它们是相对轻的元素,不产生放射性子核,其辐射危害比一般裂变产物轻些。重要的活化产物见表 1-5。

由水活化形成的重要产物是 ^{16}N(氮),其半衰期很短,对环境的影响可以忽略不计。当蒸汽发生器传热管有破漏时,在二次侧的蒸汽中可以测到 ^{16}N 的特征发射谱,这是监测传热管破裂的重要手段之一。

腐蚀产物在主系统内可能沉积在堆内构件和燃料元件表面,随后又会随水迁移,主系统各部分或多或少都会受到污染,因此必须连续净化。

^{14}C(碳)和 ^{3}H(氚)也属于长寿命的活化产物,^{14}C 的半衰期为 5800 a,氚的半衰期为 12.3 a。^{14}C 主要通过 ^{17}O 与中子反应而产生。在反应堆运行期间约有 20% 的 ^{14}C 释放出来,剩余部分保留在燃料中。尽管氚是由一回路冷却剂中 ^{2}H 的活化而形成,但它主要由裂变和通过硼的中子吸收直接产生。氚的穿透能力很强。

表 1-5　1000 MW 反应堆一回路冷却剂中的典型活化产物

核素	半衰期	活性浓度/Bq/cm^3
溶于水的活化产物		
^{13}N	10 min	220
^{16}N	7.2 s	8.1 ×10^6

核素	半衰期	活性浓度/Bq/cm³
^{18}F	1.84 h	190
^{20}F	10.7 s	150
^{19}O	29 s	0.11×10^6
腐蚀产物		
^{24}Na	15 h	70
^{51}Cr	27.8 d	100
^{54}Mn	313 d	0.4
^{56}Mn	2.58 h	190
^{58}Co	71.4 d	20
^{60}Co	5.26 a	10
^{64}Cu	12.8 h	400
^{65}Cu	244 d	100

1.3.4 裂变产物的性能

核燃料在正常运行期间,其裂变产物的化学组份和迁移对于在事故情况下裂变产物的释放是极其重要的因素。如果知道燃料的状态及元件的物理和化学性能,人们就能确定裂变产物的分布状况。虽然数量小、含量低,然而从宏观化学特性的角度看,裂变产物的性能是不同的。例如,表面效应和与少量杂质的反应是能确定的。当研究特定的放射性核素时,还必须考虑元素的稳定同位素的存在和衰变链。

1. 裂变产物份额

一些重要的裂变产物在前面已有描述。在裂变时一般不直接形成这些核素,而是通过衰变链的递次转换形成。大多数碘同位素是从 Te(碲)的衰变产生的,由此可见碲元素的化学性能和迁移率是碘在燃料中释放的决定性因素。可以预料,通过铯-133 吸收中子而形成铯-134 与其他铯同位素是不相同的,而铯-133 本身又是从碘-133 和氙-133 产生的。

重要核素碘-131 的半衰期相对短,其产量约为 0.3 g/MW。该值最终超过了稳定碘-127 和碘-129 的值,并以每年约 2 g/MW 的速率积累。所形成的总碘量对于偶然事故情况下保留在安全壳内的碘量极为重要。各种元素的生成率列于表 1-6 中。

裂变气体在燃料棒内造成内压,如果包壳过热时,可导致包壳破坏。氪和氙的总产额约相当于每 MW·d 产生 25 m³ 标准状态下的气体。

表 1-6 裂变产物生成率

元素	mg/(MW·d)	元素	mg/(MW·d)	元素	mg/(MW·d)
Ge	0.011	Ru	65.4	Ba	38.6
As	0.003	Rn	17.1	La	39.8
Se	1.20	Pd	33.4	Ce	86

元素	mg/(MW·d)	元素	mg/(MW·d)	元素	mg/(MW·d)
Ra	0.36	Ag	2.7	Pr	37
Kr	10.4	Cd	1.67	Nd	140.6
Rb	10.2	In	0.08	Pm	8.86
Sr	28.2	Sn	0.97	Sm	27.2
Y	15.2	Sb	0.53	Eu	3.48
Zr	119.6	Te	15.7	Gd	0.036
Nb	0.33	I	5.86	Tb	1.67
Mo	107	Xe	149	Dy	0.005
Tc	274	Cs	90.4		

2. 裂变产物在燃料中的分布

当裂变产物产生时,其动能比典型的化学结合能大几千万倍。因此,它们能严重破坏燃料材料原子的晶格排列。能量以热量的形式沿着裂变产物的踪迹释放出来。其结果导致了 UO_2 的局部熔化和气化,跟随而来的是使其结晶和再结晶。在燃耗一段时间后,每个分子将多次参与熔化和结晶过程,这将导致烧结成块和晶粒长大。在燃耗深的情况下,积累在晶界的裂变产物阻止了晶粒的进一步长大。

裂变产物是 UO_2 晶格上的杂质原子,其性能首先由温度决定。大约在 1100 ℃ 以上时,裂变产物能相当于自由运动,并寻求一个更稳定的热力学状态,这种运动称之为扩散。虽然有几种不同的机理,但都具有这样一个公认的事实,即扩散率随燃料温度和含氧量的增加而增加。

燃料材料的含氧量可用化学计算法即氧与铀原子之比进行估算。因为裂变产物对氧的需求比铀对氧的需求要少,所以,含氧量和原子迁移都随燃料燃耗而增加。形成稳定氧化物的元素(如稀土金属 Sr(锶)、Ba(钡)、Zr(锆)和其他元素),在所有实际状态下将以氧化物形态存在。如果氧含量足够低,且充分挥发,则某些其他元素将以单质形态存在,其性能像气体一样,这些元素包括 Cs(铯)、Rb(铷)、Te(碲)、I(碘)、Br(溴)。然而,由于这些元素之间不仅能相互反应,还能与铀反应,使情况变得更复杂了。

碘在正常情况下不与铀反应,它多半以碘化铯形态存在,而不以原子碘或分子碘形态存在。由于铯和碘在燃料栅元结构的不同地方形成,而碘在遇到铯以前,极可能转移,并通过惰性气体泡带走。铯的积累产额大约是碘的 15 倍(见表 1-6)。铯与铀反应,并在低于约 1000 ℃ 的温度下多数以重铀酸铯、少数以碘化铯的形式存在。

裂变产物的特性及其在燃料中的分布非常复杂。裂变产物主要由稳定的和长寿命的核素组成,这些核素按燃料燃耗结果积累。大都分裂变产物残留在燃料材料的晶粒上,少部分释放到晶界,更少量的气体和挥发性元素释放到燃料芯块和包壳之间的空隙里。与线功率密度成正比的温度是裂变产物释放的决定性因素。

1.4　辐射生物效应

要进行反应堆安全分析,必须知道事故工况下堆内的放射性物质向外界释放的数量及其对周围环境和居民所造成的辐射后果,对反应堆所释放放射性物质的辐射后果作出安全评价,一般包括两个方面,即反应堆正常运行条件下和事故条件下能否确保放射性物质的释放量及其辐射后果在有关防护规定的允许水平以下。

1.4.1　放射性衰变

放射性是指不稳定核素(放射性核素)经过自发地发射射线而蜕变为其他核素的现象。放射性衰变主要有α(发射氦原子核)、β(发射电子)和γ(发射光子)三种类型,发生α或β衰变时,放射性原子核蜕变为另一种核素,称为子核。子核也可能是不稳定的,于是形成衰变链,直到形成稳定核素为止。

放射性核衰变产生的α粒子、β粒子以及中子在穿过物质时,其能量被材料所吸收,结果造成材料的损伤。辐射损伤有三种类型:

(1)将稳定的核素转化为具有放射性的其他核;

(2)从材料结构的正常位置置换原子;

(3)电离,即从物质的原子中分离电子,并在带电离子轨道中形成离子对。

前两种现象在材料的原子和辐射之间通过直接的相互作用产生。由于中子不带电,特别容易引起这类辐射损伤,在设计反应堆压力容器和堆内构件时,这是必须要考虑的。

γ射线是电中性的,不能引起直接电离。然而,当同正在运动的带电粒子发生碰撞时,能产生非直接的电离,而直接电离主要是α粒子和β粒子引起的。大多数离子对均以这种方式形成,在离子对重新组合时释放热量。燃料元件的发热就是裂变产物经由这一过程实现的。

α粒子和β粒子的穿透能力很低,容易被相对薄的物质阻挡。α粒子在空气中的传播范围仅几厘米,β粒子在空气中的传播范围也大约只有几米。而γ射线的穿透力很强,只有用很厚的屏蔽层才能阻挡。

1.4.2　辐射防护基本原则

放射性辐射防护工作的基本原则和保健限值通常是由国际权威机构提出建议,并由国家主管部门制定的。国际辐射防护委员会(ICRP)、联合国原子辐射效应科学委员会(UNSCEAR)和世界卫生组织(WHO)共同认可的主要三原则为:

(1)辐射事业的正当化原则:除非对社会确有贡献,否则任何涉及辐射照射的活动都是不合适的;

(2)防护水平的合理最优化原则:放射性辐射剂量必须同时考虑经济和社会因素,做到合理、可行、尽量低;

(3)个人所受剂量的限量原则:个人所受的最高剂量当量不得超过规定限值,并留有一定的余地。

根据 ICRP 的建议,个人剂量当量的限值推荐值为:

（1）职业工作人员的剂量当量在 5 年内平均每年不超过 20 mSv,其中剂量当量最高的一年不得超过 50 mSv；

（2）居民群体中的个人剂量当量每年不超过 1 mSv。

以上规定的是全身外照射剂量当量。ICRP 还规定了器官的剂量当量,它可以用器官权重因子折合成全身剂量当量（等效剂量当量）,ICRP 推荐的权重因子见表 1-7。

表 1-7　计算等效剂量当量所用的权重因子

人体器官或组织	权重因了
生殖腺	0.25
乳房	0.15
肺组织	0.12
骨髓	0.12
甲状腺	0.03
骨骼组织	0.03
其他器官	0.30
全身	1.0

人群中个人等效剂量当量之和叫做累积剂量,单位为人·Sv（希沃特）。而待积剂量是由年排放而产生的所有未来的累积剂量的总和。

1.4.3　合理可行尽量低（ALARA）原则

正常运行的辐射安全就是保证核电厂工作人员和一般公众的照射量在规定的限值以内。只要根据设计技术规范,启用放射性去除系统,尽量减少气态和液态放射性物质的排放,仔细规划服役和维修操作,这一点是可以做到的。

然而,仅仅满足于将照射量控制在限值以内是不够的,还必须要求辐射剂量合理、可行、尽量低,这就是所谓 ALARA（As Low As Reasonably Achievable）原则。此原则是20 世纪 70 年代末由 ICRP 提出来的,它根据风险定量评价技术的可行性,提出了辐射防护手段最佳化要求。

执行 ALARA 原则,可以使用成本-收益分析方法。根据这一方法,可以规定降低每一剂量值所付出代价的最高限额,凡代价低于这一限额的改进措施,都应当予以实施,而不管实际剂量当量值有多少。

这一原则也可以从另一个角度来理解。安全措施不是无代价的,虽然理论上剂量值可以不断地减少下去,但是越到后来所需的花费就越大。因此辐射防护必须有一个最佳水平,超过这个水平就不值得再做努力了,问题是怎样确定代价的最佳平衡点。

1.5　核安全法规及安全监督

核能的发展是以核安全为前提的,为了减少公众和环境的风险,核电厂活动必须有法律加以规范。必须有一个法定的权威机构代表政府颁发和实施安全规定,进行安全审管和监督。

1.5.1　国家核安全管理部门

我国核与辐射安全监管体制的发展分为三个阶段:国家核安全局的创建(1984—1989 年)、国家核安全局的发展(1990—1998 年)、国家核安全局并入环境保护部(原国家环保总局)(1998—2008 年)三个阶段。其主要职责是:

(1)组织起草,制定核安全的方针、政策和法规,发布核安全有关的规定、导则和实施细则,审查有关核安全的技术标准。

(2)组织审查、评定核设施的安全性能及核设施营运单位保障安全的能力,负责颁发(吊销)核设施安全许可证件。

(3)负责核安全事故的调查、处理、指导和监督核设施应急计划的制定和实施。

(4)主持与核安全技术与管理有关的研究。

(5)参与核设备出口项目的许可证活动,开展核安全方面的国际合作。

国家核安全局的派出机构有:环境保护部华北核与辐射安全监督站,环境保护部华东核与辐射安全监督站,环境保护部华南核与辐射安全监督站,环境保护部西南核与辐射安全监督站,环境保护部西北核与辐射安全监督站,环境保护部东北核与辐射安全监督站;其技术支持机构有:环境保护部核与辐射安全中心,环境保护部辐射环境监测技术中心等。国家核安全局已经建立了一套核安全法规和导则体系,实施了核电厂许可证申请制度。

1.5.2　核安全法规

中国自 1982 年起,广泛收集、仔细研究了核电先进国家的核安全法律、法规,参照IAEA 的核安全导则及规定 ,确立了中国的核安全法规体系。它由国家法律、国务院行政法规、部门规章、核安全导则、标准及规范组成。

1. 核安全法规文件体系

第一层次:由国务院发布的"行政法规",共 3 个;

第二层次:由国家核安全局及相关部门发布的"部门规章",共 21 个;

第三层次:由国家核安全局发布的"核安全导则",共约 70 个;

第四层次:由国家核安全局发布的"技术文件",近百个。

其中第一、第二层次的文件通称为"核安全法规"。

2. 中华人民共和国核安全法规——法规是必须遵循的

目前的核安全法规按其所覆盖的技术领域划分为 8 个系列,其编号的标准格式为HAF xxx/yy/zz,其中:HAF 为"核安全法规"汉语拼音的缩写;"xxx"的第 1 位为各系列的代码,第 2、3 位为顺序号;"yy/zz"为核安全条例或规定的相应的实施细则及其附件的代码。

HAF 0xx/yy/zz——通用系列;

HAF 1xx/yy/zz——核动力厂系列;

HAF 2xx/yy/zz——研究堆系列;

HAF 3xx/yy/zz——核燃料循环设施系列;

HAF 4xx/yy/zz——放射性废物管理系列;

HAF 5xx/yy/zz——核材料管制系列；

HAF 6xx/yy/zz——民用核承压设备监督管理系列；

HAF 7xx/yy/zz——放射性物质运输管理系列。

目前我国共有三个行政法规（核安全法规）：

HAF001　中华人民共和国民用核设施安全监督管理条例；

HAF002　核电厂核事故应急管理条例；

HAF003　中华人民共和国核材料管制条例。

每个核安全行政法规下又有若干实施细则、实施细则附件等部门规章，目前共有21个部门规章，它们是：

通用系列：

HAF001/01　中华人民共和国民用核设施安全监督管理条例实施细则之一——核电厂安全许可证件的申请和颁发；

HAF001/01/01　中华人民共和国民用核设施安全监督管理条例实施细则之一附件——核电厂操纵人员执照颁布发和管理程序；

HAF001/02　中华人民共和国民用核设施安全监督管理条例实施细则之二——核设施的安全监督；

HAF001/02/01　中华人民共和国民用核设施安全监督管理条例实施细则之二附件一——核电厂营运单位报告制度；

HAF001/02/02　中华人民共和国民用核设施安全监督管理条例实施细则之二附件二——研究堆营运单位报告制度；

HAF001/02/03　中华人民共和国民用核设施安全监督管理条例实施细则之二附件二三——核燃料循环设施的报告制度；

HAF002/01　核电厂核事故应急管理条例实施细则之一——核电厂营运单位的应急准备和应急响应。

核动力厂系列：

HAF101　核电厂厂址选择安全规定；

HAF102　核电厂设计安全规定；

HAF103　核电厂运行安全规定；

HAF103/01　核电厂运行安全规定附件一——核电厂换料、修改和事故停堆管理。

研究堆系列：

HAF201　研究堆设计安全规定；

HAF202　研究堆运行安全规定。

核燃料循环设施系列：

HAF301　民用核燃料循环设施安全规定。

放射性废物管理系列：

HAF401　放射性废物安全监督管理规定。

核材料管制系列：

HAF501　中华人民共和国核材料管制规定；

HAF501/01　中华人民共和国核材料管制条例实施细则。

民用核承压设备监督管理系列：

HAF601　民用核承压设备安全监督管理规定；

HAF601/01　民用核承压设备安全监督管理规定实施细则；

HAF602　民用核承压设备无损检验人员培训、考核和取证管理办法；

HAF603　民用核承压设备焊工及焊接操作工培训、考核和取证管理办法。

放射性物质运输管理系列：

制订过程中。

3. 核安全导则——指导性的文件、推荐的实践，以便满足法规的要求

核安全导则也是按 8 个系列分类的，HAD 系列约 70 个导则，其中，核动力厂系列中对应于 HAF101 核电厂厂址选择安全规定有：

HAD101/01　核电厂厂址选择中的地震问题；

HAD101/06　核电厂厂址选择与水文地质的关系；

HAD101/12　核电厂地基安全问题等 12 个安全导则。

对应于 HAF102 核电厂设计安全规定有：

HAD102/01　核电厂设计总的安全原则；

HAD102/02　核电厂的抗震设计与鉴定；

HAD102/07　核电厂堆芯的安全设计；

HAD102/13　核电厂应急动力系统等 15 个导则。

对应于 HAF103 核电厂运行安全规定有：

HAD103/01　核电厂运行限值和条件；

HAD103/02　核电厂调试程序；

HAD103/06　核电厂安全运行管理；

HAD103/08　核电厂维修等 9 个导则。

在通用系列中，对应于 HAF003 核电厂质量保证安全规定有：

HAD003/01　核电厂质量保证大纲的制定；

HAD003/06　核电厂设计中的质量保证；

HAD003/08　核电厂物项制造中的质量保证；

HAD003/03　核电厂物项和服务采购中的质量保证等 10 个导则。

1.5.3　核安全许可证制度

根据《中华人民共和国民用核设施安全监督管理条例》规定，我国已实行核设施安全许可证制度。由国家核安全局负责制定和批准颁发核设施安全许可证。

核电厂的许可证按五个主要阶段申请和颁发：

(1)核电厂的选址定点：根据国家基本建设程序规定，国家计划委员会在收到国家环境保护局的《核电厂环境影响评价报告批准书》。国家核安全局的《核电厂厂址安全审查批准书》后，批准《可行性研究报告》，批准营运单位申请的厂址。

(2)核电厂的建造：核电厂的营运单位向国家核安全局提交《核电厂建造申请书》《初步安全分析报告》和其他有关资料(如系统手册、设计报告、质保大纲等文件)。国家核安全局审评后，颁发《核电厂建造许可证》，批准核电厂建造，许可开始核岛混凝土浇注。

核电厂《初步安全分析报告》必须包括足够资料,以便国家核安全部门能独立作出安全审评。提交资料的格式、范围和细目必须符合国家核安全部门的要求,安全分析报告包括如下内容:①厂址及其环境的描述;②建厂的目的,反应堆设计、运行和实验所遵循的基本安全原则(包括所用的法规、标准和规范),设计基准内部和外部始发事件,以及为保护厂区人员和公众安全为目的的安全系统性能的描述;③核电厂系统的描述,包括目的、接口、仪表、检查维护和所有运行工况以及事故工况下的性能;④设计、采购、建筑、调试和运行方面的质量保证大纲的描述;⑤对预计安排在反应堆内进行的,对安全具有重要影响的任何形式的实验的安全问题的检查;⑥相类似核电厂的运行经验的回顾;⑦假设始发事件及其后果的安全分析,包括足够的资料和计算,以便有条件进行独立评价;⑧核电厂的运行安全技术条件、包括安全限制和安全系统整定值、安全运行的限制条件、设备监测要求、组织和管理上的要求。

(3)核电厂的调试:核电厂的营运单位向国家核安全局提交《核电厂首次装料申请书》《最终安全分析报告》和其他有关资料,国家核安全局审评后颁发《核电厂首次装料批准书》,批准首次装料,许可进行调试,并按批准的计划提升至满功率,进行 12 个月的试运行。

(4)核电厂的运行:核电厂的营运单位向国家核安全局提交《核电厂运行申请书》,修订的《最终安全分析报告》和其他有关资料,国家核安全局审评后,颁发《核电厂运行许可证》批准正式运行。

(5)核电厂的退役:核电厂的营运单位在获得国家核安全局颁发的《核电厂退役批准书》(临时)后,可开始退役活动;在获得《核电厂退役批准书》后,方能正式退役。

1.6 核安全文化

国际原子能机构(IAEA)国际安全咨询组(International Nuclear Safety Advisory Group,INSAG)于 1986 年的《切尔诺贝利事故后审评会议总结报告》中首次引出"安全文化"一词;之后,1988 年国际安全咨询组(INSAG)在《核电安全的基本原则》中把安全文化的概念作为一种基本管理原则,表述为:实现安全的目标必须渗透到为核电厂所进行的一切活动中去。1991 年,国际安全咨询组(INSAG)出版了《安全文化》(INSAG-4)一书,深入论述了安全文化这一概念,对核安全文化作出了如下的定义:

核安全文化(Nuclear Safety Culture)是存在于单位和个人中的种种特性和态度的总和,它建立一种超出一切之上的观念,即核电厂安全问题由于它的重要性要保证得到应有的重视。

在措词严谨的"安全文化"的表述中,有三方面的含义:

强调安全文化既是态度问题,又是体制问题,既和单位有关,又和个人有关,同时还牵涉到在处理所有核安全问题时所应该具有的正确理解能力和应该采取的正确行动。也就是说,它把安全文化和每个人的工作态度和思维习惯,以及单位的工作作风联系在一起;

工作态度和思维习惯,以及单位的工作作风往往是抽象的,但是这些品质却可以引出种种具体表现,作为一项基本要求,就是要寻找各种办法,利用具体表现来检验那些内

在的隐含的东西;

安全文化要求,必须正确地履行所有安全重要职责,具有高度的警惕性、实时的见解、丰富的知识、准确无误的判断能力和高度的责任感。

核安全文化一出现就引起了广泛的重视与兴趣。长期以来,对核电厂的安全措施耗费了巨大的资金和精力,也使用了许多新方法,应该说核电厂的可靠性、安全性得到了很大的提高。核电厂的安全特征是高危险性、低风险率。尽管核电厂立项时实行了严格的审批制度,机组设计按照纵深防御原则,设置多道实体屏障和多个安全系统,但同所有的工业企业一样,无论多么先进的核电机组,常由于种种原因引起某些设备失效而发生事故,其中,绝大多数不是源于设备故障,而是因人为失误直接或间接引起的。尤其是还产生了三里岛和切尔诺贝利这样严重事故。广义的人因问题成了长期困扰核电厂安全的一大难题。安全文化的提出,似乎为解决这个难题提供了一条途径。

安全文化由两大组成部分:第一,是单位内部的必要体制和管理部门的逐级责任制;第二,是各级人员响应上述体制并从中得益所持的态度。图1-1示出了安全文化的具体组成部分,核安全文化是所有从事与核安全相关工作的人员参与的结果,它包括核电厂员工,核电厂管理人员及政府决策层。

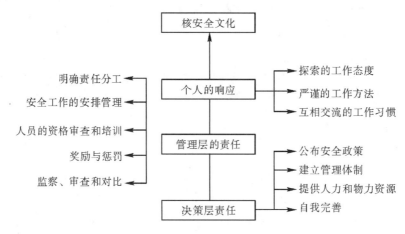

图1-1 核安全文化的内容

与核安全相比,核安全文化是一种意识形态,即人们对其价值的认同,人们考虑它的优先次序,人们为它所作的贡献。这种意识形态培养着人们的工作态度和方法。

换句话说,核安全文化不仅仅是专业性和严密性的问题,而且与行为密切相关。但是,人的行为取决于人与人之间的相互关系,核安全文化不但是个人和整体的安全态度,而且是与管理作风密切相关的。核安全文化对决策层、运行管理部门和个人提出了严格的要求。

(1)决策层的要求:凡属重要的活动,人们的行为方式总是受高层领导提出的要求所支配。影响核电厂安全的最高领导是立法层,他们为国家奠定了安全文化的基础。

政府的职责是审管核电厂及其他潜在的有害设施和活动的安全法规,以保护职工、公众和环境;管理部门拥有足够的人力、资金和权力履行其义务,使工作不受任何不必要的干扰。以便在全国范围内形成一种气氛,即安全是每天都要关心的事项。

对管理决策层而言,他们必须通过自己的具体行动为每一个工作人员创造有益于核安全的工作环境,培养他们重视核安全的工作态度与责任心。领导层对核安全的参与必须是公开的,而且有明确的态度。

(2)运行管理部门:核安全应以营运机构为重点,因为在那里,人的行为和核电厂安全之间的联系最为紧密。核电厂发生的任何问题在某种程度上都来源于人为的错误。核电厂营运机构以及所有其他与安全相关的单位都必须提高安全文化,以便防止人为错误的发生,并从人类活动的积极方面得到好处。

核安全文化应该表现为一整套科学而严密的规章制度加上全体员工遵章守纪的自觉性和良好的工作习惯,从而在整个核电厂内形成人人自觉关注安全的气氛。核电厂是否有良好的安全业绩在很大程度上取决于该核电厂的安全文化层次;而安全文化水平的高低,则在很大程度上取决于领导层和管理层,取决于他们对安全的认识和重视程度,取决于他们在安全立法和执行过程中的力度。

(3)个体的行为:安全文化水平的高低,也直接取决于核电厂的每一个员工。安全文化指的是"从事任何与核电厂核安全相关活动的全体工作人员的献身精神和责任心"。其进一步的解释就是概括成一句关键的话,一个完全充满"安全第一的思想",这种思想意味着"内在的探索态度、谦虚谨慎、精益求精,以及鼓励核安全事务方面的个人责任心和整体自我完善"。人的才智在查出和消除潜在的问题方面是十分有效的,这一点对安全有着积极影响。正因为如此,个人承担着很重要的责任。除了要遵守规定的程序以外,他们还必须按照规范来进行每一项工作。

良好的工作方法本身虽是安全文化的一个重要组成部分,但若仅仅机械地执行是不够的,除了严格地执行良好的工作方法以外,还要求我们的工作人员具有高度的警惕性、实时的见解、丰富的知识、准确无误的判断能力和强烈的责任感来正确地履行所有安全重要职责。

只有各个层次的人在自己的岗位上尽职尽责,满足核安全的要求,核安全文化才会得到发展和提高。

1.7　安全分析方法及涵盖的内容

事故分析是核电厂安全分析的一个重要组成部分,它研究核电厂在故障工况下的行为,是核电厂设计过程和许可证申请程序中的重要步骤。正常运行情况下,核电厂安全受到持续的监督和反复的分析,以维持或提高核电厂的安全水平。

事故分析有两种方法:确定论分析方法和概率论分析方法。本章首先介绍核电厂的运行工况与事故分类,在此基础上,讨论设计审评中的确定论安全分析方法,第5章主要就设计基准以内的事故进行分析,即分析核电厂的正常运行和控制系统发生故障后,安全系统能按要求行使功能时主系统的行为。严重事故的确定论分析方法将在第6章中介绍,而概率论分析方法将在第7章中论述。

1. 确定论分析方法

确定论分析方法是核电厂发展史上长期使用的一种方法。其基本思想是根据反应堆纵深防御的原则。除了将反应堆设计的尽可能安全可靠外,还设置了多重的专设安全设施,以便在一旦发生最大假象事故情况下,依靠安全设施。能将事故后果减至最低程度。在确定安全设施的种类、容量和响应速度时。需要一个参考的假想事故作为设计基础,然后用描述电厂物理过程的计算模型。研究电厂在假象故障或事故下的行为,确认电厂关键参数是否超过许可值。确定论事故分析过程包括以下 4 个方面:①确定一组设计基准事故;②选择特定事故下的单一故障;③确认分析所用的模型和核电厂参量都是保守的;④将最终结果与法定验收准则相对照,确认安全系统的设计是充分的。

由于设计基准事故的选择以及分析模型中有很大的不确定性,为了确保分析结果的包络性,法规要求采用保守假定。因此在确定论事故分析中采用两条基本假设,即单一故障假设和操纵员在事故后短期内不作任何干预,并采用了一套定量的验收准则来判定确定论事故分析结果是否符合安全准则。

确定论方法的基本思想是根据反应堆纵深设防的原则,反应堆设计得尽可能可靠,还设置了多重的专设安全设施,一旦发生最大假想事故时刻将事故后果减至最小。在确定安全设施的种类、容量、响应速度时,需要一个参考的假想事故作为设计基础,并将这一事故看作最大可信事故,认为所设置的安全设施若能防范这一事故,就必定能防范其他各种事故。概率论方法则认为核电站事故是个随机事件,引起核电站事故的潜在因素很多,核电站的安全性应由全部潜在事故期望值表示。

确定论法是根据以往的经验和社会可接受的程度,人为地将事故分为"可信"与"不可信"两类。对压水堆核电站是将"主冷却剂管道冷管段双端断裂"作为最大可信事故,在设计中认真考虑并严密设防。而对于压力容器破裂等更为严重大事故认为是"不可信"的,在安全评价中不予考虑。在这种思想指导下,1990s 年代以前的很长时期里各国只重点研究大破口事故,对认为是"不可信"的严重大事故,以及小破口失水事故、核电站运行中发生的运行瞬变等影响较小的事故都未进行深入研究,对核电站运行管理和人员培训也未予以应有的重视。而 1979 年美国三里岛核电站事故的主要原因就是由于人们对过渡工况和小破口失水事故的现象缺乏充分的了解,造成操作人员判断失误,操作一再失误,使原来并不严重的事故一再扩大,酿成核电史上一次严重的堆芯损坏事故。

2. 概率论分析法

概率论法则认为事故不存在"可信"与"不可信"的截然界限,仅仅是事故发生的概率有大小之别而已。一座核电站可能有成千上万种潜在事故,这些事故所造成的社会危害应该采用更科学、准确的数据来表达,即应该用所有潜在事故的数学期望值来表达,这个期望值就是风险。核电站风险研究表明,堆芯熔化是导致放射性物质向环境释放的主要原因。三里岛事故的教训说明采用概率论法研究分析核电站的安全性能是更为合理的。

确定论法的评价标准是核电站发生最大可信时,生活在核电站周围的居民全身和甲状腺所接受到辐射剂量不超过允许的规定值。但是,多数居民不清楚超过剂量标准的危害,因此,他们对确定论法的评价标准以及对核电站安全评价的结论的接受往往带有一定程度的朦胧特征,遇到风吹草动时容易反复。

而作为概率论方法评价的安全结论——风险值,具有定量意义,广大民众可以把它与人们日常生活中的交通事故、火电、水电、吸烟、工业事故、天然辐射等自然灾害或人为因素的风险值相比较,从而知其然也知其所以然地接受概率论方法评价的安全结论。

概率论安全评价方法也有其局限性:

(1)概率数据应该取自于工程实际,实践越多,概率统计的数值越精确,如果重复事

件太少,则很难取到可信的概率数据;

(2)多因素共同作用引起的故障往往难以厘清;

(3)人-机联系包括社会、心理等因素,极其复杂,不易精确分析;

(4)故障树、事件树的建立与分析者的经验和技巧有关,人为因素将有明显作用。

用概率论加确定论互补的方法,可以得到纵观全局、匀称合理的工作体系,有助于达到较高的安全目标。

习 题

1. 核安全的根本目标是什么? 说明核安全的总目标和辅助目标。

2. 说明核安全与核保安的定义与区别。

3. 核安全文化的定义是什么? 核安全文化对核安全有什么重要作用?

4. 说明核安全法规和安全监督对核安全的重要作用。

5. 分析核电厂事故分析的两种方法:确定论分析方法和概率论分析方法的基本思想,及其异同。

参考文献

[1] 朱继洲. 核反应堆安全分析[M]. 北京:原子能出版社,1988.

[2] 朱继洲. 核反应堆安全分析[M]. 西安:西安交通大学出版社,2000.

[3] 国际核安全咨询组. 安全文化[M]. 李维音,等译. 北京:原子能出版社,1992.

[4] 濮继龙著. 压水堆核电厂安全与事故对策[M]. 北京:原子能出版社,1995.

[5] 国家核安全局. 中华人民共和国安全法规汇编(1998 年版)[M]. 北京:中国法制出版社,1998.

[6] 国家核安全局. 核安全导则汇编(上、下册)[M]. 北京:中国法制出版社,1998.

[7] 林诚格. 中国的核安全监督,NNSA-0010[C]. 国家核安全局,1990.

[8] International Atomic Energy Agency. 国际原子能机构安全术语《核安全和辐射防护系列》,2007 年版.

第2章
基本安全原则

2.1 纵深防御的基本安全原则

国家核安全局于 2001 年发布的《新建核电厂设计中的几个重要安全问题》核安全政策声明中指出:"只要保障反应性控制、余热排出和放射性包容 3 个基本安全功能,核电厂的安全就有保证,纵深防御概念有助于做到这一点。纵深防御概念应该应用于核电厂的全部活动中。据此,在核电厂设计中要求在设备和规程两方面提供多层次的保护,用以防止事故发生,或在未能防止事故发生时提供适当的防护"。

从上述概念出发,明确了纵深防御概念应该应用到核电厂的全部活动中。在新建核电厂的设计中应明确提供如图 2-1 所示的纵深防御层次,用以防止事故,或在未能防止事故时保证适当的防护。

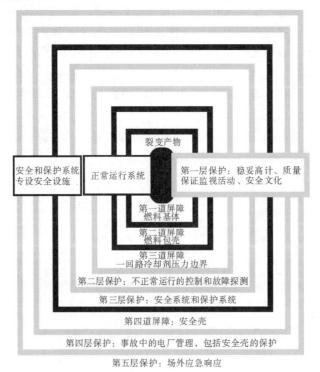

图 2-1 核电厂的纵深防御和多道屏障

第一层次防御的目的是防止偏离正常运行和系统故障。这一层次要求按照恰当的质量水平和工程实践正确并保守地设计、建造和运行核电厂。

第二层次防御的任务是防止运行中出现的偏差而发展成为事故,这由所设置的可靠保护装置和系统来完成。这是考虑到即使在核电厂的设计、建造和运行中采取了各种措施,电厂仍然可能会发生故障。因此,在设计中设置了必需的保护设备和系统,它们的功能是探测妨碍安全的瞬变,完成适当的保护动作。这些系统必须保守地设计,留有足够的安全裕量并应配有重复探测、检查和控制手段,各种测试仪表必须具备较高的可靠性。提供这一层保护是为了确保前二道屏障的持续完好性。

第三层次防御的任务是用来限制事故引起的放射性后果,是对于前两道防御的补充,以保障公众的安全。它专门用于对付那些发生概率较低但从安全角度又必须加以考虑的各种事故。为此,核电厂配置了必需的专门安全设施,以便对付这些假想事故。轻水堆的典型假想事故有:一回路或二回路管道破裂、燃料操作事故、弹棒事故等。除停堆系统外,轻水堆的专设安全设施包括:安全注射系统(又称应急堆芯冷却系统)、辅助给水系统、安全壳及安全壳喷淋系统、应急电源、消氢系统等。专设安全设施应能把假想事故的后果降低到可以接受的水平,这是衡量一种堆型是否安全的重要标志。

第四层次防御是针对超过设计基准的严重事故而考虑的,确保放射性释放保持在尽可能的低水平。在事故发生时防止事故扩大并减轻事故,这一层次的最重要目的是保护包容功能,如为防止安全壳失效而采取的各种措施。

第五层次防御为场外应急响应,目的在于减轻事故工况下可能的放射性物质释放后果。这一层次要求建有必要装备的应急控制中心,厂区内和厂区外实施应急响应计划。

纵深防御概念实施的一个相关方面是设计多道实体屏障将放射性物质限制在确定的范围。

自 20 世纪 50 年代以来,纵深防御对保证核安全的重要作用已被大量实践所证实。如同三里岛核事故、切尔诺贝利核事故一样,福岛核事故(3 次核事故的介绍见第 6 章)再次清晰地验证了纵深防御的至关重要性,但同时也暴露了现存的纵深防御体系存在的漏洞和不足。依据纵深防御原则,只有当连续且互相独立的各级保护全部失灵后才会出现损害;然而,从目前掌握的情况初步分析,福岛第一核电站的各层(级)保护并没有实现真正的相互独立,它们都被同一串事件影响甚至损坏,属于典型的共因故障(或失效)。可以说,福岛核事故直接反映出当前人们在应用独立性和多样性原则来满足纵深防御的可靠性要求方面存在的局限性。应用瑞士奶酪模型(Swiss Cheese Model),可以帮助我们更好地理解和认识这一问题。

瑞士奶酪模型是由英国曼彻斯特大学心理学教授 James Reason 提出的一个用于分析事故或系统失效原因的模型,已在航空和医疗保健领域得到广泛的应用,如图 2-2 所示。人们知道,瑞士奶酪有着独特的外观,即块状的奶酪上布满了圆孔,以便乳酸菌充分发酵,求得更好风味。如果图中每块奶酪代表一个防御层次,而奶酪上的圆孔则代表系统的潜在缺陷或现实故障;如果恰好在某一时刻每一层保护屏障上都出现漏洞,则危害正好通过每层屏障上的漏洞贯穿整个奶酪,酿成事故、造成损失。

在福岛核事故中,由于强烈地震及随后的海啸导致核电站出现长时间的全厂断电事故,堆芯冷却和最终热阱丧失,使得堆芯余热无法及时导出,进而对各道实体屏障的放射性包容功能构成重大威胁。正是由于全厂断电这一共因使得各层保护屏障出现漏洞,最后导致燃料元件部分熔化、放射性物质主动或被动释放到环境中。由此,为防范核事故或降低事故后果,全过程运用纵深防御远远不够,更重要的是要始终确保各个防御层次的可靠性(主要表现为完整性和有效性)。

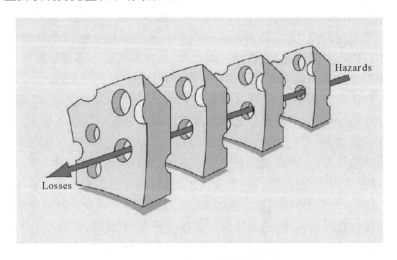

图 2-2 Swiss 奶酪模型

在后福岛时代,纵深防御理念在各国核安全监管框架中的基础地位将得到巩固,且包括对严重事故的明确要求。过去,设计基准已成为核安全管理理论中的一个中心要素,现役的核反应堆均是依照设计基准方法被设计、许可和运行。设计基准的概念等同于足够的保护,而超设计基准则属于安全的进一步提升,属于过分或额外的保护范畴,现在属于超设计基准事故范畴的一些事故(如 ATWS 和 SBO)在将来可能会被调整进入设计基准事故范畴,以进一步加强纵深防御体系中的事故预防功能。

人类的发展不会止步于各种事故,相反会激发我们更加重视技术进步,更加完善安全措施。福岛核事故提醒人们:纵深防御仍将继续对核安全起到主导性的贡献,但侧重点会有所改变,在事故预防和事故缓解功能之间达成更恰当的平衡。

几十年来,人们在降低事故发生概率(即事故预防)方面取得了长足的进步,但在事故后果的缓解方面还存在较大的不足。福岛核事故亦反映出我们对纵深防御的重点认识还不够全面,过分注重事故预防,而对严重事故的后果缓解研究不够,导致一旦发生严重事故时,常常措手不及、应对不力。事实上,在真实的世界里,并不存在绝对安全的系统或设备,不可能完全预防所有事故。因此,事故缓解功能(包括应急)同样重要,尤其是缓解和应对后果严重而发生概率很低的严重事故。对严重事故进程的研究表明,在大多数情况下,从初始事件发展到堆芯损坏的状况,期间有足够的应对时间来遏制事故的发展;而且,即使在发生堆芯熔化的条件下,只要应急及时、应对得力,是完全有可能杜绝放射性物质释放到环境的。

在核安全领域,任何谨慎都不为过,需要考虑一切难以考虑的因素。毫无疑问,后福岛时代的反应堆将更加安全。这有赖于我们更加重视纵深防御在核安全中的绝对主导地位,更加注重各防御层次的可靠性,更加注重事故预防与事故缓解之间的良好平衡。

2.2　多道屏障

为了阻止放射性物质向外扩散,轻水堆核电厂结构设计上的最重要安全措施之一,是在放射源与人之间,即放射性裂变产物与人所处的环境之间,设置了多道屏障,力求最大限度地包容放射性物质,尽可能减少放射性物质向周围环境的释放量。最为重要的是以下四道屏障,如图 2-3 所示。

第一道屏障为燃料基体,核电厂采用烧结的二氧化铀陶瓷燃料,放射性物质很难从陶瓷燃料中逸出。

第二道屏障是燃料元件包壳。轻水堆核燃料采用低富集度二氧化铀,将其烧结成芯块,叠装在锆合金包壳管内,两端用端塞封焊住。裂变产物有固态的,也有气态的,它们中的绝大部分容纳在二氧化铀芯块内,只有气态的裂变产物能部分地扩散出芯块,进入芯块和包壳之间的间隙内。燃料元件包壳的工作条件是十分苛刻的,它既要受到中子流的强烈辐射、高温高速冷却剂的腐蚀、侵蚀,又要受热的和机械应力的作用。

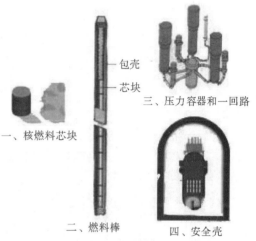

图 2-3　四道屏障

正常运行时,仅有少量气态裂变产物有可能穿过包壳扩散到冷却剂中;如包壳有缺陷或破裂,则将有较多的裂变产物进入冷却剂。设计时,假定有 1% 的包壳破裂和 1% 的裂变产物会从包壳逸出。据美国统计,正常运行时实际最大破损率为 0.06%。

第三道屏障是将反应堆冷却剂全部包容在内的一回路压力边界。压力边界的形式与反应堆类型、冷却剂特性以及其他设计考虑有关。压水堆一回路压力边界由反应堆容器和堆外冷却剂环路组成,包括蒸汽发生器传热管、泵和连接管道。

为了确保第三道屏障的严密性和完整性,防止带有放射性的冷却剂漏出,除了设计时在结构强度上留有足够的裕量外,还必须对屏障的材料选择、制造和运行给予极大的关注。

第四道屏障是安全壳,即反应堆厂房。它将反应堆、冷却剂系统的主要设备(包括一些辅助设备)和主管道包容在内。当事故(如失水事故、地震)发生时,它能阻止从一回路系统外逸的裂变产物泄漏到环境中去,是确保核电厂周围居民安全的最后一道防线。安全壳也可保护重要设备免遭外来袭击(如飞机坠落)的破坏。对安全壳的密封有严格要求,如果在失水事故后 24 小时内安全壳总的泄漏率小于 0.1% 安全壳内所含气体的质量,则认为达到要求。为此,在结构强度上应留有足够的裕量,以便能经受住冷却剂管道大破裂时压力和温度的变化,阻止放射性物质的大量外逸。它还要设计得能够定期地进行泄漏检查,以便验证安全壳及其贯穿件的密封性。

除了上述四道实体屏障外,每座核电厂周围都有一个公众隔离区。核电厂选址又应与居民居住区保持一定的距离。这样,可对释放的任何载有放射性物质的气体提供大气扩散以及自然消散的途径,并在万一发生严重事故时有足够疏散居民的时间。核电厂附近的居民一般较少,易于疏散。

2.3　核电厂安全设计原则——设计基准事故准则

核电厂安全设计的一般原则是:采用行之有效的工艺和通用的设计基准,加强设计管理,在整个设计阶段和任何设计变更中必须明确安全职责,核电厂各系统安全设计的基本原则见表 2-1。

表 2-1　安全设计基本原则

针对目标	控制手段	措施(举例)
(A)单一故障	冗余性	一个系统分成多个相同的支路(多台给水泵)
(B)共因故障	多样性	运用各种作用机理或仪表结构(快速停堆的各种触发依据)
(C)相干故障	实体分隔	冗余支路之间相隔足够距离
	屏蔽分隔	冗余支路之间的混凝土墙
(A)、(B)、(C)并且辅助能源丧失	故障安全性	设计时使得系统故障的影响明确无误地偏向安全(例如快速停堆系统)
人为错误	自动化	设置自动触发系统(反应堆保护系统、安全设施)

2.3.1　单一故障——冗余性

我国《核电厂设计安全规定》(HAF102)定义单一故障为:导致某一部件不能执行其预定功能的一种随机故障。由单一随机事件引起的各种继发故障,均视作单一故障的组成部分。

德国对安全准则的解释中,就单一故障准则作了如下阐述:"单一故障指的是安全设施在要考虑的某种需求下随机出现的一种假设故障,它与触发事件无关,无论是正常运行或事故情况下都不是需求事件的后果,而且在需求事件出现之前该故障并未被发现。当安全设施某一部分未能按要求履行其功能时,就发生单一故障。"图 2-4 给出了一些可能的事例。

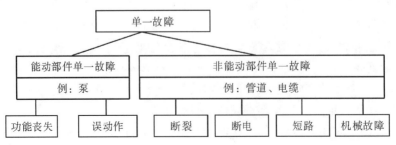

图 2-4　单一故障可能性

单一故障假设是核电厂安全设施中一个确定论的概念。它和其他方法和措施,例如概率分析和质量保证一样,都是为安全预防服务的。

满足单一故障准则的设备组合,在其任何部件发生单一随机故障时,仍能保持所赋予的功能。

为满足单一故障准则,可以采取冗余设计。系统的冗余设计可以理解为设置的设备或系统数应为满足全部功能所必需的设备或系统数的若干倍。假设安全系统为了完全控制某一事故所必需的全部功能为 100%(参见图 2-5),则根据单一故障准则,该系统必须至少按 $2 \times 200\%$ 的能力来设计。因为需要有 $1 \times 100\%$ 以满足系统的全部功能,而另外的 $1 \times 100\%$ 用作单一故障时的备份。

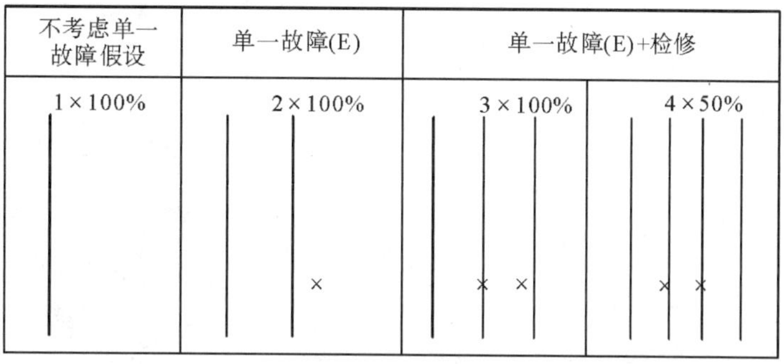

不考虑单一故障假设	单一故障(E)	单一故障(E)+检修	
$1 \times 100\%$	$2 \times 100\%$	$3 \times 100\%$	$4 \times 50\%$
	×	× ×	× ×

图 2-5　冗余设计

此外,根据上述对单一故障概念的解释,还要求对于反应堆保护系统以及用于在失水事故后导出剩余发热和用于事故供电的安全设施,在其检修期间不可能在需求时及时恢复功能,也应假设会出现单一故障。这就要求在一条 $1 \times 100\%$ 支线检修期间安全设施仍具有全部功能。从核电厂可用率角度来看,这也是必要的。否则每当检修某一安全设备时都得停堆。由此可知,考虑到检修,冗余设计应考虑例如 $3 \times 100\%$ 才够。不过人们也可以选择与之等效的 $4 \times 50\%$ 的冗余设计。

2.3.2　系统性故障——多样性

除了单一故障以外,有些安全系统还假设一种共因故障。这是一种系统性的故障,例如共因设计、材料或加工缺陷,在所用的多台相同(冗余)设备上同时出现。在这种情况下,单有冗余设计量不能满足需求。只有通过运用多样性(多样性意味着各种各样)原则才能避免共因故障。

多样性原则:多样性应用于执行同一功能的多重系统或部件,即通过多重系统或部件中引入不同属性来提高系统的可靠性。获得不同属性的方式有:采用不同的工作原理,不同的物理变量,不同的运行条件以及使用不同制造厂的产品等。

采用多样性原则能减少某些共因故障或共模故障,从而提高某些系统的可靠性。

例如在反应堆保护系统中,总是将多种各不相同的触发判据用于出现故障时触发反应堆快速停堆(参见表 2.32)。例如当控制棒误提升时,由此引起核裂变增加,使反应堆功率上升。与此相关,反应堆冷却剂温度和主回路压力也随之上升。这就构成了互不相同的停堆判据。

表 2-2　反应堆快速停堆的触发信号

事故 ＼ 限值	控制棒失控抽出	给水管破裂	蒸汽管道破裂	主回路破裂
DNBR	○			●
反应堆冷却剂温度	○	○		
主回路压力	○	○		
稳压器水位高	○	○		
稳压器水位低				○
安全壳压力高				○
主蒸汽管道压力变化			●	
蒸汽发生器水位		●	○	
反应堆功率	●			

●首先触发快速停堆的限值

2.3.3　相干故障——独立性原则

为了预防具有相干性质的事故(例如火灾、洪水、爆炸、坠机等),各冗余分支或子系统在空间上应尽可能远距离布置,从而不致同时出现失效。倘若这些冗余分支或子系统无法空间远距离布置或者隔离的意义不大,则规定采用相应的屏障隔离措施。安全重要厂房的布置就是一例。图 2-6 清楚地表明了这一原则是如何通过实体隔离与相应的屏障隔离措施,在一个支路形式上划分为 4 个独立子系统(图中划有斜线区域)的安全系统上实施的。

2.3.4　故障安全原则

在某些情况下,为对付前述的各种可能的故障以及为对付如像安全设施供电之类的辅助能源丧失事故,提供一种附加的保护,即采用故障安全原

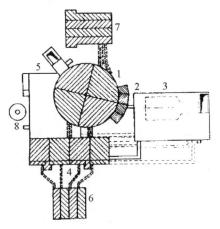

图 2-6　安全重要厂房的实体隔离
1—反应堆厂房;2—蒸汽—给水阀间;
3—汽机厂房;4—配电设备厂房;
5—反应堆辅助厂房;6—应急电源厂房;
7—应急给水厂房;8—排风烟囱

则。"故障安全"意味着朝着安全的方向失效,亦即安全设施的设计应做到其本身的故障都能触发加大安全性的动作。例如断电时控制棒因重力下落导致快速停堆。再如,核电厂的许多阀门是电动的,没有电,阀门就不会动作。但向反应堆内补充冷却水的阀门,如果必须开启,在失电后就会固定在"开"的位置;而安全壳的隔离阀在失电后就会固定在"关"的位置。

2.3.5　人为错误——自动化

故障的探测和事故控制措施的触发不能依赖运行人员的注意力及其正确判断。错误判断,尤其是事故发生的前几分钟判断错误的可能性极大。因此重要安全功能(例如

事故冷却)均完成自动执行,且自动功能比手动干预的优先度高。

2.4 预防意外侵害的措施

对核电厂造成侵害的外部或内部的原因如表 2-3 所示。

表 2-3 意外侵害的原因

外 部 侵 害	内 部 侵 害
地震	火灾
飞机坠落	含高能量管道的破裂
工业环境(爆炸等)	来自汽轮机组的飞射物
水灾	厂内其他的飞射物
冰冻	厂内水灾

各种意外侵害的程度并不相同,对这些意外侵害应作深入的研究,以估计其危险性,并确定最合适的保护措施,保证在任何情况下都能有效地控制反应性,确保对堆芯的冷却,和包容放射性产物。

1. 地震

地球表层像一块板石,表面的镶嵌物或坚或软,地震是由于板块之间相互交叉的位移运行而引起的,这一能量的突然释放是由于板块之间的挤压应力超出了地球表层岩石的机械阻力的结果。对每个核电厂选址必须进行地理及历史上的考证以确定历史上可能的最大地震。国际原子能机构 IAEA 规定,核电厂设计应按当地最大地震烈度提高 1 度来计算安全停堆地震 SSE(Safe Shutdown Earthquake)。

2. 飞机坠落

为防止一架飞机(或航空器)坠落于核电厂,核电厂的反应堆厂房、燃料厂房、电气厂房的设计必须考虑这两种飞行物的撞击,用于保证安全功能的建筑及必要的设备必须得到足够的保护,如核安全设施的掩体应采用钢筋混凝土结构,应急电源的两台柴油发电机组应分散安装在厂房的不同房间内。

3. 工业环境

必须对核电厂厂址周围有无可能引起爆炸的工业项目(输油或输气管道、爆炸性物品运输车船、武器仓库等)进行评估,确认无可能危及核电厂安全的工业设施。

4. 水灾

严重的水灾将使那些与核安全有关的设施与供电设备有丧失其功能的危险。核电厂为防止发生灾难性决堤时,洪水瞬时涌出淹没厂区,厂区应筑有护堤。

5. 火灾

核电厂应制定规程和设置完善的消防设施,以防止火灾的发生和限制火灾的后果,以达到维持核安全功能的完整性、限制设备的损坏程度和确保人身安全等目的。为此,核电厂必须具备一整套的预防措施,于厂区各部门和建筑物内分布有烟、火、温度火灾探测器,以及合理的灭火方法和加强人员的训练等。

6. 高能量管道的破裂

从事故分析中,人们认为高能量管道可能在剧烈的冲撞情况下发生断裂。因此,核电厂对高能量管道的安装采用了地理位置的分隔、防飞射物装置的安装和固定,以限制管道移位或断裂情况下对系统或相关部分的影响。

7. 来自于汽轮发电机组的飞射物

来自于汽轮发电机组的飞射物对反应堆厂房的危险性必须加入评价。从核安全上来讲同样适合于重要设备的防护。

习　题

1. (a)说明纵深防御安全原则的内容,在核电厂安全设计中,为什么必须贯彻纵深防御安全原则?

　 (b)在核电厂事故工况下,保护公众不受放射性释放危害的多道屏障有哪些?

2. 怎样应用瑞士奶酪模型(Swiss Cheese Model),来理解和认识福岛核事故直接反映出纵深防御安全原则在可靠性要求方面存在的局限性?

3. 说明单一故障定义和单一故障准则的应用。

参考文献

[1]　朱继洲. 核反应堆安全分析[M]. 北京:原子能出版社,1988.

[2]　朱继洲. 核反应堆安全分析[M]. 西安:西安交通大学出版社,2000.

[3]　国际核安全咨询组[M]. 核电安全的基本原则,75-INSAG-3,国家核安全局,1989.

[4]　李朝君,陈妍,左嘉旭,等. 基于瑞士奶酪模型对核电站纵深防御和人因失误的思考,环境保护部核与辐射安全中心.

核反应堆的安全系统

运行中的反应堆存在着放射性物质释放的潜在风险。在反应堆、核电厂的设计、建造和运行过程中，必须坚持和确保安全第一的原则，必须设置反应性控制系统、反应堆保护系统和专设安全设施，确保反应堆在所有情况下能充分发挥有效控制反应性，确保堆芯冷却和包容放射性产物三项安全功能。

3.1 核反应堆的安全性要素

反应堆正常运行时，裂变产物几乎全部被包容在燃料元件内，从燃料元件泄漏的少量气态裂变产物以及冷却剂中的活化产物几乎都被包容在封闭的一回路系统内。所以，反应堆正常运行时对环境的污染是极其微小的。但是一旦发生严重的堆芯损坏事故，同时又发生一回路压力边界和安全壳破损的情况下，将有大量放射性物质释放到环境中，造成严重污染。

由于运行中的反应堆存在着潜在风险，在反应堆、核电厂的设计、建造和运行过程中，必须坚持和确保安全第一的原则，核电厂运行史上三里岛事故、切尔诺贝利事故和日本福岛核事故三次重大事故的发生，人们对反应堆安全性提出了更高的要求。早在1986年切尔诺贝利事故后，国际核能界就认为现有核电厂系统过于复杂，必须着力解决设计思想上的薄弱环节，提出应以固有安全(Inherent Safety)概念贯穿于反应堆核电厂设计安全的新论点。

为了理解固有安全性的定义，首先应分析确保反应堆安全的4种安全性要素：

(1)自然的安全性 只取决于内在负反应性系数，多普勒效应、控制棒借助重力落入堆芯等自然科学法则的安全性，事故时能控制反应堆反应性或自动终止裂变，确保堆芯不熔化。

(2)非能动的安全性 建立在惯性原理(如泵的惰转)、重力法则(如位差)、热传递法则等基础上的非能动设备(无源设备)的安全性，即安全功能的实现毋需依赖外来的动力。

(3)能动的安全性 必须依靠能动设备(有源设备)，即需由外部条件加以保证的安全性。

(4)后备的安全性 指由冗余系统的可靠度，或阻止放射性物质逸出的多道屏障提供的安全性保证。

固有安全性被定义为：当反应堆出现异常工况时，不依靠人为操作或外部设备的强制性干预,只是由堆的自然安全性和非能动的安全性,控制反应性或移出堆芯热量,使反应堆趋于正常运行和安全停闭。具备有这种能力的反应堆,即主要依赖于自然的安全性、非能动的安全性和后备反应性的反应堆体系被称为固有安全堆。

应该指出,当前那些正在运行着核电厂的反应堆,它们的安全性虽然也依赖于上述的四种要素,但与具有固有安全性反应堆相比,所依赖的程度和重点是不同的,这些堆均需设置应急堆芯冷却系统、余热排出系统、安全壳及安全壳喷淋系统等专设安全设施,依靠的主要是能动的安全性和后备的安全性,压水堆(PWR)、沸水堆(BWR)和高温气冷堆(HTGR)等都属于这个范畴,它们的安全性是按概率风险评价确保的,属于工程的安全性。

3.2　核反应堆的安全功能

为确保反应堆的安全,反应堆所有的安全设施应发挥如图3-1所示特定的安全功能:

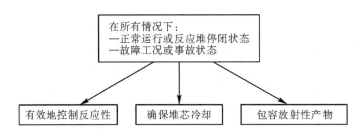

图3-1　反应堆安全设施的安全功能

3.2.1　反应性的控制

在反应堆运行过程中,由于核燃料的不断消耗和裂变产物的不断积累,反应堆内的反应性就会不断减少;此外,反应堆功率的变化也会引起反应性变化。所以,核反应堆的初始燃料装载量必须比维持临界所需的量多得多,使堆芯寿命初期具有足够的剩余反应性,以便在反应堆运行过程中补偿上述效应所引起的反应性损失。

为补偿反应堆的剩余反应性,在堆芯内必须引入适量的可随意调节的负反应性。此种受控的反应性既可用于补偿堆芯长期运行所需的剩余反应性,也可用于调节反应堆功率的水平,使反应堆功率与所要求的负荷相适应。另外,它还可作为停堆的手段。实际上,凡是能改变反应堆有效倍增因子的任一方法均可作为控制反应性的手段。例如,向堆芯插入或抽出中子吸收体,改变反应堆燃料的富集度,移动反射层以及改变中子的泄漏等。其中,向堆芯插入或抽出中子吸收体是最常见的一种方法,通常称中子吸收体为控制元件。

控制元件总的反应性应当等于剩余反应性与停堆余量之和。一根控制元件完全插入后在堆芯内引起的反应性变化定义为单根控制元件的反应性当量。根据反应堆运行工况的不同可把反应性控制分为如下三种类型:

(1)紧急停堆控制:当反应堆出现异常工况时,作为停堆用的控制元件必须具有迅速引入负反应性的能力,使反应堆紧急停闭。

(2)功率控制:要求某些控制元件动作迅速,及时补偿由于负荷变化、温度变化和变更功率水平引起的微小的反应性瞬态变化。

(3)补偿控制:补偿控制元件用于补偿燃耗、裂变产物积累所需的剩余反应性,也用于改变堆内功率分布,以便获得更好的热工性能和更均匀的燃耗。这种控制元件的反应性当量大,并且它的动作过程是十分缓慢的。

把吸收体引入堆芯,又有以下三种方式:

(1)控制棒:在堆芯内插入可移动的含有吸收材料的控制棒。按其作用不同可分为补偿棒、调节棒和安全棒三种。补偿棒用于补偿控制,调节棒用于功率控制,安全棒用于紧急停堆控制。

控制棒是由中子吸收截面较大的材料(例如镉、铟、硼和铪等)制成。在中子能谱较硬的热中子堆中,为了提高控制效果,最好采用几种中子吸收截面不同的材料组成的混合物作控制棒,以便在各个能区内吸收中子。为此,在近代压水堆中使用的控制棒多数由银-铟-镉合金制成。此外,控制棒材料还必须具备耐辐射、抗腐蚀和易于机械加工等方面的良好性能。

(2)可燃毒物:堆芯寿期的长短通常取决于反应堆初始燃料装载量。当然,装入反应堆的燃料量也部分地取决于反应堆控制元件所实际能补偿的剩余反应性量。为增大堆芯的初始燃料装载量,通常在堆芯内装入中子吸收截面较大的物质,把它作为固定不动的控制棒装入堆芯,用以补偿堆芯寿命初期的剩余反应性。这种物质称为可燃毒物。可燃毒物的吸收截面应比燃料的吸收截面大,这样,它们就能比核燃料更快地烧完,从而在燃料循环末期,由它们带来的负反应性贡献可以忽略。采用这种控制方法有许多优点,如延长堆芯的寿期、减少可移动控制棒的数目、简化堆顶结构,若布置得当还能改善堆芯的功率分布等等。

可燃毒物材料通常选用钆(Gd)或硼(B),将其制成小片弥散在燃料中;在压水堆中,堆芯初始装载时用硼硅酸盐玻璃管作为可燃毒物棒装入堆芯。

(3)可溶毒物:可溶毒物是一种吸收中子能力很强的可以溶解在冷却剂的物质。轻水堆往往以硼酸溶解在冷却剂内用作补偿控制。其优点是毒物分布均匀和易于调节。由于这种化学控制方法能补偿很大的剩余反应性,可以使堆芯内可移动控制棒数目大量减少,从而简化了堆芯设计;然而,化学补偿控制也有不足之处,譬如,由于向冷却剂增加或减少毒物量的速度十分缓慢,所以反应性的引入速率相当小。因此,化学补偿控制只适宜补偿由于燃耗、中毒和慢化剂温度变化等引起的缓慢的反应性变化。

反应堆的冷却剂含硼浓度由硼表进行在线监测,如图 3-2 所示。

在事故工况下,任何链式裂变反应的不正常增加,将会被堆外中子测量系统探测到,并发出警报信号,必要时产生自动停堆信号,使控制棒落入堆芯以中止链式裂变反应。如压水堆核电厂二回路蒸汽管道破裂或其他蒸汽需求不正常增加的事故情况下,引起一回路过冷,导致反应性的不可控增加,这时安全注射系统将会动作,将含高浓度硼的冷却剂注入堆芯以中止链式裂变反应。

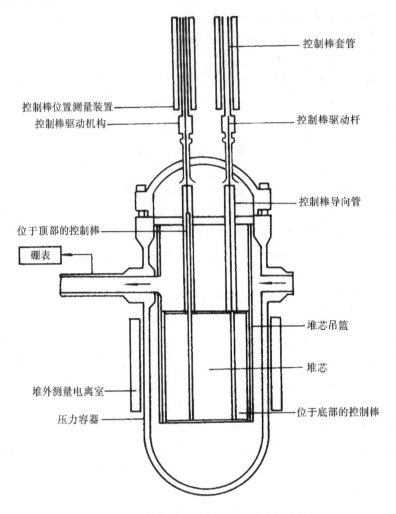

控制棒套管

控制棒位置测量装置

控制棒驱动机构

控制棒驱动杆

控制棒导向管

位于顶部的控制棒

硼表

堆芯吊篮

堆芯

堆外测量电离室

压力容器

位于底部的控制棒

图 3 - 2　核安全的第一功能——反应性控制

3.2.2　确保堆芯冷却

为了避免由于过热而引起燃料元件损坏,任何情况下都必须导出核燃料的释热,确保对堆芯的冷却。

正常运行时,一回路冷却剂在流过反应堆堆芯时受热,而在蒸汽发生器内被冷却;蒸汽发生器的二回路侧由正常的主给水系统或辅助给水系统供应给水。蒸汽发生器生产的蒸汽推动汽轮机做功,当汽轮机甩负荷时,蒸汽通过蒸汽旁路系统排放到凝汽器或排向大气。

反应堆停闭时,堆芯内链式裂变反应虽被中止,但燃料元件中裂变产物的衰变继续放出热量,即剩余释热。为了避免损坏燃料元件包壳,和正常运行一样,应通过蒸汽发生器或余热排出系统,继续导出热量。

对于从反应堆换料时卸出的乏燃料组件,必须在核电厂的乏燃料水池中存放几个月,以释出乏燃料组件的剩余热量,并使短寿期放射性裂变产物自然衰变,降低放射性水平。

当反应堆失去正常冷却的事故工况下,将有以下几种导出堆芯热量的方法:

(1)蒸汽发生器的给水由辅助给水系统提供,产生的蒸汽通过蒸汽旁路系统排向大气。

(2)当一回路的温度、压力下降到一定值时,堆芯剩余发热由余热排出系统加以冷却。一回路处于大气压力下时,还可以由反应堆换料水池冷却净化系来疏导余热。

(3)当蒸汽管道出现破口情况下,安全注射系统将向堆芯注入含硼水,以补偿由于堆芯过冷所丧失的冷却剂装量。

(4)当一回路系统出现破口时,堆芯功率产生的热量将由破口流出的液态或汽态的冷却剂带到安全壳内,这时,安全壳喷淋系统应动作,对流出的冷却剂进行循环冷却。

核电厂各种运行工况下,对反应堆堆芯的冷却可归纳如表 3-1 所示。

表 3-1　反应堆堆芯冷却的控制

	系统或设备	热　阱
正常运行	蒸汽发生器	正常给水 辅助给水及蒸汽旁路系统
机组停运	第一阶段:蒸汽发生器 第二阶段:余热排出系统	辅助给水及蒸汽旁路系统 设备冷却水系统、重要厂用水系统
事故工况	蒸汽发生器	辅助给水及蒸汽旁路系统
	余热排出系统	设备冷却水系统、重要厂用水系统
	安全注射系统	换料水箱
	换料水箱、设备冷却水系统、重要厂用水系统	安全壳喷淋系统
乏燃料组件的冷却	反应堆换料水池及乏燃料水池冷却净化系统	设备冷却水系统、重要厂用水系统

3.2.3　包容放射性产物

为了避免放射性产物扩散到环境中,在核燃料和环境之间设置了多道屏障,运行时,必须严密监视这些屏障的密封性,确保公众与环境免受放射性辐照的危害,见图 3-3。

正常运行时,少数燃料元件包壳会出现轻微裂纹,少量裂变产物及活化产物将进入核辅助厂房的一些辅助系统内,如化学与容积控制系统及乏燃料水池。这些放射性产物主要以液态或气态的形式存在。通过以下方法加以控制:

(1)保持现场或厂房的相对负压,防止放射性气体或尘埃向其他区域的扩散。对存在放射性碘的区域也同样保持与周围其他区域的负压。

(2)通过放射性废气、废液处理系统收集带放射性的气体并传送到废气处理系统进行处理、贮存和监控。待其放射性衰变到可接受水平后,送到装备有过滤器和碘吸附装置的烟囱进行监控排放。低放射性废气经过过滤后可直接通过烟囱排放。

(3)放射性废液经收集后,送到硼回收系统或废液处理系统进行过滤、除盐、除气、蒸发和贮存监测后,送到废液处理系统贮存箱贮存。通过取样分析达到环保部门要求的排放标准后,再向环境进行监控排放。

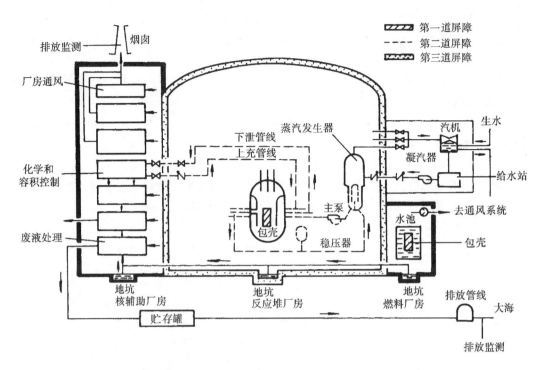

图 3-3 核安全的第三功能——对放射性产物的屏障控制

事故工况下,下列系统或装置将参与对各道放射性屏障功能的控制。

反应堆紧急停堆系统:控制第一道屏障。

稳压器安全阀:第二道屏障。

对第三道屏障,则有以下系统或装置动作:①安全壳自动隔离;②安全壳喷淋系统,用于降低安全壳内压和减少放射性碘;③氢气复合装置,消除失水事故情况下产生的氢气,防止可能出现的氢爆;④砂堆过滤器,防止安全壳超压;⑤安全壳内废液及废气的外泄漏,分别由碘过滤器、核岛排气和疏水系统收集后重新送回安全壳。

3.3 专设安全设施

当反应堆运行发生异常或事故工况下,仅仅依靠正常的控制保护系统仍不足以保障堆芯的冷却。在压水堆核电厂中,一旦发生因冷却剂系统管道破裂的失水事故时,即使反应堆紧急停闭,也会由于积累在堆芯的贮热和裂变产物衰变热的作用,使燃料包壳烧毁,甚至会使堆芯熔化;同时,高温、高压冷却剂的大量泄放,会引起安全壳内压力升高,危及安全壳的完整性。为此,除反应堆保护系统外,还应设置专设安全设施。这些设施具有下列功能:

(1)发生失水事故时,向堆芯注入含硼水;

(2)阻止放射性物质向大气释放;

(3)阻止氢气在安全壳中的浓集;

(4)向蒸汽发生器事故供水。

3.3.1　二代专设安全设施

1. 安全注射系统

安全注射系统又可称应急堆芯冷却系统。它的主要功能是异常工况下对堆芯提供冷却,以保持燃料包壳的完整性。当发生主冷却剂回路管道破裂的重大事故时,要求它能迅速将冷却水注入堆芯,及时导出燃料中产生的热量,不使燃料的温度超过包壳的熔点,并提供事故后对堆芯长期冷却的能力。

安全注射系统由以下子系统构成(见图 3-4):

(1)高压安全注射子系统;

(2)蓄压安全注射子系统;

(3)低压安全注射子系统。

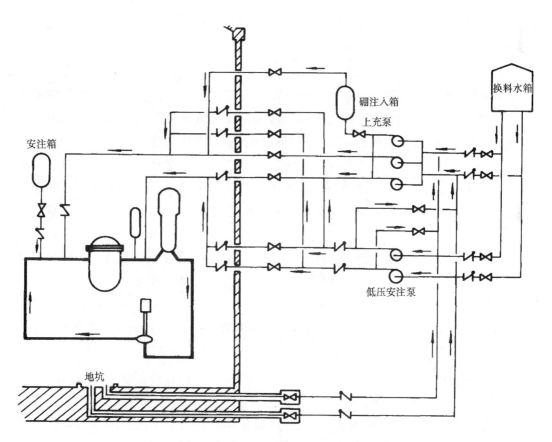

图 3-4　应急堆芯冷却系统示意图

所有系统均为两路或三路独立通道,每路具备 100% 的设计能力。

主系统发生中、小破口时,高压注射子系统首先触发向主系统充水。若破口较大,压头较低但流量大得多的低压安全注射子系统投入。注射泵从换料水箱取含硼 20000 $\mu g/g$ 的冷水注入主系统冷管段,补充从破口流失的冷却剂;流失的冷却剂逸入安全壳,最后汇入地坑。一般压水堆电厂的设计中,高压安全注射子系统的三台泵与化容系统上充泵部分兼容,一台柱塞泵正常时为上充泵,可以产生压头很高的注射水流。另两台离心泵平时开动一台与柱塞泵并联运行,另一台备用,在保护系统信号触发下自动投入。

主系统压力降到 4 MPa 以下时,蓄压安全注射子系统安注箱会立即自动向冷管段注水。安注箱内装含硼水,以氮气充压,依靠箱体与主系统间的压差驱动截止阀自动开启。蓄压安全注射子系统安注箱是非能动安全系统的一个实例。

低压安全注射子系统在大破口失水事故下首先从换料水箱取水,水箱排空以后自动切换到安全壳地坑。地坑水温度较高,必须经过低压安全注射子系统热交换器冷却后再行注入。工程实践中低压安全注射子系统与余热排出系统是充分兼容的。

在换料水箱已用空而又需要高压安注的情况下,高压安全注射子系统经过低压安全注射子系统从安全壳地坑取水。在这种间接取水方式下,低压安注泵的作用相当于高压安注泵的增压泵。

在大破口失水事故后,堆芯余热将藉冷段和热段的长时间低压再循环排出,即堆芯长期冷却方式。

2. 安全壳系统

采取如前所述的安全设施后,显然可以防止发生因失水事故而导致的堆芯熔化事件,但是失水事故一旦发生,燃料包壳破裂事件是可能发生的。因此,设置的安全设施也应该能够把由于元件包壳破裂而释放的放射性物质封闭在安全壳内。

安全壳及安全壳导出热量系统必须设计成:无论发生怎样大的事故,不仅不容许安全壳的泄漏率超过规定设计值,而且还应留有足够的余量,以便能应付事故引起的压力和温度的变化;此外,还能进行定期泄漏检查,以便证实安全壳及其贯穿部件的密封性能是否完好。

压水堆一般采用干式密封安全壳,如图 3-5。早期使用一层钢板制作的球形耐压单层安全壳,随后为了减小安全壳的体积和泄漏量,又相继研制了诸如混凝土外层单层安全壳、半双层安全壳、无泄漏双层安全壳和预应力混凝土安全壳等多种形式。它们都是能承受最大失水事故产生压力的耐压结构。除冰冷式安全壳外,典型的安全设计压力为 0.5 Mpa(a)。在设计压力下,每天的泄漏率不超过安全壳内部自由空间中气体的 0.1%。为了有效地抑制因失水事故引起的压力增长幅值和放射性强度,安全壳内还专门设置了喷淋系统和放射性物质去除系统。

发生失水事故时,安全壳喷淋系统喷出冷却水,使一部分蒸汽凝结,降低安全壳内部压力,并使安全壳得到及时冷却。安全壳喷淋系统有两种运行方式(见图 3-6)一种是直接喷淋,喷淋泵把来自换料水箱中的含硼水,经布设在安全壳内部的喷淋管嘴喷入安全壳;另一种是再循环喷淋,换料水箱到达低水位时,低水位的信号自动开启再循环管线的阀门,关闭换料水箱的出口阀,而将喷淋泵的吸入端与安全壳地坑相连接,安全壳喷淋系统便开始再循环喷淋运行,它把积聚在安全壳地坑中的水,经过喷淋管嘴喷入安全壳,用以提供安全壳连续冷却。

安全壳喷淋系统中设有化学物添加箱,箱内贮存化学添加物氢氧化钠(NaOH)或硫代硫酸钠($Na_2S_2O_2$),在向安全壳喷淋的同时,能把化学添加物掺入喷淋水中,用以去除冷却剂中所含的放射性碘。

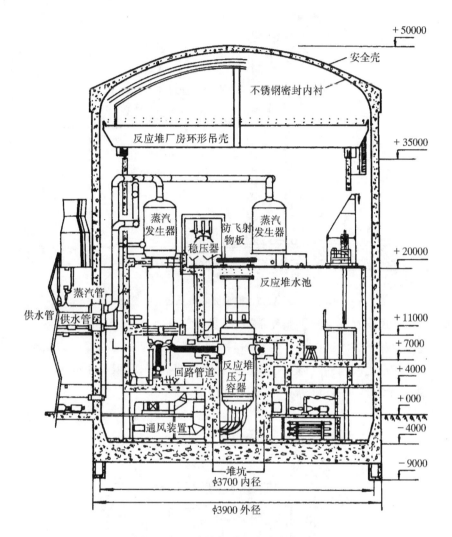

图 3 - 5　压水堆大型干式安全壳剖面

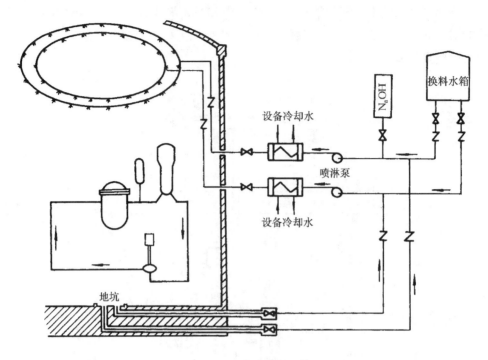

图 3-6　安全壳喷淋系统

　　双层安全壳还设置了空气再循环系统(见图 3-7),它由排风机、冷却器、除湿器、高效率粒子过滤器和碘过滤器组成。工作时,能使环形空间保持负压,起到双层包容的作用。同时也使环形空间内的气体通过碘过滤器进行再循环,降低安全壳泄出气体中放射性物质浓度,使放射性对核电厂周围的影响到最低限度。

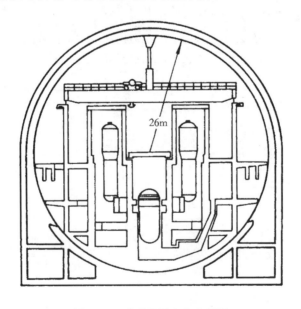

图 3-7　球形双层安全壳剖面

此外,早期的一些压水堆核电厂曾采用冰冷凝器式安全壳,如图 3 - 8 所示。在这种结构的安全壳内,有一个环形冷藏室,其中装有含硼的冰块。在正常情况下,用常规的制冷设备使冰块维持在凝结状态。在失水事故时,堆芯释放的蒸汽首先经过冰冷凝器,而后进入安全壳的上部空间。这样,可使相当份额的蒸汽在冰冷凝器中凝结。这种结构的安全壳与干式安全壳相比,优点是安全壳承受的设计压力较低,比常用的干式安全壳体积小得多,但设备初置费及运行费用很高,现已很少采用。

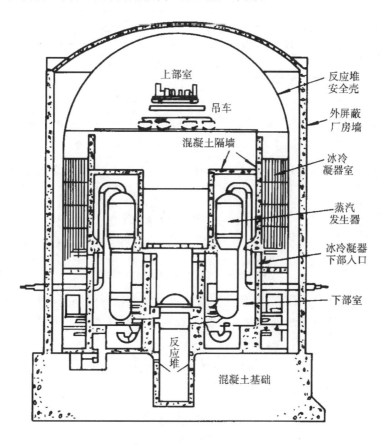

图 3 - 8　冰冷凝器式安全壳

3. 辅助给水系统

辅助给水系统又称事故给水系统。当蒸汽发生器的主给水系统不能工作时,辅助给水系统向蒸汽发生器供水,及时带走反应堆的剩余发热,以保护堆芯和防止设备损坏。所以,可把它看作为核蒸汽供应系统的安全系统。此外,在反应堆正常启动和停闭过程中,为了在低功率下有效地控制给水,也需要由辅助给水系统向蒸汽发生器供水。对于绝大多数事故,都需要依赖由辅助给水系统维持蒸汽发生器的热阱作用。所以,辅助给水系统在确保核电厂安全上有重要意义,在设计上必须确保它的可靠性。

辅助给水系统由两个子系统组成。一个子系统有两列 50% 容量的由可靠电源供电的电动给水泵,另一个子系统由一台 100% 容量的汽动泵组成,这三台泵均从抗震水箱(辅助给水箱)取水,以足够高压头直接注入蒸汽发生器。辅助给水箱排空以后,可以取重要厂用水作为替代水源。使冷却剂主系统从反应堆热备用工况冷却到余热排出系统投入温度,只需一台电动泵运行5 h左右,辅助给水系统示意图见图3-9。

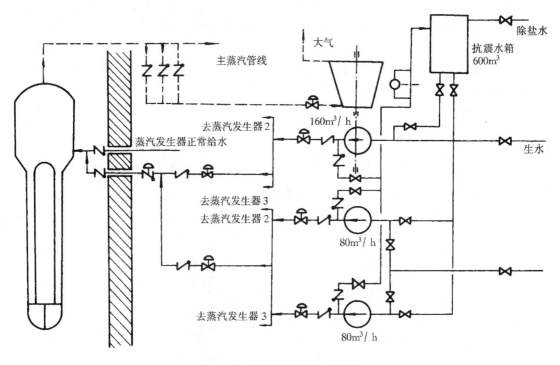

图3-9　辅助给水系统示意图

为维持蒸汽发生器热阱作用,启动辅助给水系统的同时还须采取排汽措施。凝汽器可用时应开启旁路排汽系统以节省二次侧水资源。若凝汽器不可用,则应开启二次侧卸压阀排汽,否则蒸汽发生器安全阀会自动冲开。

驱动汽动辅助给水泵的蒸汽由一台蒸汽发生器供给。为确保可用性,供汽汽压在0.7~8.3 MPa的范围内变化均可。

3.3.2　AP1000先进核电厂非能动专设安全设施

AP1000先进核电厂在成熟的压水堆核电技术的基础上,引入安全系统非能动理念,使核电厂安全系统的设计发生了革新性的变化;在设计中采用了非能动的严重事故预防和缓解措施;简化了安全系统配置;减少了安全支持系统;大幅度地减少了安全级设备(包括核级电动阀、泵和电缆等);取消了1E级应急柴油发电机系统和大部分安全级能动设备;明显降低了对大宗材料的需求。

非能动安全系统的采用使AP1000比传统的核电厂具有更大的优越性。非能动安全系统不需要操纵员的行动来缓解设计基准事故。这些系统仅仅利用自然力因素,例如重力、自然循环和压缩空气来使系统工作,而不需要采用泵、风机、柴油机、冷水机或其他能动机器。非能动安全系统只需少量的阀门连接,并能自动启动。这些阀门被设计成在失去电源或接收到安全保护启动信号时启动,达到它们的安全保护状态。这些阀门也受多重的可靠气源支持,以避免不必要的启动。

非能动安全系统不需要大规模的能动安全支持系统(例如:交流电源、供暖通风和空调系统 HVAC、冷却水以及有关抗震厂房来放置这些部件),而这些在典型的常规核电厂里是必需的。

AP1000 先进核电厂的非能动安全相关系统包括:

(1)非能动堆芯冷却系统(PXS,Passive Core Cooling System);

(2)非能动安全壳冷却系统(PCS,Passive Containment Cooling System);

(3)主控室应急可居留性系统(MCRHS,Main Control Room Habitability System);

(4)安全壳隔离系统(Containment Isolation System)。

和传统的核电厂相比,AP1000 的非能动安全系统在电厂安全性和投资保护方面有了重大的提高。它们可以在无需操纵人员行动或交流电支持的情况下建立并长期地维持堆芯冷却和安全壳的完整性。非能动系统设计中考虑了单一故障准则,并且采用概率风险评价来验证它们的可靠性。

AP1000 先进核电厂的非能动安全系统比典型压水堆的安全系统显著地简化,这些非能动系统中所包含的设备部件大大减少了,从而减少了所需的试验、检查和维护。它们不需要能动支持系统,其就位状况很容易被监测。

1. 应急堆芯冷却系统(PXS)

非能动堆芯冷却系统(图 3 - 10)在反应堆冷却剂系统不同位置上出现不同尺寸破口的泄漏和破裂的情况下对核电厂进行保护。

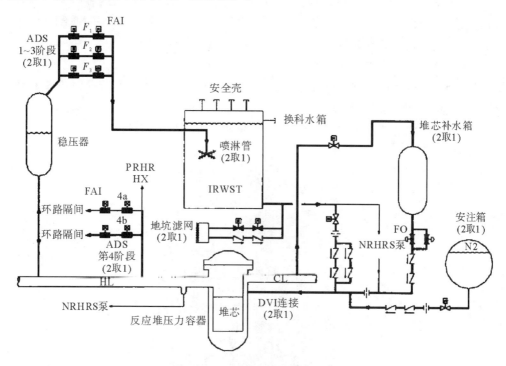

图 3 - 10 AP1000 的非能动堆芯冷却系统

PXS 提供了堆芯余热排出、安全注射和卸压等安全功能。采用美国核管会批准的程序所作的安全分析验证了在各种反应堆冷却剂系统破口事件以后 PXS 保护堆芯占的有效性,这些压力容器注射管线的破口甚至达到直径 200 mm。对于反应堆主冷却剂管道的双端(double ended)破裂,PXS 为最大峰值包壳温度限值提供了一个 42.2℃ 的裕度。

PXS 利用 3 个非能动水源通过安全注射来维持堆芯冷却。这些注射水源包括堆芯补给水箱、安注箱和安全壳内换料水贮存箱。这些水源直接与反应堆压力容器的 2 个管嘴相接,因此在反应堆主冷却剂管道破裂情形下不会发生注射水流溢出。

长期的注射水由安全壳内置换料水贮存箱(IRWST, In Containment Refueling Water Storage Tank)依靠重力提供,IRWST 位于安全壳内刚好处于反应堆冷却剂环路上方。通常,IRWST 由爆破阀与反应堆冷却剂系统(RCS, Reactor Coolant System)隔离。水箱被设计成正常大气压,因此在进行安全注射之前反应堆冷却剂系统必须先减压。

RCS 的减压是自动控制的,压力将被减到约 0.18 MPa 以便可以进行 IRWST 的注射。PXS 系统提供了自动降压系统(ADS, Automatic Depressurization System) 4 个阶段的减压以保证反应堆冷却剂系统相对缓慢且受控地减压。

2. 非能动余热排出系统(PHPR)

PXS 系统提供了一套 100% 容量非能动余热排出的热交换器(PRHR HX, Passive Residual Heat Removal Heat Exchanger)。PRHR HX 通过入口和出口管线连接到反应堆冷却剂系统环路 1。当需要载出余热而正常的蒸汽发生器给水和蒸汽系统失常失效时,可以投入 PRHR HX。PRHR HX 满足关于给水丧失、给水管道和蒸汽管道破裂的核安全准则。

安全壳内换料水箱为 PRHR HX 提供了热阱。IRWST 中的水在沸腾之前吸收衰变热的时间超过 1 h。一旦开始沸腾,蒸汽会排向安全壳,这部分蒸汽在钢制安全壳容器上冷凝,凝结水在收集以后依靠重力重新疏排到 IRWST 中。PRHR HX 和非能动安全壳冷却系统提供了长期的衰变热排出能力,而不需要操纵人员的行动。

3. 非能动安全壳冷却

图 3-11 为 AP1000 的非能动安全壳冷却系统,该系统为核电厂提供了安全相关的最终热阱。正如计算机分析和广泛的测试项目所验证的那样,在一次事故以后,非能动安全壳冷却系统能有效地冷却安全壳,使压力迅速下降并且不超过设计压力。

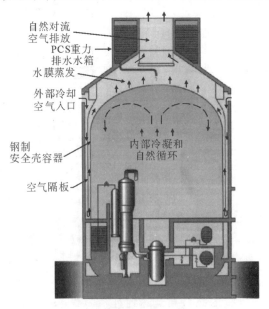

图 3-11　AP1000 的非能动安全壳冷却系统

安全壳容器提供了将安全壳内的热量排出并释放到大气中去的传热表面。通过空气流的自然循环把安全壳容器上的热量排出。在事故期间,水的蒸发将作为空气冷却的补充,由重力疏排的水来自位于安全壳屏蔽厂房顶部的水箱。

计算已表明,AP1000 先进反应堆大大降低了在严重事故堆芯损坏情形下的大规模放射性释放的频率。在只采取正常非能动安全壳冷却系统(PCS)空气冷却的条件下,安全壳的压力能至少在 24 h 内保持远低于预测的失效压力。在设计中改进了安全壳隔离和降低了安全壳外失水事故(LOCA,Loss of Coolant Accident)的潜在性。这种改进的安全壳性能支持了厂外应急计划简化的技术依据。

3.3.3　EPR 压水堆核电厂专设安全设施

根据现役核电厂的设计、建设和运行经验,在传统设计的基础上对系统的设计、布置和运行进行了适当的改进和优化,增加安全系统多重性,安全系统全部采用 $4 \times 100\%$ 的配置,并全面考虑了严重事故的预防和缓解措施。通过这些改进和优化,EPR 核电厂的瞬态特性以及抵御事故和灾害的能力明显改善,使 EPR 的安全水平得到提高。增大了单机容量,经济性能得到提高,提高了经济竞争力。

1. 安注/余热导出系统(SIS/RHRS)

安注系统(SIS/RHRS)包括中压头安注系统、安注箱、低压安注系统和安全壳内换料水贮水箱,如图 3-12 所示。此系统执行双重功能:在正常运行工况下执行余热导出功能,和事故工况进行安注。

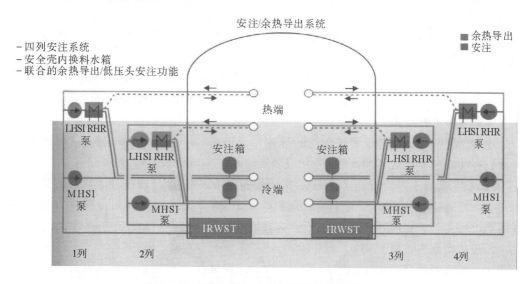

图 3-12　EPR 安注/余热排出系统(SIS/RHRS)

系统由四个分开的和独立系列组成,每一系列都有用安注箱、中压安往泵(MHSI)和低压安注泵(LHSI)分别对 RCS 进行安全注射的能力,低压安注泵出口处设有热交换器。

在正常运行工况下,此系统起余热导出功能:

(1)当经过蒸汽发生器 (SG)进行热转换不再足够有效时(即在正常运行中一回路温度低于 120℃),提供将热从反应堆冷却剂系统传输至中间冷却水系统的能力。

(2)当冷停堆和换料停堆时,只要任何燃料组件仍然在安全壳内,将热连续地从一回路或反应堆换料水池传输给中间冷却系统。

在假想的事故中以及与中间冷却水系统和重要厂用水系统相关联的事件中,在反应堆停堆后 RHR 模式的安注系统维持主回路堆芯出口和热端温度低于 180℃。

四个冗余和独立的安注系列被安排在安全厂房的分开区域内,每一系列连接到一个专门的主系统环路并设计可以提供事故缓解所需的注射能力。这一结构大大地简化了系统设计。

这一设计也使得有足够时间进行预防性维护或修理,例如在电站运行期间在整个安全系列上进行预防性维护和修理工作。

在系统起安注作用时,其主要功能是在假想冷却剂丧失事故后为了补偿事故后果而向反应堆堆芯注水。在蒸汽发生器小管破裂期间或二次侧余热排出功能丧失时,它也将启用。

中压头安注系统将水注入主回路时,压力设定(最小流量时为 9.2 MPa)考虑在蒸汽发生器小管破裂事件中防止二次侧安全阀(10.0 MPa)负担过重。当主回路压力很低时(安注箱为 4.5 MPa,低压安注在最小流量时压力为 2.1 MPa)安注箱和低压安注向主回路冷端注水。

在完全失去冗余安全系统时,该系统还提供备用功能。例如:

(1)当二次侧余热导出功能丧失时 可通过一次侧超压保护系统的一次侧给排水作为备用。

(2)联合功能包括:①二次侧余热导出;②安注箱注入;③在冷却剂小破口失水事件中,可用低压安注系统替代中压安注系统。

类似情况有,完全失去低压头可通过中压安注系统和用安全壳热量导出系统或换料水箱冷却来进行支援

换料水箱是一个盛有大量硼化水的箱体。它收集排在安全壳内的水。它的主要功能是向安注系统、安全壳热量导出系统(CHRS)和化容控制系统(CVCS)的泵供水以及在严重事故中淹没堆芯熔融物展开区。换料水箱位于安全壳底部,在运行楼层下面,处于反应堆堆腔和飞射物屏障之间。在假想事故的管理过程中、换料水箱的内含物应由低压头安注系统进行冷却。

IRWST 为一个水箱,设置该水箱的目的在于得到大容量的具有均匀温度和硼浓度的水。一些系统需要从 IRWST 抽取水或者安注水。

IRWST 换料水箱位于安全壳底部,在运行楼层下面,处于反应堆堆腔和飞射物屏障之间。由于其位置高于堆芯熔融物的展开区,所以,在严重事故中可以依赖重力起到非能动淹没堆芯熔融物展开区的作用。

2. 应急给水系统(EFWS)

应急给水系统(EFWS)见图 3 - 13,它的设计保证所有其他正常供水系统不再供水时的蒸汽发生器供水。其主要安全功能是:

(1)经过蒸汽发生器将热从主回路传送到大气,在除反应堆冷却剂压力边界破裂事故外的任何事故后将热传送至 RHRS 连接处;这一功能的实现是与经主蒸汽卸压阀(MSRV)的蒸汽 排放联合进行的。

(2)在失去冷却剂或蒸汽发生器小管破裂后保证有足够的给水供应给蒸汽发生器。

(3)在出现小的失水事故同时完全失去中压头安注时,与通过主蒸汽释放阀(MSRV)释放蒸汽结合,迅速将电厂冷却至 LHSI 工况。

这一系统由四个分开的独立系列组成,每一系列通过使用从 EFWS 箱吸水的应急泵提供注入能力。除了 EFWS 外,EPR 还设有专门的系统用于电厂的启动和运行。

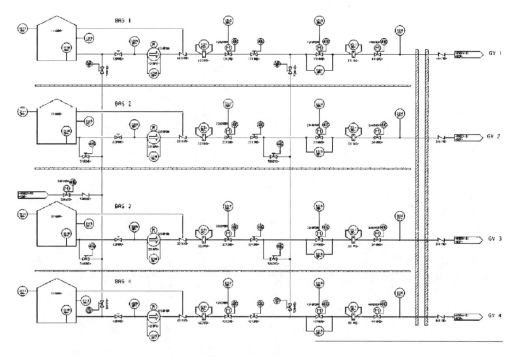

图 3 - 13　应急给水系统(EFWS)

3. 安全壳排热系统(EVU)

安全壳排热系统(EVU)见图 3 - 14,用于严重事故的缓解,限制安全壳的压力和温度的最后缓解措施,在堆芯熔化后安全系统失效时,确保安全壳和 IRWST 的排热。

在严重事故或复杂序列下,提供将余热从 IRWST 向最终热阱通过中间冷却系统传热的能力。

在严重事故过程中,提供将余热从安全壳环境向 IRWST 传热的能力,以控制安全壳压力。

在严重事故过程中,提供将余热从熔融物扩展区向 IRWST 传热的能力。

EVU 包括了两列,每一列涵盖:

(1)主列,主要有到 IRWST 的吸水管线;在第一、第四安全厂房的特定房间内的泵和热交换器,用于带走余热;穿顶喷淋系统,用于降低安全壳压力和温度;位于扩展区和 IR-WST 之间的隔间内的非能动淹没设施。该设施包括一个淹没阀;筏基和熔融物冷却系统,位于扩展区保护层的下部。冷却系统通过淹没阀连接到 IRWST;再循环管线,在淹没阀打开后,允许 EVU 的流动方向流向筏基和冷却系统。

(2)专设的中间冷却系列,位于第一、四安全厂房内,涵盖用于给 EVU 主列热交换器供水的泵;第三列的热交换器的连接;由基本冷却系统提供的热交换器;通过特定方式加压的膨胀箱。

严重事故发生开始 12 h 后,操纵员根据需要启动 EVU 系统,以维持安全壳的温度和压力低于其设计限制。启动是手动进行的,EVU 启动的命令是基于压力准则进行的。

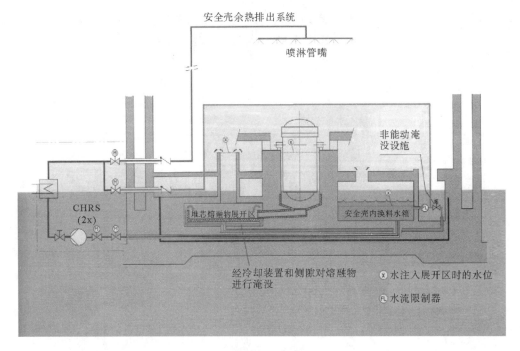

图 3 - 14　安全壳余热排出系统(EVU)

从 IRWST 水箱将水抽出,在热交换器中冷却后喷淋到安全壳空间。

在安全壳压力下降后,EVU 用注入管线通过筏基冷却设施来带走扩展区的余热。

运行时,需要根据情况启动地坑的过滤冲洗设备,以冲走在滤网处的碎片,防止碎片的积累导致压降增加而使流量降低。

当安全壳的压力下降至低于长期的设计限值,只需要一列就可以有足够的能力确保安全壳的完整性。

4. 应急硼化系统(EBS)

应急硼化系统(EBS)见图 3 - 15,用于应急硼化反应堆冷却剂系统,为一回路压力边界提供水压试验。

在安全功能方面,在任何 DBC 后,通过注入高浓度硼酸来补偿 RCP 冷却引起的反应性的变化,将电厂从可控状态控制到安全停堆状态。

在运行功能方面,应急硼化系统 RBS 用于停堆状态下的水压试验,由第二列泵完成。它包括 2×100% 能力的独立系列。

每一列包括:一个硼酸箱;从硼酸箱吸硼酸的活塞泵,通过两条可以隔离的管线注入到两条主回路中。

在每台泵的下游设有安全阀。

设有一条全流量试验管线,可以全流量循环硼酸而不用注入到 RCP 中。

在两个硼酸箱的底部连接有一个集管,正常通过一个手动操纵阀进行隔离,在需要时通过一台泵从两个硼酸箱注入硼酸。

硼酸箱中充满大约 7000 ppm 的硼酸。

为了达到均匀的硼酸浓度,每个箱可以通过各自的硼酸泵运行进行混合,并需要定期取样。

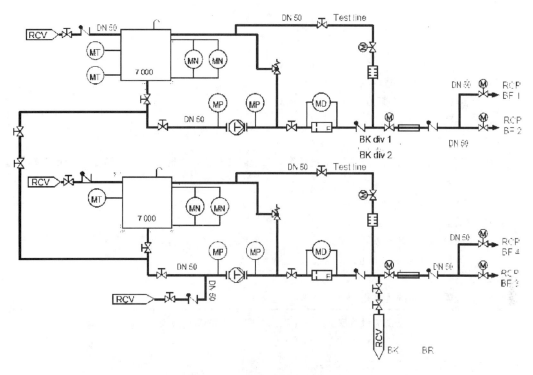

图 3 - 15　应急硼化系统（EBS）

3.3.4　严重事故预防和缓解措施

　　AP1000 和 EPR 都进行了严重事故和概率安全评价（PSA）的分析，确定和采取了预防和缓解严重事故后果的措施。分析的结果表明，AP1000 和 EPR 的大量放射性释放的频率都小于 10^{-4}/堆年。这说明所采取的预防和缓解措施是有效的。研究结果认为，直接旁通安全壳的事件序列，对大量放射性释放有重要贡献。在采取防止直接旁通安全壳的有效措施方面，AP1000 比 EPR 更多，由直接旁通安全壳导致大量放射性释放的概率，AP1000 低于 EPR。在防止安全壳超压和底板熔穿的设计方面，AP1000 采用非能动安全壳热量排出系统和堆芯熔融物堆内持留（In Vessel Rentention，IVR）的措施，而 EPR 采用的是能动的安全壳热量排出系统和非能动的堆外冷却措施，AP1000 和 EPR 严重事故缓解措施比较如表 3 - 2。

表 3 - 2　AP1000 和 EPR 严重事故缓解措施比较

AP1000 严重事故缓解措施	EPR 严重事故环节措施
4 级自动降压系统在严重事故下，提供快速卸压，防止高压熔堆	有两个专用的能力为 900 t/h 的卸压阀系列，用于在严重事故下的快速卸压，防止高压熔堆
安全壳内布置了 2 个非能动复合器，用于设计基准事故的氢浓度控制。64 个点火器，用于严重事故下的氢浓度的控制，防止氢爆炸	安全壳内布置了 47 个非能动复合器，控制氢浓度，防止氢气爆炸

AP1000 严重事故缓解措施	EPR 严重事故环节措施
严重事故后,依靠重力将换料水箱的水淹没反应堆堆腔至反应堆冷却剂管道高度,冷却堆内熔融物,将熔融物保持在堆内,防止混凝土底板熔穿和容器外蒸汽爆炸	压力容器下封头失效后,采用堆芯捕集器(core catcher)和 170 m³ 的展开室,捕集和冷却堆芯熔融物,防止容器外蒸汽爆炸和底板被熔穿
非能动安全壳冷却系统,把安全壳热量排至大气,防止安全壳超压	能动安全壳余热排出系统,通过安全壳喷淋,防止安全壳超压
有如下措施防止直接旁通安全壳: (1)减少安全壳贯穿件(约为 50％); (2)安全壳隔离阀设计成故障关闭; (3)堆芯熔化时,快速卸压防止蒸汽发生器传热管失效; (4)安全壳隔离阀系统改进等	堆芯熔化时,快速卸压防止蒸汽发生器传热管失效

注:由于堆腔注水,直接加热造成安全壳早期失效的可能性很小,快速卸压以防止安全壳蠕变失效。

习　题

1. 分析确保反应堆安全的四种安全性要素,并说明固有安全性的定义。
2. 在反应堆的正常运行或事故工况下,反应堆所有的安全设施,应发挥哪些特定的安全功能?
3. 压水堆在 100 MW 功率级上运行 100 d,求停堆 100 d 之后反应堆的剩余发热功率。
4. 压水堆核电厂为什么要设置专设安全设施?这些设施具有哪些安全功能?
5. 画出压水堆应急堆芯冷却系统的原理简图,说明其各个子系统的作用。
6. (a)说明安全壳系统的作用;
   (b)为什么说安全壳是"冗余"的专设安全设施?
   (c)说明安全壳的主要型式。
7. 简述辅助给水系统在确保压水堆核电厂安全上的重要作用。

参考文献

[1]　朱继洲. 压水堆核电厂的运行[M]. 北京:原子能出版社,2008.
[2]　Lewis E E. Nuclear Power Reactor Safety[M]. John Wiley & Sons Inc. , 1977.
[3]　Pershagen, Bengt. Light water reactor safety[M]. Oxford, Pergamon Press, 1989.
[4]　U. S. Nuclear Regulatory Commission, Reactor Safety Study[R]. USAEC Report WASH-1400, October 1975.
[5]　朱继洲. 核反应堆安全分析. 西安:西安交通大学出版社,北京:原子能出版社,2004.

核反应堆事故分析模型概述

4.1 核电厂设计评价和安全分析

核电厂的设计和安全分析是以试验和计算机程序为支撑的。在比例试验装置上开展的试验,能够研究核电厂相关系统的物理行为,还能够将所获得的试验数据用于计算机程序的评价;计算机程序则用于模拟各种事故过程,分析部件或系统的响应,预测事故结果,验证拟定的保护措施,从而满足核安全法规的要求。

一般而言,一个完整的设计评价过程要经历 5 个阶段,包括现象分析、模化试验、定量分析、试验检验和程序评价,如表 4-1 所示。

表 4-1　核电厂设计评价和安全分析的主要过程

阶段名称	主要内容
现象分析	识别瞬态过程中的关键现象,找出关键参数,建立模化各种现象的数学模型,导出模化试验的模化比例准则,确定模化试验的基本几何尺寸和试验方法
模化试验	通过在较为简单的装置上进行试验,研究物理现象,找出重要参数的定量关系。试验过程的边界条件与原型系统应相同
定量分析	利用模化试验的数据建立过程分析关系式或计算机程序,以预测瞬态过程或参数的变化
试验检验	通过在系统上进行试验,检验分析关系式或计算机程序
程序评价	将程序计算结果与试验数据比较,估计程序在模拟原型系统时的不确定性

这个设计评价过程中的试验根据研究目的和范围的不同,可以分为基础研究试验、工程试验、单项效应试验和综合效应试验 4 类。基础研究试验的主要目的是在开始大规模试验或研究项目之前,针对某个具体的物理过程开展试验,确定设计理念的可行性。在美国核管会(NRC)的设计认证中,并没有对基础研究试验作出具体要求,但实际上它对设计认证的试验和分析活动起到支撑作用。工程试验主要是检验某一设备的设计,提供设备或系统分析的边界条件,确定单项效应试验或综合效应试验的初始条件。综合效应试验则以核电厂整体作为模拟对象,试验装置几乎包含了模拟对象的全部设备和专设安全系统,而装置的几何尺寸与模拟对象具有相似性,综合效应试验可针对核电厂运行的各种工况开展研究,其试验结果可用于优化模型和校验程序。

　　就系统分析和验证而言,目前已经有了相当成熟的计算机程序,来预测反应堆在瞬态过程和事故条件下的各种行为。这些程序根据模型和方法的不同,可以分为保守性程序(Conservative Code)和现实性程序(Realistic Code)。较早发展的保守性程序,为了增加安全评审的可靠度,使用带有保守性规定的评价模型。例如,美国核管会在 10CFR50.46《轻水反应堆 LOCA 事故分析的基本准则》及其附录 K 中,规定了轻水反应堆 LOCA 事故分析时必须遵守的保守性准则。利用保守性程序进行事故分析的方法叫做保守性分析。现实性程序,也叫做最佳估算程序(Best Estimate Code),则去掉了不必要的保守性,尽可能真实、准确地模拟反应堆系统的性状,更适合于试验评价和安全裕度分析。例如,监管导则 RG1.1.5 7《应急堆芯冷却系统运行的最佳估算》中,就最佳估算程序及允许采用的模型、经验关系、数据、模型的评估程序和方法等做出了明确规定。对计算结果进行不确定性分析的事故分析方法叫做最佳估算分析,它利用最佳估算程序进行计算,在事故分析中无意地引入保守性。其中,著名的最佳估算程序如 RELAP5(美国)、TRAC(美国)、ATHLET(德国)和 CATHARE(法国)等已广泛应用于各国核电厂或核反应堆装置的设计和事故安全分析中。

　　尽管现阶段的热工水力最佳估算程序已达到相当高的成熟度,能够较为真实地模拟反应堆系统的热工水力物理现象和事故进程,然而,限于目前的科学认知水平,比如对两相流复杂现象的认识,在程序调试时为了逼近试验数据所作的调整,系统状态参数的波动及测量误差等方面的原因,不可能期望计算机程序对于核电厂响应进行完全准确的模拟,即使程序本身经过实验验证是成熟有效的,上述偏差也不可避免,必然会影响程序预测结果的准确性。因此,在申请执照或工程实际中使用最佳估算程序,必须在分析方法上考虑上述偏差所带来的影响。

　　2003 年,国际原子能机构(IAEA)发表的报告总结出各种事故分析方法分类,如表 4－2所示。

　　选项 1(完全保守方法)应用于 20 世纪 70 年代,能够包络当时知识水平下的不确定性。然而,该方法可能预测出不真实的行为,改变事件发生序列,得出的结果具有误导性,因此,现在的执照申请已不再采用该种方法。

　　选项 2 是目前安全分析中采用的典型方法:选择保守的输入参数,通过工程经验、定性分析以及大量的敏感性计算确定保守的输入数据,以保守包络的方法得到分析结果,通常认为程序预测值比真实值更恶劣,比如在失水事故(LOCA)中,计算的包壳温度比实际更高。

表 4－2　安全分析方法使用程序及其假设组合

选项	计算机程序	系统可用性	初始与边界条件	方法
1	保守	保守假设	保守输入数据	确定论
2	最佳估算	保守假设	保守输入数据	确定论
3	最佳估算	保守假设	带不确定性的真实输入数据	确定论
4	最佳估算	基于 PSA 假设	带不确定性的真实输入数据	确定论＋概率论

选项 3 为最佳估算加不确定性分析,以统计方法或试验外推的方法考虑可能导致程序计算不确定性的因素,定量地给出程序预测结果的不确定性带,使程序预测结果具有统计学意义的准确度(比如满足双 95%概率要求)。该方法为 IAEA 所推荐,是核电厂执照申请安全分析技术的发展趋势。

选项 4 目前尚未得到广泛应用,它属于现实性分析,但对安全起显著影响的系统的可用度是由基于概率安全评价来量化,而不是保守假设。

国际原子能机构(IAEA)给出安全裕量的概念,并展示了保守分析结果与最佳估算分析结果的区别,如图 4-1 所示。绝对意义的真实安全裕量无从知道,因此安全裕量通常是指计算分析结果与安全局规定的验收准则之间的差值。分析方法的不同将影响安全裕量的大小,最佳估算方法定量地给出结果的不确定性带,其结果满足一定的概率要求,其计算结果通常优于保守包络方法的计算结果,这使事故评价更为真实,为核电厂提升功率、挖掘潜力提供条件。

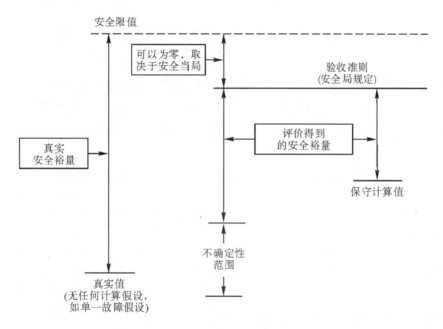

图 4-1　安全裕量及评价方法

4.1.1　我国对安全分析用计算机程序的要求

计算机程序是安全分析的重要工具。预期运行事件和设计基准事故的安全分析应该采用合适的计算机程序,以便确定反应堆对所研究的运行事件和事故的响应。目前在安全分析中使用了大量的计算机程序,如表 4-3 所示。为此,我国核安全法律法规对计算机程序提出了要求。在 HAF102《核动力厂设计安全规定》中指出:"安全分析中应用的计算机程序、分析方法和核动力厂模型必须加以验证和确认,并必须充分考虑各种不确定性"。其中,验证(Verification)是评估计算模型是否真实反映物理模型,证明离散数学的计算程序可以正确求解物理模型,其本质是数学问题;而确认(Validation)是评估物理模型及相关数据能否精确表明预期的物理现象,证明数值模拟正确反映现实世界的物理规律,其本质是物理问题。

表 4 - 3　安全分析用计算机程序分类表

程序类别	用途描述
放射学分析程序	评估工作人员遭受的辐照剂量
中子物理程序	模拟反应堆堆芯的行为
燃料行为程序	模拟核动力厂正常运行期间及事故发生后燃料元件的行为
反应堆热工水力学程序	模拟核动力厂正常运行及事故发生后反应堆堆芯及相关冷却剂系统的行为
安全壳热工水力学程序	模拟发生冷却剂丧失事故或二回路管道破裂事故后,安全壳的压力和温度的行为状况
结构程序	模拟各部件和构筑物在承受载荷及载荷组合下,各部件和构筑物的应力应变行为状况
严重事故分析程序	模拟自堆芯损坏开始直至安全壳失效的事故序列进程
放射性后果学分析程序	模拟放射性物质在厂区内外的迁移,以确定其对工作人员及公众的影响

值得指出,用于对预期运行事件和设计基准事故进行安全分析的计算机程序应该引用从类似的核动力厂获得的运行经验和相关的试验数据。由于预期运行事件在核动力厂寿期内预计会发生 1 次或更多次,因此通常已经积累了这类瞬态的一些运行经验和数据。

4.1.2　美国联邦法规 10CFR 的要求和使用方法

在试验和程序方面,美国联邦法规也作出了相应规定。根据美国联邦法规 10CFR50.43 的规定,申请新型轻水堆核电厂的许可证(design certification)、联合执照(combined license)、制造执照(manufacturing license)和运行执照(operating license),或为了实现安全功能而使用简化的、固有安全性的、非能动的及其他创新性方法,必须满足以下要求:

(1)核电厂设计中每一个安全功能的实现,应当经过分析、试验或经验的验证;

(2)核电厂安全设计中安全功能之间的相互影响,应当经过分析、试验或经验的验证;

(3)具有足够的与核电厂设计中安全功能相关的数据,从而能够对安全分析工具做出评价。

美国核管会在安全评审中使用的计算机程序如表 4 - 4 所示。

表 4 - 4　美国核管会在安全评审中使用的计算机程序

类　别	程　序	简　介
燃料行为	FRAPCON-3	主要用于稳态条件下单个燃料棒行为的分析
	FRAPTRAN	主要用于瞬态和设计基准事故条件下单个燃料棒行为的分析

续表 4 - 4

类　别	程　序	简　介
反应堆动力学	PARCS	通过解三维笛卡尔坐标系下时间相关的双群扩散方程,求得中子注量率的瞬态分布。该程序可单独使用,也可和热工水力程序耦合
热工水力分析	TRACE	在 TRAC－P,TRAC－B 和 RELAP 程序的基础上进一步发展,能够在一维和三维空间下分析失水事故和系统瞬态,是美国核管会热工水力分析工具的代表
	SNAP	图形用户界面工具,简化了 TRACE 和 RE-LAP5 等程序的输入卡编辑,实现了输出结果可视化
	RELAP5	能够进行一维小破口事故分析和系统瞬态分析
严重事故分析	MELCOR	严重事故分析的综合性程序
	SCDAP/RELAP5	使用了具体的力学模型
	CONTAIN	安全壳分析的综合性程序,开发工作于 20 世纪 90 年代中期停止,逐渐为 MELCOR 程序取代
	IFCI	分析燃料与冷却剂相互作用的程序
	VICTORIA	核素输运计算程序
设计基准事故分析	RADTRAD	用于计算机设计基准事故条件下主控室等地的职业照射剂量
健康影响计算	VARSKIN	用于评价放射性照射和污染对健康的影响
核素输运计算	DandD	用于终止许可证和退役的检查分析
	RESRAD6.0 RESRAD-BUILD3.0	

4.1.3　核电厂系统分析程序简介

核电厂系统主要由一回路和二回路组成,此外根据各种功能还设置多个辅助系统。核电厂系统安全分析首先主要是分析整个一回路总的热工水力学特性,其次要分析可能影响一回路正常运行的二回路及其他一些辅助回路的热工水力学特性。在一回路中,除了管道、弯头、三通这些简单流道以外,还有水泵、稳压器、蒸汽发生器和反应堆等设备。在反应堆及热交换器内存在着复杂的两相流体的流动和传热问题,尤以反应堆内现象最为复杂,而且涉及许多与安全相关的重要部位。

系统安全分析就是通过建立流体力学模型、传热模型和系统部件模型,编制成计算机程序,预计反应堆在瞬态过程和事故工况下的性状。在这些计算机程序中,在几何上,将所分析的反应堆及一、二回路系统划分成若干个控制体。各控制体之间由连接件相连。对这些控制件和连接件列出质量守恒方程、能量守恒方程以及动量守恒方程。此外,为了使方程组封闭,还需要补充适当的结构关系式。然后利用合适的差分格式将方程离散化,得到线性方程组,根据运行基本参数和初始条件,便可以用计算机解出各控制体参数随时间的变化。显然,控制体划分得越多,对系统的描述也就越细致,但是随着控制体数量的增多,用计算机求解的时间也会大大增加。通常,对参数和工况随空间变化剧烈的部件,控制体划分得细一些,而对参数变化平缓的区域可划分得粗一些。

前已述及,美国、法国和德国已开发出许多大型综合性的系统分析程序,如 RE-LAP5,RETRAN,TRAC,CATHARE 和 ATHLET 等。这些程序经过多年的研制,版本多次更新,模型日趋完善。

应用这些程序能够预测下列各类事故和瞬变工况下电厂的特性:

(1)反应性引入瞬态;

(2)反应堆冷却剂、管道大破口引起的冷却剂丧失事故;

(3)反应堆冷却剂压力边界内各种假想的管道小破口引起的冷却剂丧失事故;

(4)蒸汽发生器传热管破裂引起的瞬变;

(5)给水管破裂、主蒸汽管破管引起的瞬变;

(6)主冷却剂泵故障,如泵轴断裂、卡泵等引起的瞬变。

下面以 RELAP 系列程序为例,介绍安全分析程序的进程与特点。

RELAP 程序的开发工作开始于 1966 年,首先形成的是 RELAPSE(REactor Leak And Power Sefety Excurison)。随后经过 10 多年努力形成了 RELAP2,RELAP3 和 RELAP4。RELAP 的名称来源于英文 Reactor Excursion and Leak Analysis Program 的缩写。该程序的最后版本是 RELAP4/MOD7,于 1980 年由美国国家能源软件中心公布。所有这些程序都是以均匀流模型(HEM)为基础,尽管均匀流模型的假设有一定局限性,但是这些程序提供了有效的分析工具,在安全系统的设计和核电厂审批过程中起了重要作用。在 RELAP4/MOD5 以前的版本中,主要是分析发生失水事故时的喷放和再灌水过程中的物理现象;在 RELAP4/MOD6 中,计算功能已从系统的喷放和再灌水扩充到堆芯再淹没阶段。在 RELAP4 程序的最后版本 RELAP4/MOD7 中,能够对冷却剂丧失事故的喷放阶段和再淹没阶段作连续的、整体的计算。

RELAP5 计算机程序是 Idaho 国家工程实验室(INEL)为美国核管会(NRC)开发的一个轻水堆瞬态分析程序,可用于规程制定、审评计算、事故缓解措施的评价、操纵规程的评价和实验计划的分析等各个方面。RELAP5 也已成为核电厂分析器的基础,RE-LAP5 可以针对轻水堆系统的诸如大破口失水事故、小破口失水事故、未能紧急停堆的预期瞬变过程(ATWS),以及给水丧失、失去厂外电源、全厂断电、汽轮机跳闸等事故进行模拟,几乎可以涵盖核电厂所有热工水力瞬变和事故谱。

尽管 RELAP5 仍沿用传统的 RELAP 名称,但应该注意到,RELAP5 与 RELAP4 差别甚大,它是以两相系统的非均相和不平衡态流体动力学模型为基础,采用快速半隐式数值方法进行求解的。

RELAP5 从 1967 年开始研制到 RELAP5/MOD3 投入使用,大约经历了 20 多年。在 RELAP5/MOD3 这个最新版本中,集中了研究人员在两相流理论研究、数值求解方法、计算机编程技巧以及各种规模实验等方面取得的研究成果。

在系统分析程序中,将所需建模的系统分成若干个控制体,用接管或流道把它们连接起来。在每个控制体内,质量和能量都是守恒的,用动量方程计算每个接管内的流量。

图 4 - 2 就是一个典型的反应堆冷却系统划分方案。

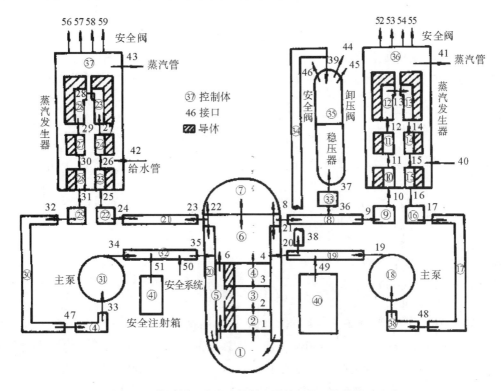

图 4 - 2　典型的压水堆冷却剂系统控制体和接管划分方案

4.2　核反应堆物理分析模型

核反应堆物理计算分析通过数值模拟得到反应堆内部的运行状态,是核电厂设计的理论基础。反应堆物理的数值计算,能够预测反应堆在各种工况下的状态,为核电厂的运行提供依据,为运行工况的控制提供参考,也是核电厂安全分析的重要组成部分。

核反应堆物理计算的核心任务是快速精确计算核反应堆内关键位置的中子通量密度分布。对反应堆堆芯而言,中子通量密度的分布反映的就是反应堆的功率分布。中子通量密度是一个随空间位置、角度、能量和时间变化的量,考虑到位置三个维度、角度两个维度,因此,它是个七维变量。描述中子通量密度分布的方程为玻尔兹曼中子输运方程,其直接求解是有困难的。考虑到压水堆的具体特点,通常假设中子通量密度不随角度变化,即中子通量密度是各向同性的,并引入 Fick 扩散定律进行简化。中子输运方程就简化为中子扩散方程,中子扩散方程是目前大型压水堆事故分析程序普遍采用的算法。

早期的瞬态安全分析普遍采用点堆动力学模型。随着计算机硬件的不断改进,数值算法的不断更新,现在流行的核电厂瞬态分析程序普遍采用三维时空动力学模型来精细地获得反应堆堆芯内的功率分布与数值。

4.2.1 反应堆动力学方程

关于中子扩散方程的推导及其解释在很多教材、专著中都有详尽的推导和解释,本书就不再赘述,只是简单回顾一下扩散方程的一些概念、假设和限制条件。

通过玻尔兹曼输运方程可以推导出单位体积中与时间相关的中子产生和转移的表达式,其结果为

$$\frac{1}{V(E)} \frac{\partial \phi(r,E,t)}{\partial t} =$$

$$\nabla \cdot D(r,E,t) \nabla \phi(r,E,t) - \Sigma_t(r,E,t) \phi(r,E,t) + \int_0^\infty \Sigma_s(E' - E) \phi(r,E',t) dE'$$

$$+ \chi^P(E) \int_0^\infty \nu^P(r,E',t) \Sigma_f(r,E',t) \phi(r,E',t) dE' + \chi^d(E) \sum_i \lambda_i C_i(r,t) + S(r,E,t)$$

$$(4-1)$$

时间相关的先驱核浓度为

$$\frac{\partial C_i(r,t)}{\partial t} = \int_0^\infty \nu_i^d(r,E,t) \Sigma_f(r,E,t) \varphi(r,E,t) dE - \lambda_i C_i(r,t) \qquad (4-2)$$

式中:$V(E)$ 为中子速度(cm/s);r 为空间坐标;E 为能量(eV);t 为时间(s);$\phi(r,E,t)$ 为中子通量密度($1/cm^2 \cdot s$);$\Sigma_t(r,E,t)$ 为宏观总截面(1/cm);$S(r,E,t)$ 为中子源项;$\chi^P(E)$ 为瞬发裂变能谱;$\chi^d(E)$ 为缓发裂变能谱;$\nu^P(r,E,t)$ 为每次裂变产生的瞬发中子数;$\nu^d(r,E,t)$ 为每次裂变产生的缓发中子数;$\Sigma_f(r,E,t)$ 为宏观裂变截面(1/cm);λ_i 为第 i 组缓发中子先驱核衰变常数(1/s);$C_i(r,t)$ 为第 i 组缓发中子先驱核浓度($1/cm^3$)。

图 4-3 给出了方程(4-1)所描述的过程。中子通量密度的时间特性可以利用中子平衡解释。如果在一个给定区域中将中子整体上看作一种中子流体,那么扩散方程系统地说明了这种中子流体产生、消亡、进入或离开给定区域的各种可能方式。于是,区域内通量密度的时间变化率取决于裂变产生、外源提供中子以及诸如泄漏、散射、吸收,或其他移出反应引起的中子损失。方程(4-1)等号右边每一项的物理意义就代表了所在区域中的中子平衡过程。第一项表示净中子流从区域扩散的泄漏项。第二项是反应引起的区域内中子损失。这些反应包括碰撞引起的中子散射、中子与吸收材料反应或被燃料俘获而吸收。比如(n,γ)、(n,p)、(n,α) 等反应出现非裂变吸收。由于屏蔽 γ 射线的需要,热堆中辐射俘获(n,γ)具有特别重要意义。第三项表示俘获以前处于高能谱或低能谱的中子与靶核散射碰撞后落到 r 点其能量变为 E 的中子数。中子碰撞完全可能使中子能量增加,即向上散射,但向上散射在热堆瞬态分析中并不重要,一般忽略不计。因此在多数情况下,第三项由中子向下散射产生。第四项表示能量为 E' 的中子引起裂变而生成能量为 E 的瞬发中子的产生项。第五项是缓发中子产生项,最后一项表示外加中子源产生的附加中子源项。

Fick 定律给出了净中子流 J 和中子通量密度 ϕ 之间的关系如下:

$$J(r,E,t) = -D(r,E,t) \nabla \phi(r,E,t) \qquad (4-3)$$

这个关系式本身是一个近似,即中子趋向于从一个高浓度区域漂移到低浓度区域,

类似于气体穿过渗透膜的迁徙。这种浓度梯度会引起净流动。需要注意,该式的成立是有限制条件的,即扩散理论方法的限制条件。限制条件为:

（1）介质是无限的、均匀的;

（2）在实验室坐标系中散射是各向同性的;

（3）介质的吸收截面很小;

（4）中子通量密度是随空间位置缓慢变化的函数。

在下列情况时,Fick 定律是不正确的:

（1）区域离边界或材料交界面为几个平均自由程;

（2）区域接近局部源;

（3）介质为强吸收体。

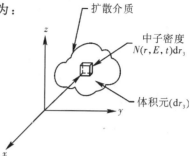

图 4 - 3　中子扩散模型

方程（4-1）给出的扩散模型是连续能量扩散方程。在这种形式下,$\phi(r,E,t)$ 实质上是通量密度,其单位为中子/$(\mathrm{cm}^2 \cdot \mathrm{s} \cdot \mathrm{eV})$。由于方程（4-1）是三维空间坐标内时间和能量的微分-积分方程,除了最简单的情况,此方程求解很困难,或者根本就不可解。当涉及较复杂的轻水堆几何形状时,需要对连续能量形式进行简化近似。一般来说,核反应堆由燃料区和非燃料区等不同区域组成,它们都是有限的几何体。扩散方程的系数项 $(D,\Sigma_t,\Sigma_f,\cdots)$ 是空间、时间和能量的函数,而且在区域边界上系数是不连续的。这些条件决定了应该寻找连续能量方程的修改形式和适当的边界条件。因此,有必要将空间和能量关系离散,得到一个多能群的有限差分形式。

在轻水堆中,中子能区的范围从高于 10 MeV（裂变中子能的数量级）到 0.01 eV 左右（热能级）。在这个范围内,总截面的变化是相当大的。因此,能否在模型中包括这种变化将非常重要。

图 4-4 那样划分成不同的能群,就能推导出一个多群方程。

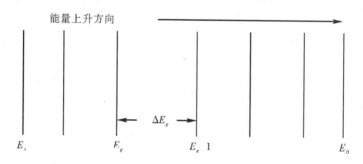

图 4 - 4　多群能谱示意图

假定中子通量密度 $\phi(r,E,t)$ 能够离散成一个多群通量组 $\phi_g(r,t)$,它是能量 E 在能群 $E_g < E < E_{g-1}$ 之间的所有中子的总通量。即对于中子群 g,所有中子总通量 ϕ_g 为

$$\phi_g(r,t) = \int_{E_g}^{E_{g-1}} \phi(r,E,t)\mathrm{d}E \tag{4-4}$$

注意,$\phi_g(r,t)$ 的单位是中子/$(\mathrm{cm}^2 \cdot \mathrm{s})$,所以 ϕ_g 是标量通量,而不是像 $\phi(r,E,t)$ 那样的能量通量密度。

对方程（4-1）在第 g 能群（$\Delta E_g = E_g - E_{g-1}$）上做积分:

$$\frac{\partial}{\partial t}\int_{\Delta E_g}\frac{1}{V(E)}\phi(r,E,t)\,\mathrm{d}E = \nabla \cdot \int_{\Delta E_g}D(r,E,t)\,\nabla\phi(r,E,t)\,\mathrm{d}E - \int_{\Delta E_g}\Sigma_t(r,E,t)\phi(r,E,t)\,\mathrm{d}E$$

$$+\int_{\Delta E_g}\left[\int_0^\infty\Sigma_s(E'-E)\phi(r,E',t)\,\mathrm{d}E'\right]\mathrm{d}E$$

$$+\int_{\Delta E_g}\chi^{\mathrm{p}}(E)\left[\int_0^\infty\nu^{\mathrm{p}}(r,E',t)\Sigma_f(r,E',t)\phi(r,E',t)\,\mathrm{d}E'\right]\mathrm{d}E$$

$$(4-5)$$

$$+\int_{\Delta E_g}\chi^{\mathrm{d}}(E)\left[\sum_i\lambda_iC_i(r,t)\right]\mathrm{d}E+\int_{\Delta E_g}S(r,E,t)\,\mathrm{d}E$$

引入以下定义式来描述在任意能量间隔 ΔE_g 上的"平均"性质。

$$\Sigma_{tg}(r,t)=\frac{\displaystyle\int_{\Delta E_g}\Sigma_t(r,E,t)\phi(r,E,t)\,\mathrm{d}E}{\displaystyle\int_{\Delta E_g}\phi(r,E,t)\,\mathrm{d}E} \qquad (4-6)$$

$$\frac{1}{V_g}=\frac{\displaystyle\int_{\Delta E_g}\frac{1}{V(E)}\phi(r,E,t)\,\mathrm{d}E}{\displaystyle\int_{\Delta E_g}\phi(r,E,t)\,\mathrm{d}E} \qquad (4-7)$$

$$D_g(r,t)=\frac{\displaystyle\int_{\Delta E_g}D(r,E,t)\phi(r,E,t)\,\mathrm{d}E}{\displaystyle\int_{\Delta E_g}\phi(r,E,t)\,\mathrm{d}E} \qquad (4-8)$$

散射项和裂变项以稍微不同的方法处理。

如果多群变换过程能一般化为

$$\int_0^\infty f(E)\,\mathrm{d}E \rightarrow \sum_{g'=1}^n\int_{\Delta E_{g'}}f(E')\,\mathrm{d}E' \qquad (4-9)$$

这里的 f 是任意函数,那么以方程得来的散射项多群公式可以写为

$$\sum_{g'=1}^n\int_{\Delta E_g}\left[\int_{\Delta E_{g'}}\Sigma_s(E'-E)\phi(r,E',t)\,\mathrm{d}E'\right]\mathrm{d}E \qquad (4-10)$$

裂变项可以写成类似形式

$$\sum_{g'=1}^n\int_{\Delta E_g}\chi^{\mathrm{p}}(E)\left[\int_{\Delta E_{g'}}\nu^{\mathrm{p}}(r,E',t)\Sigma_f(r,E',t)\phi(r,E',t)\,\mathrm{d}E'\right]\mathrm{d}E \qquad (4-11)$$

散射截面 $\Sigma_{sg'\to g}$ 变为

$$\Sigma_{sg'\to g}(r,t)=\frac{\displaystyle\int_{\Delta E_g}\mathrm{d}E\int_{\Delta E_{g'}}\Sigma_s(E'-E)\phi(r,E',t)\,\mathrm{d}E'}{\displaystyle\int_{\Delta E_{g'}}\phi(r,E',t)\,\mathrm{d}E'} \qquad (4-12)$$

以类似的方法,$\nu_g{}'\Sigma_{fg'}$ 变为

$$\nu_{g'}(r,t)\Sigma_{fg'}(r,t)=\frac{\displaystyle\int_{\Delta E_{g'}}\nu(r,E',t)\Sigma_{fg'}(r,E',t)\phi(r,E',t)\,\mathrm{d}E'}{\displaystyle\int_{\Delta E_{g'}}\phi(r,E',t)\,\mathrm{d}E'} \qquad (4-13)$$

最后,定义 χ_g^p 和 χ_g^d,即

$$\chi_g^{\mathrm{p}}=\int_{\Delta E_g}\chi^{\mathrm{p}}(E)\,\mathrm{d}E \qquad (4-14)$$

$$\chi_g^{\mathrm{d}} = \int_{\Delta E_g} \chi^{\mathrm{d}}(E)\mathrm{d}E \tag{4-15}$$

将以上的定义式代入方程（4-5），就可以得到扩散方程的多群形式

$$\frac{1}{V_g}\frac{\partial \phi_g(r,t)}{\partial t} = \nabla D_g(r,t)\,\nabla \phi_g(r,t) - \Sigma_{tg}(r,t)\,\phi_g$$

$$+ \sum_{g'=1}^{n}\left[\Sigma_{sg'\to g}(r,t)\phi_g'(r,t) + \chi_g^{\mathrm{P}}\nu_g^{\mathrm{P}'}(r,t)\Sigma_{fg'}(r,t)\phi_g'(r,t)\right] \tag{4-16}$$

$$+ \chi_g^{\mathrm{d}}\sum_i \lambda_i C_i(r,t) + S_g(r,t)$$

方程（4-16）是第 g 能群的多群扩散方程的一般形式。n 个联立微分方程完整地描述 n 个未知群通量 $\phi_g(r,t)$。群与群的耦合关系是以散射项的出现来实现的，这些项表示产生于高能群的中子在慢化过程中被慢化而出现在低能群中。

这里，需要强调一下确定多群常数（D_g，Σ_{fg}，Σ_{tg} …）的问题。至今引入的定义式只是数学意义上的，其实根本无用，因为群常数用通量来定义，而通量又恰恰是需要确定的量。该问题的通常解法是推导一组群常数而近似表达通量的变化，并限制这些群常数只能在近似式有效的区域中使用。当考虑反应堆物理特性时，解法会变得相对复杂。此外，由于群常数是中子的"材料特性"，有理由认为热工水力条件变化会影响群常数。实际上，群常数依赖于通量行为，因而方程（4-16）为非线性偏微分方程。这使我们不得不假设与时间相关的群常数为已知，或至少能根据某个预定的函数（实际上是反馈模型）重新确定。最后，由于多群公式要求应用通量来定义群常数，通量的近似式（或反馈模型）必须包括空间、时间和能量的依赖关系，以恰当地定义这些常数。

在压水堆计算中，为了简化计算过程，普遍采用两群中子扩散方程，即将能谱划分成热群和快群，其中热群是水慢化反应堆中的电子伏（eV）范围，而快群对应于热群到大约 10 MeV 的范围，那么多群公式就可以简化为二群的形式。

二群模型内中子产生和损失的机理能够在物理基础上进行推导。快群可以由于碰撞及随后的向下散射、吸收和泄漏而受损失。快群截面 Σ_{t1} 可以分成吸收和散射反应截面表示，即

$$\Sigma_{t1}(r,t) = \Sigma_{a1}(r,t) + \Sigma_{1\to 2}(r,t) \tag{4-17}$$

式中：$\Sigma_{1\to 2}$ 为由群 1 到群 2 的向下散射截面；Σ_{a1} 为快群吸收截面，包括寄生俘获和导致裂变的吸收。

由于热群能量最小，不考虑向下散射损失时，有

$$\Sigma_{t2}(r,t) = \Sigma_{a2}(r,t) \tag{4-18}$$

把这些 Σ_{tg} 的定义代入方程（4-16），二群模型变为：

快群方程：

$$\frac{1}{V_1}\frac{\partial \phi_1(r,t)}{\partial t} = \nabla \cdot D_1(r,t)\,\nabla \phi_1(r,t) - \left[\Sigma_{a1}(r,t) + \Sigma_{1\to 2}(r,t)\right]\phi_1(r,t)$$

$$+ \chi_1^{\mathrm{P}}\left[\nu_1^{\mathrm{P}}(r,t)\Sigma_{f1}(r,t)\phi_1(r,t) + \nu_2^{\mathrm{P}}(r,t)\Sigma_{f2}(r,t)\phi_2(r,t)\right] \tag{4-19}$$

$$+ \sum_{i=1}^{6}\lambda_i \chi_i^{\mathrm{d}}{}_1(r,t)C_i(r,t) + S_g(r,t)$$

热群方程：

$$\frac{1}{V_2}\frac{\partial \phi_2(r,t)}{\partial t} = \nabla \cdot D_2(r,t) \nabla \phi_2(r,,t) - \Sigma_{a2}(r,t)\phi_2(r,t)$$

$$+ \Sigma_{1\rightarrow 2}(r,t)\phi_1(r,t) + \chi_2^{\mathrm{P}}[\nu_1^{\mathrm{P}}(r,t)\Sigma_{f1}(r,t)\phi_1(r,t) + \nu_2^{\mathrm{P}}(r,t) \quad (4-20)$$

$$\Sigma_{f2}(r,t)\phi_2(r,t)] + \sum_{i=1}^{6}\lambda_i \chi_{i\ 2}^{\mathrm{d}}(r,t)C_i(r,t) + S_g(r,t)$$

缓发中子先驱核：

$$\frac{\partial C_i(r,t)}{\partial t} = \nu_i^{\mathrm{d}}(r,t)[\Sigma_{f1}(r,t)\phi_1(r,t) + \Sigma_{f2}(r,t)\phi_2(r,t)] - \lambda_i C_i(r,t) \quad (4-21)$$

这里

$$\phi_1(r,t) = \int_{\Delta E_{\mathrm{fast}}}\phi(r,E,t)\mathrm{d}E, \phi_2(r,t) = \int_{\Delta E_{\mathrm{thermal}}}\phi(r,E,t)\mathrm{d}E$$

注意：快群中子散射损失项在热群中作为中子源出现。

方程(4-19)和方程(4-20)给出的二群方程(无源)是动力学模型的基本方程。这些方程连同与时间相关的缓发中子先驱核浓度方程是推导求解变量分离方程的出发点。

4.2.2　点堆动力学模型

获得点堆动力学方程的方法是作一个附加假定，即大多数扰动对通量形状的改变是非常小的(特别对于小而紧密的堆芯)。时间相关的形状函数可以用一个与时间无关的形状函数来代替，即

$$\phi(r,E,t) = N(t)\psi_0(r,E) \quad (4-22)$$

幅度函数方程的形式并没有因方程(4-22)而改变。但是，其内积的定义改变了。对内积的大多数推导引出了扰动理论的反应性定义。这种形式下的反应性定义近似为

$$\rho \cong \frac{1}{F}\langle \psi^*, \left(-\delta M + \frac{1}{k_0}\delta F\right)\psi_0\rangle \quad (4-23)$$

式中 δ 表明了"恰好临界"时反应堆参数与扰动时的参数之间的差。其余内积项的类似表达式也能推导出来，只是 β_i, Λ 和 F 的表达式为常数。

由方程(4-23)给出的反应性表达式是个近似式，它并不需要关于扰动通量的信息，但要求了解扰动反应性系数，而这些系数可以从反馈模型中获得。事实上，由于堆芯热工水力状态变化最终引起反应性变化，这就有可能定义反映由温度和密度变化引起的 D, Σ'_a, Σ_t 等变化的反应性系数。

为了得到点堆动力学模型，需要作一些预备性的定义，令

$$l^* = \frac{\Lambda}{\beta} \quad (4-24)$$

和

$$R(t) = \frac{\rho}{\beta} \quad (4-25)$$

将这些定义代入方程(4-1)，并假定 $k_0 = 1.0$，于是得到

$$\frac{\mathrm{d}N(t)}{\mathrm{d}t} = \frac{R(t)}{l^*}N(t) + \sum_i \lambda_i C_i(t)$$

$$\frac{\mathrm{d}C_i(t)}{\mathrm{d}t} = \frac{\beta_i N(t)}{\beta l^*} - \lambda_i C_i(t) \quad (4-26)$$

　　点堆动力学近似中,由裂变源产生的功率可以有空间分布。功率的分布,以及任何反应性反馈效应的分布在初始化时是固定的,每个区域遵从同样的时间行为。功率水平由方程(4-26)中的反应性项 $R(t)$ 控制。

　　对系统反应性的贡献包括时间的显函数(模拟了控制机构),还包括燃料和慢化剂变化的反馈反应性效应。对反馈效应可以给出空间相关的反应性系数。任何时刻系统的反应性为

$$R(t) = R_0 + [R(t) - R_0]_{\mathrm{exp}} + \sum_i R_i(t) \quad \sum_i R_i(0) \tag{4-27}$$

式中:R_0 为初始反应性(稳态时必须为零);R_{exp} 为反应性显函数;R_i 为第 i 空间节点的反馈反应性。

　　考虑的反馈效应包括慢化剂密度、燃料温度和水温度。第 i 区域的方程形式是

$$R_i(t) = W_\rho^i R_\rho \left(\frac{\rho^i(t)}{\rho^i(0)} \right) + W_{\mathrm{FT}}^i R_{\mathrm{FT}}(T_{\mathrm{F}}^i(t)) + \alpha_{\mathrm{FT}}^i T_{\mathrm{F}}^i(t) + \alpha_{\mathrm{WT}}^i T_{\mathrm{W}}^i(t) \tag{4-28}$$

式中:W_ρ^i 为慢化剂密度反应性权重因子;R_ρ 为水密度反应性函数;ρ^i 为第 i 区域的水密度;W_{FT}^i 为燃料温度反应性的权重因子;$R_{\mathrm{FT}}(T_{\mathrm{F}})$ 为燃料温度反应性函数;T_{F}^i 为第 i 区域平均燃料温度;α_{FT}^i 为第 i 区域燃料温度反应性系数;α_{WT}^i 为第 i 区域慢化剂温度反应性系数;T_{W}^i 为第 i 区域平均水温。

4.2.3　点堆动力学模型的限制

　　点堆动力学模型看起来十分简单,且程序的运行时间很短,只需要用几个预先计算的系数就可描述完整的反应堆堆芯的行为。但在应用过程中,必须牢记其应用的限制。

　　点堆动力学模型中最基本的假设是:时间相关的标量通量可以由一个时间相关的幅度函数和一个时间无关的形状函数来恰当地表示。如果不修正反应性以考虑通量分布的扰动,就会造成显著的误差。在许多情况下,应用点堆动力学方法是合适的,并不需要高阶的方法。一般来说,点堆动力学模型使用的情况包括:小而紧凑的堆芯,无显著通量倾斜的瞬态,小的反应性扰动。事实上,如果考虑到时间相关的形状函数主要出现在反应性项中,那么可以预置某个先验的通量倾斜效应。

　　根据与通量形状限制相同的理由,点堆动力学模型也不能满足大的反应性变化,原因在于反应性的定义方法。反应性在通常的扰动理论中定义为按线性变化,忽略了通量形状变化和截面变化相乘的高阶项。倘若扰动是小的,这种假设才是成立的。

　　幅度函数通常解释为归一化的堆芯功率,这是一种近似解释方法。更适当的解释方法是幅度函数正比于总中子密度,在扰动不太大时,它可以近似地看作为归一化的功率。

　　最后,针对轻水堆,点堆动力学方程在应用上,还应附加下列限制:

　　(1)初始时,反应堆恰好临界,这样初始的幅度函数为 1.0,反应性为 0.0;

　　(2)无外源;

　　(3)燃料是固定的;

　　(4)没有从次临界开始的瞬态。

4.2.4　衰变功率的计算

4.2.4.1　裂变产物的衰变

在反应堆停止裂变后,由于裂变产物的衰变,反应堆堆芯仍继续产生功率。这种衰变功率的变化由堆芯运行历史决定。随着长寿期裂变产物的积累,衰变率由于辐照的增加变慢。目前,普遍采用的裂变产物衰变热模型类似于缓发中子模型。衰变热源由裂变产物或俘获产物放出 β 和 γ 射线而产生。企图准确考虑所有的衰变链来计算衰变热是不现实的。从理论上看不是不可能实现,可是缺少精确的数据。经验表明,在测量精度范围内,衰变热源可以拟合为指数形式的多项式。无限长运行时间的能量释放数据已经应用于数据拟合中,这些数据已列表作为 ANS 标准,如表 4－5 所示。表内数据已归一化到单位功率水平,并拟合为形如下式的 11 项指数多项式中:

$$T_d = \sum_{j=1}^{11} E_j e^{-\lambda_j t} \qquad (4-29)$$

式中:T_d 为归一化裂变产物衰变能;E_j 为第 j 项的能量幅度;λ_j 为第 j 项的衰变常数;t 为停堆后的物理时间。

表 4－5　各群衰变热归一化功率

群	E_j	λ_j / s^{-1}
1	0.00299	1.772
2	0.00825	0.5774
3	0.01550	6.743×10^{-2}
4	0.01935	6.214×10^{-3}
5	0.01165	4.739×10^{-4}
6	0.00645	4.810×10^{-5}
7	0.00231	5.344×10^{-6}
8	0.00164	5.726×10^{-7}
9	0.00085	1.036×10^{-7}
10	0.00043	2.959×10^{-8}
11	0.00057	7.585×10^{-10}

方程(4－29)的约束条件要求 $T_d(0) = 0.07$。

裂变产物衰变链涉及许多核素,方程(4－29)的形式相当于假定了 11 组衰变热项,具体表现为 11 组缓发中子。对每一组衰变热定义一个"浓度",并将方程(4－29)中的 E_j 解释为产额,衰变热先驱核浓度可以表示为

$$\frac{d\gamma_j(t)}{dt} + \lambda_j \gamma_j(t) = E_j N(t) \qquad (4-30)$$

式中:$\gamma_j(t)$ 为第 j 衰变热组的浓度;E_j 为第 j 组的产额;$N(t)$ 为归一化反应堆功率。

假定功率水平是常数,γ_j 的初始值由方程(4－30)的稳态解获得,即

$$r_{j0} = \frac{E_j}{\lambda_j} N_0 \tag{4-31}$$

于是堆芯的总功率为

$$P(t) = P_0 \left[N(t) E_f + \sum_{j=1}^{11} \lambda_j \gamma_j \right] \tag{4-32}$$

式中

$$E_f = \begin{cases} 0.93 & \text{考虑衰变热} \\ 1.0 & \text{不考虑衰变热} \end{cases}$$

4.2.4.2　锕系元素的衰变

裂变产物衰变释放的能量还须加上重要的放射性锕系元素($^{239}_{92}$U 和 $^{239}_{93}$Np)的衰变能量,这些元素由 $^{238}_{92}$U 受中子辐射俘获中子而产生。这些同位素对衰变热的贡献可以由无限长时间运行的 ANS 标准给出如下:

$$\frac{P(^{239}U)}{P_0} = A_1 C \frac{\sigma_{25}}{\sigma_{f25}} e^{-\lambda_1 t} \tag{4-33}$$

和

$$\frac{P(^{239}Np)}{P_0} = B_1 C \frac{\sigma_{25}}{\sigma_{f25}} \left[B_2 (e^{\lambda_2 t} - e^{-\lambda_1 t}) + e^{-\lambda_2 t} \right] \tag{4-34}$$

式中:$\frac{P(^{239}U)}{P_0}$ 为 ^{239}U 的归一化衰变功率;$\frac{P(^{239}Np)}{P_0}$ 为 ^{239}Np 的归一化衰变功率;λ_1 为 ^{239}U 的衰变常数;λ_2 为 ^{239}Np 的衰变常数;A_1,B_1,B_2 为常数;C 为转换比,每消耗一个 ^{235}U 原子所产生的 ^{239}Pu 的原子数;σ_{25} 为 ^{235}U 的有效吸收截面;σ_{f25} 为 ^{235}U 的有效裂变截面。

将方程(4-33)和方程(4-34)相加,并定义适当的 E_j 值,得到

$$\Gamma_{act} = \sum_{j=1}^{2} E_{j_{act}} e^{-\lambda_j t} \tag{4-35}$$

4.3　反应性反馈机理

反应性反馈源于堆内温度、压力或流量的变化。但是,在一般情况下,冷却剂流量比较稳定,故此效应可以忽略不计。压力效应也很小,如压水堆中压力变化 0.8 MPa 与冷却剂温度改变 1 K 所引起的反应性变化相当。因此,只有温度对反应性的影响是一项主要的反馈效应,它决定了反应堆对于功率变化的内在稳定性(又称固有安全性)。这种内在稳定性是由燃料的多普勒效应、慢化剂温度效应和空泡效应表现出来的。

4.3.1　温度效应

反应堆从冷态到热态,堆芯温度变化(以压水堆为例)约 300 K。即使在正常运行情况下,堆内温度也不可避免地会随时间变化。温度的变化引起慢化剂密度和核截面的改变,反过来又影响反应性,这种现象称为温度效应。通常,把温度变化 1 K 所引起的反应性变化称为反应性温度系数,用 α_T 表示,即

$$\alpha_T = \frac{d\rho}{dT} \tag{4-36}$$

式中:ρ 表示某种特定成分的温度。若 T 是燃料温度,则称为燃料温度系数,用 $\alpha_{T\text{fe}}$ 表示;如果 T 是慢化剂温度,则称为慢化剂温度系数,用 α_{T_m} 表示。

由于燃料温度对反应堆功率变化的响应是瞬时的,而且燃料温度变化引起核截面的改变也没有明显的时间延迟,所以,燃料温度系数称为瞬时温度系数,它对抑制功率增长起着重要的作用。功率变化时,热量从燃料内传出需要一定时间,慢化剂温度才能变化,因此,慢化剂温度反馈有滞后效应,并且不一定为负值,而与堆型以及单位体积内慢化剂核数和燃料核数的比值有关。从安全运行角度考虑,要求慢化剂温度系数是负值(至少在额定温度工况下),以改善反应堆的自调自稳特性。

反应性由 $\rho=1-k^{-1}$ 给出,于是式(4-36)可写成

$$\alpha_T = \frac{1}{k^2}\frac{\mathrm{d}k}{\mathrm{d}T} \approx \frac{1}{k}\frac{\mathrm{d}k}{\mathrm{d}T} \tag{4-37}$$

或

$$\mathrm{d}\rho = \frac{\mathrm{d}k}{k} \tag{4-38}$$

其中 k 是反应堆有效倍增因子(此处假设 $k \approx 1$),它的数学表达式

$$k = \frac{\mathrm{d}\,\overline{k}_\infty}{1 + \overline{M}^2\,\overline{B}_g^2} \tag{4-39}$$

将式(4-37)代入式(4-36),得

$$\mathrm{d}\rho = \frac{\mathrm{d}\,\overline{k}_\infty}{\overline{k}_\infty} - \frac{\overline{M}^2\,\overline{B}_g^2}{1+\overline{M}^2\,\overline{B}_g^2}\left(\frac{\mathrm{d}\,\overline{M}^2}{\overline{M}^2} + \frac{\mathrm{d}\,\overline{B}_{2g}}{\overline{B}_g^2}\right) \tag{4-40}$$

因为堆芯材料的热膨胀很小,$\overline{B}_g^2$ 的变化可忽略不计。所以,影响反应性的主要参量是 $\overline{k}_\infty$ 和 $\overline{M}^2$。

对于均匀堆来讲,当温度升高时,由于堆内所有物质均匀膨胀,也就是说,总的原子密度 $\overline{N} = \sum_i \overline{N}_i$ 减少,$\overline{N}_i/\overline{N}$ 值保持不变,根据 k_∞ 和 M^2 的定义:

$$K_\infty = \frac{\sum_i \overline{N}_i \int_0^\infty v\sigma_f^i(E)\phi(E)\mathrm{d}E}{\sum_i \overline{N}_i \int_0^\infty \sigma_a^i(E)\phi(E)\mathrm{d}E} = \frac{\sum_i \dfrac{\overline{N}_i}{\overline{N}}\int_0^\infty v\sigma_f^i(E)\phi(E)\mathrm{d}E}{\sum_i \dfrac{\overline{N}_i}{\overline{N}}\int_0^\infty \sigma_a^i(E)\phi(E)\mathrm{d}E} \tag{4-41}$$

$$M^2 = \frac{1}{N^2}\left[\int_0^\infty \frac{\phi(E)\mathrm{d}E}{3\sum_i \dfrac{\overline{N}_i}{\overline{N}}\sigma^i(E)}\right]\left[\sum_i \frac{\overline{N}_i}{\overline{N}}\int_0^\infty \sigma_a^i(E)\phi(E)\mathrm{d}E\right]^{-1} \tag{4-42}$$

式中:σ_f,σ_a,σ 分别为微观裂变截面、微观吸收截面和微观总截面;N,N_i 分别为原子密度和 i 种物质的原子密度;ϕ 为中子注量率。

σ_f,σ_a,σ 和 ϕ 变化不大的情况下。堆内温度变化只引起 M^2 的改变,从而影响反应性,并且是个负反馈效应。但是,绝大多数反应堆的燃料、冷却剂、慢化剂以及结构材料是非均匀布置的,有些堆的慢化剂还可在堆内自由流动,使温度对反应性的影响变得比较复杂:

(1)由于液体或气体的膨胀系数比固体大,如果压力保持不变,当温度升高时,可能一定数量的冷却剂逸出堆芯。$\overline{N}_i/\overline{N}$ 不再为常数;

（2）温度升高，慢化剂与燃料的原子密度比值下降，慢化能力减弱，中子能谱变硬，快堆的 M^2 和 k_∞ 值均增加，热堆的 M^2 增加，但 k_∞ 是增加还是减少要取决于慢化剂与燃料的原子密度的初始比值（图 4-5）；

（3）温度引起中子截面变化，共振吸收增加，k_∞ 下降。

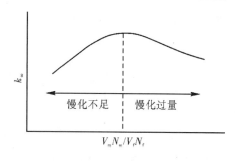

图 4-5　热堆中 V_m、N_m/V_f、N_f 对 k_∞ 的影响

因此，在非均匀堆内，必须逐个分析与反应性有关的各个参量，其数学表达式为

$$a_T \approx \frac{1}{K}\frac{\partial K}{\partial T} = \frac{1}{\varepsilon}\frac{\partial\varepsilon}{\partial T} + \frac{1}{p}\frac{\partial p}{\partial T} + \frac{1}{\eta}\frac{\partial\eta}{\partial T} + \frac{1}{f}\frac{\partial f}{\partial T} + \frac{1}{P_V}\frac{\partial P_V}{\partial T}$$
$$= a_T(\varepsilon) + a_T(P) + a_T(\eta) + a_T(f) + a_T(P_V) \tag{4-43}$$

式中：ε 为快中子裂变因子；p 为逃脱共振几率；η 为燃料每吸收一个中子所产生的裂变中子数；f 为热中子利用系数；P_V 为不泄漏几率。

并且，根据各个参量的性质可以把反应性温度效应分为燃料温度系数、慢化剂温度系数和空泡系数 3 项进行讨论。

4.3.2　燃料温度系数 $\alpha_{T_{fe}}$

采用低富集度铀作燃料的热中子堆，燃料温度系数主要由多普勒效应引起，因为随着燃料温度的上升，使共振吸收峰展宽（图 4-6），有效共振积分增加，逃脱共振几率减小，产生一个负反应性效应。燃料膨胀对 ε, η, f 和 M^2 的影响极小，可以忽略不计。于是

$$\alpha_{T_{fe}} \approx \frac{1}{k_\infty}\frac{\partial k_\infty}{\partial T_{fe}} = \frac{1}{p}\frac{\partial p}{\partial T_{fe}} = \alpha_{T_{fe}}(p) \tag{4-44}$$

而

$$p = \exp\left[-\frac{N_f V_f}{\xi_f \Sigma_{pf} V_f + \xi_m \Sigma_{sm} V_m}I\right] \tag{4-45}$$

图 4-6　铀-238 共振吸收截面与能量的关系

式中：ξ_f, ξ_m 分别为燃料元件、慢化剂内中子每次碰撞的勒平均增量；Σ_{pf} 为燃料宏观势散射截面；Σs_m 为慢化剂宏观散射截面；I 为有效共振积分；V_f, V_m 分别为燃料、慢化剂体积。

如果燃料温度随功率变化时，认为慢化剂温度保持不变，那么，逃脱共振几率只与有效共振积分有关。将（4-45）式取对数，再微分后得

$$\alpha_{T_{fe}} = \frac{N_f V_f I}{\xi_f \Sigma_{pf} V_f + \xi_m \Sigma_{sm} V_m}\frac{1}{I}\frac{\mathrm{d}I}{\mathrm{d}T_{fe}} = -\alpha_{T_{fe}}(I)\ln\left(\frac{1}{p}\right) \tag{4-46}$$

对于铀-238，$\alpha_{T_{fe}}(I)$ 在 300 K 到 1500 K 的温度范围内，可用下式表示

$$I(T_{fe}) = I(T_0) + [1 + \beta_I(\sqrt{T_{fe}} - \sqrt{T_0})] \tag{4-47}$$

其中,T 是绝对温度,除了很小的燃料元件外,参数 β_I 与燃料的表面积对质量之比近似地成线性关系,即

$$\beta_I = C_1 + C_2 \left(\frac{S}{M} \right) \tag{4-48}$$

常数 C_1 和 C_2 列于表 4-6 中,根据式(4-47),I 的温度系数为

$$\alpha_{T_{fe}}(I) = \frac{1}{I} \frac{\partial I}{\partial T_{fe}} = \frac{\beta_I}{2\sqrt{T_{fe}}} \frac{I(T_0)}{I(T_{fe})} \tag{4-49}$$

将式(4-49)代入式(4-46),得

$$\alpha_{T_{fe}} = \alpha_{T_{fe}}(p) = -\frac{1}{I} \frac{(T_0)}{T_{fe}} - \frac{\beta_f}{2\sqrt{T_{fe}}} \ln\left(\frac{1}{p}\right) \tag{4-50}$$

式中负号表示燃料温度系数是负反馈效应。

表 4-6　β_I 公式中的常数 C_1,C_2

燃料	$C_1 \times 10^2$	$C_2 \times 10^2$
^{238}U	48	64
^{238}UO$_2$	61	47
Th	85	134
ThO$_2$	97	120

快堆没有慢化剂,中子裂变主要发生在高能区,所以不存在四因子公式的问题,多普勒效应对反应性的影响必须从 k_∞ 的定义出发,即

$$\alpha_T \approx \frac{1}{k} \frac{\partial k}{\partial T} = \frac{1}{\varepsilon} \frac{\partial \varepsilon}{\partial T} + \frac{1}{p} \frac{\partial p}{\partial T} + \frac{1}{\eta} \frac{\partial \eta}{\partial T} + \frac{1}{f} \frac{\partial f}{\partial T} + \frac{1}{P_N} \frac{\partial P_N}{\partial T}$$

$$= \alpha_T(\varepsilon) + \alpha_T(P) + \alpha_T(\eta) + \alpha_T(f) + \alpha_T(P_N) \tag{4-51}$$

式中,$\tilde{e}$ 为燃料富集度;fi,fe 和 c 分别表示易裂变材料、可转换材料和冷却剂。

由于可转换材料的裂变阈能高于共振区,故 $\bar{\sigma}_f^{fe}$ 对温度系数的影响可以忽略不计,易裂变材料裂变贡献的变化和共振吸收的变化两者之间几乎相互抵消,所以只有 $\bar{\sigma}_a^{fe}$ 的共振吸收引起反应性变化。因此,式(4-51)可简化为

$$\frac{1}{k_\infty} \frac{\partial k_\infty}{\partial T_{fe}} = -\frac{(1-\tilde{e})}{\tilde{\sigma}_a} \frac{\partial \bar{\sigma}_a^{fe}}{\partial T_{fe}} \tag{4-52}$$

其中

$$\tilde{\sigma}_a = \tilde{e}\,\tilde{\sigma}_a^{fi} + (1+\tilde{e})\,\bar{\sigma}_a^{fi} + \left(\frac{V_c}{V_f} \frac{N_c}{N_f}\right)\bar{\sigma}_a^c \tag{4-53}$$

一般说来,快堆的多普勒效应比热堆小,并且随着 $\tilde{e}$ 的增加会变得更小。

4.3.3　慢化剂温度系数 α_{T_m}

慢化剂温度对反应性的影响是由慢化剂密度变化和中子能谱发生改变所引起的。

(1)p 的温度系数 $\alpha_{T_m}(P)$:温度上升,慢化剂密度小,中子通过共振区慢化能力下降,中子能谱变硬(图 4-7)。共振吸收增加,产生一个负温度效应,数学表达式为

$$\frac{\partial p}{\partial T_m} = \frac{\partial N_m}{\partial T_m} \frac{\partial p}{\partial N_m} \tag{4-54}$$

当压力不变时,慢化剂密度随温度的变化与体积膨胀有关,即

$$\beta_m = -\frac{1}{N_m}\frac{\partial N_m}{\partial T_m} \qquad (4-55)$$

其中,β_m 是慢化剂膨胀系数。利用上式和逃脱共振几率定义,求得

$$\alpha_{T_m}(p) = \frac{1}{p}\frac{\partial p}{\partial T_m} = -\beta_m \ln\left(\frac{1}{p}\right) \qquad (4-56)$$

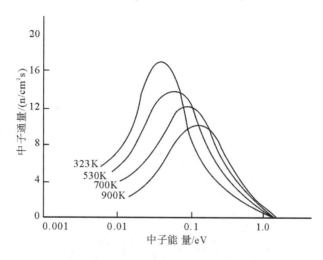

图 4 - 7　慢化剂温度对热中子能谱的影响

(2)f 的温度系数 $\alpha_{T_m}(f)$:根据定义,f 是在燃料元件和慢化的组成的栅格中燃料吸收的热中子份额,即

$$f = \frac{\overline{\Sigma}_{af}V_f}{\overline{\Sigma}_{af}V_f + \overline{\Sigma}_{am}V_m\xi} \qquad (4-57)$$

式中:$\overline{\Sigma}_{af}$ 和 $\overline{\Sigma}_{am}$ 分别为燃料和慢化剂宏观吸收截面;ξ 是热中子不利因子。将(4-57)式取对数、再微分,得

$$\alpha_{T_m}(f) = \frac{1}{f}\frac{\partial f}{\partial T_m} = (1-f)\left[\alpha_{T_m}(\overline{\sigma}_{af}) + \alpha_{T_m}(N_f V_f) - \alpha_{T_m}(\overline{\sigma}_{am}) + \beta_m - \alpha_{T_m}(\xi)\right]$$

$$(4-58)$$

由于燃料的体积基本不变,$\alpha_{T_m}(\overline{\sigma}_{af})$ 和 $\alpha_{T_m}(\overline{\sigma}_{am})$ 又很小,故式(4-58)式可简化为

$$\alpha_{T_m}(f) = (1-f)\left[\beta_m - \alpha_{T_m}(\xi)\right] \qquad (4-59)$$

其中 ξ 由栅格函数 F 和 E 决定,而栅格函数又取决于燃料和慢化剂的热中子扩散长度。当扩散长度增加时,单位栅元内的通量展开,也就是说,穿过栅元的通量降低程度变得没有原来那样明显,使得 ξ 值变小。所以,ξ 随温度的升高而减小,$\alpha_{T_m}(\xi)$ 为负值,f 的温度系数 $\alpha_{T_m}(f)$ 是正反应性效应。尤其是压水堆常采用带硼运行方式(即在慢化剂中加入一定量的硼酸溶液),硼是一种吸收中子的毒物,当慢化剂温度升高时,由于硼的吸收截面下降,以及膨胀引起慢化剂中单位体积内硼核子数的减少,使反应性增加,毒物浓度越高,这种正反应性效应越明显。

(3)η 的温度系数 $\alpha_{T_m}(\eta)$:为了简化起见,我们假设燃料是由单一易裂变和增殖同位素组成。根据 η 的定义有以下关系式

$$\eta = \frac{\gamma \overline{\Sigma}_f}{\overline{\Sigma}_a} = \eta^{\mathrm{fi}} \left[1 + \frac{(1 - \widetilde{e}) \, \overline{\sigma}_a^{\mathrm{fe}}}{\widetilde{e} \, \overline{\sigma}_a^{\mathrm{fi}}} \right] \tag{4-60}$$

而

$$\eta^{ji} = \frac{\gamma \overline{\sigma}_j^{ji}}{\overline{\sigma}_a^{ji}} \tag{4-61}$$

参数 γ 在热能区基本上是常数,所以 η 的温度系数取决于 $\overline{\sigma}_a^{fe}/\overline{\sigma}_a^{fi}$ 和 $\overline{\sigma}_f^{fi}/\overline{\sigma}_a^{fi}$ 随温度的变化。查阅微观截面随温度变化的数据,可知铀—235 和钚—239 的 η 的随温度的上升而减小,但铀—233 的 η 随温度的上升而增加。所以,前者的 $\alpha_{T_m}(\eta)$ 是负值,后者的 $\alpha_{T_m}(\eta)$ 是正值。

(4)ε 的温度系数 $\alpha_{T_m}(\varepsilon)$:慢化剂温度上升,密度变小,中子慢化到快中子裂变阈以下的效率降低,快中子裂变增加。因此,$\alpha_{T_m}(\varepsilon)$ 是正反应性效应,但比其他参量的温度系数小得多而不予考虑。

(5)P_N 的温度系数:徙动面积与慢化剂密度的平方近似地成正比,即

$$\overline{M}^2 = \frac{C}{\overline{N}_m^2} \tag{4-62}$$

因此

$$P_N = \frac{1}{1 + \overline{M}^2 \, \overline{B}_g^2} \approx \frac{1}{1 + \dfrac{C}{\overline{N}_m^2} \overline{B}_g^B} \tag{4-63}$$

当慢化剂温度增加时,密度 $\overline{N}_m$ 减小,P_N 随之变小,所以 $\alpha_{T_m}(P_N)$ 是负反应性效应。慢化剂温度系数是上述 5 个参量温度系数参量的综合。

4.3.4　空泡系数 α_v

在液体作冷却剂的反应堆中,由于冷却剂沸腾(包括局部沸腾)产生气泡,引起反应性的变化,这种现象称为空泡效应。冷却剂空泡份额变化百分之一所引起的反应性变化称为空泡系数,用 α_v 表示。一般说来,水堆的空泡系数是负值,但大型钠冷快堆的空泡系数可能出现正值。为了进行分析,首先写出汽液两相冷却剂密度 N_c 和空泡系数 α_v 的数学表达式

$$N_C = (1 - a)N_C^1 + a N_C^v \tag{4-64}$$

和

$$\alpha_v = \frac{1}{k} \frac{\partial k}{\partial \alpha} = \frac{\partial N_C}{\partial \alpha} \frac{1}{k} \frac{\partial k}{\partial N_C} = -(N_C^1 - N_C^v) \frac{1}{k} \frac{\partial k}{\partial N_C} \tag{4-65}$$

式中:α 为空泡份额;N_C^1,N_C^v 为分别代表冷却剂液相、气相的原子密度。下面分别讨论空泡对 R_∞ 和 M^2 的影响。

(1)空泡对 K_∞ 的影响:由快堆的 K_∞ 定义,即式(4-51)对 α 微分,再除以 K_∞ 得

$$\begin{aligned}
\frac{1}{k} \frac{\partial k}{\partial \alpha} = {} & [\widetilde{e} v^{fi} \, \overline{\sigma}_f^{fi} + (1 - \widetilde{e}) v^{fe} \, \overline{\sigma}_f^{fe}]^{-1} \left\{ \widetilde{e} \left[\frac{\partial}{\partial \alpha} (v^{fi} \, \overline{\sigma}_f^{fi}) - k_\infty \frac{\partial \overline{\sigma}^{fi}}{\partial \alpha} \right] \right. \\
& + (1 - \widetilde{e}) \left[\frac{\partial}{\partial \alpha} (v^{fe} \, \overline{\sigma}_f^{fei}) - k_\infty \frac{\partial \overline{\sigma}_a^{fe}}{\partial \alpha} \right] - \frac{V_c}{V_f} \frac{N_c}{N_f} k_\infty \frac{\partial \overline{\sigma}_a^c}{\partial \alpha} \\
& \left. - (N_C^L - N_C^v) \frac{\overline{\sigma}_a^c}{N_C} \right\}
\end{aligned} \tag{4-66}$$

其中

$$\frac{\partial \overline{\sigma}_a^c}{\partial \alpha} = \int_0^\infty \sigma_a^c(E)\, \frac{\partial \phi(E)}{\partial \alpha} \mathrm{d}E \tag{4-67}$$

由于 $\overline{\sigma}_a^c$ 很小，可以忽略不计，再利用式（4-67）的关系，得

$$\frac{1}{k_\infty}\frac{\partial k_\infty}{\partial \alpha} = \left[\widetilde{e}v^{fi}\,\overline{\sigma}_f^{fe} + (1-\widetilde{e})v^{fe}\,\overline{\sigma}_f^{fe}\right]^{-1}\left\{\widetilde{e}\int_0^\infty\left[\gamma^{fi}\,\overline{\sigma}_f^{fi}(E) - k_\infty\,\overline{\sigma}_a^{fe}(E)\right]\frac{\partial \phi(E)}{\partial \alpha}\mathrm{d}E\right.$$

$$\left. + (1-\widetilde{e})\int_0^\infty\left[\gamma^{fe}\,\overline{\sigma}_f^{fe}(E) - k_\infty\,\overline{\sigma}_a^{fe}(E)\right]\frac{\partial \phi(E)}{\partial \alpha}\mathrm{d}E\right\} \tag{4-68}$$

为了进一步了解空泡系数的某些特性，我们取 $K_\infty = 1$，画出反应性参数 $v\sigma_f(E) - \sigma_a(E)$ 随中子能量的变化曲线（图 4-8）。从图上可以看出：①由于能谱变硬，使高于增殖材料裂变的中子注量率明显增加，$v\sigma_f^{fe} - \sigma_{fea}$ 值变大；②裂变材料的 $v\sigma_f^{fi} - \sigma^{fi}$ 在 $0.1 \sim 1\ \mathrm{MeV}$ 能区之间出现凹形，并且随能量的变化不显著；③铀-238 的 $v\sigma_f - \sigma_a$ 随能量增长比裂变材料更迅速，所以燃料富集度降低会产生更大的正空泡系数。

因此，冷却剂沸腾、产生空泡使能谱变硬后，k_∞ 增加。

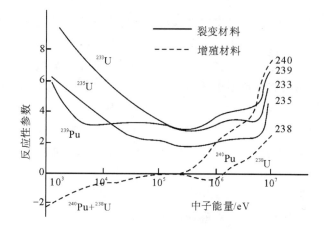

图 4-8　反应性参数与中子能量关系曲线

（2）空泡对 M^2 的影响：为了简化起见，取一均匀栅元作对象，研究空泡对 M^2 的影响。根据 M^2 的定义，有以下的关系式

$$M^2 = \frac{D}{\Sigma a} \tag{4-69}$$

其中

$$D = \int_0^\infty \frac{\phi(E)}{3\Sigma(E)}\mathrm{d}E \tag{4-70}$$

$$\Sigma a = \int_0^\infty \Sigma a(E)\phi(E)\mathrm{d}E \tag{4-71}$$

如果反应率对单位体积取平均值，即

$$\int_0^\infty \Sigma_X(E)\phi(E)\mathrm{d}E = \frac{V_f}{V_{\mathrm{cell}}}\overline{\Sigma}_x^f + \frac{V_C}{V_{\mathrm{cell}}}\overline{\Sigma}_x^c \tag{4-72}$$

则式（4-69）可改写成

$$M^2 = \frac{1}{3}V_{\mathrm{cell}}^2\int_0^\infty \frac{\phi(E)\mathrm{d}E}{N_fV_f\sigma^f(E) + N_CV_C\sigma^c(E)}\left\{\int_0^\infty\left[N_fV_f\sigma_a^f(E) + N_CV_C\sigma_a^c(E)\right]\phi(E)\mathrm{d}E\right\}^{-1}$$

$$\tag{4-73}$$

式中：V_{cell}表示栅元体积，上标 f 和 c 分别表示燃料和冷却剂。空泡使冷却剂密度 N_C 降低、能谱变硬、微观截面减小，其结果 M^2 增大。

　　综上所述，堆芯冷却剂沸腾后，R_∞ 和 M^2 都增大，α_v 符号将由这两个相反的效应所决定。当堆芯尺寸比较大时，R_∞ 的增加是主要的，空泡系数为正值。反之，空泡系数为负值。

表 4 - 7　几种堆型的反应性系数

		沸水堆	压水堆	高温气冷堆	钠冷快堆
燃料温度系数	$10^{-5}/K$	$-4\sim-1$	$-4\sim-1$	-7	$-0.1\sim-0.25$
慢化剂温度系数	$10^{-5}/K$	$-50\sim-8$	$-50\sim-8$	$+1.0$	
空泡系数	10^{-5}	$-200\sim-100$	0	0	$-12\sim+20$

4.4　热工水力模型简介

　　从系统分析的角度来看，反应堆安全分析主要需要获得系统的热工水力行为和堆芯的功率分布。系统热工水力行为的获得可以验证核电厂在事故工况下验收准则能否得到满足，而堆芯内的功率分布则为详细的热工水力分析打下良好的基础。堆芯热工计算获得的慢化剂温度、密度和燃料温度等参数会对中子截面产生影响，从而又影响到堆芯中子动力学，而中子动力学方程得到的功率分布又将作用于堆芯热工水力。因此物理和热工两者往往又是耦合的关系。

　　在反应堆热工水力方面，最主要的工作在于如何准确地描述两相流的行为和传热行为。在冷却剂丧失事故工况下，非均相（两个相之间有相对运动）、不平衡态（两个相之间有温差）以及某些情况下的多维流动等效应都可能是重要的。在两相流的模型方面，早期有均匀流模型，现在有漂移流和两流体模型。目前的大型事故分析程序普遍采用两流体模型。

4.4.1　两流体模型

　　两流体模型中，针对液相、汽相分别建立了质量、动量、能量守恒关系。因此，可以把两相之间的水力非平衡性（汽液间的速度滑移）及热非平衡性直接地引入到基本方程中处理。目前的反应堆安全分析及事故模拟程序均是基于两流体模型进行的，如 TRAC，RELAP5，CATHARE 等程序。

　　两流体模型是把针对汽相和液相建立的 6 个质量、动量、能量守恒的微分方程式联立处理。与均匀流模型与漂移流模型相比，其理论性更严密，但同时需要给出的结构关系式的数量也更多。

　　两流体模型的基本方程就是针对汽相和液相建立的各自的质量、动量、能量守恒方程。

　　国际上不同的学者都曾对两流体模型进行推导，他们尝试通过对单相流的基本方程进行平均处理来严密导出两流体基本方程。由于利用这样的方法导出方程都需要严密的数学推导，很占篇幅，所以这里省略，只对一维流动用直观的方法导出。

为了简单起见,基本方程的导出做如下假定:

(1)流动为一维,即汽相、液相各自的空泡份额、流速、温度、压力等各个量在流动截面内是均匀的。

(2)没有来自壁面的流体的流入和流出。

(3)流通面积保持恒定。

(4)体积力只考虑重力。

1.质量守恒方程

质量的守恒方程如下表示:

$$控制体体积内质量的变化量 = 进出控制体边界的质量变化量$$
$$+ 伴随控制体内相变的质量变化量 \qquad (4-74)$$

把这个关系分别应用于汽相和液相,就可得到针对汽相、液相的质量守恒方程。图 4-9 展示了控制体内的式(4-74)的各相的质量变化。

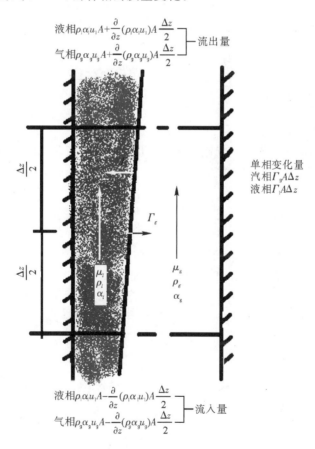

图 4-9　基于两流体模型的质量守恒方程示意图

针对汽相,有

$$控制体内质量的变化量 = \frac{\partial}{\partial t}(\rho_g \alpha_g) A \Delta z \Delta t$$

$$进出控制体边界的质量变化量 = -\frac{\partial}{\partial z}(\rho_g \alpha_g u_g) A \Delta z \Delta t$$

$$伴随控制体内相变的质量变化量 = \Gamma_g A \Delta z \Delta t$$

另一方面,对于液相,有

$$控制体内质量的变化量 = \frac{\partial}{\partial t}(\rho_l \alpha_l) A \Delta z \Delta t$$

$$进出控制体边界的质量变化量 = \frac{\partial}{\partial z}(\rho_l \alpha_l u_l) A \Delta z \Delta t$$

$$伴随控制体内相变的质量变化量 = \Gamma_l A \Delta z \Delta t$$

这里,Γ_g,Γ_l 分别是单位时间、单位体积内汽相和液相的净生成量。

将上述各项代入式(4-74),并整理后,可得到汽相的质量守恒方程

$$\frac{\partial}{\partial t}(\rho_g \alpha_g) + \frac{\partial}{\partial z}(\rho_g \alpha_g u_g) = \Gamma_g \qquad (4-75)$$

液相的质量守恒方程

$$\frac{\partial}{\partial t}(\rho_l \alpha_l) + \frac{\partial}{\partial z}(\rho_l \alpha_l u_l) = \Gamma_l \qquad (4-76)$$

比较式(4-75)和式(4-76)可知,两式除了角标不同之外形式相同,所以可将两式整理表示为

$$\frac{\partial}{\partial t}(\rho_k \alpha_k) + \frac{\partial}{\partial z}(\rho_k \alpha_k u_k) = \Gamma_k \qquad (k = g, l) \qquad (4-77)$$

2. 动量守恒方程

动量守恒方程一般如下表示:

控制体内的动量的变化量＝控制体边界进出口的动量变化量

　　　　　　　　＋控制体内受力总和＋伴随控制体内相变的动量变化量

$$(4-78)$$

图 4-10 表示通过把式(4-78)应用于控制体的汽相和液相,导出针对汽相和液相的动量守恒方程。

控制体内,壁面向汽相或液相施加的力(壁面摩擦力)为 F_{wg},F_{wl};汽液界面相互作用的力(相间摩擦力):液相对汽相的曳力为 F_{ig},汽相对液相的曳力为 F_{il};体积力:作用于汽相的重力为 F_{gg},作用于液相的重力为 F_{gl};压力:汽相为 p_g,液相为 p_l。此外,汽液界面的汽相一侧和液相一侧的压力分别为 p_{gi} 和 p_{il}。这里,F_{wg},F_{wl},F_{ig},F_{il},F_{gg},F_{gl} 是表示单位体积作用力大小的量。

对于汽相,有

$$控制体内的动量的变化量 = \frac{\partial}{\partial t}(\rho_g \alpha_g u_g) A \Delta z \Delta t$$

$$进出控制体边界上的动量变化量 = -\frac{\partial}{\partial z}(\rho_g \alpha_g u_g^2) A \Delta z \Delta t$$

$$控制体内受力的总和 = \left[-F_{wg} - F_{ig} - F_{gg} - \frac{\partial}{\partial z}(\alpha_g p_g) + p_{gi} \frac{\partial \alpha_g}{\partial z} \right] A \Delta z \Delta t$$

$$伴随控制体内的相变化的动量交换量 = \Gamma_g u_{gi} A \Delta z \Delta t$$

其中,u_{gi} 为汽液界面的流速。

对于液相,有

$$控制体内的动量的变化量 = \frac{\partial}{\partial t}(\rho_l \alpha_l u_l) A \Delta z \Delta t$$

$$进出控制体边界上的动量变化量 = -\frac{\partial}{\partial z}(\rho_1\alpha_1 u_1^2)A\Delta z\Delta t$$

$$控制体内受力的总和 = \left[-F_{wl}-F_{il}-F_{gl}-\frac{\partial}{\partial z}(\alpha_1 p_1)+p_{li}\frac{\partial \alpha_1}{\partial z}\right]A\Delta z\Delta t$$

$$伴随控制体内相变的动量交换量 = \Gamma_1 u_{li}A\Delta z\Delta t$$

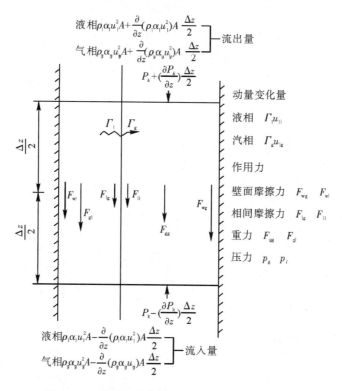

图 4 - 10　基于两流体模型的动量守恒方程示意图

以上求得的各项代入式(4.4 - 5)整理可得,汽相的守恒方程为

$$\frac{\partial}{\partial t}(\rho_g\alpha_g u_g)+\frac{\partial}{\partial z}(\rho_g\alpha_g u_g^2) = -F_{wg}-F_{ig}-F_{gg}-\frac{\partial}{\partial z}(\alpha_g p_g)+p_{gi}\frac{\partial \alpha_g}{\partial z}+\Gamma_g u_{gi} \quad (4-79)$$

液相的守恒方程为

$$\frac{\partial}{\partial t}(\rho_1\alpha_1 u_1)+\frac{\partial}{\partial z}(\rho_1\alpha_1 u_1^2) = -F_{wl}-F_{il}-F_{gl}-\frac{\partial}{\partial z}(\alpha_1 p_1)+p_{li}\frac{\partial \alpha_1}{\partial z}+\Gamma_1 u_{li} \quad (4-80)$$

整理两式,可以表示为

$$\frac{\partial}{\partial t}(\rho_k\alpha_k u_k)+\frac{\partial}{\partial z}(\rho_k\alpha_k u_k^2) = -F_{wk}-F_{ik}-F_{gk}-\frac{\partial}{\partial z}(\alpha_k p_k)+p_{ki}\frac{\partial \alpha_k}{\partial z}+\Gamma_k u_{ki} \quad (k=g,l)$$

$$(4-81)$$

3. 能量守恒方程

能量守恒一般如下表示:

控制体内的能量的变化量 = 进出控制体边界的能量变化量 + 控制体内作用力所做的功
　　　　　　　　　　 + 伴随控制体内相变的能量交换量 + 控制体外部而来的热源

$$(4-82)$$

如图 4 - 10 所示,对控制体的汽相和液相应用式(4 - 82),导出汽相和液相的能量守

恒方程。控制体内的作用力和动量守恒方程中考虑的作用力一致。

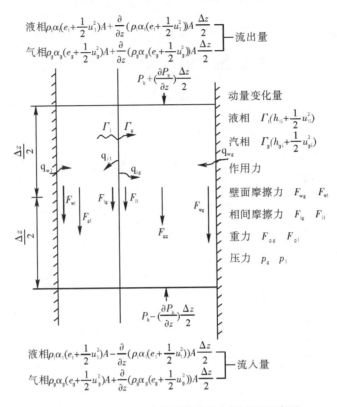

图 4-11　基于两流体模型的能量守恒方程示意图

此外，从外部来的热源考虑壁面传向汽相和液相的热量 q_{wg} 和 q_{wl}，以及界面传向汽相和液相的热量 q_{ig} 和 q_{il}。这里 q_{wg}，q_{wl}，q_{ig}，q_{il} 是表示单位时间、单位体积的传热量。对汽相，有

$$控制体内的能量的变化量 = \frac{\partial}{\partial t}\left\{\rho_g \alpha_g \left(e_g + \frac{1}{2}u_g^2\right)\right\}A\Delta z \Delta t$$

$$进出控制体边界的能量变化量 = -\frac{\partial}{\partial z}\left\{\rho_g \alpha_g \left(e_g + \frac{1}{2}u_g^2\right)u_g\right\}A\Delta z \Delta t$$

$$控制体内作用力所做的功 = \left\{-F_{wg}u_g - F_{ig}u_g - F_{gg}u_g - p_{gi}\frac{\partial \alpha_g}{\partial t} - \frac{\partial}{\partial z}(\alpha_g p_g u_g)\right\}A\Delta z \Delta t$$

$$伴随控制体内相变的能量交换量 = \Gamma_g \left(h_{gi} + \frac{1}{2}u_{gi}^2\right)A\Delta z \Delta t$$

$$来自控制体外部的热源 = (q_{wg} + q_{ig})A\Delta z \Delta t$$

这里，h_{gi} 和 u_{gi} 是界面上汽相的焓和流速。

对于液相，有

$$控制体内的能量的变化量 = \frac{\partial}{\partial t}\left\{\rho_l \alpha_l \left(e_l + \frac{1}{2}u_l^2\right)\right\}A\Delta z \Delta t$$

$$进出控制体边界的能量变化量 = -\frac{\partial}{\partial z}\left\{\rho_l \alpha_l \left(e_l + \frac{1}{2}u_l^2\right)u_l\right\}A\Delta z \Delta t$$

$$控制体内作用力所做的功 = \left\{-F_{wl}u_l - F_{il}u_l - F_{gl}u_l - p_{li}\frac{\partial \alpha_l}{\partial t} - \frac{\partial}{\partial z}(\alpha_l p_l u_l)\right\}A\Delta z \Delta t$$

$$\text{伴随控制体内相变的能量交换量} = \Gamma_{\mathrm{l}}\left(h_{\mathrm{li}} + \frac{1}{2}u_{\mathrm{li}}^2\right)A\Delta z\Delta t$$

$$\text{来自控制体外部的热源} = (q_{\mathrm{wl}} + q_{\mathrm{il}})A\Delta z\Delta t$$

这里 h_{li} 和 u_{li} 分别是界面上液相的焓和流速。

将这些项代入式(4-82),整理可得,汽相的能量守恒方程为:

$$\frac{\partial}{\partial t}\left\{\rho_{\mathrm{g}}\alpha_{\mathrm{g}}\left(e_{\mathrm{g}} + \frac{1}{2}u_{\mathrm{g}}^2\right)\right\} + \frac{\partial}{\partial z}\left\{\rho_{\mathrm{g}}\alpha_{\mathrm{g}}\left(e_{\mathrm{g}} + \frac{1}{2}u_{\mathrm{g}}^2\right)u_{\mathrm{g}}\right\}$$

$$= -F_{\mathrm{wg}}u_{\mathrm{g}} - F_{\mathrm{ig}}u_{\mathrm{g}} - F_{\mathrm{gg}}u_{\mathrm{g}} - p_{\mathrm{gi}}\frac{\partial\alpha_{\mathrm{g}}}{\partial t} - \frac{\partial}{\partial z}(\alpha_{\mathrm{g}}p_{\mathrm{g}}u_{\mathrm{g}}) + \Gamma_{\mathrm{g}}\left(h_{\mathrm{gi}} + \frac{1}{2}u_{\mathrm{gi}}^2\right) + q_{\mathrm{wg}} + q_{\mathrm{ig}}$$

$$(4-83)$$

液相的能量守恒方程为

$$\frac{\partial}{\partial t}\left\{\rho_{\mathrm{l}}\alpha_{\mathrm{l}}\left(e_{\mathrm{l}} + \frac{1}{2}u_{\mathrm{l}}^2\right)\right\} + \frac{\partial}{\partial z}\left\{\rho_{\mathrm{l}}\alpha_{\mathrm{l}}\left(e_{\mathrm{l}} + \frac{1}{2}u_{\mathrm{l}}^2\right)u_{\mathrm{l}}\right\}$$

$$= -F_{\mathrm{wl}}u_{\mathrm{l}} - F_{\mathrm{il}}u_{\mathrm{l}} - F_{\mathrm{gl}}u_{\mathrm{l}} - p_{\mathrm{li}}\frac{\partial\alpha_{\mathrm{l}}}{\partial t} - \frac{\partial}{\partial z}(\alpha_{\mathrm{l}}p_{\mathrm{l}}u_{\mathrm{l}}) + \Gamma_{\mathrm{l}}\left(h_{\mathrm{li}} + \frac{1}{2}u_{\mathrm{li}}^2\right) + q_{\mathrm{wl}} + q_{\mathrm{il}}$$

$$(4-84)$$

整理两式,可以表示为

$$\frac{\partial}{\partial t}\left\{\rho_k\alpha_k\left(e_k + \frac{1}{2}u_k^2\right)\right\} + \frac{\partial}{\partial z}\left\{\rho_k\alpha_k\left(e_k + \frac{1}{2}u_k^2\right)u_k\right\}$$

$$= -F_{\mathrm{wk}}u_k - F_{\mathrm{ik}}u_k - F_{\mathrm{gk}}u_k - p_{\mathrm{ki}}\frac{\partial\alpha_k}{\partial t} - \frac{\partial}{\partial z}(\alpha_k p_k u_k) + \Gamma_k\left(h_{ki} + \frac{1}{2}u_{ki}^2\right) + q_{\mathrm{wk}} + q_{\mathrm{ik}} \quad (k = \mathrm{g,l})$$

$$(4-85)$$

4. 双压力模型和单压力模型

通过应用质量、动量、能量守恒定律,得到了作为两流体模型基本方程的质量守恒方程的式(4-77)、动量守恒方程的式(4-81)和能量守恒方程的式(4-85)共计 6 个方程。

在基本方程中,汽相和液相的压力分别采用了 p_{g} 和 p_{l} 这两个独立的压力,这样的模型叫做双压力模型。在水平管的分层流中,相对于汽相的平均压力 p_{g},液相的平均压力 p_{l} 由于液相重力的存在而较高。分析这种流动的时候就要用到这里导出的双压力模型。

与此相对的是,我们经常假设在流动截面上压力保持恒定

$$p_{\mathrm{g}} = p_{\mathrm{l}} = p_{\mathrm{gi}} = p_{\mathrm{li}} = p \quad\quad\quad (4-86)$$

该模型称为单压力模型。

单压力模型的基本方程,可以通过把式(4-86)代入双压力模型的基本方程中得到。

质量守恒方程:

$$\frac{\partial}{\partial t}(\rho_k\alpha_k) + \frac{\partial}{\partial z}(\rho_k\alpha_k u_k) = \Gamma_k \quad (k = \mathrm{g,l}) \quad\quad (4-87)$$

动量守恒方程:

$$\frac{\partial}{\partial t}(\rho_k\alpha_k u_k) + \frac{\partial}{\partial z}(\rho_k\alpha_k u_k^2) = -F_{\mathrm{wk}} - F_{\mathrm{ik}} - F_{\mathrm{gk}} - \alpha_k\frac{\partial p}{\partial z} + \Gamma_k u_{ki} \quad (k = \mathrm{g,l})$$

$$(4-88)$$

能量守恒方程:

$$\frac{\partial}{\partial t}\left\{\rho_k \alpha_k \left(e_k + \frac{1}{2}u_k^2\right)\right\} + \frac{\partial}{\partial z}\left\{\rho_k \alpha_k \left(e_k + \frac{1}{2}u_k^2\right)u_k\right\}$$

$$= -F_{wk}u_k - F_{ik}u_k - F_{gk}u_k - p\frac{\partial \alpha_k}{\partial t} - \frac{\partial}{\partial z}(\alpha_k p u_k) + \Gamma_k\left(h_{ki} + \frac{1}{2}u_{ki}^2\right) + q_{wk} + q_{ik} \quad (k = g, l)$$

$$(4-89)$$

前面导出了两流体模型的基本方程。实际进行数值分析的时候,有使用上述形式的,但多数为了数值求解的便利,进一步变形使用其他的形式。

5. 两流体模型的封闭问题

两流体模型中最普通的质量守恒方程式(4-77)、动量守恒方程式(4-81)、能量守恒方程式(4-89)中出现的变量有:各相($k=g,l$)平均体积份额 α_k,密度 ρ_k,速度 u_k,压力 p_k,壁面剪应力 F_{kw},外力 F_{gk},焓 h_k,壁面热流密度 q_{kw},汽液界面上与质量、动量、能量相关的各相的质量生成率 Γ_k,相间摩擦力 F_{ik},相间热流密度 q_{ik},界面速度 u_{ki},压力 p_{ki},焓 h_{ki} 等合计 28 个。因此,为了闭合两流体模型的基本方程,就需要 22 个关系式。

首先,这些变量之间存在一些必然的联系:

$$\alpha_g + \alpha_l = 1 \qquad (4-90)$$

以及,从界面上成立的质量、动量、能量的平衡(jump condition)可得:

$$\Gamma_g + \Gamma_l = 0 \qquad (4-91)$$

$$F_{ig} + F_{il} = 0 \qquad (4-92)$$

$$h_{gi}\Gamma_g + q_{ig} + h_{li}\Gamma_{il} + q_{il} = 0 \qquad (4-93)$$

式(4-91)表示界面上的质量守恒定律,式(4-92)表示界面上作用与反作用定律,式(4-93)是表示在界面上从一相以热流及潜热(蒸发、凝结)的形式传出的热量与另一相以热流及潜热的形式吸收的量相等。

和漂移流模型相同,两流体模型状态方程中各相密度和焓均为温度、压力的函数。此外,作用于各相的体积力 $F_{gk}(k=g,l)$ 也可以是已知函数。

壁面的值 F_{wk},$q_{wk}(k=g,l)$,界面的值 u_{ki},p_{ki},h_{ki} 及界面输运项 Γ_g,F_{ig},q_{gi}(根据式(4-91)到式(4-93),只要知道其中的一相,就能获得另一相)都需要本构关系式。

首先,对于 $u_{ki}(k=g,l)$,相变量不是非常大时,可以近似假定为

$$u_{gi} = u_{li}(= u_i) \qquad (4-94)$$

其中,u_i 要根据流型来确定。比如,对于泡状流等流动认为

$$u_i = u_g \qquad (4-95)$$

而对于弥散流,则认为

$$u_i = u_l \qquad (4-96)$$

对于界面上各相的压力,在表面张力影响不大的情况下,界面动量法线方向的平衡关系可以近似地假定

$$p_{gi} = p_{li}(= p_i) \qquad (4-97)$$

界面压力 p_i 与各相压力之间存在进一步的关系。这是因为界面压力和各相压力之差可以看做是各项平均速度和界面上速度的差引起的动能变化。一般的汽液两相流中,汽相密度相对于液相密度而言非常小,对汽相的动能中压力的贡献作为近似可以忽略。

此时

$$p_l = p_g \tag{4-98}$$

对于界面上各相的焓 h_{gi}, h_{li} 的关系。如前所述,两流体模型中,没必要假定热平衡状态。但是,在汽液界面附近还是需要假定热平衡。如果把各相界面的温度设为 T_{gi}, q_{il}, 则认为

$$T_{gi} = T_{li}(= T_i) \tag{4-99}$$

汽液两相流为单组份系统的情况下,汽液界面上各相处在相平衡状态。因此,界面的温度 q_{ig} 变成界面压力 p_i 对应的饱和温度 T_{sat}。于是汽液界面的焓变成界面压力的函数。

于是,在适当假定的基础上,各相界面的值 u_{ki}, p_{ki}, h_{ki}(k=g,l)可以用汽液两相流的其他变量来表示。

壁面剪应力通常由结构关系式给出。在两流体模型中,必须给出各相的壁面剪应力 F_{wg}, F_{wl}, 壁面热流密度 q_{wg}, q_{wl} 的结构关系式。然而,实验得到的往往是两相流总的壁面剪应力 F_w 和壁面热流密度 q_w。所以,实际应用中,使用平均空泡份额 α_k, 将 F_w, q_w 的值用一定的比例,适当分配到各相中。

相间摩擦力 F_{ig} 的结构关系式是两流体模型特有的模型,而且也是最重要的模型之一。其起因是汽相和液相的速度差,具体的方法是以单一气泡或单一液滴的曳力系数为基础,考虑两相流影响得到的两相曳力系数或者由液膜的摩擦系数。F_{ig} 的结构关系式通常是在定常状态下得到的,也适用于慢瞬态工况。然而,在快瞬态工况下,相间摩擦力经常需要考虑虚拟质量的影响。

通过式(4-93),可以将界面热流密度 q_{ik} 和汽相的质量生成率 Γ_g 联系起来。将式(4-91)带入式(4-93)中,可得到

$$\Gamma_g(h_{gi} - h_{li}) + q_{ig} + q_{il} = 0 \tag{4-100}$$

因此,Γ_g, q_{ig}, q_{il} 的其中一个变量从属于另外两个。因此,当给出 q_{ig} 和 q_{il} 相关的结构关系式,就可以得到 Γ_g; 或者,给出 Γ_g 和 q_{ig}(或 q_{il})的结构关系式,也可以得到 q_{il}(或 q_{ig})。

除了这些关系式以外,为了闭合基本方程,还需要各相压力的相关表达式。如 4.3.2 中所述,假定压力平衡的情况(单压力模型)或者各相压力之间给出适当结构关系式的情况(双压力模型)。

4.4.2　传热模型

物质表面与液体之间能量交换以及物质内能量分布是用热传导和对流传热模型进行计算的。这包括堆燃料棒向流体的传热、蒸汽发生器一次流体向管壁、再向二次流体的传热,以及贮存能量的容器或管道系统向流体的传热。

流体边界界面上的对流传热是解瞬态热传导的边界条件,又是流体的热源或热阱。热传导与传热模型通过流体能量方程中的能量源项而与流体方程耦合。传热计算中还要利用流体的特性。

1. 热传导模型

热传导体可以是一个或多个相邻接的固体物质,它向控制体的流体传热或从流体接收热量,例如堆芯燃料棒;或一侧绝热且无内热源的材料。热传导体也可以是在两控制

体流体之间进行传热的固体物质,例如热交换器的传热管,管子一侧为一控制体,另一侧为另一控制体。在热传导体连接两个控制体时,该热传导体在 RELAP4 中可以用一接管来加以模拟,这时从一控制体向另一控制体虽没有质量流量,但有热量流,如图 4-12。

在几何形状上,热导体可以是圆柱形或矩形。例如,棒、管和圆柱容器可以按圆柱形处理,平板可以按矩形处理。对于每一个几何区域的描述将包括几何尺寸、节点的间距和材料等说明。

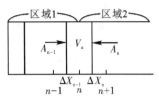

图 4-12　热传导模型

热传导模型是基于一维瞬态热传导方程,利用 Crank-Nickolson 有限差分方法进行离散化。

$$V_n C_n \frac{\mathrm{d}T_n}{\mathrm{d}t} = Q_n + Ak \frac{\mathrm{d}T}{\mathrm{d}x}\Big|_r - Ak \frac{\mathrm{d}T}{\mathrm{d}x}\Big|_l \tag{4-101}$$

式中:V_n 为节点体积;C_n 为体积热容量;T_n 为节点 n 的温度;t 为时间;Q_n 为内热源;A 为热交换面积;k 为热导率;x 为坐标;l 为体积元的左端;r 为体积元的右端。

该方程的有限差分近似形式为:

$$V_n C_n \frac{T'_n - T_n}{\Delta t} = Q'_n + \frac{A_n}{2\Delta X_n}[\bar{k}_{n,n+1}(T_{n+1} - T_n) + \bar{k}'_{n,n+1}(T'_{n+1} - T'_n)]$$
$$- \frac{A_{n-1}}{2\Delta X_{n-1}}[\bar{k}_{n-1,n}(T_n - T_{n-1}) + \bar{k}'_{n-1,n}(T'_n - T'_{n-1})] \tag{4-102}$$

$$\bar{k}_{n,n+1} = \frac{k_n + k_{n+1}}{2}$$
$$\bar{k}_{n-1,n} = \frac{k_{n-1} + k_n}{2} \tag{4-103}$$

带角标"′"的量表示新时刻下的值。

由此方程易得下列形式

$$a_n T'_{n-1} + b_n T'_n + c_n T'_{n+1} = d_n \tag{4-104}$$

再根据边界条件得到 T_1 和 T_N 的方程。这样最后得到求解热导体内各节点温度的联立方程组,该方程组形成的是一个三对角矩阵,可以采用追赶法精确求解。

在 RELAP4 中考虑的边界条件:①无热交换的边界条件,即 $\mathrm{d}T/\mathrm{d}x=0$,这样由于没有热流,温度分布总是平的;②给定流体温度 T_f 和热交换系数 h,也就是说 $q = h(T' - T_f) = \pm k \frac{\mathrm{d}T'}{\mathrm{d}X}$;③给定边界温度 T';④边界上满足 $q = h(T' - T_f) = AT' + B$;⑤给定热流。

2. 对流传热模型

以 RELAP5/MOD3.3 程序为例,其壁面换热模型共包含 12 种换热模式,分别为与不凝结气体和水的对流换热、超临界压力下对流换热、与单相液体对流换热、过冷核态沸腾、饱和核态沸腾、过冷过渡沸腾、饱和过渡沸腾、过冷膜态沸腾、饱和膜态沸腾、与单相气体的对流换热、单相气状态下冷凝换热和两相状态下冷凝换热。RELAP5 程序的换热模式较为全面,基本涵盖了壁面与流体所有可能出现的换热方式。其中沸腾模式主要根据 Nukiyama 沸腾曲线来划分,图 4-13 为 Nukiyama 沸腾曲线示意图。图中 A 点为沸腾起始点,对应壁面温度为 T_{ONB};B 点为烧毁点,对应热流密度为临界热流密度 q_{CHF},对

应壁面温度为 T_{CHF}；C 点为膜态沸腾起始点，对应壁温为 T_{MFB}。

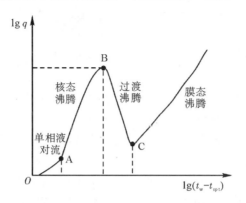

图 4 - 13　Nukiyama 沸腾曲线示意图

RELAP5 程序的换热逻辑图如图 4 - 14 所示。它主要根据压力、壁面温度、饱和温度、流体温度、空泡份额、不凝结气体质量分数、热流密度等参数来判断换热模式。对于对流和沸腾之间的区分点，RELAP5 主要依据壁面温度与饱和温度进行判断，当壁温高于饱和温度时即发生过冷沸腾。对于不同沸腾模式之间的区分，RELAP5 程序使用壁温和热流密度来判断，当壁面过热度高于 600 K 时直接判定为膜态沸腾；当壁面过热度高于 100 K 或热流密度 q 高于临界热流密度 q_{CHF} 时判定为 CHF 后换热模式，然后利用关系式计算过渡沸腾热流密度 q_{TB} 和膜态沸腾热流密度 q_{FB}，最后换热模式的选取取决于 q_{TB} 和 q_{FB} 的大小；当壁面过热度低于 100 K 且热流密度 q 低于临界热流密度 q_{CHF} 时，判定为核态沸腾。

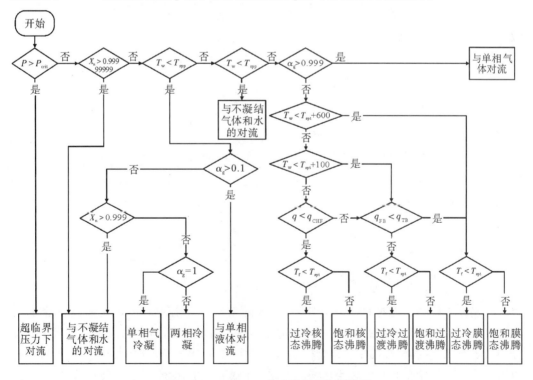

图 4 - 14　RELAP5 程序壁面换热逻辑图

4.5　安全壳热工水力瞬态分析模型

安全壳作为核电厂的最后一道安全屏障,其事故后的完整性对于事故的进程与放射性后果起着决定性的作用。

与系统分析程序类似,目前的安全壳热工水力分析程序大致分为两类:一类为保守性程序,能计算事故工况下安全壳内气空间的压力和温度峰值,或安全壳内不同隔室的压差,其计算值一般保守性较高。另一类为最佳估算程序,比保守性程序更精确地反映安全壳内部的热工水力现象。

与回路的系统程序不同,安全壳内部的流体为空气、蒸汽和水的混合物。因此,在建立模型时,必须考虑这些相的影响。下面以集总参数方法,采用两流体三流场方程(液相、气相以及液滴相)介绍安全壳程序的基本模型。

4.5.1　程序基本方程

1. 连续方程

气相连续方程如下

$$\frac{\partial}{\partial t}(\alpha_g \rho_g) + \nabla \cdot (\alpha_g \rho_g v_g) = -\frac{\frac{p_v}{p} H_{\text{gli}-g}(T^S(p_v) - T_g) + H_{\text{gli}-l}(T^S(p_v) - T_l)}{(h_g^* - h_l^*)}$$
$$-\frac{\frac{p_v}{p} H_{\text{dgi}-g}(T^S(p_v) - T_g) + H_{\text{dgi}-d}(T^S(p_v) - T_d)}{(h_g^* - h_d^*)} + \Gamma_g$$
$$(4-105)$$

液相连续方程如下

$$\frac{\partial}{\partial t}(\alpha_l \rho_l) + \nabla \cdot (\alpha_l \rho_l v_l) = -\frac{\frac{p_v}{p} H_{\text{gli}-g}(T^S(p_v) - T_g) + H_{\text{gli}-l}(T^S(p_v) - T_l)}{(h_g^* - h_l^*)} \quad (4-106)$$
$$-\Gamma_{\text{ent}} + \Gamma_{\text{deent}} + \Gamma_l$$

液滴相连续方程如下

$$\frac{\partial}{\partial t}(\alpha_d \rho_d) + \nabla \cdot (\alpha_d \rho_d v_d) = -\frac{\frac{p_v}{p} H_{\text{dgi}-g}(T^S(p_v) - T_g) + H_{\text{dgi}-l}(T^S(p_v) - T_d)}{(h_g^* - h_d^*)} \quad (4-107)$$
$$+\Gamma_{\text{ent}} - \Gamma_{\text{deent}} + \Gamma_d$$

不可凝气体连续方程如下

$$\frac{\partial}{\partial t}(\alpha_g \rho_g Y_i) + \frac{1}{A}\frac{\partial}{\partial x}(\alpha_g \rho_g Y_i A) = \frac{1}{A}\frac{\partial}{\partial x}\left(\alpha_g D_i \rho_g A \frac{\partial Y_i}{\partial x}\right) + G_i \quad (4-108)$$

在连续方程中,t 为时间,x 为坐标,A 为流通面积,a 为控制体空泡份额,r 为密度,u 为速度,p 为压力,T 为温度,H 为单位体积换热系数,h 为焓值,G 为源项。下标 l,d,g 分别代表液相、液滴相及气相。式(4-105)右边第一项、第二项,式(4-106)、(4-107)右边第一项代表了界面上的质量变化率。下标 ent 代表夹带,deent 代表沉降。Y_i 代表不同不可凝气体的质量分数。$i=0$ 为水蒸汽,$i=1$ 为氢气,$i=2$ 为不可凝气体。

2. 动量方程

气相动量方程如下

$$\alpha_g\rho_g\frac{\partial v_g}{\partial t}+\alpha_g\rho_g v_g\cdot\nabla\bigotimes v_g=-\alpha_g\nabla p+\alpha_g\rho_g g+\nabla\cdot(\alpha_g(u_g+u_g^t)\nabla\bigotimes v_g)+\Gamma_{lg}^{EV}(v_l-v_g)$$

$$+\Gamma_{dg}^{EV}(v_d-v_g)-v_g\Gamma_g+[F_{gl}(v_l-v_g)+F_{gd}(v_d-v_g)]-F_g^w v_g$$

$$+\left[C_{gl}^{VM}\alpha_g\alpha_l\rho_{gl}\frac{\partial}{\partial t}(v_l-v_g)+C_{gd}^{VM}\alpha_g\alpha_d\rho_{dg}\frac{\partial}{\partial t}(v_d-v_g)\right]+M_g$$

$$(4-109)$$

连续液相动量方程如下

$$\alpha_l\rho_l\frac{\partial v_l}{\partial t}+\alpha_l\rho_l v_l\cdot\nabla\bigotimes v_l=-\alpha_l\nabla p+\alpha_l\rho_l g+\nabla\cdot(\alpha_l(u_l+u_l^t)\nabla\bigotimes v_l)+\Gamma_{gl}^{CD}(v_g-v_l)$$

$$+\Gamma_{deent}(v_d-v_l)-v_l\Gamma_l+[F_{lg}(v_g-v_l)+F_{ld}(v_d-v_l)]-F_l^w v_l$$

$$+\left[C_{gl}^{VM}\alpha_g\alpha_l\rho_{gl}\frac{\partial}{\partial t}(v_l-v_g)\right]+M_l$$

$$(4-110)$$

液滴相动量方程如下

$$\alpha_d\rho_d\frac{\partial v_d}{\partial t}+\alpha_d\rho_d v_d\cdot\nabla\bigotimes v_d=-\alpha_d\nabla p+\alpha_d\rho_d g+\nabla\cdot(\alpha_d(u_d+u_d^t)\nabla\bigotimes v_d)+\Gamma_{dg}^{CD}(v_g-v_d)$$

$$+\Gamma_{ent}(v_l-v_d)-v_d\Gamma_d+[F_{dg}(v_g-v_d)+F_{ld}(v_l-v_d)]-F_d^w v_d$$

$$+\left[C_{gd}^{VM}\alpha_g\alpha_d\rho_{dg}\frac{\partial}{\partial t}(v_g-v_d)\right]+M_d$$

$$(4-111)$$

其中 A,F 分别为接管面积,接管阻力系数。下标 l,g,d 分别代表了液相、气相及液滴相。M 为源项。

3. 能量方程

气相能量方程如下

$$\frac{\partial}{\partial t}(\alpha_g\rho_g U_g)+\frac{1}{A}\frac{\partial}{\partial x}(\alpha_g\rho_g U_g u_g A)$$

$$=-p\frac{\partial\alpha_g}{\partial t}-p\frac{1}{A}\frac{\partial}{\partial x}(\alpha_g u_g A)+\Phi_g+\left[\frac{h_l^*}{(h_g^*-h_l^*)}\frac{p_v}{p}H_{gli-g}(T^S(p_v)-T_g)\right.$$

$$\left.-\frac{h_g^*}{(h_g^*-h_l^*)}H_{gli-l}(T^S(p_v)-T_l)+\frac{p_n}{p}H_{l-n}(T_l-T_g)\right]$$

$$(4-112)$$

$$+\left[-\frac{h_d^*}{(h_g^*-h_d^*)}\frac{p_v}{p}H_{dgi-g}(T^S(p_n)-T_g)\right.$$

$$\left.-\frac{h_g^*}{(h_g^*-h_d^*)}H_{dgi-d}(T^S(p_v)-T_d)+\frac{p_n}{p}H_{d-n}(T_d-T_g)\right]+E_g^w+E_g$$

液相能量方程如下

$$\frac{\partial}{\partial t}(\alpha_l\rho_l U_l)+\frac{1}{A}\frac{\partial}{\partial x}(\alpha_l\rho_l U_l u_l A)$$

$$=-p\frac{\partial\alpha_l}{\partial t}-p\frac{1}{A}\frac{\partial}{\partial x}(\alpha_l u_l A)+\Phi_l+\left[\frac{h_l^*}{(h_g^*-h_l^*)}\frac{p_v}{p}H_{gli-g}(T^S(p_v)-T_g)\right.$$

$$(4-113)$$

$$\left.-\frac{h_g^*}{(h_g^*-h_l^*)}H_{gli-l}(T^S(p_v)-T_l)+H_{n-l}(T_g-T_l)\right]$$

$$+[-h_l\Gamma_{ent}+h_d\Gamma_{deent}]+E_l^w+E_l$$

液滴相能量方程如下

$$\frac{\partial}{\partial t}(\alpha_d\rho_d U_d)+\frac{1}{A}\frac{\partial}{\partial x}(\alpha_d\rho_d U_d u_d A)$$

$$=-p\frac{\partial \alpha_d}{\partial t}-p\frac{1}{A}\frac{\partial}{\partial x}(\alpha_d u_d A)+\Phi_d+\left[\frac{h_d^*}{(h_g^*-h_d^*)}\frac{p_v}{p}H_{\mathrm{dgi-g}}(T^S(p_v)-T_g)\right. \tag{4-114}$$

$$-\frac{h_g^*}{(h_g^*-h_d^*)}H_{\mathrm{dgi-d}}(T^S(p_v)-T_d)+\left.\frac{p_n}{p}H_{\mathrm{n-d}}(T_g-T_d)\right]$$

$$+\left[h_l\Gamma_{\mathrm{ent}}-h_d\Gamma_{\mathrm{deent}}\right]+E_d^w+E_d$$

其中,U,Φ,E 分别代表内能、耗散及能量源项。n 代表了不可凝气体。

所有控制方程采用半隐差分格式进行差分求解。首先求解动量方程,获得压力变化后,回代质量及能量方程以求解流量及控制体其他热工水力参数。

4.5.2　特殊模型

为了能够模拟安全壳内部的一些特殊现象,需要添加一些特殊模型,如喷淋模型、风机与泵模型等。

1. 喷淋模型

控制体内可设置多个喷淋管线,喷淋水在进入控制体之前,可经过热构件以调整其温度。喷淋模型允许上部控制体的喷淋进入下部的控制体内。在运行过程中,喷淋系统可以从一到两个控制体及一个外部源项内抽取冷却水。喷淋可设置为进入控制体的气区或者液区。喷淋模型方程如下

$$S_{P1}+S_{P2}+S_{\mathrm{OUT}}=1 \tag{4-115}$$

其中,S_{P1} 为从第一个控制体内抽取喷淋水的质量分数;S_{P2} 为从第二个控制体内抽取喷淋水的质量分数,S_{OUT} 为从外部抽取喷淋水的质量分数。

抽取的喷淋的最终焓值如下

$$h_s=(S_{P1}+S_{P2})h_{nx}+S_{\mathrm{OUT}}h_{\mathrm{OUT}} \tag{4-116}$$

2. 泵与风机模型

泵与风机的基本作用在于将流体从来流控制体或外源处抽取,注入接收控制体。泵与风机的开关由以下几种方法控制:

(1)压力控制:如果指定控制体内压力大于规定的值,则泵或风机开启以排出工质。如果指定控制体内压力低于规定的值,则泵与风机停止。

(2)压差控制:如果流出流入控制体的压差大于规定的值,则泵或风机开始启动,若控制体之间的压差小于规定的值,则泵或风机停闭。

(3)时间控制:在确定的时间段内,泵或风机开启,在时间段外,泵或风机停闭。

(4)温度控制:如果指定控制体内的温度大于输入卡规定值,则泵或风机开启,若控制体温度低于输入卡规定值,则泵或风机停闭。

在泵或风机运行之时,质量与能量的传输率公式如下

$$\dot{m}_r=\rho Q \tag{4-117}$$

$$\dot{m}_d = -\rho Q \tag{4-118}$$

$$\dot{E}_r = \rho h Q \tag{4-119}$$

$$\dot{E}_d = -\rho h Q \tag{4-120}$$

式中:$\dot{m}_r$ 为进入接收控制体的质量流量;$\dot{m}_d$ 为抽离来流控制体的质量流量;$\dot{E}_r$ 为进入接收控制体的能量流量;$\dot{E}_d$ 为抽离来流控制体的能量流量。

当泵或风机在运行时,有三种办法计算体积流量:

(1)固定的体积流量;

(2)根据用户输入的体积流量表(自变量可为压差、压力及时间);

(3)根据内置的泵与风机特征曲线进行计算,得到体积流量。

当泵与风机停闭时,可以设置为两种状态。①锁定状态,即体积流量为 0,泵或风机内不再存在流体流动;②自由旋转状态,由于流动的存在,泵与风机的转速不为 0。

4.6　严重事故计算分析

4.6.1　程序分类及区别

严重事故分析程序根据应用的范围可分为一体化程序(Integral codes)、详细分析程序(Detailed codes)和专用程序(Dedicated codes)三类。

1. 一体化程序(也叫工程级程序)

一体化程序采用集成的模型对事故进行整体分析,包括反应堆冷却剂系统(RCS)和安全壳的响应,特别是释放到环境的源项。为模拟相关现象,这类程序糅合了现象学模型和用户定义参数模型,以快速运行从而保证不确定性分析所需要的模拟数量;这类程序一般不用于最佳估算,而是用来确定重要过程或现象的界限,常常需要引入大量用户自定义参数;这类程序通常被用于支持 2 级概率安全评估(PSA2)分析,以合理估算严重事故的风险,同时开发和验证严重事故管理(SAM)方案。由于严重事故现象复杂,机理难以把握,这类程序是严重事故分析程序的主流,但随着计算机性能的快速提高和人们对严重事故机理的深入了解,一体化程序中越来越多的参数模型将被机理模型所取代。目前国际主流的一体化程序包括法国 IRSN 和德国 GRS 联合开发的 ASTEC,美国 Fauske & Associates Inc 开发的 MAAP,以及美国 SNL 在 NRC 资助下开发的 MEL-COR。

2. 详细分析程序(也叫机理程序)

详细分析程序的特征为采用与最新研究成果保持同步的最佳估算现象学模型,能够尽可能准确地模拟严重事故工况下核电厂的行为。

为了更好地体现与一体化程序的差异,这类程序在大部分情况下的数值解通过求解积分-微分方程获得,而在一体化程序中则采用一些关系式;对这类程序的基本要求是建模的不确定性应当与验证程序所使用的实验数据的不确定性相当,并且仅对那些由于缺乏实验数据而难以认识的现象采用用户自定义参数。

　　这类程序的主要优点是可以为了解严重事故的发展进程提供深入、详实的细节信息,以设计和优化缓解措施;它们也可用于一体化程序的基准测试或者为一体化程序提供简单模型;由于存在较长的计算时间,它们仅能模拟电厂的某一部分,例如 RCS 或安全壳,计算时间取决于应用的范围和时间空间离散的程度,可持续数天或数周。在 RCS 行为和堆芯坍塌方面的国际主流程序包括德国 GRS 开发的 ATHLET-CD,美国 INL 开发的 SCDAP/RELAP5,美国 ISS 开发的 RELAP/SCDAPSIM 和法国 IRSN 开发的 ICARE/CATHARE,在安全壳方面的国际主流程序包括美国 ANL 开发的 CONTAIN 和德国 GRS 开发的 COCOSYS。

3. 专用程序

　　专用程序一般都是模拟单一现象的。为了满足管理当局在新建核电站设计中对严重事故的考虑和减小与风险相关现象的不确定性,这类程序所分析的现象都非常重要。这些程序可能比较简单、运行速度快,也可能非常复杂、计算时间很长,这取决于程序的目的。需要采用专用程序进行分析的典型问题包括蒸汽爆炸和熔融物扩散(法国 IRSN 开发的 MC3D)以及结构力学(法国 CEA 开发的 CAST3M 或者美国开发的 ABAQUS)等。这一程序家族还包括求解 3D N-S 热工水力方程的计算流体动力学(CFD)程序,例如德国 KIT 开发的 GASFLOW、法国 IRSN 开发的 TONUS、商业程序 CFX 等。

　　目前,严重事故分析程序中,使用最多的是一体化程序,但即使是一体化程序,它们之间也存在一些区别,主要体现在热工水力建模方面。对所有的严重事故分析程序,热工水力模型无疑是十分关键的,因为它为堆芯恶化、裂变产物传输、熔融物与混凝土反应等模型提供热工和流体条件。但是不同的程序详细程度和完整度是不一样的。

　　MELCOR:它的热工水力模型对 RCS 和安全壳是通用的,质量和能量守恒方程的离散精度也较高,采用半隐格式,时间步长受制于材料的库朗限值。源项和其他的改变项采用封闭方程和额外辅助模型来求解,一般这些模型都是非线性的。

　　MAAP4:对动量方程的求解,基于准稳态的假设,将其简化为简单的代数表达式(类似伯努利方程),不求解动量差分方程。这点对于 RCS 和安全壳系统同样适用。

　　ASTEC:对于 RCS,对气液两相建立了 5 方程方程组,采用全隐求解;对于安全壳系统,对不同节点之间气液的质量传输分别建立动量方程(非稳态、不可压缩)求解,并且考虑节点中心高度差带来的影响。质量流率的计算根据源节点的成分采用无滑移假设进行,同时考虑扩散导致的质量传输。扩散质量流率的计算对所有气体成分均采用准稳态公式分别计算。

　　热工水力建模上的区别也会导致程序在数值计算上的区别,不同程序采用了不同的时间步长控制(或减小)逻辑,但总的来说,所有程序在控制体几何形状和尺寸发生显著变化(发生熔化、凝固等)时均存在较大的困难,时间步长会显著减小,甚至会不收敛。

4.6.2　严重事故分析模型

　　虽然严重事故分析程序在热工水力模型、数值求解算法、前后处理等等方面存在诸多不同,但相比于前面介绍的瞬态分析程序,这些严重事故分析程序有个共同点,就是需要添加严重事故分析模型,可能程序侧重点不一样,模型的详细程度和完整性会存在一些差异。下面会着重介绍一些严重事故分析程序所特有的主要的严重事故分析模型。

严重事故分析程序和瞬态分析程序一样,也是要先划分网格节点(一般来说,网格相对较粗);也是需要对每个网格建立质量、动量和能量守恒方程组,而且,一般来说,考虑到严重事故分析的需要,每个网格都假设由液池(Pool)和气空间(Atmosphere)组成,两者处于热非平衡状态;气空间中的不可凝气体要加以考虑(因为它们对于严重事故进程有重要影响)。

1. 包壳氧化模型

以 PWR 为例,包壳为锆合金,严重事故发生后锆合金在高温下会与水蒸气和氧气发生氧化反应,释放出热量和氢气等产物。氧化模型的目的就是要定量计算释热量,氢气等氧化产物的产生量,锆合金、水蒸气和氧气的消耗量(包括包壳壁面减薄量)等。

金属的氧化是通过标准的抛物线动力学来计算,同时结合金属的实际情况选取合适的速率常数表达式。

对锆合金,反应方程式如下:

$$Zr + 2H_2O \rightarrow ZrO_2 + 2H_2 + Q_{ox} \tag{4-121}$$

$$Zr + O_2 \rightarrow ZrO_2 + Q_{ox} \tag{4-122}$$

反应能量通过反应物和产物的焓值来计算,使用下式可以获得任意温度 T 下的反应能量:

$$Q_{ox}(T) = Q_{ox}(T_0) + H_{rp}(T_0) \tag{4-123}$$

$$H_{rp}(T) = H_r(T) - H_p(T) \tag{4-124}$$

式中:Q_{ox} 是反应能量,参考温度下锆合金的化学反应能如表 4-8 所示;H_r 是反应物的焓;H_p 是生成物的焓;T_0 是参考温度。

表 4-8 参考温度下锆合金氧化反应能

反应类型	反应能(参考 T 下)
锆—水	$5.797(10^6)$ J/kg$_{Zr}$
锆—氧	$1.2065(10^7)$ J/kg$_{Zr}$

表中的参考温度为 298.15 K;瞬变过程中,所有实际反应能是在控制体温度下使用方程(4-123)和(4-124)来计算。

穿过氧化层到未氧化金属的氧气固态扩散是通过如下的抛物线速率方程来表示的:

$$\frac{d(W^2)}{dt} = K(T) \tag{4-125}$$

式中:W 是单位面积的氧化金属质量;$K(T)$ 是速率常数,它是表面温度 T 的指数函数。在时间步长内对方程(4-125)积分,且假设部件恒温(因此 $K(T)$ 为常数)得到:

$$(W^{n+1})^2 = (W^n)^2 + K(T^n)\Delta t \tag{4-126}$$

对于锆-水反应来说,速率常数可使用 Urbanic-Heidrich 常数来计算,如下式所示,在 1853.0 K 和 1873.0 K 之间使用线性差值。

$$K(T) = 29.6\exp\left(\frac{-16820.0}{T}\right), T < 1835.0$$
$$K(T) = 87.9\exp\left(\frac{-16610.0}{T}\right), T \geqslant 1873.0 \tag{4-127}$$

对于锆-氧气反应,速率常数是通过下式计算:

$$K(T) = 50.4\exp\left(\frac{-14630.0}{T}\right) \qquad (4-128)$$

对于包含水蒸气和氧气的环境中锆合金的氧化,两种气体的最大氧化速率使用下式计算:

$$\frac{\mathrm{d}(W)}{\mathrm{d}t} = \max\left[\left(\frac{\mathrm{d}(W)}{\mathrm{d}t}\right)_{H_2O}, \left(\frac{\mathrm{d}(W)}{\mathrm{d}t}\right)_{O_2}\right] \qquad (4-129)$$

两种氧化剂(水蒸气和氧气)的消耗量可以分别计算,但如果有可用氧气未被消耗的话,不允许消耗水蒸气。这相当于假设:所有由水蒸气产生的氢气都会立刻与存在的氧气反应再生成水蒸气。

需要指出,在 PWR 严重事故分析中,不锈钢与水蒸气的氧化反应也是需要重点关注和建模的,可参考上面方法类似开展。

2. 氢气燃烧模型

严重事故中氢气产生的来源主要有 3 个方面:①压力容器内包壳氧化产生氢气;②压力容器内堆芯熔融物与压力容器下部的水反应产生氢气;③压力容器外熔融物与混凝土反应产生氢气。

氢气的燃烧化合途径并不是唯一的,根据氢气的浓度不同,可以将氢气燃烧方式分为 3 种,分别为慢燃、速燃和燃爆(DDT)。发生慢燃时,以慢速、层流的方式燃烧,氢气稳定地向含有氧气的大气中扩散,火焰沿着氢气浓度梯度,向氢气浓度较高(或水蒸气浓度较低)的方向传播,火焰后方燃烧产物气体混合物会膨胀而产生紊流,火焰的大小与温度与氧气向火焰区域内扩散速度的大小有关,蜡烛以及燃气灶的稳定火焰都属于慢燃的火焰。发生速燃时,由于慢速层流的燃烧产生的紊流的作用,火焰会从慢速层流转变为快速紊流,即为火焰加速过程。速燃的火焰前沿的传播速度低于声速,故速燃对安全壳空间产生的主要影响就是使安全壳空间升温升压,另外,速燃产生的热辐射效应也会损害安全壳内的设备,这是速燃的一个次级效应。发生燃爆(DDT)时,氢气由快速紊流燃烧向爆炸转变,燃爆转变(DDT)能否发生与气体混合物的空间几何状态有关。燃爆时燃烧前沿会以超音速传播(也可等于音速),从而形成冲击波,冲击波对于安全壳以及安全壳内的设备会产生非常大的动载荷,严重威胁安全壳的安全。

建模过程中,需要模拟控制体中气体的燃烧,但一般只考虑气体燃烧的效果,并不模拟实际的反应动力学或追踪真实火焰的扩散。为此需要建立氢气的点燃准则,当控制体满足准则时,燃烧就开始,将反应物(氢气,氧气)转换成水蒸气。转换出现的时间叫做燃烧持续时间。反应可以完全进行也可以不完全进行,取决于控制体中的参数。当满足第二套准则时,控制体中的燃烧在启动后可以扩散到相连接的控制体。这些准则,连同燃烧持续时间和燃烧完成度都需要建模。对于燃爆,原则上也是需要建立准则并模拟后期的行为,但现在的严重事故分析程序一般只进行燃爆准则的判断,并不进行后期行为的模拟。

点燃准则一般是基于控制体内各气体组分的摩尔分数。对于气体,摩尔分数相比于质量分数描述更为准确,也能为反应热计算提供更加精确的结果。同时,建立准则时,需要考虑水蒸气等气体存在带来的影响,水蒸气的存在会抑制氢气和氧气的氧化反应,是

燃烧的钝化剂,氢气混合物能否燃烧,与混合物中的水蒸气含量有密切关系。一般采用 LeChatelier 点燃准则:

$$X_{H_2} + X_{CO}\left(\frac{L_{H_2,\text{ign}}}{L_{CO,\text{ign}}}\right) \geqslant L_{H_2,\text{ign}}$$

$$X_{O_2} \geqslant \text{XO2IG} \tag{4-130}$$

$$X_{H_2O} + X_{CO_2} < \text{XMSCIG}$$

式中:X_{H_2} 为控制体中氢气的摩尔分数;X_{CO} 为控制体中一氧化碳的摩尔分数;X_{O_2} 为控制体内的氧气摩尔分数;X_{H_2O} 为控制体内的水蒸气摩尔分数;X_{CO_2} 为控制体内的二氧化碳摩尔分数。判断准则右边的准则数需要考虑控制体中有无点火器,是否发生安全壳直接加热(DCH)带来的影响。如果所有三个条件都满足,也就是说,有足够的氢气/一氧化碳,足够的氧气,并不太多的水蒸气/二氧化碳,则燃烧开始;如果有太多的水蒸气和二氧化碳存在,控制体被认为是惰性的。

在氢气燃烧模拟中,燃烧并不要求完全进行,也就是说,燃烧开始前控制体内的气体并不都要求在燃烧中消耗。燃烧完成度就是用来描述不完全燃烧之后控制体内可燃气体的份额,一般用 CC 表示,其定义为:

$$\text{CC} = 1 - \frac{Y_{\min}}{Y_{\max}} \tag{4-131}$$

其中,$Y_{\max}$ 和 $Y_{\min}$ 分别是燃烧开始核结束时的 Y 值,Y 由 LeChatelier 公式给出

$$Y = Y_{H_2} + Y_{CO}\left(\frac{\text{YH2CC}}{\text{YCOCC}}\right) \tag{4-132}$$

YH2CC 和 YCOCC 分别是考虑是否发生 DCH 时的氢气摩尔分数和一氧化碳摩尔分数,一般为经验值。

燃烧持续时间(t_{tomb})的计算是通过用户定义的特征长度除以火焰速度。火焰速度可以作为一个常数输入,可以通过用户定义的函数计算,也可通过关系式计算。默认关系式是通过实验数据拟合得到的

$$V = V_{\text{base}} \times C_{\text{dil}} \tag{4-133}$$

式中:V_{base} 和 C_{dil} 均是通过实验数据拟合得到的复杂经验关系式,V_{base} 是 $Y_{\max}$ 的函数,C_{dil} 是 $Y_{\max}$ 和反应产物的浓度($X_{H_2O} + X_{CO_2}$)的函数。

3. 氢气的消除

为了确保安全壳的安全,严重事故工况下必须采取一定的氢气消除措施。目前氢气消除的措施主要有氢气点火器和氢气复合器,且已广泛在核电厂中被采用。在严重事故分析中,对上述两种消氢措施的消氢行为自然也要进行建模。

氢气点火器是通过慢速燃烧的方式,除去气体混合物中的氢气,此时氢气的燃烧是缓慢而安全的,防止安全壳内的氢气浓度达到燃爆的阈值而危害安全壳安全。

点火器模型的可点燃条件:

$$\varphi_{H_2O} < 60\% \tag{4-134}$$

$$\varphi_{H_2} \geqslant 4\% + \max\left[0, \frac{8}{30}(\varphi_{H_2O} - 30\%)\right] \tag{4-135}$$

式中:φ_{H_2O} 是混合物中水蒸气摩尔分数;φ_{H_2} 是混合物中氢气摩尔分数。

燃烧的动力学方程式:

$$-\frac{\mathrm{d}\varphi_{\mathrm{H}_2}}{2\mathrm{d}t} = -\frac{\mathrm{d}\varphi_{\mathrm{O}_2}}{\mathrm{d}t} = \frac{\mathrm{d}\varphi_{\mathrm{H}_2\mathrm{O}}}{2\mathrm{d}t} = k(T)\varphi_{\mathrm{H}_2}\varphi_{\mathrm{O}_2} = \omega' \qquad (4-136)$$

式中:$k(T)$为 T 温度下的反应动力学系数;ω'是反应速率

$$k(T) = C_f \exp\left(-\frac{E}{RT}\right) \qquad (4-137)$$

式中:C_f 为频度因子;R 为气体常数;E 为气体活化能。

尽管点火器是以慢速燃烧的方式消耗混合气体中的氢气,但是在其发挥作用的过程中仍然会由于燃烧而产生对安全壳完整性产生危害的压力载荷,因此,在设计氢气点火器的数量与参数设置以及安放策略时还需要考虑安全壳是否超压的问题。另外,当混合气体中水蒸气浓度过高时,点火器会惰性失效。

氢气复合器(PAR)是利用催化剂使氢气和氧气在氢气可燃浓度以下发生化学反应,反应热驱动气体在催化剂表面发生自然对流,无需外部电源,所以又称为非能动复合器(PAR)。

单位面积氢气复合器内流入的氢气参考速率 $U_0(t)$:

$$U_0(t) = \frac{R(t)}{A_{\mathrm{IN}}\eta(t)\rho_{H2,\mathrm{IN}}(t)} \qquad (4-138)$$

式中:$R'(t)$是单位面积氢气复合器上的反应速率;A_{IN}是氢气复合器入口面积;$\rho_{\mathrm{H}_2,\mathrm{IN}}(t)$为入口处的氢气密度;$\eta(t)$为氢气复合器消氢效率。

基于上式,单位面积氢气复合器内流入的氢气速率 $U(t)$ 可以表示为:

$$\frac{\mathrm{d}U(t)}{\mathrm{d}t} = \frac{1}{\tau}[U_0(t) - U(t)] = \frac{1}{\tau}\left[\frac{R'(t)}{A_{\mathrm{IN}}\eta(t)\rho_{\mathrm{H}2,\mathrm{IN}}(t)} - U(t)\right] \qquad (4-139)$$

其中,τ 为时间常数。

氢气复合器可以加速气体在隔间内的流动,其消氢速率受氢氧的比例限制,也受氢气产生速度的限制,因此,氢气复合器的消氢能力是有限的,在特殊的情况下甚至不能工作。

4. 堆芯熔融物下腔室模型

堆芯熔融物下腔室模型是严重事故分析程序最主要的模型之一,它研究堆芯熔融物突破堆芯下支撑板,进入压力容器下腔室后,堆芯熔融物与堆芯上部气体或冷却剂、压力容器下封头、堆坑中冷却剂之间的传热情况,涉及面广,机理十分复杂,也给建模带来了很大困难。

一些严重事故分析程序,比如 MELCOR,规定堆芯单元在同一个轴向层上具有同一高度,这就使得压力容器下封头在径向上要等效成一块平板,并且该下封头在径向上的节点划分需要根据堆芯/下腔室节点划分方法来划分成相应的环。为处理下封头导热计算,将下封头的厚度沿轴向分成一定数量。堆芯熔融物向下封头内表面的传热模型是参数化的,需要用户指定一个常数的换热系数。下封头外表面向安全壳堆坑的传热模型也是参数化的,如果下封头没有被堆坑水淹没,则下封头向堆坑的换热系数使用一个常数值,约 10 W/m^2 · K;如果下封头被堆坑水淹没,则下封头换热系数由一个简单的向下沸腾传热模型计算。计算得出的下封头温度分布用于计算下封头的压应力和拉伸应力,以预测下封头何时蠕动失效。

图 4-15 展示了某一个径向环的下封头节点划分请况,每一个径向环上可以最多定

义 3 个一样的贯穿件(图上只画出一个),每个贯穿件需要定义总质量、传热面积和贯穿件失效后下封头的初始有效开口直径。贯穿件、堆芯熔融物和下封头内节点三者之间有热量传递。

由熔融物传递给下封头和贯穿件(如控制棒导向管,仪器测量管等)的热量由换热系数、换热面积和质量决定。由最底层熔融物传递给下封头的热流密度为:

$$q_{d,h} = h_{d,h}A_h(T_d - T_{h,s}) \tag{4-140}$$

由最底层熔融物传递给贯穿件的热流密度为:

$$q_{d,p} = h_{d,p}\frac{\Delta z_d}{\Delta z_1}A_p(T_d - T_p) \tag{4-141}$$

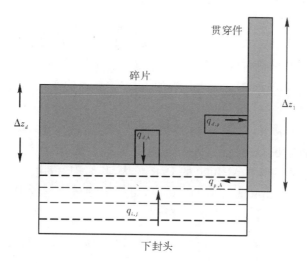

图 4 - 15　下封头的节点划分

式中:Δz_1 是基于轴向层底部的贯穿件表面积;Δz_d 是熔融物碎片床高度;乘子 $\Delta z_d / \Delta z_l$ 表明贯穿件表面积被高度为 Δz_d 的熔融物所覆盖的份额。

贯穿件与下封头之间的热流密度,基于贯穿件与下封头之间的面积,可得:

$$q_{p,h} = k_pA_{p,h}\frac{T_p - T_{h,s}}{\Delta z_1} \tag{4-142}$$

下封头内的换热公式为:

$$q_{i,i+1} = k_iFACA_h\frac{T_{h,i} - T_{h,i+1}}{\Delta z_i} \tag{4-143}$$

因为下封头的厚度比半径小得多,如前所述,下封头在径向上要等效成一块平板已经足够,因此程序使用平板的有限差分方程来模拟下封头传热。但是值得注意的是,下封头传热虽然等效成了平板,但是在几何上却仍然看成半球形,程序将根据用户输入的每一环的半径值,算出下封头每一径向环所对应在半球上的弧度,为下封头外表面向堆坑水传热计算所用。

由下封头的外边界传递给反应堆堆坑控制体的能量,按照控制体中液池所占据的分数进行分割:

$$q_{h,c} = h_{ATM}(1 - F_{PL})A_h(T_{h,1} - T_{ATM}) + h_{rlx,PL}F_{PL}A_h(T_{h,1} - T_{SAT}) \tag{4-144}$$

上式中的两项分别为传给反应堆堆坑气相和液池的热量。液池的份额,仅仅指在时间步开始时,沉浸在液池中的面积。液池换热系数使用简单的加热面向下的饱和池式沸腾模型计算。

加热面向下的饱和池式沸腾换热模型分成以下 3 段:

(1)沸腾起始到充分发展的核态沸腾传热,并且与表面方向无关;

(2)完全发展的核态沸腾和膜态沸腾之间的过渡沸腾,其中热流密度通过临界热流与过渡沸腾最小热流之间的对数插值得到;

(3)与沸腾表面方向有关的稳定膜态沸腾。

换热区域的边界,由不同的关系式确定。虽然程序假设核态沸腾区域与换热面的方向无关,但是决定过渡沸腾上限却与表面的方向 θ 有关,该热流密度上限的定义式为:

$$q_{CHF}(\theta) = (0.034 + 0.0037\theta^{0.556})\rho_v^{1/2}h_{lv}\left[g\sigma(\rho_l - \rho_v)\right]^{1/4} \qquad (4-145)$$

式中:θ 为换热面的倾角;ρ_l,ρ_v 分别为水、蒸汽的饱和压力对应的密度;g 为重力加速度;σ 为水和蒸汽交界面的表面张力;h_{lv} 为水的蒸发潜热。

值得注意,根据 Theofanous 等人开展的 ULPU 系列的实验,对于 AP 系列堆型,该 CHF 值建议采用下式:

$$q''_{CHF} = A_{CHF} + B_{CHF}\theta + C_{CHF}\theta^2 + D_{CHF}\theta^3 + E_{CHF}\theta^4 \qquad (4-146)$$

系数 $A \sim E$ 的单位是 W/m^2,其值均由实验拟合而来,θ 是对应下封头的角度。ULPU-V 实验装置的原型是 AP1000 的 IVR 结构,其 CHF 值由 AP600 的 CHF 值乘以一定的系数而来。目前,1400 MWe、1700 MWe 非能动压水堆的 IVR 结构均假设使用 ULPU-V 的结构,它们的系数如表 4-9 所示。

表 4-9　不同 IVR 结构设计下的拟合系数

系数	AP600	AP1000	1400MWe	1700MWe
A_{CHF}	4.9×10^5			
B_{CHF}	3.02×10^4			
C_{CHF}	-8.88×10^2	AP600×1.44	AP600×1.44	AP600×1.44
D_{CHF}	13.5			
E_{CHF}	-6.65×10^{-2}			

同理,最小的稳定膜态沸腾热流密度,与角度 θ 的关系式为:

$$q_{MIN}(\theta) = (4.8 \times 10^{-4} + 82.0 \times 10^{-4}\theta^{0.407})\rho_v^{1/2}h_{lv}\left[g\sigma(\rho_l - \rho_v)\right]^{1/4} \qquad (4-147)$$

在核态沸腾区域,热流密度是表面温度和饱和温度之间温度差的函数:

$$q_{SRF} = C_{boil}\Delta T^3 \qquad (4-148)$$

$$\Delta T = T_{SRF} - T_{SAT} \qquad (4-149)$$

$$C_{boil} = \mu_l h_{lv}\left(\frac{g(\rho_l - \rho_v)}{\sigma_l}\right)^{\frac{1}{2}}\left(\frac{c_{p,l}}{h_{lv}C_{sf}\text{Pr}_l}\right)^3 \qquad (4-150)$$

式中:C_{boil} 为沸腾换热系数;T_{SRF} 和 T_{SAT} 分别为下封头外壁面温度和对应的饱和冷却水温度;ρ_l 和 ρ_v 分别为饱和水和饱和水蒸气的密度;σ_l 为液体表面张力;μ_l 为液体动力粘度;h_{lv} 为液体气化潜热;$c_{p,l}$ 为常压下水的比热;Pr_l 为饱和水的普朗特数;C_{sf} 为经验系数,推荐值为 0.013。

在稳定膜态沸腾区域,热流密度作为 ΔT 的函数按下式给出:

$$q_{\text{FLM}}(\Delta T) = h_{\text{FLM}}\Delta T \tag{4-151}$$

h_{FLM} 有两种关系式可选,默认的公式为:

$$h_{\text{FLM}}(\Delta T) = 0.142 k_v \left[\frac{h_{lv}\rho_v g (\rho_l - \rho_v)}{\mu_v k_v \Delta T} \right]^{1/3} (\sin\theta)^{0.333333} \tag{4-152}$$

另一个公式为:

$$h_{\text{FLM}}(\Delta T) = (0.0055 + 0.016\theta^{0.5}) k_v \left[\frac{h_{lv}\rho_v g (\rho_l - \rho_v)}{\mu_v k_v \Delta T} \right]^{1/3} \tag{4-153}$$

程序迭代求解壁面和液池之间的温差 ΔT,然后将它与 ΔT_{CHF} 和 ΔT_{MIN} 比较。如果得到的值在它们之间,则 h_{PL} 等于过渡沸腾传热系数,其值可以通过插值得到:

$$h_{\text{TRN}} = \frac{q_{\min}}{\Delta T} \left(\frac{\Delta T}{\Delta T_{\min}} \right)^{\left[\frac{\log(q_{\text{CHF}}/q_{\min})}{\log(\Delta T_{\text{CHF}}/\Delta T_{\min})} \right]} \tag{4-154}$$

上面模型一个很主要的问题是处理熔融池向下封头的换热模型过于简单,只使用了一个换热系数常数作为下腔室每个环上熔融池向下封头的换热系数。同时只考虑了堆芯熔融物单分层结构,即把所有熔融物认为都是氧化熔融池,这种处理方式过于简单,根据 Theofanous 等人的实验,堆芯熔融池是双层甚至多层结构。图 4-16 给出了最具代表性的 PWR 堆型下腔室堆芯熔融物双层结构及传热模型。一般认为,下腔室堆芯熔融物顶部是混合金属熔融层,主要由 Fe-Zr 液态金属组成;下部是氧化混合物熔融池,主要由 UO_2-ZrO_2 氧化物组成。目前这种双层结构是最具有代表性的,同时具有一定的保守性,但是,不排除出现其他分层结构的可能性。

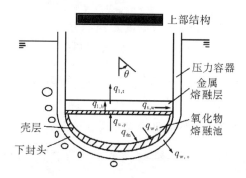

图 4-16　堆芯熔融物在下腔室内的双层结构及传热模型

基于此分层结构,要求解下腔室堆芯熔融物及下封头的温度分布及相关热流密度,需要分别对氧化物熔融层和金属熔融层建立模型。

对于氧化物熔融层,氧化物熔融池通过上、下接触面对外传热,忽略壳层的释热量。能量平衡关系式为:

$$QV_P = q_{\text{up}}A_{\text{up}} + q_{\text{dn}}A_{\text{dn}} \tag{4-155}$$

式中:Q 为氧化物融熔池的体积释热率;V_p 为氧化物融熔池的体积;A_{up} 和 A_{dn} 分别为熔池顶部面积和向下的球冠面积;q_{up} 和 q_{dn} 分别为熔池向上、向下的平均热流密度,可由下式求得,均为实验(ACOPO)经验关系式

$$Nu_{\text{up}} = 1.95 Ra'^{0.18} \qquad 10^{14} < Ra' < 10^{16} \tag{4-156}$$

$$Nu_{\text{dn}} = 0.3 Ra'^{0.22} \qquad 10^{14} < Ra' < 10^{16} \tag{4-157}$$

$$Ra' = \frac{g\beta H^5 Q}{\alpha\nu k} \qquad (4-158)$$

式中:Nu_{up} 和 Nu_{dn} 分别为氧化物熔池向上和向下传热的努塞尔数;H 为熔池高度;g 为重力加速度;α 为热扩散率;β 为体积膨胀系数;ν 为运动粘滞系数;k 为热导率。

实验表明,氧化物熔融池向 RPV 内壁的传热是非均匀的,其热流密度分布随下封头倾斜角度变化而变化,主要是熔融物分层结构和半球熔池内热对流现象引起的。其热流密度值的计算,大多数专家推荐采用 mini-ACOPO 拟合公式,即:

$$\frac{q_{dn}(\theta)}{q_{dn}} = \begin{cases} 0.1 + 1.08\left(\dfrac{\theta}{\theta_p}\right) - 4.5\left(\dfrac{\theta}{\theta_p}\right)^2 + 8.6\left(\dfrac{\theta}{\theta_p}\right)^3, 0.1 \leqslant \dfrac{\theta}{\theta_p} \leqslant 0.6 \\ 0.41 + 0.35\left(\dfrac{\theta}{\theta_p}\right) + \left(\dfrac{\theta}{\theta_p}\right)^2, 0.6 \leqslant \dfrac{\theta}{\theta_p} \leqslant 1.0 \end{cases} \qquad (4-159)$$

式中:θ_p 为熔池的倾斜角;$q_{dn}(\theta)$ 为熔池沿下封头的热流密度分布。

对于金属熔融层,金属熔融层出现在氧化物熔融池的顶部,其能量平衡关系为:

$$q_{1,b}A_{1,b} = q_{1,t}A_{1,t} + q_{1,w}A_{1,w} \qquad (4-160)$$

式中:$q_{1,b}$,$q_{1,t}$ 和 $q_{1,w}$ 分别为金属熔融层向下、向上和向侧面的平均热流密度;$A_{1,b}$,$A_{1,t}$ 和 $A_{1,w}$ 分别为相应的传热面积。

对于 $q_{1,b}$,可根据 Theofanous 等人基于 MELAD(C. Liu and T. G. Theofanous,1996)实验数据修改的 Globe & Dropkin(1959)公式求得:

$$Nu = 0.15 Ra^{1/3} \qquad (4-161)$$

$$Ra = \frac{g\beta H^5 \Delta T}{\alpha\nu} \qquad (4-162)$$

式中:ΔT 为金属熔融层底部温度与主流温度之差。

对于 $q_{1,w}$,可用 Churchill & Chu(1975)公式求解:

$$Nu = \left[0.825 + \left(\frac{0.387 Ra^{1/6}}{1 + (0.492/Pr)^{8/27}} \right) \right]^2 \qquad (4-163)$$

式中:Pr 数全范围适用;$Ra < 10^{12}$。

对于 $q_{1,t}$,根据辐射换热基本公式可以表示为:

$$q_{1,t} = \sigma \left[\frac{1}{\varepsilon_t} + \frac{(1-\varepsilon_s)A_{1,t}}{\varepsilon_s A_s} \right]^{-1} (T_{1,t}^4 - T_s^4) \qquad (4-164)$$

式中:σ 为黑体辐射常数;ε_t 和 ε_s 分别为金属熔融层上表面的表面辐射率和堆内构件的表面辐射率;A_s 为堆内构件的表面积;$T_{1,t}$ 和 T_s 分别为金属熔融层顶部温度和堆内构件的温度。

5. 压力容器下封头失效模型

下封头失效的判定对严重事故的进程有着重要影响,因此压力容器下封头失效模型是严重事故分析模型中的重要模型之一。一般而言,下封头失效的标准包括:

(1)贯穿件温度达到失效温度;

(2)熔融碎片跌入下腔室,造成的压力容器超压达到一定限值;

(3)下封头出现蠕变失效,导致材料性能弱化,相当于增加了机械载荷。前面 2 个标准比较容易理解,本节重点介绍压力容器下封头蠕变失效模型。

严重事故分析中,广泛采用的下封头蠕变失效模型是 Larson-Miller 蠕变失效模型。

其基本原理是,使用整个下封头的温度分布,基于 Larson-Miller 参数和生存准则,整个下封头的有效压差超过了允许的最小值即判定蠕变失效(有效压差＝(下腔室压力－堆坑压力)×压差＋碎片自重压力)。

在该模型中,下封头失效时间 t_R 由下式计算:

$$t_R = 10^{\left(\frac{P_{LM}}{T} - 16.44\right)} \tag{4-165}$$

其中 T 取材料平均温度(K),P_{LM} 由下式给出:

$$P_{LM} = 7.722 \times 10^4 - 7.294 \times 10^3 \lg_{10} \sigma_e \tag{4-166}$$

其中 σ_e 由下式给出:

$$\sigma_e = \frac{(\Delta P + \rho_d g \Delta z_d) R_{in}^2}{R_{out}^2 - R_{in}^2} \tag{4-167}$$

式中:ΔP 是反应堆内与堆腔间的压力差;ρ_d 和 Δz_d 是下封头堆芯碎片床的密度和高度;R_{in} 和 R_{out} 分别是压力容器下封头的内径和外径。

下封头的生命份额(life-fraction rule)由下式计算:

$$\varepsilon_{pl}(t + \Delta t) = \varepsilon_{pl}(t) + 0.18 \frac{\Delta t}{t_R} \tag{4-168}$$

当 ε_{pl} 累积达到 18%,该环下封头蠕变失效。

第5章
确定论安全分析

事故分析是核电厂安全分析中的一个重要组成部分,它研究核电厂在故障工况下的行为,是核电厂设计过程和许可证申请程序中的重要步骤。正常运行情况下,核电厂安全受到持续的监督和反复的分析,以维持或提高核电厂的安全水平。

事故分析有两种方法:确定论分析方法和概率论分析方法。本章首先讨论核电厂的运行工况与事故分类,在此基础上,讨论设计审评中的确定论安全分析方法,本节主要就设计基准以内的事故进行分析,即分析核电厂的正常运行和控制系统发生故障后安全系统能按要求行使功能时主系统的行为。严重事故的确定论分析方法将在第5章中讨论,而概率论分析方法将在第7章中论述。

5.1 核反应堆运行工况与事故分类

根据对核电厂运行工况所作的分析,1970年,美国按反应堆事故出现的预计概率和对广大居民可能带来的放射性后果,把核电厂运行工况分为四类,它们是:

工况Ⅰ:正常运行和运行瞬变

包括:

(1)核电厂的正常启动、停闭和稳态运行;

(2)带有允许偏差的极限运行,如燃料元件包壳发生泄漏、一回路冷却剂放射性水平升高、蒸汽发生器管子有泄漏等,但未超过规定的最大允许值;

(3)运行瞬变,如核电厂的升温升压或冷却卸压,以及在允许范围内的负荷变化等。

这类工况出现较频繁,所以要求整个过程中无需停堆,只要依靠控制系统在反应堆设计裕量范围内进行调节,即可把反应堆调节到所要求的状态,重新稳定运行。

工况Ⅱ:中等频率事件

或称预期运行事件。这是指在核电厂运行寿期内预计出现一次或数次偏离正常运行的所有运行过程。由于设计时已采取适当的措施,它只可能迫使反应堆停闭,不会造成燃料元件棒损坏或一回路、二回路系统超压,不会导致事故工况。

工况Ⅲ:稀有事故

在核电厂寿期内,这类事故一般极少出现,它的发生频率约为 $10^{-4} \sim 3 \times 10^{-2}$ 次/(堆·年)。处理这类事故时,为了防止或限制对环境的辐射危害,需要专设安全设施投入工作。

工况Ⅳ:极限事故

　　这类事故的发生频率约为 $10^{-6} \sim 10^{-4}$ 次/(堆・年),因此被称作假想事故。但它一旦发生,放射性物质就会大量释放,所以在核电厂设计中必须加以考虑。

　　核电厂安全设计的基本要求是:在常见故障时,对居民不产生或只产生极少的放射性危害;在发生极限事故时,专设安全设施的作用应保证一回路压力边界的结构完整、反应堆安全停闭,并可对事故的后果加以控制。

　　为了确保核电厂的安全,规定在安全分析报告中要对工况Ⅱ、Ⅲ、Ⅳ的事故进行详细的分析计算,给出定量的结果并评定其是否满足目前的规范和标准。所需分析的事故见表 5 - 1。

　　从表 5 - 1 可以看出,反应堆事故分析涉及到反应堆物理、热工、控制、结构、屏蔽及剂量防护等各方面的问题,范围很广。

表 5 - 1　需作安全分析的事故

预期运行事件	稀有事故	极限事故
1.堆启动时,控制棒组件不可控地抽出 2.满功率运行时,控制棒组件不可控地抽出 3.控制棒组件落棒 4.硼失控稀释 5.部份失去冷却剂流量 6.失去正常给水 7.给水温度降低 8.负荷过分增加 9.隔离环路再启动 10.甩负荷 11.失去外电源 12.一回路卸压 13.主蒸汽系统卸压 14.满功率运行时,安全注射系统误动作	1.一回路系统管道小破裂 2.二回路系统蒸汽管道小破裂 3.燃料组件误装载 4.满功率运行时抽出一组控制棒组件 5.全厂断电(反应堆失去全部强迫流量) 6.放射性废气、废液的事故释放	1.一回路系统主管道大破裂 2.二回路系统蒸汽管道大破裂 3.蒸汽发生器传热管断裂 4.一台冷却剂泵转子卡死 5.燃料操作事故 6.弹棒事故

　　从表 5 - 1 中可以看出,设计和建造核电厂时所研究的事故与事件可以分为两类:

　　(1)没有流体流失的事故,主要是指一般的瞬变。主要有:反应性引入事故,失流事故,失热阱事故等。

　　(2)以损失一回路或二回路流体为特征的管道破裂事故,如蒸汽管道破裂事故、给水管道破裂事故、失水事故等。

　　1975 年,美国核管理委员会颁布了《轻水堆核电厂安全分析报告标准格式和内容》(第二次修订版)。表 5 - 2 给出了其中规定需分析的 47 种典型始发事故,它们是目前轻水堆事故分析的主要项目。核电厂设计部门应针对这 47 种事故,对所有设计的核电厂进行计算分析,并证明所设计的核电厂能满足有关的安全标准。

表 5-2 安全分析报告分析的典型始发事故

1. 二回路系统排热增加

　　1.1 给水系统故障使给水温度降低

　　1.2 给水系统故障使给水流量增加

　　1.3 蒸汽压力调节器故障或损坏使蒸汽流量增加

　　1.4 误打开蒸汽发生器泄放阀或安全阀

　　1.5 压水堆安全壳内、外各种蒸汽管道破损

2. 二回路系统排热减少

　　2.1 蒸汽压力调节器出故障或损坏使蒸汽流量减少

　　2.2 失去外部电负荷

　　2.3 汽轮机跳闸(截止阀关闭)

　　2.4 误关主蒸汽管线隔离阀

　　2.5 凝汽器真空破坏

　　2.6 同时失去厂内及厂外交流电源

　　2.7 失去正常给水流量

　　2.8 给水管道破裂

3. 反应堆冷却剂系统流量减少

　　3.1 一个或多个反应堆主泵停止运行

　　3.2 沸水堆再循环环路控制器故障使流量减少

　　3.3 反应堆主泵轴卡死

　　3.4 反应堆主泵轴断裂

4. 反应性和功率分布异常

　　4.1 在次临界或低功率启动时,非可控抽出控制棒组件(假定堆芯和反应堆冷却剂系统处于最不利反应性状态),包括换料时误提出控制棒或暂时取出控制棒驱动机构

　　4.2 在特定功率水平下非可控抽出控制棒组件(假定堆芯和反应堆冷却剂系统处于最不利反应性状态),产生了最严重后果(低功率到满功率)

　　4.3 控制棒误操作(系统故障或运行人员误操作),包括部分长度控制棒误操作

　　4.4 启动一条未投入运行的反应堆冷却剂环路或在不适当的温度下启动一条再循环环路

　　4.5 一条沸水堆环路的流量控制器故障或损坏,使反应堆冷却剂流量增加

　　4.6 化学和容积控制系统故障使压水堆冷却剂中硼浓度降低

　　4.7 在不适当的位置误装或操作一组燃料组件

　　4.8 压水堆各种控制棒弹出事故

　　4.9 沸水堆各种控制棒跌落事故

5. 反应堆冷却剂装量增加

　　5.1 功率运行时误操作应急堆芯冷却系统

　　5.2 化学和容积控制系统故障(或运行人员误操作)使反应堆冷却剂装量增加

　　5.3 各种沸水堆瞬变,包括 1.2 和 2.1 到 2.6

6. 反应堆冷却剂装量减少

　　6.1 误打开压水堆稳压器安全阀或误打开沸水堆的安全阀或泄漏阀

　　6.2 一回路压力边界贯穿安全壳仪表或其他线路系统破裂

　　6.3 蒸汽发生器传热管破裂

　　6.4 沸水堆各种安全壳外蒸汽系统管子破损

6.5 反应堆冷却剂压力边界内假想的各种管道破裂所产生的失冷事故,包括沸水堆安全壳内蒸汽管道破裂

6.6 各种沸水堆瞬变,包括 1.3、2.7 和 2.8

7. 系统或设备的放射性释放

7.1 放射性气体废物系统泄漏或破损

7.2 放射性液体废物系统泄漏或破损

7.3 假想的液体贮箱破损而产生的放射性释放

7.4 设计基准燃料操作事故

7.5 乏燃料贮罐掉落事故

8. 未能紧急停堆的预期瞬变

8.1 误提出控制棒

8.2 失去给水

8.3 失去交流电源

8.4 失去电负荷

8.5 凝汽器真空破坏

8.6 汽轮机跳闸

8.7 主蒸汽管道隔离阀关阀

　　过去核电厂的安全设计主要考虑设计基准事故,认为反应堆堆芯不会严重损坏和熔化,放射性物质不会大量释放。

　　自从 1979 年的美国三里岛(TMI-2)核电厂事故、1986 年前苏联切尔诺贝利(Chernobyl-4)核电厂事故以及 2011 年日本福岛核电厂事故发生以后,人们对严重事故有了新的认识。严重事故的后果非常严重,特别是有大量放射性物质释放到环境的切尔诺贝利核电厂事故,带来了环境、健康、经济和社会心理上的巨大影响。

　　在这种情况下,就要重新审议一下过去核电厂设计和运行不考虑严重事故是否适宜?从发生的几率、从后果的严重性、从公众接受核电方面等要求现在运行的和将来设计的核电厂要有防止和缓解严重事故的对策措施。因为实践已经说明,单纯考虑设计基准事故,不考虑严重事故的防止和缓解,不足以保证工作人员、公众和环境的安全。

　　在我国,《核电厂设计安全规定》(HAF-102)已于 1991 年由国家核安全局发布,并于 2004 年和 2016 年进行了修订。《规定》中定义电厂状态为 4 类,正常运行、预计运行事件、设计基准事故和设计扩展工况。其关系见图 5 - 1。

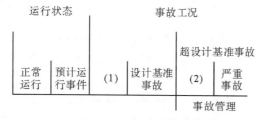

图 5 - 1　核电厂运行状态示意图

(1)没有明确地考虑作为设计基准事故,但可为设计基准事故所涵盖的那些事故工况

(2)没有造成堆芯明显恶化的超设计基准事故

图 5-1 中,核电厂运行状态是指正常运行和预计运行事件两类状态的统称。

正常运行是指核电厂在规定运行限值和条件范围内的运行,包括停堆状态、功率运行、停堆过程、启动、维护、试验和换料。

预计运行事件是指在核动力厂运行寿期内预计至少发生一次的偏离正常运行的各种运行过程;由于设计中已采取相应措施,这类事件不至于引起安全重要物项的严重损坏,也不会导致事故工况。

事故工况是比预计运行事件更严重的工况,包括设计基准事故和严重事故。

事故管理是指在超设计基准事故发展过程中所采取的一系列行动:

(1)防止事件升级为严重事故;

(2)减轻严重事故的后果;

(3)实现长期稳定的安全状态。

设计基准事故是指核动力厂按确定的设计准则在设计中采取了针对性措施的那些事故工况,并且该事故中燃料的损坏和放射性物质的释放保持在管理限值以内。

核电厂的严重事故是严重性超过设计基准事故并造成堆芯明显恶化的事故工况。

5.2　确定论基本分析逻辑

确定论事故分析过程中有四个基本要素:

(1)确定一组设计基准事故;

(2)选择特定事故下安全系统的最大不利后果的单一故障;

(3)确认分析所用的模型和电厂参量都是保守的;

(4)将最终结果与法定验收准则相对照,确认安全系统的设计是充分的。

5.2.1　设计基准事故(DBA)

根据法规的要求,选用设计基准事故是为了考验安全系统的设计裕度。设计基准事故的选择主要依据工程判断、设计和运行经验。目前选用的 DBA 已经定型,这可以从标准审查大纲或有关导则中找到。在上一节已经讨论了核电厂工况。

设计基准事故的这一分类与选择,大体定型于 20 世纪 70 年代末。由于缺乏技术支持,因而带有一定的任意性。例如蒸汽发生器传热管破裂,核电历史上发生过多次,仍列为第四类工况,显然是不合适的。

5.2.2　分析基本假定

确定论事故分析是考验电厂设计总体完整性的主要手段。正因为 DBA 的选择以及分析模型中有很大不确定性,为了确保分析结果的包络性,法规要求采用保守假定。

分析中有两条基本假设:

(1)被调用的安全系统失去部分设计能力(单一故障假设);

(2)操纵员在事故后短期内不作任何干预。

设置这两条假设的本意是试图以此证明在最坏的情况下核电厂仍有能力维持安全状态。这两条假设在多数情况下是适用的。然而,进一步的研究表明,这两条假设是不充分的,有时是不保守的。某些系统在某些事故下无故障比单一故障更不安全,而操纵员的干预有时会使机组状况急剧恶化。

除最严重的单一故障外,分析中还有其他四个附加的补充保守假定:

(1)事故同时合并失去厂外电源;

(2)反应性价值最大的一组控制棒卡在全提棒位置,不能下插;

(3)分析中只考虑安全相关设备,不计及非安全设备的缓解功能;

(4)必要时考虑合并不利的外部条件。

根据美国联邦法规 10 CFR50 附录 K 的要求,分析所用核电厂参量应取对结果不利的保守值,例如:

(1)功率:增加 2％测量不定性,即取 102％额定功率;

(2)温度:根据事故性质,增或减 2.2 ℃;

(3)主系统压力:根据事故性质,增或减 0.21 MPa;

(4)保守的仪表与控制棒响应时间延迟;

(5)不取用第一个停堆信号。

5.2.3　验收准则

判定确定论分析结果是否符合安全法规要求,采用了一套定量的判据,这些判据被称为验收准则(Acceptance Criteria)。四类事故严重程度不同,验收准则也有所区别。换句话说,DBA 的验收准则与特定 DBA 的发生频度有关。越容易发生的事件,其验收准则越严格。

定性的反应堆热工水力学设计准则是:

(1)正常运行和运行瞬变工况下预计不发生燃料损伤;

(2)事故后反应堆可以转入安全状态,只有一小部分燃料元件受损,事故中释出的放射性应当对公众不构成威胁;

(3)在最严重事故引起的瞬变之后,反应堆可以转入安全状态且堆芯结构能维持次临界和可接受的冷却特性。

为了保证燃料不发生烧毁或熔化,对于一、二类工况,有如下定量准则:

(1)燃料芯块的最高温度不超过 2260 ℃,这与燃耗末燃料芯块的熔化温度 2590 ℃相比,留有 300 余度裕量;

(2)燃料线功率密度不超过 59.0 kW/m,这准则与前一条表述的是同样内容。考虑到压水堆平均线功率密度约为 17.8 kW/m,可以推知堆芯热点因子 F_Q 不得大于 3.3;

(3)最小偏离泡核沸腾比 DNBR,在用 W-3 公式估算时,不得小于 1.3,这可以保证在 95％的置信度下 95％的燃料元件不发生烧毁;

(4)燃料元件包壳外壁面温度不超过 425 ℃。

第四类工况是预期电厂寿期中不会出现的事故,事故后允许有部分燃料元件损坏,称为极限事故,因而此类事故不遵守 DNBR 准则。经过对燃料元件和包壳的仔细研究,提出了更为具体的验收准则,即最终验收准则。

大破口失水事故是最富挑战性的极限事故,其最终验收准则共五条:

(1)包壳最高温度不得超过 1204 ℃。该准则的设置意图是防止锆水反应的激化。

当锆包壳温度达到 850 ℃时,锆水反应显著发生,它所产生的热功率每 50 ℃左右上升一倍。1200 ℃时,锆水反应热已与局部衰变热功率相当。超过 1200 ℃,锆水反应有自激励的可能而导致包壳整个熔化、氧化或形成低共熔混合物。

(2)包壳的局部最大氧化量不超过反应前包壳总厚度的 17%,以防止过量氧化的氢脆导致包壳机械强度不足而破裂。

(3)包壳氧化产氢量不得超过假设所有锆与水反应所释氢总量的 1%,以限制安全壳内氢爆的危险。

(4)堆芯必须保持可冷却的几何形状。

(5)必须能保证事故后排出衰变热的长期冷却能力。

5.3　反应性引入事故

反应性引入事故是指向堆内突然引入一个意外的反应性,导致反应堆功率急剧上升而发生的事故。这种事故发生在启动时,可能会出现瞬发临界,反应堆有失控的危险;如果发生在功率运行工况下,堆内严重过热,可能造成一回路系统压力边界的破坏。

应该说,由于反应堆中本身存在的各种反应性反馈效应,核电厂发生的所有事故(无论是热工还是物理事故),最终都将导致堆芯反应性的变化,本节仅讨论由于反应性调节方式的不正确运行所直接引起的事故。

5.3.1　反应性引入机理

目前,作为大型压水堆的堆芯一般具有初始剩余反应性大、堆芯物理尺寸大和负的温度反馈系数等特点,所以可以把反应性引入事故按潜在因素分为以下几类。

1. 控制棒失控提升

由于反应堆控制系统或控制棒驱动机构失灵,控制棒不受控地抽出,向堆内持续引入反应性,引起功率不断上升的现象称为控制棒失控提升事故(又称提棒事故)。控制棒失控抽出可以根据不同情况分别属于 2 类事故(如调节棒束失控提升等)、3 类事故(如单个调节棒束失控提升)。

2. 控制棒弹出

压水堆在运行过程中,由于控制棒驱动机构密封罩壳的破裂,使全部压差作用到控制棒驱动轴上,从而引起控制棒迅速弹出堆芯的事故,简称为弹棒事故。这种机械故障使反应堆失去冷却剂,又同时向堆内阶跃引入反应性。阶跃引入反应性的大小就是弹出棒原先插在堆内的那一部分的积分价值,从破口流失的冷却剂流量相当于一回路管道小破裂。弹棒事故属于 4 类事故。

3. 硼失控稀释

压水堆在换料、启动和功率运行期间,由于误操作、设备故障或控制系统失灵等原因,使无硼纯水流入一回路系统,引起冷却剂硼浓度失控稀释,反应性逐渐上升。但是,反应性引入速率受到泵的容量、管道大小以及纯水系统的限制。

5.3.2　超功率瞬变

在反应性引入事故工况下,点堆动态方程的求解按反应性引入速率和大小可分为准稳态瞬变、超缓发临界瞬变和超瞬发临界瞬变三类；如按反应性引入方式则有阶跃变化和线性变化的差别。

准稳态瞬变是指在功率运行工况下，向堆内引入的反应性比较缓慢，以致这个反应性被温度反馈效应和控制棒的自动调节所补偿的瞬变。如满功率时控制棒组件慢速抽出的瞬变（$\dot{\rho}=2\times10^{-5}/\mathrm{s}$）。这种情况下

$$\rho(t) = \rho_i(t) + \rho_{fb}(t) + \rho_c(t) = 0 \tag{5-1}$$

这里假设反应堆保护系统尚未动作，即 $\rho_{sd}(t)=0$。由于功率变化十分缓慢，小于堆芯时间常数，堆内温度可以近似地用稳态分布来描述。这时，反应性反馈将由燃料温度效应和冷却剂温度效应两部分组成，即：

$$\mathrm{d}\rho_{fb} = \alpha_{fe}\mathrm{d}\overline{T}_{fe} + \alpha_c\mathrm{d}\,\overline{T}_c \tag{5-2}$$

在式（5-2）两边除以微分功率 dP，得：

$$\frac{\mathrm{d}\rho_{fb}}{\mathrm{d}P} = \alpha_{fe}\frac{\mathrm{d}\,\overline{T}_{fe}}{\mathrm{d}P} + \alpha_c\frac{\mathrm{d}\,\overline{T}_c}{\mathrm{d}P} = \left(R+\frac{1}{2WCp}\right)\alpha_{fe} + \frac{1}{2WCp}\alpha_c = -\mu_p \tag{5-3}$$

其中 μ_P 为功率系数。

因此

$$P(t) = P(0) + \frac{1}{\mu_P}\left[\dot{\rho}t + \rho_c(t)\right] \tag{5-4}$$

即反应堆功率按式（5-4）的变化规律增长，增长的幅度与反应性引入速率以及持续时间有关，但受到功率系数的限制。

因为反应性引入速度 $\dot{\rho}$ 比较小，所以冷却剂温度和功率上升得都不太快，由冷却剂平均温度过高保护使反应堆紧急停闭。此时的功率峰值还不到超功率保护整定值。稳压器压力和冷却剂平均温度的上升幅度较大，最小烧毁比（DNBR）下降比较显著，因此偏离泡核沸腾的裕量变小了。

超缓发临界瞬变是指引入堆内的正反应性较快，以致反应性反馈效应和控制系统已不能完全补偿，使总的反应性大于零，但又不超过 $\overline{\beta}$ 的瞬变。如满功率运行工况下，两组控制棒失控抽出（$\dot{\rho}=8\times10^{-4}/\mathrm{s}$）。这种情况下

$$0 < \rho(t)\,|_{\max} < \overline{\beta} \tag{5-5}$$

在这种情况下，如反应堆虽然超临界，但不处于或不超过瞬发临界状态。因此，瞬变中缓发中子起着相当重要的作用。

由于瞬发中子的寿期非常短，可以令它等于 0 后解反应堆动态方程，以确定瞬变过程中的功率变化。这种方法称为零瞬发中子寿期近似，也成为瞬时跳变近似。

与准稳态瞬变相比，超缓发临界瞬变功率增长曲线向上弯曲，增长速率受到燃料反应性反馈的影响而逐渐减弱，最后达到118%额定功率，超功率保护紧急停堆。因为功率增长十分迅速，所以在瞬变期间稳压器压力和冷却剂平均温度的变化较小，压力变化不到 1 MPa、温度上升约 2 K，这些情况恰恰与准稳态瞬变相反。分析指出，这种事故尚不足以损坏燃料元件。

图 5-2 给出了某压水堆核电厂满功率下失控慢速提升控制棒（准稳态瞬变）和失控快速提升控制棒（超缓发瞬变）的瞬态响应。从图中可以看出，超缓发瞬变过程中，反应堆由超功率保护信号停堆，而在准稳态瞬变过程中，反应堆由超温 ΔT 信号停堆。

超瞬发临界瞬变是指引入的反应性很大,超过了瞬发临界的程度所引起的堆内瞬变,如弹棒事故,即

$$\rho(t)\mid_{\max} > \beta \tag{5-6}$$

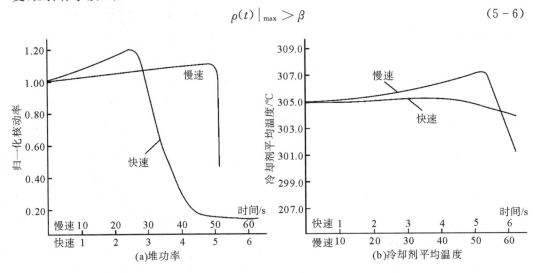

图 5 - 2　压水堆核电厂准稳态瞬变和超缓发瞬变的瞬态响应

由于功率增长时间常数小于 τ,可认为堆内传热是个绝热过程。此过程是由于某种原因向堆内阶跃引入一个很大的反应性,阶跃时间短于先驱核寿期。故在瞬变中可略去缓发中子的影响,动态方程简化为:

$$\frac{\mathrm{d}P(t)}{\mathrm{d}t} = \frac{\rho(t) - \beta}{\Lambda}P(t) \tag{5-7}$$

$$\rho(t) = \rho_i(t) + \rho_{fb}(t) = \rho_0 + \rho_{fb}(t) \tag{5-8}$$

由于时间响应很快,冷却剂温度来不及变化,所以反应性反馈只考虑燃料温度一项,即

$$\mathrm{d}\rho_{fb} = \alpha_{fe}\mathrm{d}T_{fe} \tag{5-9}$$

并且燃料元件内的热量也不可能传到冷却剂中,故可认为燃料元件是绝热的,于是:

$$M_{fe}c_{fe}\mathrm{d}T_{fe} = P(t)\mathrm{d}t \tag{5-10}$$

将式(5-10)代入式(5-9),得:

$$\mathrm{d}\rho_{fb} = \frac{1}{M_{fe}c_{fe}}\alpha_{fe}\mathrm{d}t = -\mu P(t)\mathrm{d}t \tag{5-11}$$

式中:μ 为瞬发反应性系数。若 μ 与温度无关,则式(5-11)对时间积分,并利用 $\rho_{fb}(0) = 0$ 的初始条件,得

$$\rho_{fb}(t) = -\mu\int_0^t P(t')\mathrm{d}t' = -\mu E(t) \tag{5-12}$$

式中,$E(t)$ 为在零时刻到 t 时刻之间产生的能量。将式(5-12)代入式(5-7),得

$$\frac{\mathrm{d}P(t)}{\mathrm{d}t} = \left[\frac{\rho_0 - \beta - \mu\int_0^t P(t')\mathrm{d}t'}{\Lambda}\right]P(t) = \left[a - b\int_0^t P(t')\mathrm{d}t'\right]P(t) \tag{5-13}$$

式中

$$a = \frac{\rho_0 - \beta}{\Lambda}, b = \frac{\mu}{A}$$

利用高等数学知识就可以求解式(5-13),可得:

$$E(t) = \frac{a+c}{b}\left[\frac{1-\mathrm{e}^{-ct}}{1+\left(\frac{c+a}{c-a}\right)\mathrm{e}^{-ct}}\right] \tag{5-14}$$

$$P(t) = \frac{\mathrm{d}E(t)}{\mathrm{d}t} = \frac{2c^2\left(\frac{c+a}{c-a}\right)\mathrm{e}^{-ct}}{b\left[\left(\frac{c+a}{c-a}\right)\mathrm{e}^{-ct}+1\right]^2} \tag{5-15}$$

式中,$c=\sqrt{a^2+2bP(0)}$。

从式(5-15)可以看出,在瞬变初期,功率正比于 e^{ct} 的指数规律增长。然后,在某一时刻达到最大值,该时刻可以令 $\mathrm{d}P/\mathrm{d}t=0$ 求出,即:

$$t_{p\mathrm{max}} = \frac{\ln\left(\frac{c+a}{c-a}\right)}{c} \approx \frac{\ln\left(\frac{c+a}{c-a}\right)}{a} \tag{5-16}$$

$$P_{\mathrm{max}} \approx \frac{c^2}{2b} \tag{5-17}$$

功率达到峰值时刻放出的能量由式(5-15)得到

$$E(t_{p\mathrm{max}}) \approx \frac{a}{b} \tag{5-18}$$

从上述讨论可以看出:

(1)由于功率在极大值后按 e^{-ct} 指数规律衰减,因此功率激增对功率峰值在时间上近似对称;

(2)功率峰值反比于 Λ,这表明当反应性阶跃引入时,快堆的功率峰值比热堆大,压水堆的功率峰值比重水堆大;

(3)功率峰值处释放的能量是 a 和 b 的函数,与 Λ 无关;

(4)功率峰值和释放的总能量均反比于 μ,所以负的反应性系数对事故后的功率增长抑制及反应堆稳定性有重要的作用。

图5-3给出了反应性阶跃引入时考虑缓发中子时功率和能量的响应曲线。

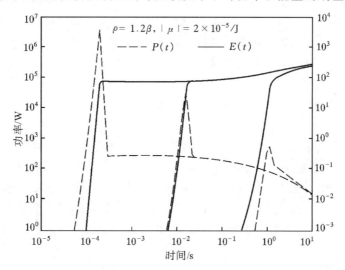

图 5-3　反应性阶跃引入时考虑缓发中子时功率和能量的响应曲线

若引入的反应性为线性引入,与阶跃引入相比,两者功率增长形式有所不同,后者是脉冲式的,前者开始时有一个振荡过程,最后趋于稳定。

产生振荡的原因是:

(1)在事故开始时,由于功率很低,随着反应性的不断引入,周期变短,功率上升速率增加,到一定程度出现反应性反馈效应且这种现象越来越明显,使 $\rho(t)$ 减小,当 $\rho(t) > \dot{\rho}t$ 时,$\rho(t)$ 变成负值,功率转而下降,于是在 $\rho(t) = \dot{\rho}t$ 时出现了第一个功率峰值。

(2)之后,随着功率的下降,反馈效应减弱。当 $\rho(t) < \dot{\rho}t$ 时,反应性 $\rho(t)$ 又出现正值,这就开始了第二个功率峰值的增长过程。如果没有缓发中子的存在,这种功率振荡不会衰减,一直持续下去。

(3)经过足够长的时间,由于缓发中子先驱核的积累,功率振荡过程的逐渐衰减,最后达到一个平衡值。

5.3.3　弹棒事故分析

插在堆芯内的控制棒的弹出,使堆芯有一快速反应性引入,造成堆内核功率激增,同时也形成堆芯很大的功率不均匀因子,因而会出现一个大的局部功率峰值。弹棒事故同时也造成一个当量直径为 82 mm 的小破口失水事故。由于破口很小,因此,从失水事故角度来看,后果不严重。

弹棒事故中,功率的激增受到燃料 Doppler 反应性反馈和慢化剂温度反应性反馈的限制(Doppler 反馈作用更为显著),此后由于保护系统动作,控制棒下插,反应堆停堆。在事故开始后 10 s 以内,可出现芯块温度、包壳温度和系统压力三个峰值,从这三个方面影响反应堆的安全性。

发生弹棒事故,局部功率的激增使燃料元件发生很大的变化。在事故开始的短时间内,功率激增产生的大部分能量储存在二氧化铀燃料芯块内部,然后逐渐释放到系统其他部分。

燃料中积聚很大的能量,将使最热的芯块熔化,释放出的气体在燃料棒内部形成高压,使燃料棒瞬时破裂,热量可迅速地从散落到冷却剂中的二氧化铀碎粒传输到冷却剂中去,部分冷却剂中过量的能量积聚和热能转变为机械能形成的很强的冲击波,可能损坏堆芯和一回路系统,破坏堆芯的冷却性。

热量传送至元件包壳,可造成部分包壳发生 DNB,并继而有可能使包壳达到脆化温度从而影响堆芯完整性。

热量传送至冷却剂,可使冷却剂系统温度和压力上升,形成一个一回路压力高峰,也是对冷却剂压力边界的冲击。

弹棒事故属于极限事故,是反应性引入合并小破口的事故,但堆芯功率分布畸变比失水事故发生得更迅速、剧烈,是事故后果的主导因素。由于弹棒事故造成堆芯功率分布的严重畸变,严格说来必须作三维中子时空动力学分析,并考虑中子学与热工水力学的耦合效应。但是这种计算的代价非常昂贵。所以习惯上仍用大型热工水力系统响应程序与燃料元件分析程序协同分析。图 5-4 给出了发生弹棒事故后热通道燃料温度的结果。

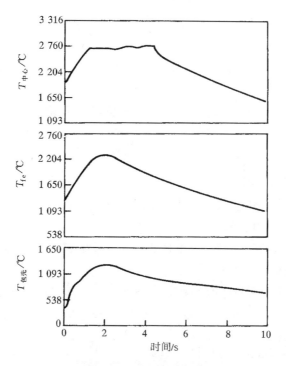

图 5 - 4　发生弹棒事故后热通道燃料温度变化

5.4　失流事故

核电厂反应堆是借助于主循环泵喞送冷却剂实现强迫循环来冷却的。当反应堆功率运行时,主泵因动力电源故障或机械故障被迫停止运行,使冷却剂流量减少、堆芯传热能力降低,这就是失流事故。

失流事故包括:部分失流、完全失流、主泵卡轴和主泵断轴四种,其中后两种属于极限事故。

部分失流事故是指由于部分主泵断电或故障而惰转的情况。完全失流事故是指由于全部主泵断电或故障而惰转的情况,另一完全失流的情况是电网低频率事故,其特征是电网因故障而频率下降,使主泵受到很大的反力矩,以与外电源相同的相对减频速率减速。

5.4.1　流量瞬变

控制体内流体的压降关系式为:

$$\Delta p = \frac{L}{A}\frac{\mathrm{d}W}{\mathrm{d}t} + \left[\left(\frac{\bar{\rho}\bar{A}}{\rho_o A_o}\right)^2 - \left(\frac{\bar{\rho}\bar{A}}{\rho_i A_i}\right)^2\right]\frac{W^2}{2\bar{\rho}\bar{A}^2} + e_l\frac{W^2}{2\bar{\rho}\bar{A}^2} + \bar{\rho}g(z_o - z_i) - \bar{\rho}gH_p(W)$$

$$(5-19)$$

这个公式的物理意义在于任何一段流道的流体压降等于该流道的惯性压降、加速压降、摩擦压降和重力压降之和再减去泵所提供的压头。

为了简便起见,可把式(5-19)中的加速压降和摩擦压降归为一项,用一个相当阻力

系数来表示:

$$\kappa = e_l + \left(\frac{\bar{\rho}\bar{A}}{\rho_O A_O}\right)^2 - \left(\frac{\bar{\rho}\bar{A}}{\rho_i A_i}\right)^2 \tag{5-20}$$

假设事故断电后每个泵的动作是相同的,则可以将反应堆主回路冷却系统分解为堆芯和 N 个独立的冷却环路。

根据压降关系式,可以写出堆芯(c)和冷却环路(l)的压降关系式:

$$\Delta p_c = \left(\frac{L}{A}\right)_c \frac{\mathrm{d}W}{\mathrm{d}t} + \tilde{\kappa}_c \frac{W^2}{2\bar{\rho}} + g\,(\bar{\rho}\Delta z)_c \tag{5-21}$$

$$\Delta p_l = \left(\frac{L}{A}\right)_l \frac{\mathrm{d}W_l}{\mathrm{d}t} + \tilde{\kappa}_l \frac{W_l^2}{2\bar{\rho}} + g\,(\bar{\rho}\Delta z)_l - \bar{\rho}g\left(\frac{\omega}{\omega_0}\right)^2 H_p \tag{5-22}$$

式中:$(\omega/\omega_0)^2$ 是一个比例因子(泵叶轮角速度与初始角速度之比),用来近似描述事故瞬变期间由于泵转速下降引起的泵压头下降。

这主要是考虑到水泵断电后,由于泵叶轮和飞轮的惯性,水泵仍将以一定的速率转动,因此仍有惯性压头与惯性流量。

对于一个有 N 个冷却环路的反应堆,根据科希霍夫定律可以写出

$$\Delta p_c + \Delta p_l = 0 \tag{5-23}$$

$$W = NW_l \tag{5-24}$$

将此式与压降关系式结合,可得

$$\left(\frac{L}{A}\right)_{\mathrm{pr}} \frac{\mathrm{d}W}{\mathrm{d}t} + \tilde{\kappa}_{\mathrm{pr}} \frac{W^2}{2\bar{\rho}} + g\,(\bar{\rho}\Delta z)_{\mathrm{pr}} - \bar{\rho}g\left(\frac{\omega}{\omega_0}\right)^2 H_p = 0 \tag{5-25}$$

式中:下标 pr 指整个系统,包括堆芯和环路。整个系统的几何惯性、阻力系数和重力压头可以分别表示为

$$\left(\frac{L}{A}\right)_{\mathrm{pr}} = \left(\frac{L}{A}\right)_c + \frac{1}{N}\left(\frac{L}{A}\right)_l \tag{5-26}$$

$$\tilde{\kappa}_{\mathrm{pr}} = \tilde{\kappa}_c + \frac{1}{N^2}\tilde{\kappa}_l \tag{5-27}$$

$$(\bar{\rho}\Delta z)_{\mathrm{pr}} = (\bar{\rho}\Delta z)_c + (\bar{\rho}\Delta z)_l \tag{5-28}$$

根据上述公式,如果已知系统各部分的几何惯性、阻力系数、位置标高和事故后惯性压头,则可以解出失流事故后的堆芯瞬态流量 $W(t)$。

为了使方程易解并且能给出有明确物理意义的结果,可以将失流事故瞬变分为两个阶段。第一阶段,在瞬变开始时,水泵的惯性压头比重力压头大得多,因此后者可以忽略。虽然在这一阶段后期,泵的惯性压头和重力压头同时起明显作用,但仍可简单认为此时没有重力压头的贡献,因而得到是一个保守的瞬态流量的下限。第二阶段,在瞬变末尾时,泵的惯性压头已消失,冷却剂完全靠重力压头驱动,即稳态自然循环。

下面先分析失流事故的第一阶段:

为了确定瞬态流量,先要给出泵转速瞬态模型,以确定断电后水泵的惯性流量。假设 I 为泵的惯性转矩,ω 为泵的转动角速度,在泵运行时

$$I\frac{\mathrm{d}\bar{\omega}}{\mathrm{d}t} = \Gamma_M\bar{\omega} - \Gamma_H\bar{\omega} - \Gamma_F\bar{\omega} \tag{5-29}$$

若假设水力转矩、机械和马达通风产生的转矩可以折合成与泵内阻力转矩有关的系数 C,则在断电后有以下方程:

$$I\frac{\mathrm{d}\omega}{\mathrm{d}t}=-C\omega^2 \tag{5-30}$$

根据初始条件：$t=0,\omega=\omega_0$，方程解为

$$\omega=\frac{\omega_0}{1+t/t_p} \tag{5-31}$$

$$t_p=\frac{I}{C\omega_0} \tag{5-32}$$

式(5-32)表示的 t_p 定义为水泵的半时间。其物理意义为：当 $t=t_p$ 时，泵的惯性角速度下降到初始角速度的一半。

将(5-31)式代入式(5-25)，忽略重力压头，则有

$$\left(\frac{L}{A}\right)_{\mathrm{pr}}\frac{\mathrm{d}W}{\mathrm{d}t}+\tilde{\kappa}_{\mathrm{pr}}\frac{W^2}{2\bar{\rho}}-\frac{\bar{\rho}gH_p}{(1+t/t_p)^2}=0 \tag{5-33}$$

初始条件为

$$\tilde{\kappa}_{\mathrm{pr}}\frac{W_0^2}{2\bar{\rho}}-\bar{\rho}gH_p=0 \tag{5-34}$$

将式(5-34)代入式(5-33)，即可得到堆芯瞬态流量的非线性微分方程：

$$t_l\frac{\mathrm{d}}{\mathrm{d}t}\left(\frac{W}{W_0}\right)+\left(\frac{W}{W_0}\right)^2=\frac{1}{(1+t/t_p)^2} \tag{5-35}$$

其中

$$t_l=\frac{2\bar{\rho}\left(\frac{L}{A}\right)_{\mathrm{pr}}}{W_0\,\tilde{\kappa}_{\mathrm{pr}}} \tag{5-36}$$

定义 t_l 为回路半时间。

下面考虑两种极端的情况：

(1)假设水泵无惯性。即水泵断电后没有惯性压头，这相当于所有水泵同时卡住的情况。此时方程(5-35)等号右侧为零，方程解为

$$W=\frac{W_0}{1+t/t_l} \tag{5-37}$$

在水泵无惯性的情况下，停泵后流量下降速度取决于主回路流体的惯性，其下降速度的大小由主回路半时间 t_l 所决定。即当 $t=t_l$ 时，堆芯惯性流量为初始流量的一半。从式(5-36)来看，t_l 与流体速度、流道长度、截面和阻力系数有关。从平均的意义上看，主回路半时间与流休通过主回路所需时间成正比，而与回路摩擦阻力系数成反比。在水泵无惯性的情况下，t_l 越大，堆芯惯性流量下降越慢；而 t_l 越小，流量减衰越快。

(2)水泵有很大的惯性。一般情况下，核电厂主回路泵上都装有惯性很大的飞轮，用以维持失流事故后堆芯惯性流量，减轻事故后果。如果泵的惯性很大，以至水泵半时间远远大于回路半时间，$t_p \gg t_l$，则式(5-35)首项可以忽略，此时流量解为

$$W=\frac{W_0}{1+t/t_p} \tag{5-38}$$

此时泵的特性决定惯性流量的衰减速度。

对于 t_l 和 t_p 在同一数量级的情况，方程(5-35)亦有解析解。其结果表示在图 5-5 上，图中 $\alpha=t_l/t_p$，是主回路半时间与水泵半时间之比。可以看出，当 α 值相当小（$\alpha<$

0.05)时,失流事故后相当一段时间内,惯性流量可以保持在初始流量的一半以上。但当 α 值比较大时($\alpha>1$),堆芯惯性流量将很快下降到初始流量的 10%~20%。此时事故的严重性显然要比前者大得多。

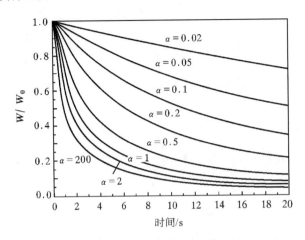

图 5-5 失流事故后堆芯惯性流量的瞬变

5.4.2 冷却剂温度瞬变

为了确定失流事故后冷却剂温度的瞬变,可以利用第 3 章给出的堆芯瞬态热传输模型——集总参数模型进行粗略计算,并估计失流事故的后果。

堆芯内冷却剂温升为

$$\Delta T_c = 2\left[\overline{T}_c(t) - \overline{T}_i(t)\right] \tag{5-39}$$

冷却剂温升瞬变由下式确定:

$$\frac{\mathrm{d}(\Delta T_c)}{\mathrm{d}t} = \frac{P(t)}{W(t)C_p\tau} - \left(\frac{1}{\tau} + \frac{\mathrm{d}}{\mathrm{d}t}\ln W(t)\right)\Delta T_c \tag{5-40}$$

利用积分因子 $\exp\left\{-\int_0^t\left[\frac{1}{\tau} + \frac{\mathrm{d}}{\mathrm{d}t}\ln W(t')\right]\mathrm{d}t'\right\}$,即可根据已知的事故后功率变化 $P(t)$ 和瞬态流量 $W(t)$ 解方程(5-40):

$$\Delta T_c(t) = \Delta T_c(0)\frac{W(0)}{W(t)}\left\{\mathrm{e}^{-t/\tau} + \frac{1}{\tau} \times \int_0^t \frac{P(t)}{P(0)}\mathrm{e}^{-[(t-t')/\tau]}\mathrm{d}t'\right\} \tag{5-41}$$

这里不去进一步研究失流事故后冷却剂温度瞬变的详细计算方法,而仅仅给出两种极端情况下冷却温度瞬变的趋势,以了解失流事故后冷却剂温升变化的物理过程。

(1)假设事故后反应堆保持初始功率不变,则式(5-41)简化为

$$\Delta T_c(t) = \Delta T_c(0)\frac{W(0)}{W(t)} \tag{5-42}$$

(2)假设事故后反应堆功率立即降到零,并忽略停堆后的衰变热,则

$$\Delta T_c(t) = \Delta T_c(0)\frac{W(0)}{W(t)}\mathrm{e}^{-t/\tau} \tag{5-43}$$

假设泵的惯性很大,事故后惯性流量解为(5-38),此时上述两种极端情况下冷却剂温升变化分别为

$$\Delta T_c(t) = \Delta T_c(0)\left(1 + \frac{t}{t_p}\right) \tag{5-44}$$

$$\Delta T_c(t) = \Delta T_c(0)\left(1 + \frac{t}{t_p}\right)e^{-t/\tau} \tag{5-45}$$

从公式(5-44)、(5-45)可以看出,失流事故下如果反应堆功率保持不变,则冷却剂温度线性上升,其上升的速度与水泵半时间 t_p 成反比,冷却剂温升将在 t_p 时间内提高一倍。显然这种情况异常危险,通常是不允许发生的。一般反应堆发生失流事故后应立即紧急停堆。从式(5　45)可以看出,失流事故后如果立即停堆,冷却剂温升变化取决于水泵半时间 t_p 和堆芯时间常数的大小。当堆芯时间常数 τ 大于水泵半时间 t_p 时,即使流量开始下降时堆功率已降为零,冷却剂温度仍然上升;其温升峰值大于初始值。这是由于燃料元件贮存的大量热量在流量下降后不能及时传到冷却剂中去。因此,从安全角度看,选择小的堆芯常数和大的水泵半时间是相当重要的。

5.4.3　自然循环冷却

在失流事故发生后,如前所述,反应堆必须紧急停堆,以防止冷却剂温度线性上升,造成堆芯损坏。停堆后,当水泵的惯性流量降为零后,冷却剂通过堆芯的动力只是水的重力压头,堆芯的发热也只是停堆后的衰变热。此时的中心问题是:平衡态的自然循环是否有足够的流量带走衰变热而避免堆芯过热。

假设在反应堆一回路系统已建立了稳态自然循环,式(5-25)中泵压头和惯性压头均为零,则有

$$\tilde{\kappa}_{pr}\frac{W_\infty^2}{2\,\overline{m}} + g(\overline{\rho}\Delta z) = 0 \tag{5-46}$$

为了估计重力压头的大小,需要确定回路中每一部分的冷却剂平均密度和高度变化。为了简便起见,把反应堆主回路系统分成六部分,如图5-6所示,即堆芯、上腔室、环路热管段、蒸汽发生器、环路冷管段和下腔室,并分别用脚标 c,up,hl,sg,cl,lp 表示。假设每一段入口、出口标高为 z_i, z_o,则

$$\begin{aligned}(\overline{\rho} = &\rho(z_o - z_i)|_c + \rho(z_o - z_i)|_{up}\\ &+ \rho(z_o - z_i)|_{hl} + \rho(z_o - z_i)|_{sg} + \rho(z_o - z_i)|_{cl} + \rho(z_o - z_i)|_{lp}\end{aligned} \tag{5-47}$$

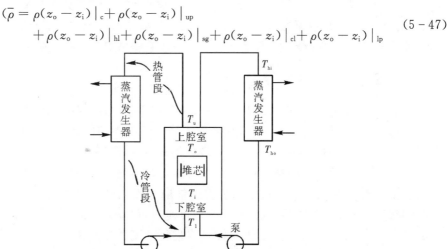

图 5-6　反应堆主回路简化流程

如果忽略回路压降引起的密度变化,就可以用 ρ_o 表示堆芯出口到蒸汽发生器入口之间冷却剂的密度,用 ρ_i 表示蒸汽发生器出口到堆芯入口之间冷却剂密度。又假设在堆芯和蒸汽发生器内冷却剂密度线性变化。则式(5-47)可以写为

$$(\bar{\rho}\Delta z)_{pr} = -(\rho_i - \rho_o)(\bar{z}_{sg} - \bar{z}_c) \tag{5-48}$$

式中:$\bar{z}_{sg}$ 为蒸汽发生器中心标高;$\bar{z}_c$ 为堆芯中心标高。

假设 β 为冷却剂体积热膨胀系数

$$\beta = -\frac{1}{\rho}\frac{\partial \rho}{\partial T}\Big|_p \tag{5-49}$$

并假设其为常数。则有

$$\rho_o - \rho_i = -\bar{\rho}\beta\Delta T_c \tag{5-50}$$

其中,$\bar{\rho}$ 为堆芯冷却剂平均密度。将式(5-48)、式(5-50)代入式(5-46)

$$\tilde{\kappa}_{pr}\frac{W_\infty}{2\bar{\rho}} - \bar{\rho}g\beta(\bar{z}_{sg} - \bar{z}_c)\Delta T_c = 0 \tag{5-51}$$

由于此时建立了稳定的自然循环,由热量平衡可以看到

$$\Delta T_c \cdot W_\infty c_p = P_d \tag{5-52}$$

其中,P_d 为反应堆衰变功率。

将式(5-51)与式(5-52)联立,可解出自然循环稳定流量 W_∞ 和此时堆芯的冷却剂温升 ΔT_c

$$W_\infty = \left[\frac{2\bar{\rho}^2 g\beta P_d}{\tilde{\kappa}_{pr}c_p}(\bar{z}_{sg} - \bar{z}_c)\right]^{1/3} \tag{5-53}$$

$$\Delta T_c = \left(\frac{P_d}{\bar{\rho}c_p}\right)^{2/3}\left[\frac{\tilde{\kappa}_{pr}}{2g\beta(\bar{z}_{sg} - \bar{z}_c)}\right]^{1/3} \tag{5-54}$$

很明显,失流事故后建立稳定的自然循环的前提是蒸汽发生器中心标高高于堆芯中心标高,位差 $(\bar{z}_{sg} - \bar{z}_c)$ 越大,则 W_∞ 越大,ΔT_c 冷却剂温升越小。因此,为保证失流事故后期堆芯不过热,主回路系统中必须有足够大的蒸汽发生器和堆芯的位差和足够小的阻力系数。

在上面的分析中,假设阻力系数 $\bar{\kappa}_{pr}$ 是常数,实际上它随雷诺数变化而变化。但在流量减小后,对一般堆来说阻力系数变化并不大。在水冷堆系统中,有可能发生自然对流沸腾,使冷却剂密度和系统阻力显著变化。但一般它将增加自然对流换热能力。

5.4.4　全部失流典型事故分析

根据以上分析,失流事故过程中,系统特性是由冷却剂流量下降速率和堆芯功率下降速率两方面决定的。一方面,冷却剂流量下降将使冷却剂的温度和系统压力上升,燃料包壳温度也上升,这就有可能发生偏离泡核沸腾,导致燃料元件损坏。另一方面,系统参数的变化将触发停堆保护系统,经过一定的响应延迟时间及控制棒下落至有效位置所需时间,堆功率开始下降,又经历了由燃料元件内部贮能再分配造成的元件表面热流量下降的延迟,冷却剂温度与压力、燃料包壳温度越过峰值而下降,事故得到缓解。在全部主泵停止运行的情况下,系统内维持一定的自然循环流量带走衰变热。

表 5-3 给出了某压水堆核电厂全部失流事故的事件序列,图 5-7 示出了全部失流事故下冷却剂流量、反应堆功率和热流密度以及 DNBR 的变化趋势。

表 5 - 3　某压水堆核电厂全部失流事故的事件序列

事件	时间/s
主泵惰转开始	0.0
控制棒开始下落	1.40
最小 DNBR	2.25

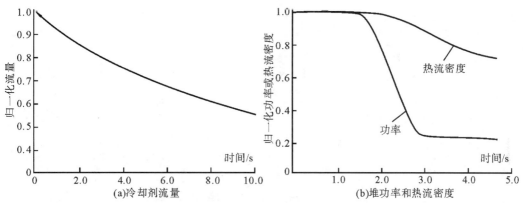

(a)冷却剂流量　　　　　　(b)堆功率和热流密度

图 5 - 7　核电厂冷却剂全部失流事故

5.5　蒸汽发生器传热管破裂事故

蒸汽发生器传热管破裂事故(SGTR)是指蒸汽发生器中一根或多根传热管发生破裂(也包括导致轻微连续泄漏的裂纹)导致的事故。它使核电厂第二道屏障(一回路压力边界)失去完整性,并导致一回路和二回路连通,使二回路被具有放射性的一回路水污染。另外,应当指出的是,蒸汽发生器传热管破裂事故可能导致放射性直接绕过核电厂第三道屏障(安全壳)而进入大气或凝汽器。

SGTR 曾经被定义为极限事故,但是核电历史上已经发生过几起这样的事故,如1979 年比利时 DOEL 核电站、1975 至 2000 年美国发生了 8 起,最近的一次为 2000 年的Indian Point-2 核电站事故。所以有理由认为将其定为极限事故是不合适的。

导致蒸汽发生器传热管断裂的主要原因有传热管承受机械的和热的应力、二回路水产生腐蚀,特别是由于管板处的沉积物,使管板上方的管壁局部变薄及传热管发生裂纹和一回路水产生的腐蚀等。

在美国三哩岛事件中,操纵员的错误动作极大地加剧了事故的严重后果,基于此,现役核电厂一般采用 30 min 不干预的原则,即在事故发生最初 30 min,操纵员不干预电厂的运行。

5.5.1　事故过程

5.5.1.1　没有人为干预时的物理性能

这一节研究最初 30 min 内,没有任何人干预时的一回路和二回路的不受约束的性能。

1. 一回路

在事故第一阶段,一回路的性能与一回路出现小破口的情况相似。与一般破口不同的是,破口的流体流动不是音速的,所以泄漏流量仅取决于一回路与二回路之间的压力差。

破口的出现,导致一回路水流失,所以一回路压力下降,压力下降在初始的瞬间,被化容系统上充流量的增加所补偿,并且以后通过稳压器水位低引起下泄回路的隔离来补偿(图5-8)。

由于最大上充流量不足以补偿泄漏流量,接着是一回路压力下降。当压力下降到稳压器低压阈值时,它引起反应堆紧急停堆,并使汽轮机脱扣。

核功率的停止产生导致一回路剧烈降温,因而一回路水收缩,它加速一回路压力下降。当一回路压力低于稳压器的压力极低的阈值时,它导致安注系统投入工作,后者将化容系统回路隔离,并趋于补偿一回路水的流失,因此趋于保持破口的泄漏流量(图5-8)。

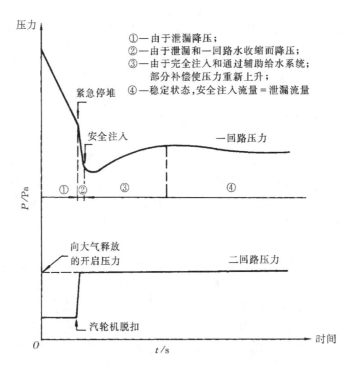

图5-8　SGTR—运行人员干预前事故进程

高压安注泵的流量一旦大于破口流量时,一回路压力回升并稳定在由剩余功率水平以及同时通过破口和与二回路间的热交换导出的能量所决定的一个值上。然后,由于启动蒸汽发生器辅助给水系统,这个压力水平缓慢减小。辅助给水系统以较冷的水充满蒸汽发生器,所以增大了二回路的冷却能力。由此引起泄漏流量稍微下降,以及安注流量稍微增大。

至于稳压器,在事故的第一阶段,它的水位降低,因为化容系统回路仅部分地补偿一回路水的损失。紧急停堆以后,由于一回路水收缩,它迅速地向外排水。在安注系统投入工作后,一回路中的水量趋于稳定,稳压器中的水位很可能超出测量范围。

在没有任何人为干预的情况下,一回路压力稳定于高于二回路的值上,这个值使得破口处的流量被安注系统所准确地补偿,于是剩余功率通过破口,同时通过蒸汽发生器管束中的热交换输送到二回路。

2. 二回路

事故发生后,故障蒸汽发生器二次侧表现为有来自一回路的水和能量,特别是导致二回路被污染。

紧急停堆以前,如果调节系统在工作,三个蒸汽发生器中的水位将保持恒定。可以观察到,紧接着断裂发生,故障的蒸汽发生器的水位瞬时升高(由于在热交换区域提供的能量和水量,引起膨胀)。

没有水位调节时,由于提取的蒸汽总量(由蒸汽流量调节保持恒定)与进入的水量(恒定的给水流量+断裂传热管破口流量)之间不平衡,故障蒸汽发生器中的水位连续增长。同时,故障蒸汽发生器产生的蒸汽流量的增加,引起从另外两个蒸汽发生器提取的蒸汽流量减小,由此导致在水和蒸汽流量之间的不平衡影响下,这两个蒸汽发生器的水位稍有增加。

在事故的这一阶段,二回路压力变化不大(见图 5-8)。

紧急停堆后,由于蒸汽流量很快降为零引起的收缩现象,使所有蒸汽发生器中的水位大幅度下降。

汽机脱扣后,如果通向凝汽器的旁路系统不可用,将导致蒸汽压力增高,直到对空释放阀开启。如果通向凝汽器的旁路系统可用,它的开启使一回路压力下降更加明显。

蒸汽发生器辅助给水系统的两个电动辅助给水泵由于安注系统投入工作而启动,使得三个蒸汽发生器的水位回升。故障蒸汽发生器的水位增长快得多,因为一回路水经过断裂的传热管进入二回路,与辅助给水系统的水相加。这个蒸汽发生器在辅助给水系统的两台电动辅助给水泵和一台汽动辅助给水泵供水时,有满溢的可能。满溢具有相当严重的后果,由于卸压阀直接通向环境,满溢后直接将产生大量的放射性释放,这就要求运行人员必须在 30 min 以内找到和确认事故蒸汽发生器并成功将其隔离。

5.5.1.2 运行人员干预的后果

运行人员的第一项工作当然是识别事故和出故障的蒸汽发生器。这主要是根据蒸汽发生器的排污水放射性的报警和比较蒸汽发生器水位演变情况来实现的。

一旦辨认清楚,就应当隔离掉故障蒸汽发生器,以限制向大气排放。然后,重要的是消除泄漏,这要由一回路减压得到。

运行人员的首先行动之一是应当开启故障蒸汽发生器的排污回路,目的是避免灌满这个蒸汽发生器。

隔离了断管的蒸汽发生器后,当由完好的蒸汽发生器冷却时,后者的内压力固定在释放阀的整定阈值水平;当一回路压力小于二回路压力时,泄漏反向,因而有稀释一回路水的风险。

运行人员干预后的事故进程见图 5-9。

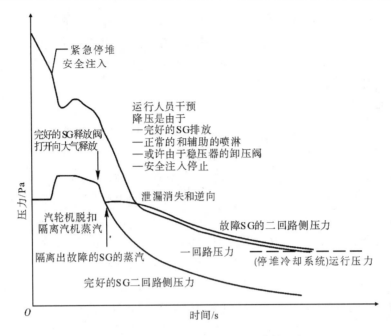

图 5 - 9　SGTR—运行人员干预后事故进程

5.5.2　事故后果

蒸汽发生器传热管破裂事故的主要事故后果有：

(1)一回路水污染了二回路。如果再加上凝汽器不可用,出故障的蒸汽发生器的释放阀门就将被污染的蒸汽排向大气。

(2)有使断管蒸汽发生器和蒸汽管道充满水的风险。由水排放的放射性比蒸汽排放的大得多,液态放射性排放更危险。此外,蒸汽发生器的安全阀带水操作可能造成它们卡在开启的位置上。

(3)与所有的一回路失水事故一样,SGTR 还具有使堆芯冷却不足的风险。

5.6　蒸汽管道破裂事故

蒸汽管道破裂事故除了指蒸汽回路的一根管道(主管道或管嘴)出现实际的破裂所产生的事故以外,还包括蒸汽回路上的一个阀门(安全阀、排放阀或旁路阀)意外打开所导致的事故。

按照破口的大小,蒸汽管道破裂事故可以是属于 2,3 和 4 类事故。如果破口的尺寸小于二回路上的一个阀门打开所构成的破口,那么所有具有这类破口的蒸汽管道破裂事故就是 2 类事故;第 3 类事故是破口尺寸大于二回路上的一个阀门打开所形成的破口,而且不能自动将蒸汽管道隔离;比上面更严重的蒸汽管道破裂事故是第 4 类事故。

蒸汽管道破裂时,由于一、二回路系统之间的耦合关系,对于具有负温度系数的压水

堆来说,这是反应性引入事故的另一种原因。它可从以下四方面影响核电厂的安全:

(1)蒸汽管道破裂增加了蒸汽发生器从反应堆冷却剂系统中取走的热量,而引起一回路冷却剂温度和压力下降。

(2)紧急停堆后,由于一回路冷却剂温度迅速冷却,减少了添加到堆内的负反应性裕度。若慢化剂的负温度系数很大,则堆芯有重返临界的危险。

(3)如果管道破口侧在安全壳内,大量蒸汽的排放会使安全壳升温超压。

(4)如果在事故前蒸汽发生器传热管有破损,一次回路水向二次回路泄漏,裂变产物有释放到堆外环境中去的可能性。

5.6.1　事故描述

当蒸汽管道破裂或者蒸汽发生器释放阀、安全阀误动作,所产生的蒸汽流失大于破口当量直径 15 cm 以上的漏量时,事故的过程大体可以分为以下两个阶段来描述。

第一阶段即蒸汽管道刚破裂或者释放阀、安全阀误动作之初,二回路蒸汽从破口大量流失,蒸汽流量突然增加,二回路系统导出的热量超过反应堆的发热量,一、二回路之间功率失配,使蒸汽发生器出口(即堆芯入口)冷却剂温度下降,通过物理上的反馈效应,反应堆功率自动上升,以维持一次与二次回路系统之间的热量平衡。同时,由于一次回路冷却剂平均温度降低,稳压器内压力和水位也相应下降,当系统参数达到保护整定值时,保护系统立即动作,实现反应堆超功率紧急停堆或稳压器低压停堆,汽轮发电机组也将紧急停机。

第二阶段即停堆、停机之后,在蒸汽管道隔离之前,蒸汽继续从破口流失、蒸汽管道出现低压,一次回路冷却剂平均温度不断下降。由于压水堆具有负温度效应的内在特性,冷却剂温度下降意味着堆内正反应性的持续引入,停堆深度逐渐减小。如果此时又遇上反应性价值最大的一根控制棒组件卡死在堆顶,那么就有可能使停闭后的反应堆重返临界,并且达到一定的功率水平,堆内通量分布还会出现严重的畸变,在局部功率峰值处的元件包壳可能因过热而烧毁。

蒸汽管道发生破裂事故后,为了能及时制止二回路蒸汽的大量流失,防止一回路冷却剂温度的急剧下降,维持反应堆的次临界度,确保最小烧毁比不低于 1.30,采取的主要措施有:

(1)根据蒸汽低压信号,或者稳压器低压与低水位复合信号,启动安全注射系统向堆芯紧急注入 20000 ppm 的浓硼酸溶液,在高浓硼水到达前,堆芯可能已重返临界,但硼水到达后即可降为次临界。

(2)根据蒸汽管道隔离信号,迅速关闭隔离阀,防止正常蒸汽管道内的蒸汽流失。此外,安装在蒸汽发生器出口的限流喷嘴,由于直径远小于蒸汽管道,可限制该蒸汽发生器所在管道发生破裂时的最大蒸汽排放量。

(3)蒸汽发生器二次侧停止供应给水,以防止继续带走一次回路热量。

(4)当蒸汽管道破口在安全壳内时,还要根据安全壳高压保护信号,启动安全注射系统和喷淋系统,以保护反应堆和安全壳的安全。

5.6.2　结果与讨论

图 5-10 是在热态零功率、有外电源、冷却剂满流量、安全壳外蒸汽管道断裂时,冷却剂系统过渡过程和堆内热流密度、反应性变化曲线,从图上可以看出:

(1)反应堆停闭后,由于二次回路蒸汽大量流失,冷却剂平均温度不断下降,慢化剂负温度效应的作用,次临界度逐渐减小,大约在 29 s 反应堆重返临界。

(2)在事故大约 45 s 后 20000 ppm 浓硼酸溶液才到达冷却剂环路,45 s 的延迟时间包括:接收和发出安全注射信号 4 s、打开安全注射管道上的阀门 10 s、消除安全注射管道中留有的 2000 ppm 硼水 31 s。

(3)20000 ppm 浓硼酸溶液在环路内与一次回路系统冷却剂混合后再进入堆芯,混合后的硼水浓度与安全注射系统流量及冷却剂系统流量有关。

(4)事故发生后,由于截止阀能在几秒内快速关闭,使蒸汽从破口的排放量相应地急剧下降。

(5)瞬变中,堆芯功率峰值的热流密度约为额定值的 7.2%。

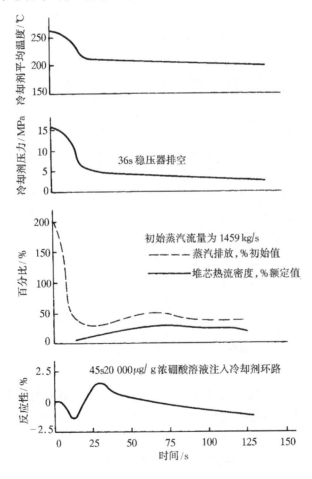

图 5-10　有外电源时,蒸汽管道断裂事故的瞬变

5.7　冷却剂丧失事故

冷却剂丧失事故是指反应堆主回路压力边界产生破口或发生破裂,一部分或大部分冷却剂泄漏的事故。在水堆中即失水事故,简称 LOCA。由于冷却剂丧失事故现象复杂,后果特别严重,因此在反应堆安全分析中处于非常重要的地位。

压水堆一回路系统破裂引起的冷却剂丧失事故有很多种,它们的种类及其可能的后果主要取决于断裂特性,即破口位置和破口尺寸。

最严重的 LOCA 事故应该是堆芯压力容器在堆芯水位以下的灾难性破裂,由于堆芯附近不可能再有冷却水,因此无法防止堆芯熔化和随后的大量放射性物质的释放。事实上,经过精确的计算表明,堆压力容器发生泄漏(或破口)的概率比管道破裂的概率要小几个量级。所以现在依然将双端剪切断裂作为极限设计基准事故。

根据破口大小及物理现象的不同,失水事故通常可分为大破口、中小破口、汽腔小破口、蒸汽发生器传热管破裂等几类来分析。大、中、小破口之间的分界并不是绝对的,一般加以失水事故谱来辅助判断。

鉴于压水堆失水事故喷放过程更为复杂,实现应急堆芯冷却更为困难,为确保失水事故后反应堆的安全,就必须建立更为复杂的模型,进行更为详细的瞬态特性分析和计算,并用一系列的实验来校核计算结果。

5.7.1　简单容器喷放瞬态分析计算

为了说明压水堆主回路系统失水事故瞬变的主要特征和分析计算方法,首先考察如图 5-11 所示的一个充满高温高压水的简单容器的喷放过程。

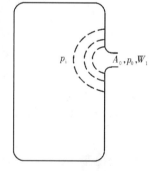

假设容器内压力 p_i,破口面积 A_0,破口处压力 p_0,喷放流量 W_0。由于在喷放过程中流体热力学状态变化很快,不能用不可压缩流体模型。

假设该容器内没有流动阻力,不存在明显的压力梯度,流体处于热平衡状态。在这种情况下,简单容器的瞬态过程可以用质量守恒方程、能量守恒方程和流体的状态方程来描述。

图 5-11　简单容器的喷放

1. 质量和能量守恒方程

如前假设,忽略动能和引力势能的变化,质量和能量守恒方程可以写为:

$$V \frac{\mathrm{d}\bar{\rho}}{\mathrm{d}t} = -W_0 \qquad (5-55)$$

$$V \frac{\mathrm{d}}{\mathrm{d}t}(\bar{\rho}\,\bar{u}) = -h_0 W_0 + Q(t) \qquad (5-56)$$

$$\bar{u} = \bar{h} - \frac{p}{\rho} \qquad (5-57)$$

式中:V 为容器体积;$\bar{\rho}$ 为冷却剂平均密度;$\bar{u}$ 为冷却剂平均比内能;$\bar{h}$ 为冷却剂平均比焓;h_0 为破口入口处冷却剂滞止比焓;p 为容器压力;W_0 为破口冷却剂质量流量;Q 为单位时间传入冷却剂的热量。

将冷却剂平均内能的表示式(5-57)代入式(5-56),则两守恒方程可改写为

$$\frac{\mathrm{d}\bar{\rho}}{\mathrm{d}t} = -\frac{W_0}{V} \tag{5-58}$$

$$\frac{\mathrm{d}\bar{h}}{\mathrm{d}t} = \frac{1}{V\bar{\rho}}\Big[(\bar{h}-h_0)W_0 + V\cdot\frac{\mathrm{d}p}{\mathrm{d}t} + Q(t)\Big] \tag{5-59}$$

假设容器内处于热力学平衡状态,用水蒸汽表可以表示冷却剂比焓与密度和压力的关系:

$$\bar{h} = \bar{h}(\bar{\rho}, p) \tag{5-60}$$

现在已有了式(5-58),(5-59),(5-60)3个方程,但是有5个时间相关未知量,即$\bar{\rho}$, h, p, W_0, h_0,因此还需要附加两个关系式,才能确定事故减压瞬变。如果我们选择适当的相分离模型,则破口内滞止比焓 h_0 可以根据容器内平均比焓、流体密度等已知参数确定。如果容器喷放达到临界状态,则破口流量 W_0 亦可以用容器压力、流体比焓和外界压力等参数表示。有了这5个方程,就可以解出事故喷放瞬态过程。

下面分别讨论相分离和临界流,可得出滞止比焓 h_0 和破口流量 W_0 的表达式。

2. 相分离模型

图5-12给出了三种相分离模型示意图。其中(a)均匀模型;(b)完全分离模型;(c)汽泡上升模型。在其他瞬态分析中还有其他的更复杂的模型。

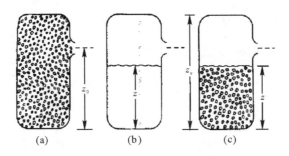

图5-12　相分离模型

(1)均匀模型。很明显,此时

$$h_0 = \bar{h} \tag{5-61}$$

即破口内滞止比焓等于容器内流体平均比焓。在欠热喷放阶段流体为单相,式(5-61)显然是适用的。在两相喷放刚开始的时候,如果时间间隔小于汽泡上升到容器顶部的时间,则相分离效应可以忽略,此时式(5-61)亦可适用。

(2)完全分离模型。这是另一种极端情况。如图5-12(b),汽液两相完全分离。当容器破口面积比较小,即小破口失水事故时,喷放时间大于汽泡上升到顶部的时间,就可以使用完全分离模型。此时滞止比焓由下式确定:

$$h_0 = \begin{cases} h_v(p) & z < z_0 \\ h_l(p) & z > z_0 \end{cases} \tag{5-62}$$

式中:$h_v(p)$ 为 p 压力下饱和蒸汽比焓;$h_l(p)$ 为 p 压力下饱和水比焓;z 为容器内液面高度;z_0 为容器内破口高度。

液面高度 z 可以根据容器总高度 z_v 和容器内汽空间份额 α 表示

$$z = (1-\alpha)z_v \tag{5-63}$$

α 可以用容器内冷却剂平均密度 $\bar{\rho}$ 和压力 p 下的饱和水密度 $\rho_l(p)$、饱和蒸汽密度确定：

$$\alpha = \frac{\rho_l(p) - \bar{\rho}}{\rho_l(p) - \rho_v(p)} \tag{5-64}$$

于是液位高度可以写为

$$z = \frac{[\bar{\rho} - \rho_v(p)]}{[\rho_l(p) - \rho_v(p)]} z_v \tag{5-65}$$

（3）汽泡上升模型。各种状态下的汽泡上升速度已被测定，典型值为 $0.6 \sim 0.9$ m/s。这样，汽泡上升时间和水堆大破口失水事故后饱和喷放时间差不多在同一量级（10 s）。此时既不能用均匀模型，也不能用完全分离模型，可用一种均速汽泡上升模型加以描述。

假设冷却剂急剧蒸发，容器上部已形成蒸汽空间，下部为汽、液均匀混合相。其中汽泡受浮力作用以均匀的速度上升到汽空间。

假设 M_1 为液体总质量；M_{gb} 为液相中汽泡质量；M_{sd} 为汽室中蒸汽质量，则 $M_s = M_{gb} + M_{sd}$ 为总的蒸汽质量，$M = M_1 + M_s$ 为冷却剂总质量。

汽室内的质量平衡方程为

$$\frac{dM_{sd}}{dt} = -\kappa(z_0 - z)W_0 + M_{gb}\frac{v_b}{z} \tag{5-66}$$

$$\kappa(z_0 - z) = \begin{cases} 1, z_0 > z \\ 0, z_0 < z \end{cases}$$

其中 v_b 为汽泡上升速度。

按定义应有

$$M_{sd} = \rho_v(p)(z_v - z)A_v \tag{5-67}$$

$$M_{gb} = [z - (1-\alpha)z_v]\rho V(p)A_v \tag{5-68}$$

代入式（5-66）简化后得

$$\frac{dz}{dt} = -(z - z_v)\frac{d}{dt}\ln\rho_v(p) + \frac{\kappa(z_0 - z)W_0}{\rho_v(p)A_v} - v_b\left[1 - (1-\alpha)\frac{z_v}{z}\right] \tag{5-69}$$

由上式可以得出液面的时间相关解。如果破口在液位以上，排出的是饱和蒸汽；如果破口在液位以下，排出的是液相为主的汽水混合物，其平均比焓为

$$h_0 = \frac{M_{gb}h_v(p) + M_l h_l(p)}{M_{gb} + M_l} \tag{5-70}$$

则此模型中滞止比焓表达式为

$$h_0 = \begin{cases} h_v(p) & z_0 > z \\ \dfrac{(1-\alpha)z_v\rho_l(p)h_l(p) + [z - (1-\alpha)z_v]\rho_v(p)h_v(p)}{(1-\alpha)z_v\rho_l(p) + [z - (1-\alpha)z_v]\rho_v(p)} & z_0 < z \end{cases} \tag{5-71}$$

3. 临界流

在可压缩流体管内系统中、流动往往会出现不受下游工况影响，流量达到最大值的物理现象，一般称之为临界流。这时流体速度达到该处压力和温度下的声速而不再增大，压力也不再降低而达临界状态。这时的临界流量仅与容器内流体状态和破口面积有关，从而可以用容器内流体状态参数确定破口临界流量：

$$W_0 = W_0(h_0, p) \tag{5-72}$$

破口临界流量可以分为单相临界流量和两相临界流量，具体见第 6 章。

4. 时间相关解

根据临界流公式,由 h_0,p 可得到 W_0;根据相分离模型,由 h,ρ 和 p 可确定 h_0。再加上质量守恒方程、能量守恒方程和状态关系式(水蒸汽表),就可以完成简单容器的喷放瞬态计算。一般汽水系统状态关系式非解析形式,可在每个时间步长上迭代解出瞬态变量的时间相关解。

图 5-13 给出了一个简单容器减压瞬变的计算结果,并与实验测量结果作了比较。

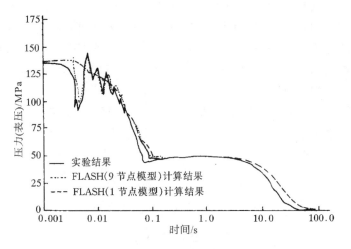

图 5-13　简单容器喷放减压过程图

从图 5-13 可以看出,喷放开始阶段(欠热喷放)是极快速的减压过程。在不到 0.1 s 的时间内系统压力降至初始压力的四分之一。过程中压力曲线的波动是由于减压波以声速向系统内传播,之后又从容器壁面反射回来的结果。第一个脉冲导致超压,有可能造成系统内构件的破坏。9 个节点模型的计算结果与实验结果吻合的相当好。单单节点模型计算中,由于假设整个容器只有一个压力,因此没有压力振荡。

在经过大约 0.1 s 以后,系统进入饱和喷放阶段。此时系统压力大体保持不变。这阶段两种计算模型和实验结果均相一致。在大约 10 s 以后,系统压力进一步下降。

这个简单容器的喷放过程虽然比真实反应堆失水事故喷放过程要简单得多,但它相当准确地描述了轻水反应堆失水事故瞬变的主要特征,还能简便地用实验来校核各种事故瞬态分析模型和计算方法。

5.7.2　大破口失水事故

作为极限设计基准事故的大破口失水事故是指反应堆主冷却剂系统冷管段或热管段出现大孔直至双端剪切断裂同时失去厂外电源的事故。

大破口失水事故中发生的事故序列可以分成四个连续的阶段:喷放、再灌水、再淹没和长期冷却,见图 5-14。

1. 喷放阶段

(1)欠热卸压:在发生假想的大冷却剂管道切断之后,一回路水马上从破口排入安全壳,由于欠热卸压①,使系统压力在几十毫秒内降到流体的最高局部饱和压力。这个猛烈的压力释放具有这样的特点:卸压波穿过一次冷却系统和堆压力容器传播,使堆芯吊篮发生动态形变。

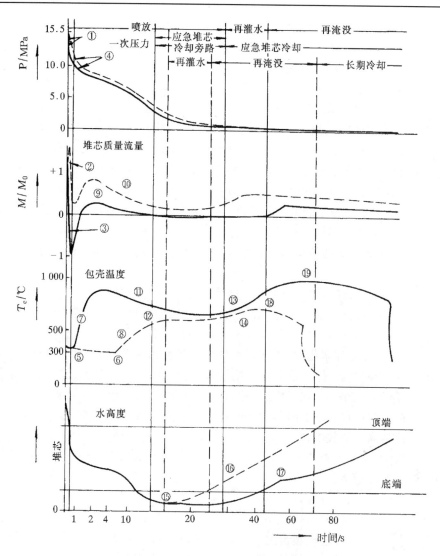

图 5-14　大破口失水事故序列图

在破裂处,将达到一个临界流速,它决定了破口最大质量流量,后者主宰着冷却剂丧失事故的随后过程。

在喷放的最早阶段,即欠热卸压阶段,如果破裂发生在出口管段②,通过堆芯的冷却水流量将加速;如果破裂发生在进口管段③,它将减速。

(2)饱和卸压:在冷却剂压力降到低于局部饱和压力以后,冷却剂开始沸腾;这个过程在进入瞬变后不到 100 ms 时发生,其结果是以一个慢得多的速率继续卸压过程④。沸腾前沿即闪蒸前沿从上部堆芯和上腔室内的最热位置开始,通过整个一次冷却系统传播。

由于轻水堆都有负空泡反应性系数,随着堆芯区域中出现空泡,水慢化剂密度相应减小,就会使裂变过程终止,堆芯功率降至裂变产物的衰变功率水平。对于压水堆法大破口冷却剂丧失事故情况,原则上不需要紧急停堆。

(3)沸腾工况转变:当堆芯里冷却剂开始汽化时,冷却剂的流动状态就从单相流变为两相流。这样,再加上流过堆芯的冷却剂压力和流量同时下降,就会使燃料棒的冷却情况严重恶化:临界热流密度降到最大热流密度之下,发生沸腾工况转变(偏离泡核沸腾)。

在"进口段破裂"的情况下,由于冷却剂流量大大下降、滞止甚至倒流,偏离泡核沸腾都发生得很早,在进入冷却剂丧失事故瞬变后大约 0.5~0.8 s 时就发生⑤。

在"出口段破裂"的情况下,相当大的堆芯流量要延续一段时间,因此偏离泡核沸腾发生要晚得多,要在几秒以后⑥。

(4)第一包壳峰值温度:由于燃料棒排热突然恶化,燃料内的大量贮热就要再分布,使其内部温度分布拉平。这使得包壳温度开始突然上升。

如果在喷放的这个初始阶段燃料棒完全没有排热,同时忽略燃料内部的衰变释热,那么包壳温度将上升到最高理论值,即燃料平均温度大致为 1100~1200 ℃。根据对冷管段双端破裂这种最坏情况的保守计算,期望实际的最高包壳温度不会超过 900 ℃。

在进入冷却剂丧失事故瞬变的几秒内,流过堆芯的有效的冷却剂质量流量主要取决于破口的质量流量和回路部件性状。在出口段破裂的情况下,同在进口段破裂的情况相比,堆芯同破口位置之间的流动阻力要小得多,因而流过堆芯的有效的冷却剂质量流量要大得多(⑨、⑩)。

对于这两种破口情况,由于堆芯质量流量有差别,在冷却剂丧失事故的这个初始阶段排走的总热量也就有差别,这一点明显反映在包壳温度性状的差别上,无论是温度上升的斜率(⑦、⑧),还是所达到的最高温度,两种情况下都不相同。

(5)残留热源和冷却恶化:在冷却剂丧失事故的初始瞬变期间,除了贮热外,还有两个来源的热量必须排走:一个是裂变产物的衰变热,另一个是当包壳温度达到或高于 980 ℃时,锆合金同蒸汽发生化学反应,生成氢和氧化锆,同时产生的热量。

在大破口冷却剂丧失事故的第 1 min 里,所产生的裂变产物衰变热和这段时间内释放的贮热大致是同一个数量级。

当温度为 1100 ℃ 左右或更高时,在 1 min 内金属－水反应所产生的热量,可能与衰变热也是同一个数量级。

因此,由于贮热的再分布,使燃料棒温度拉平,随后的包壳温度性状就主要取决于产生的衰变热同传给冷却剂的热量之间的不平衡,这样一来,在出口段破裂情况下,包壳温度不再上升⑫,而在进口段破裂情况下,包壳温度甚至还稍微下降⑪。然而,由于冷却条件继续恶化,包壳温度最终还是因为裂变产物的衰变所加的热量而上升(⑬,⑭)。

冷却剂不断通过破口从一次系统排入安全壳,使一次系统不断卸压,同时水装量不断减少;最后,堆压力容器里的水位将降到堆芯下端以下⑮。

(6)应急堆芯冷却段:当一次系统压力降到低于应急堆芯冷却系统的安全注射箱内的氮气压力时,应急冷却冷水从安全注射箱通过自动打开的截止阀和相应的注射管路排入一次系统。从而为了补充从破口丧失的冷却剂,就开始了应急堆芯冷却阶段。这在进入冷却剂丧失事故瞬变后大约 10~15 s 时发生,视系统卸压速率和安全注射箱压力而定。

(7)旁通阶段:因为在冷却剂丧失事故瞬变的这个时刻,系统压力相对于安全壳压力来说还是高的,所以破口质量流量还相当大。

在热管段即出口管破裂的情况下,由于通过堆芯继续向上的流动,注入冷管段的辅助冷却剂不受障碍地穿过下降段,到达并且灌满下腔室,最后使水位上升,进入堆芯区,随后使堆芯再淹没⑯。

在冷管段即进口管破裂的情况下,下腔室再灌水大大推迟,其原因主要是下列两个:

——在下降段环形通道中汽和水的逆向流动:在堆芯倒流期间,从堆芯排出的蒸汽与下腔室内水继续蒸发产生的蒸汽一起，通过下降段向上流动，阻碍从冷管段注入的应急冷却水穿过下降段；由于堆压力容器热壁中贮热的释放，造成应急冷却水闪蒸，使这个效应进一步加强。

——安全注射箱应急堆芯冷却剂的旁通：在注入冷管段的应急冷却剂中，很大一部分被下降段环形通道上部周围的完好环路冷管段出来的蒸汽流夹带到破口，并不通过下降段，而直接被带到破口流出。

因此，在冷管段破裂的情况下，必须假设：在应急堆芯冷却系统动作的这个最初阶段，注入冷管段的所有辅助冷却剂都旁通下腔室（"旁通阶段"），直接通过破口离开一次系统，从而大大推迟了下腔室的再灌水⑰。

（8）喷放结束（旁通结束）：当一次系统与安全壳之间的压力达到平衡，破口质量流量变得很小时，喷放阶段就宣告结束。不管破口位置在哪里，这个情况在冷却剂丧失事故瞬变后约 30～40 s 时出现。

在进口段破裂的条件下，只有从破口流出蒸汽流量变得很小时，重力才会开始超过夹带力，应急水才开始穿过下降段向压力容器再灌水。

（9）低压注射系统开动：对于需要应急电源情况的约 30 s 之后，或者当系统压力降到 1 MPa 左右，低压注射系统就投入运行。在一段短时间内，辅助冷却水由安全注射箱和低压注射系统同时提供，一直到安全注射箱排空。只要有要求，低压注射系统就继续注射水，水取自再淹没水箱，最后取自安全壳排水坑。

高压注射系统在大破口冷却剂丧失事故的情况下并不需要。首先因为此时压力降得非常快，安全注射箱和低压注射系统很快就开动，其次因为它的泵的流量小，不会起多大作用。此外，在需要应急电源的情况下，高压注射系统和低压注射系统都要延迟一段时间，该时间由应急电源系统的起动时间所确定。

2. 再灌水阶段

再灌水阶段开始于应急冷却水首先到达压力容器下腔室使水位开始重新回升之时，结束于水位到达堆芯底端之时。

绝热堆芯升温：从安全注射箱开始注入到再灌水结束的整个阶段里，堆芯基本上是裸露的。在充满蒸汽的堆芯中，燃料棒除了靠热辐射和不大的自然对流以外，没有别的冷却。由于衰变热的释放，在这个阶段堆芯温度绝热地上升（⑬，⑭），其上升速率大约为 8～12 ℃/s。如果它们从 800 ℃ 左右开始上升，那么在大约 30～50 s 后就将增到 1100 ℃ 以上，此时锆合金同蒸汽的反应将成为一个可观的附加能源。因此，再灌水阶段是整个冷却剂丧失事故过程中堆芯冷却最差的阶段。喷放结束时的下腔室水位和下腔室再灌水的终点是两个临界参量，决定了这个阶段内可能达到的最高燃料包壳温度。

3. 再淹没阶段

再淹没阶段开始于堆压力容器里的水位达到堆芯底端并开始向堆芯上升的时刻。

（1）第二峰值包壳温度：在应急冷却水进入堆芯的同时，它就被加热，开始沸腾。在堆芯底端以上大约 0.5 m 的地方，由于包壳表面很热，该沸腾过程变得十分强烈，使蒸汽快速向上流过堆芯。这股汽流夹带着相当数量的水滴，它们为堆芯的较热部分提供初始的冷却。随着水位上升，这个冷却效果愈来愈好，包壳温度上升速率逐渐减小，最后，在冷却剂丧失事故瞬变开始后大约 60～80 s，热点的温度开始下降。

(2)骤冷:当包壳温度再次下降得足够多(降到约 350～550 ℃)时,应急冷却水终于再湿包壳表面,并且由于高得多的冷却速率,使温度急剧下降(骤冷)。这个骤冷前沿从顶端和底端两边传向堆芯(在冷管段和热管段联合注入)。当整个堆芯被骤冷,且水位最终升到堆芯顶端时,认为再淹没阶段结束。它大约在冷却剂丧失事故瞬变开始后的 1～2 min 时出现。

(3)蒸汽粘结:堆芯再淹没的过程如上所述。但是在某些情况下,它可能受到不利的影响。在下腔室内(再灌水期间)和在堆芯内(再淹没期间)水位上升的速度取决于驱动力和流动阻力之间的平衡。流动阻力是指堆芯和破口位置之间蒸汽碰到的阻力。因为由下降段同堆芯之间的水位差引起的驱动是有限的,所以蒸汽流动阻力变得重要起来,从而产生了所为"蒸汽粘结"问题。

在出口管破裂的情况下,蒸汽流动阻力比较小,从而蒸汽可以容易地流出堆芯。

但是在进口管破裂的情况下,蒸汽在到达破口这前,必须克服热管段管道、蒸汽发生器和泵的阻力。

在蒸汽流过蒸汽发生器的时候,由于二回路流体又传给它能量,被夹带的水蒸发和蒸汽过热,使蒸汽流的体积大大增加,从而使这个流动阻力进一步增加。在蒸汽发生器和泵之间的 U 型管里面会积聚水,它可能形成另一个附加的蒸汽流动阻力。

在蒸汽发生器与泵之间的管道破裂的情况下,这个蒸汽粘结效应更为显著。因此,蒸汽粘结降低再淹没速率,减少燃料棒同冷却剂之间的传热,延长了再淹没阶段,增加了绝热的包壳温升,产生了更高的第二峰值温度,推迟了温度转回。

4. 长期冷却阶段

在再淹没阶段结束之后,低压注射系统继续运行。当再淹没贮水箱排空时,低压注射系统泵的进口转接到安全壳地坑。迄今为止,供给反应堆的应急冷却水,从一回路作为蒸汽漏出来在安全壳里冷凝之后,大部分最终都汇集到地坑中。在这个阶段里,要保持冷却,保证衰变热的长期散发。对于 3800 MW 热功率的压水堆,这个衰变热在停堆 30 天以后还有 5 MW 左右。

5.7.3　小破口冷却剂丧失事故

压水堆核电厂小破口失水事故(SBLOCA)是指由于反应堆冷却剂系统管道或与之相通的部件小破裂所造成的冷却剂丧失速率超过冷却剂补给系统正常补水能力的冷却剂丧失事故。

在反应堆冷却剂装量减少一类事故中,一般说来,大破口失水事故最为严重,但由于小破口失水事故中一回路降压速率慢、事故过程中可能在高压阶段出现长时间的堆芯裸露而引起燃料元件升温并损坏,因而,事故分析中要求对小破口失水事故也要作出全面而深入的分析。

与大破口失水事故相比,小破口失水事故在物理上有如下特点:

小破口失水事故只有喷放、再淹没和长期堆芯冷却三个阶段,没有再灌水阶段。

小破口失水事故降压速度慢,蒸汽发生器二次侧热阱在事故早期起着重要的排热作用,而大破口失水事故中蒸汽发生器二次侧几乎不起热阱作用。

小破口失水事故降压过程中有一个明显的压力略高于二次侧热阱压力的压力平台,

而大破口失水事故没有。

由于破口位置的不同,小破口失水事故可分为冷段破裂小破口失水事故、热段破裂小破口失水事故和汽腔小破口失水事故三种,一般是冷段破裂小破口失水事故最为严重。汽腔小破口失水事故是指稳压器汽空间之上发生小破裂所致的失水事故和稳压器安全阀或释放阀意外开启所致的失水事故,也称为泄压事故,这种事故由于三里岛而广泛引起人们的重视。

小破口失水事故分析中除对不同破口位置的情况需要分析外,还要求对不同破口尺寸谱进行分析,以找出最危险的极限情况,用该情况的后果来评价核电厂的安全性。

以冷段破口,等效直径为 80 mm 的小破口失水事故为例,典型的 SBLOCA 事故进程可以分为四个阶段(见图 5 - 15)。

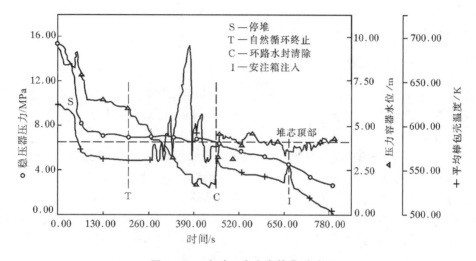

图 5 - 15   小破口失水事故典型过程

第一阶段是环路自然循环维持阶段。在此阶段,由于环路自然循环存在,堆芯释能及时经蒸汽发生器排出,一回路降压较快,蒸汽发生器在此阶段起着重要的热阱作用。该阶段的压力容器水位下降主要由破口冷却剂过冷排放所致。

第二阶段是环路水封存在阶段。在此阶段,由于环路自然循环终止及环路水封的出现,蒸汽发生器排热受阻,堆芯衰变热主要靠蒸汽发生器传热管的蒸汽回流冷凝及堆内的冷却剂向从破口排放来带出。由于这两种方式的排热率较低,不足以及时除去堆芯衰变热,因而堆芯冷却剂大量蒸发,蒸汽在上腔室的积聚迫使压力容器水位快速降低,进而引起堆芯裸露及燃料包壳升温。该阶段是事故的主要阶段,一回路处于准稳压状态(即处于压力平台),堆芯出现裸露,燃料包壳急剧升温。该阶段中,蒸汽发生器二次侧热阱仍然起着重要作用,蒸汽发生器的回流冷凝在较大程度上限制了事故的后果。

第三阶段是环路水封清除阶段。在此阶段,由于环路水封的清除,积聚在上腔室的蒸汽可经环路从破口喷出,上腔室的压力降低,压力再平衡迫使下行段中的冷却剂及高压安注水涌入堆芯,堆芯水位得到恢复,燃料包壳得到冷却。该阶段堆芯衰变热主要靠堆芯冷却剂蒸发并从破口的排放而带出。由于蒸汽排热率高,堆芯衰变热能及时从破口排出,一回路降压恢复。由于冷却剂蒸发及破口排放仍然存在,冷却剂装量没有明显回升,堆芯再次裸露的可能性仍存在。

第四阶段是长期堆芯冷却阶段。在此阶段,由于高压安注流量的增加和安注箱的投入,一回路冷却剂装量明显回升,堆芯水位也整体回升。安注箱排空后,低压安注系统将投入注水并切换成再循环工况实现长期堆芯冷却。

5.8　未紧急停堆的预期瞬态(ATWS)

未紧急停堆的预期瞬态(ATWS)是指没有紧急停堆或机组跳闸的预期瞬态,在这些瞬态中,虽然一回路或二回路参数超过了保护定值,但控制棒组件未插入堆芯。

ATWS的事故发生概率等于紧急停堆发生故障的概率和未紧急停堆时有明显后果的事故瞬态频率的乘积。可能导致比较严重后果的起因事件有:失去主给水、汽轮机停机、失去交流电源、失去凝汽器真空、控制棒组意外抽出和稳压器卸压阀意外开启等。其中以主给水丧失引发的ATWS最具代表性。

5.8.1　完全失去蒸汽发生器正常给水

假设在一开始就完全失去了蒸汽发生器的正常给水。在瞬态过程中发生的一系列紧急停堆信号没有被考虑,而假设依然出现汽机脱扣和按温度调节方式旁路阀打开到50%的开度。

在瞬态期间,由于失去正常给水,蒸汽发生器内水的质量下降。最初,一回路与二回路之间传热效率没有明显下降。因而,一回路的温度基本保持恒定不变。

接着,汽机脱扣导致蒸汽流量暂时下降,从而导致蒸汽发生器所吸收的功率下降,这就引起了蒸汽发生器出口的一回路水温上升,并因此堆芯出口水温上升。考虑到慢化剂的负温度系数,堆芯水温上升就引起核功率下降,一回路压力上升。接近35 s时,稳压器安全阀打开。将近40 s,蒸汽发生器的安全阀打开(图5-16),于是,通过蒸汽发生器导出的功率回升,从而出现一回路温度和核功率的准稳态。

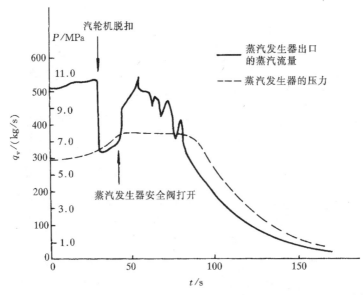

图5-16　失去正常给水后蒸汽发生器出口蒸汽流量和蒸汽发生器压力的变化

事故开始以后,蒸汽发生器内水的总量下降,当蒸汽发生器内只有 5 t 左右的水时,一回路—二回路传热效率突然下降,导出的功率迅速下降和一回路温度剧烈上升。由于一回路温度的这种剧烈上升使得堆芯功率严重下降。

在堆芯产生的核功率与蒸汽发生器吸收的功率之差达到最大值即将近 110 s,出现一回路压力峰值(图 5-17)。于是,稳压器充满了水,并且有大量的汽水混合物或水通过安全阀排出。

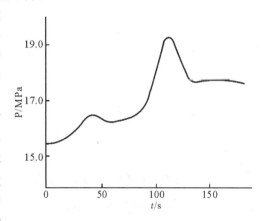

图 5-17　失去正常给水后稳压器压力的变化

核功率稳定在 8% P_n 左右,它相当于辅助给水系统流量汽化所需要的功率。由于一回路温度上升,反应性逐渐下降,一直降到其值等于 -700×10^{-5} $\delta k/k$,然后,在多普勒效应的影响(核功率下降)和慢化剂温度系数的影响相互抵消之前,反应性变为正值。实际上,由于失去蒸汽发生器正常给水而使得一回路平均温度开始上升,然后由于功率下降使平均温度也下降。

最后,由于失去蒸汽发生器正常给水和主泵停运的联合影响而使一回路温度上升,它将稳定在 330 ℃左右。关于一回路流量,它将稳定在额定流量的 8%左右,这是温差环流流量数值。

稳压器和一回路的压力变化过程以及稳压器内水的体积变化过程是,将近 60 s 时,稳压器充满水,将近 200 s 时,一回路平均温度开始下降,由于一回路温度下降使得稳压器恢复了正常水位。

5.8.2　完全失去外电源

完全失去外电源事故表现为主泵和给水泵停运后,一回路流量迅速下降(图 5-18)并且堆芯的剩余功率通过各环路中建立的自然循环方式导出。一回路流量降低引起一回路平均温度升高(图 5-19),因而造成烧毁比(DNBR)下降和一回路压力上升(图 5-20),通过打开稳压器的安全阀可以将一回路压力峰值限制在 17.0 MPa。

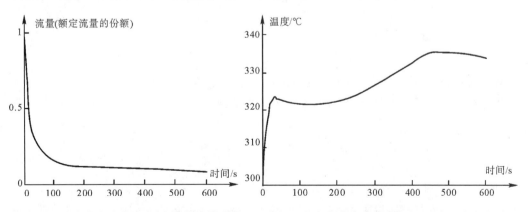

图 5-18　完全失去外电源:压力容器中的流量　　图 5-19　完全失去外电源:一回路平均温度

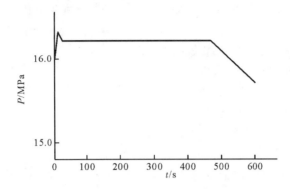

图 5 - 20　完全失去外电源:稳压器的压力

5.8.3　稳压器卸压阀意外打开

该事故导致一回路压力下降(图 5 - 21)。当堆芯顶部达到饱和状态时(37 s),压力下降速度就慢下来,在这以前,由慢化剂效应引起的功率下降通过调节棒组的自动提棒而得到补偿并且核功率几乎保持恒定不变。然后,慢化剂的密度下降,从而中子通量密度下降。一回路温度也下降。但是,由于一回路压力降低,使得稳压器的水位上升。烧毁比(DNBR)的最小值是在 38 s 达到的,等于 1.43。

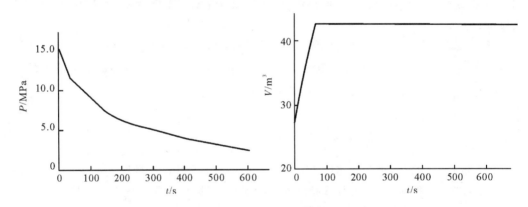

图 5 - 21　稳压器卸压阀意外打开:稳压器的压力和水的体积

习　题

1. 我国《核电厂设计安全规定》定义的电厂状态分几类,各代表什么含义?

2. 用单组缓发中子模型(忽略源项),在下列条件下计算并画出 $n(t)$ 图:

$$\rho = \begin{cases} 0 & t < 0 \\ 0.5\beta & 0 \leqslant t < 10 \text{ s} \\ \beta & t \geqslant 10 \text{ s} \end{cases}$$

(假定 $n(0)=1, \beta/l=10 \text{ s}^{-1}, \lambda=0.1 \text{ s}^{-1}$)

3. 反应堆从临界状态阶段引入 2β 反应性,初始功率为 $100 \text{ kW}, l=10^{-4} \text{ s}$,试求阶跃变化 1 s 时所释放的能量。

4. 某压水堆为双环路,已知:

$$\left(\frac{L}{A}\right)_c = 15(1/m), \left(\frac{L}{A}\right)_l = 300(1/m), \Delta pc = 0.343 \text{ MPa}, \frac{\kappa_l}{\kappa_c} = 10,$$

$$W_0 = 5 \times 10^7 \text{ kg/h}, \rho = 800 \text{ kg/m}^3$$

假设 $t=0$ 时刻,两台主泵同时断电,忽略自然对流作用,试计算流量下降到初始值一半所需的时间。

(a)忽略主泵惯性;

(b)主泵半时间 $t_p=8$ s。

5. 某压水堆在失流事故后建立稳定的自然循环。假设流动为层流,$\kappa = \dfrac{C}{W_\infty}$,其中 C 为常数,试推导这种情况下平衡流量 W_∞ 和冷却剂温升 ΔT_c 的表达式。

6. SGTR 事故和小破口失水事故的主要现象差别有哪些?

7. 定性说明压水堆在发生冷段和热段双端剪切断裂事故后,系统压力、堆芯流量、堆芯液位和包壳温度的变化规律及其原因。

8. 为什么要考虑 ATWS 事故?

参考文献

[1] Lewis E E. Nuclear Power Reactor Safety[M]. John Wiley & Sons Inc., 1977.

[2] 朱继洲主编. 核反应堆安全分析[M]. 北京:原子能出版社,1988.

[3] 朱继洲主编. 核反应堆安全分析[M]. 西安:西安交通大学出版社,2000.

第6章
核电厂的严重事故

核电厂严重事故是指核反应堆堆芯大面积燃料包壳失效,威胁或破坏核电厂压力容器或安全壳的完整性,并引发放射性物质泄漏的一系列过程。一般来说,核反应堆的严重事故可以分为两大类:一类为堆芯熔化事故(CMAs),另一类为堆芯解体事故(CDAs)。堆芯熔化事故是由于堆芯冷却不充分,引起堆芯裸露,升温和熔化的过程,其发展较为缓慢,时间尺度为小时量级。堆芯解体事故是由于快速引入巨大的反应性,引起功率陡涨和燃料碎裂的过程,其发展非常迅速,时间尺度为秒量级。美国三里岛核电厂事故、日本福岛核事故和前苏联切尔诺贝利核电厂事故分别是这两类事故的实例。由于压水堆固有的负反应性温度反馈特性和设置了专设安全设施,堆芯解体事故发生在压水堆中的可能性极小。

本章着重分析压水堆的严重事故,内容包括压水堆严重事故的过程及现象和严重事故的管理。另外,对美国三里岛、前苏联切尔诺贝利及日本福岛核电厂严重事故也将予以介绍。

6.1 严重事故过程和现象

压水堆的堆芯熔化过程大体上可以分为高压熔堆和低压熔堆两大类。

低压熔堆过程以快速卸压的大、中破口失水事故为先导,若应急堆芯冷却系统的注射功能或再循环功能失效,不久堆芯开始裸露和熔化,锆合金包壳与水蒸汽反应产生大量的氢气。堆芯水位下降到下栅格板下,堆芯支撑结构失效,熔融堆芯跌入下腔室水中,产生大量蒸汽。以后压力容器在低压下($p<3.0$ MPa)熔穿,熔融堆芯落入堆坑,开始烧蚀地基混凝土,向安全壳内释放出 H_2,CO_2,CO 等不凝结气体。此后安全壳失效有两种可能:安全壳因不凝结气体聚集持续晚期超压(事故后 3~5 天)导致破裂或贯穿件失效,或者熔融堆芯烧穿安全壳筏基。

高压熔堆过程往往以堆芯冷却不足为先导事件,其中主要是丧失二次热阱事件,小小破口失水事故也属于这一类。

与低压熔堆过程相比,高压熔堆过程有如下特点:

(1)堆芯熔化过程进展相对较慢,约为小时量级,因而有比较充裕的干预时间;

(2)燃料损伤过程是随堆芯水位缓慢下降而逐步发展的,对于裂变产物的释放而言,高压过程是"湿环境",气溶胶离开压力容器前有比较明显的水洗效果;

(3)压力容器下封头失效时刻的压力差,使高压过程后堆芯熔融物的分布范围比低压过程的更大,并有可能造成安全壳内大气的直接加热。因而,高压熔堆过程具有更大的潜在威胁。

对于压水堆严重事故发展过程可以用图 6-1 来加以描述,图中描述的(事件)次序假设了安全系统的基本故障,它们应被作为极端上限情况而不是作为预计事故而加以识别,在以下的章节中就压水堆严重事故中的一些主要过程加以描述。

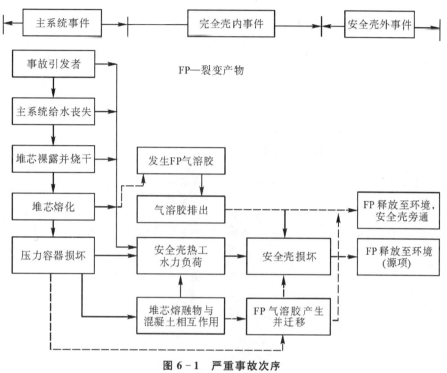

图 6-1　严重事故次序
热工水力过程用实线表示;裂变产物气溶胶用虚线表示

6.2　堆芯熔化过程

6.2.1　堆芯加热

在压水堆的 LOCA 事故期间,如果冷却剂丧失并导致堆芯裸露,燃料元件出于冷却不足而过热并发生熔化。当主冷却剂系统管道发生破裂时,高压将迫使流体流出反应堆压力容器,这种过程通常称为喷放(blow down)。

对大破口来说,喷放过程非常迅速,只要 1 分多钟,堆芯就将裸露。在大多数设计基准事故(DBA)的计算中,重要的问题是,在堆芯温度处于极度危险之前应急堆芯冷却系统(ECCS)是否要再淹没堆芯。对于小破口来说,喷放是很慢的,并且喷放将伴随有水的蒸干。在瞬态过程中(例如全厂断电),蒸干和通过泄压阀的蒸汽释放将导致冷却剂装量的损失。

在堆芯裸露后,燃料中的衰变热将引起燃料元件温度上升,图 6-2 给出了大破口事故工况下燃料元件温度随时间的变化关系。由于燃料元件与蒸汽之间的传热性能较差,此时燃料元件的温度上升较快,如果主系统压力较低,这时由于燃料棒内气体的压力上升会导致包壳肿胀。包壳肿胀会导致燃料元件之间冷却剂流道的阻塞,这将进一步恶化燃料元件的冷却。在这种情况下,堆芯和堆内构件之间的辐射换热成为冷却堆芯的主要传热机理。表 6-1 列出了关系到压水堆安全的燃料和包壳温度水准。

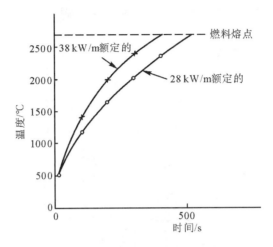

图 6-2　PWR 燃料(17×17)的绝热加热

表 6-1　关系到压水堆安全的燃料和包壳温度水准

温度(K)	现象
3120	UO_2 熔化
2960	ZrO_2 熔化
2900	UO_{2+x}熔化
2810	$(U,Zr)O_2$液态陶瓷相的形成
2720	UO_2,Zr 和 ZrO_2 低共熔混合物熔点
2695	$(U,Zr)O_2/Fe_3O_4$ 陶瓷相估计熔点
2670	$\alpha-Zr(O)/UO_2$ 和 U/UO_2 偏晶体的形成
2625	B_4C 的熔化
2550~2770	压水堆中最大的运行 UO_2 中心线温度
2245	$\alpha-Zr(O)$ 熔化
2170	$\alpha-Zr(O)/UO_2$ 低共熔物的形成,UO_2 和熔化的锆合金相互作用开始
2030	锆-4 的熔化
1720	不锈钢熔化
1650	因科镍熔化
1573	Fe-Zr 低共熔物
1523	$Zr-H_2O$ 反应发热率与衰变发热率可能成为可以比较的
1500	因科镍/锆合金液化,由于低共熔物的形成首先呈现出可视液体,然后由 H_2O 引起锆合金氧化的快速开始,导致不可控温度的逐步升高

温度(K)	现象
1477	UN—NRC ECCS 可接受标准,为防止极度脆化的温度限值
1425	B_4C—Fe 低共熔点
1400	UO_2—锆合金相互作用导致液体的形成
1273~1373	Zr—H_2O 反应成为明显的热源
1223	燃料包壳开始穿孔
1073	银—铟—镉熔化
1020~1070	包壳开始肿胀,控制棒内侧合金的起始熔点
970~1020	硼硅酸盐玻璃(可燃毒物)开始软化
920	冷工作的锆合金瞬间退火
568~623	包壳的正常运行温度

如果燃料温度持续上升并超过 1300 K,则锆合金包壳开始与水或水蒸汽相互作用,引发一种强烈的放热氧化反应:

$$Zr + 2H_2O = ZrO_2 + 2H_2 \tag{6-1}$$

并伴随有能量释放:

$$\Delta H = 6.774 \times 10^6 - 244.9T \tag{6-2}$$

式中:ΔH 为 1 kg 的 Zr 发生氧化反应所释放的能量,J/kg;T 为温度,K。

氧分子扩散穿过 ZrO_2 涂层的反应率具有一种典型的抛物线温度函数关系,在大约 1650 K 时快速增加,这与涂层中氧化物裂解的规模和随后增大的氧化扩散有关,并与 ZrO_2 的四方晶相转换至立方晶相的临界点有关。

6.2.2　堆芯熔化

当燃料温度继续增加到大约 1400 K 时,堆芯材料开始熔化。熔化的过程非常复杂,且发生很快,熔化的次序可以用图 6 - 3 来概述。如图 6 - 3(a)所示,当燃料棒熔化的微滴和熔流初步形成时,它们将在熔化部位较低的范围内固化,并引起流道的流通面积减少。随着熔化过程的进一步发展,部分燃料棒之间的流道将会被阻塞,如图 6 - 3(b)所示。流道的阻塞加剧了燃料元件冷却的不足,同时由于燃料本身仍然产生衰变热,在堆芯有可能出现局部熔透的现象,如图 6 - 3(c)所示,这之后,熔化的燃料元件的上部分将会倒塌,堆芯熔化区域不断扩大,如图 6 - 3(d)所示。熔化材料的大部分最终将达到底部堆芯支撑板,并将在那里停留一段时间,直到堆芯支撑板也被破坏。如图 6 - 3 所示,尽管压力容器内的上部存在着高温,压力容器的下部仍可能保留有一定水位的水。

在堆芯温度增加的过程中,各种堆芯材料中的相互作用涉及到许多冶金学现象(见表 6 - 1),堆芯材料有锆加不锈钢和铟科镍定位格架、B_4C/Al_2O_3 可燃毒物棒加锆、锆包壳中的 Al_2O_3、ZrO_2 和 UO_2。从总体上看,在堆芯损坏进程期间与燃料有关的主要过程包括 3 种不同的重新定位机理:

(1)熔化的材料沿棒的外表面的蜡烛状流动(candling)和再固化;

(2)在先固化的燃料芯基体硬壳上和破碎的堆芯材料上形成一个碎片床;

(3)在硬壳中的熔化材料形成熔坑,随后硬壳破裂,堆芯熔融物落入下部堆坑。

当包壳的温度达 1473～1673 K 时,控制棒、可燃毒物棒和结构材料会形成一种相对低温的液相。这些液化的材料可以重新定位并形成局部肿胀,导致堵塞流道面积,从而引发堆芯的加速加热。当温度在 2033～2273 K 之间,如果锆合金包壳没有被氧化,那么它将在约 2030 K 时熔化并沿燃料棒向下重新定位;如果在包壳外表面已形成一种明显的氧化层,那么任何熔化的锆合金的重新定位将可被防止,这是因为氧化层可保留固体状态直到堆芯达到更高的温度(ZrO_2 的熔点为 2973 K),或直到氧化层的机械破坏,或直到氧化层被熔化的锆合金溶解为止。当温度在 2879～3123 K 时,UO_2、ZrO_2 和(U,Zr)O_2 固态溶液将开始熔化。

当温度高于 3000 K 时,ZrO_2 和 UO_2 层将熔化,所形成的含有更高氧化浓度的低共熔混合物能溶解其他与之接触的氧化物和金属。在此工况下,堆芯内蒸汽的产生量对堆芯材料的氧化速率起决定性的作用。上述的重新定位机理明显地涉及到一种全面的堆芯几何结构变形,堆芯下部范围中流道面积的减少限制了堆芯通道中冷却剂的流量,这将导致蒸汽流量的不足。在全面积堵塞的情况下,由于没有蒸汽,H_2 也就不产生。值得说明,从高温堆芯范围内消除金属的锆合金这种重新定位机理,对限制温度逐步升高是有效的,其次对自动催化氧化而快速产生 H_2 的限制也是有效的。随着 Zr 的液化和重新定位,堆积的燃料芯块得不到支撑而可能塌落,并在堆芯较低的位置形成一个碎片床。在这种情况下,UO_2 由于 α-Zr(O)在晶粒边界的形成而可能破碎,形成一种多孔碎片床。

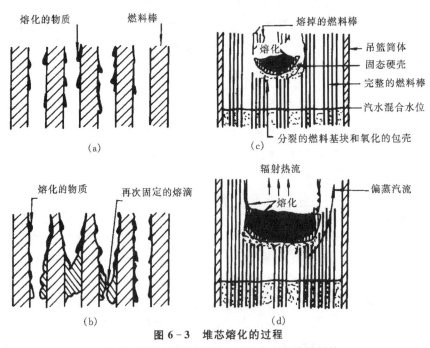

图 6-3 堆芯熔化的过程

(a)熔化的微滴和熔流开始向下流向完整的燃料棒;

(b)在燃料棒较冷部形成局部堵塞。熔化坑形成并增大;

(c)一个小熔化坑形成;

(d)熔坑径向和轴向增大。

堆芯熔融物的下落和碎片床的形成将进一步改变先前重新定位后堆芯材料的传热和流体特性,而将终止在上腔室和损坏的上部堆芯范围之间由自然循环引起功率的导出。从这种状态开始,在沿棒束的空隙中,由先前熔化物构成的一层硬壳(根据第一次重新定位机理,锆和燃料液化、流下和固定)被一种陶瓷颗粒层覆盖,而陶瓷颗粒层由上部堆芯范围的倒塌所形成(第二次重新定位机理),还存在着能导致熔化物落入下腔室(第三次重新定位机理),从而对压力容器的完整性构成严重的威胁。

6.3　压力容器内的过程

当堆芯熔化过程发展到一定的程度,熔融的堆芯熔化物将落入压力容器的下腔室,在此过程中,也有可能发生倒塌现象,这样堆内固态的物质将直接落入下腔室。熔融的堆芯熔化物在下落的过程中,若堆芯熔化速度较慢,首先形成碎片坑,然后以喷射状下落(TMI 事故就是这类事故的实例);若堆芯熔化速度较快,堆芯的熔融物将有可能以雨状下落。在前一种形式下,由堆芯的熔融物与下腔室中的水或压力容器内壁接触的部位较为单一,而且热容量较大。相对后一种过程来说,事故发展的激烈程度和后果将较大。若在压力容器的下腔室留存有一定的水,在堆芯熔融物的下降过程中将会有可能发生蒸汽爆炸。若堆芯的熔融物在下降过程中首先直接接触压力容器的内壁,将发生消融现象,这将对压力容器的完整性构成极大的威胁。一旦堆芯的熔融物大部分或全部落入下腔室,下腔室中可能存在的水将很快被蒸干,这时堆芯的熔融物与压力容器的相互作用是一个非常复杂的传质传热过程,是否能有效冷却下腔室中的堆芯熔融物将直接影响到压力容器的完整性。

6.3.1　碎片的重新定位

由于裂变产物衰变产生的功率和基本上由重新定位物氧化产生的化学能,堆芯碎片将会继续加热,直到结块的内部部分熔化,所形成的一种熔化物坑由固态低共熔颗粒层支撑,并由具有较高熔化温度物质组成的硬壳覆盖。随着熔融物在下腔室中流动,熔坑可能增长,低共熔物逐渐被融化,直至由于坑的机械应力和热应力的作用而断裂。另一方面,熔坑上部的覆盖层可能由于热应力作用而裂开,并且落入熔坑内。在这种情况下,重新定位机理与下腔室中熔落物坑的溢出有关。图 6-4 给出了堆芯倒塌后堆芯碎片在压力容器下腔室中的情况。

堆芯碎片进入压力容器下腔室的重新定位过程中,大份额的堆芯材料与下腔室中剩余水的相互混合,这种相互作用将是附加热、蒸汽以及随后的氢气(来自锆氧化和其他金属与水的化学反应)的一个重要来源。

在堆芯碎片重新定位中所涉及的几种主要现象有:

(1)堆芯碎片-水的相互作用和主系统压力的增加:可能发生的爆炸、熔融燃料和水在压力容器下腔室的相互作用将引发燃料分散成很小的颗粒,这些小颗粒在压力容器下腔室形成一个碎片床,同时,由于大量的冷却剂蒸发,将导致主系统压力的上升。

(2)堆芯碎片-压力容器下封头贯穿件的相互作用:堆芯熔融物可能首先熔化贯穿管道与压力容器的焊接部位,而导致压力容器失效。

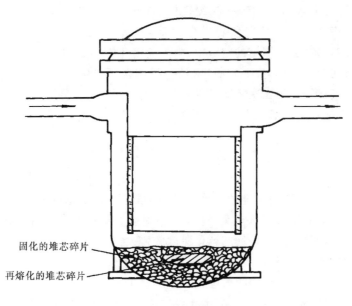

固化的堆芯碎片

再熔化的堆芯碎片

图 6-4　碎片的重新定位

（3）下腔室中堆芯床的冷却：下腔室中碎片床的冷却特性取决于碎片床的结构（碎片床的几何形状、颗粒大小、孔隙率以及空间分布特性等）及连续对压力容器的供水能力。在碎片床的冷却过程中，将伴随着一定的放射性物质进入到安全壳中。如果碎片床能被冷却，事故将会终止。

如果不能冷却燃料碎片，这些燃料碎片将在压力容器下腔室中再熔化，并形成一个熔融池，这将引起压力容器下封头局部熔化。压力容器下封头被熔穿后，熔化的燃料将进入压力容器下面的堆坑。若堆坑内充满水，就有可能发生压力容器外蒸汽爆炸。这种可能的蒸汽爆炸会严重损坏安全壳厂房。与此同时，也可能形成另一些碎片床，并散布在整个安全壳的地面上，如果能提供足够的水，这些碎片床是可以被冷却的。

6.3.2　熔落的燃料与冷却剂的相互作用和蒸汽爆炸

当一种液体进入与其他液体接触，并且第一种液体所具有的温度比第二种液体的沸腾温度高时，第二种液体作为第一种液体的冷却物可能发生快速蒸发。在某些情况下，这种快速蒸发可能引发一种爆炸。蒸汽爆炸是一种声波压力脉冲，由快速传热引起。在压水堆发生严重事故时，当熔化的堆芯物质进入与水接触时就可能发生这种快速传热。

在压水堆的严重事故过程中，有可能发生压力容器内和压力容器外两种典型的蒸汽爆炸。

压力容器内蒸汽爆炸假定在高压下由熔化的堆芯碎片滴落进下腔室中剩余的饱和水中引起的。如果爆炸强度足够，这将推动金属块或飞射物冲破压力容器并进而冲破安全壳。这类爆炸在 WASH-1400 中被假设为早期安全壳故障的一种可能的来源。然而，在小破口 LOCA 事故中，剩余的冷却剂水必须是饱和的，并且在饱和水中的蒸汽爆炸是不可能强烈的。这就可以合理地假定：强烈的压力容器内蒸汽爆炸冲破安全壳的可能性是非常小的，并可以忽略不计。

按照蒸汽爆炸的结论,在压力容器下封头中的一种高压冲击波瞬间传进冷却剂,将加速冷却剂中未蒸发的滴液运动,接着冲击压力容器的上封头并可能引起压力容器失效。一种很可能的故障形式将是小质量的飞射物的爆炸喷射,例如控制棒驱动机构的爆炸喷射。压水堆装有一种屏蔽以保留这种飞射物,并使飞射物不能到达安全壳内壁。用这种屏蔽,并在蒸汽爆炸发生概率极低的情况下,由于这种机理引起的安全壳故障被认为是不可能的。

在压水堆的风险评价中,关于蒸汽爆炸的影响一直是一个争论的课题,并且在目前不能做出最终判定。1985 年,蒸汽爆炸评定小组(SERG)得出的结论是:这类事件发生的概率极低,可以忽略不计。

压力容器外的蒸汽爆炸假定是由熔化的堆芯碎片滴落进安全壳堆坑的水中引起的。压力容器外蒸汽爆炸多半会发生,并可能大范围散布碎片,但它产生能损坏安全壳的飞射物的可能性极小。在此过程中产生的大量的蒸汽有可能引发安全壳超压而失效。

在低压下压力容器外的蒸汽爆炸由三个阶段组成。熔融的燃料初始是在冷却剂水池之上,见图 6-5(a),接着落入水池,随着大的熔化的燃料单元的分散,在燃料和冷却剂之间产生粗粒的混合物,如图 6-5(b)所示,这些大单元的直径可达 1 cm。它们对水的传热相当缓慢,这时因为在交界面的主要传热方式为一种膜状沸腾,而且膜中还带有不凝结气体。

第二个阶段为冲击波触发(triggering)阶段,这个阶段常常假设发生在压力容器的内表面,如图 6-5(c)。一个压力脉冲带着燃料和水进入邻近液—液接触(面),快速传热开始,随着更多的燃料破裂,更高压力的蒸汽产生,强烈的传热过程迅速升级,接着这种冲击波穿过粗粒的燃料-冷却剂混合物,并把燃料破碎成小的单元,这些小单元可以把它们储存的能量迅速地传递给冷却剂。这种能量释放增强了冲击波,冲击波在爆炸的过程中通过混合物连续增强(如图 6-5(d),然后高压蒸汽沿周向扩散,并把热能转化成机械能。

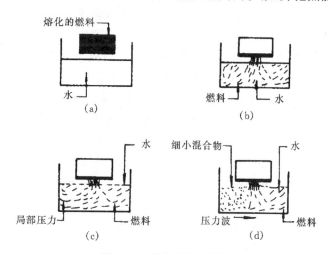

图 6-5　蒸汽爆炸的阶段

(a)初始条件:熔化的燃料和冷却剂分开着;

(b)阶段Ⅰ:粗粒的混合物;慢的传热;无压力增加;

(c)阶段Ⅱ:触发过程;局部压力等来自冲撞或俘获;

(d)阶段Ⅲ:增强;压力波非常迅速地碎裂燃料;

从细小碎片传热非常迅速

熔融燃料储存的能量只要一释放进入冷却剂水池,就有一部分转化成冲击波能。这种转换的量值对于考虑总冲击波对反应堆系统的影响显然是非常重要的。实验研究表明,从燃料中储存的能量转换成爆炸能的转换系数约为 2%。如果一座压水堆中所有的燃料都参与这种假想的反应,那么所形成的爆炸等效于 100 kgTNT 的威力。

6.3.3 下封头损坏模型

在压水堆的严重事故过程中,下封头故障的模型和时限(timing)对随后的现象和源项分析有着重要的影响。在对下封头故障分析中,温度场起着确定性的作用。

为了确定从碎片至下封头底部容器壁的热流密度,对温度场的计算至少需要一种二维处理。如果碎片是固态的,那么可利用瞬态的热传导方程进行计算;如果不是,则需要用液态范围的自然对流模型进行计算。只要确定了热流密度,就能解用于容器壁中温度分布的瞬态热传导方程。

各种损坏模型的基本特性如下:

(1)喷射冲击:由喷射冲击引起的消融是一种压力容器损坏的势能。高温喷射对钢结构侵蚀的特点是在冲击停滞点上有快速消融率。这种现象是早期反应堆压力容器损坏的一种潜在因素。

(2)下封头贯穿件的堵塞和损坏:堆芯碎片将首先破坏下封头的贯穿件管道。如果堆芯熔融物的温度足够高,那么在该管道壁可能发生熔化或蠕变断裂。来自 TMI-2 的数据表明,管壁损坏发生在仪表管道上,并且许多管子被碎片堵塞。

(3)下封头贯穿件的喷出物:堆芯熔化破坏贯穿件管子,并且碎片积累的持续不断的加热可能引发管道贯穿件焊接处的损坏。考虑到碳钢(下封头)和铟科镍的热膨胀系数,系统压力也可能会超过管子和压力容器封头之间的约束应力。

(4)球形蠕变断裂:在压水堆中,堆芯碎片和压力容器壁之间的直接接触引发对下封头的快速加热。加热和由提升系统压力和/或堆芯碎片重量引起的应力可能导致球形蠕变断裂,并使下封头发生故障。压力容器壁的平均温升是相当慢的,并且还取决于碎片的外形和可冷却率。导致压力容器损坏的时间取决于系统应力、压力容器壁厚、堆芯碎片的显热和衰变热以及堆芯碎片与压力容器壁之间的接触。

压力容器热响应的评估需要物理数据,如碎片的颗粒尺寸、构造、成分、几何形状以及温度等初始条件。图 6-6 表明了不同边界碎片床的外形,对(a)所示的这种外形而言,一层多孔的碎片被假定沉积在压力容器封头上,碎片颗粒之间的空隙被假定由熔化的控制棒物质(如银-铟-镉混合物)充填,形成一种紧靠压力容器的金属/陶瓷材料的固化层(零孔隙度)。这种固化层被假定把热传给压力容器壁比陶瓷材料更有效。多孔的碎片假定被支撑在上部结壳的集结区域上,多孔区域假定为 80%UO_2 和 20%Zr(重量比)的混合物。

图 6-6(b)中所示的外形假定由一个来自压力容器的多孔碎片床组成,该碎片床由一个固化的控制棒材料构成,它被假定先于主要堆芯重新定位事件已重新定位并固化。这种碎片层起着热阱和额外热阻的作用,阻止热从碎片传至压力容器壁。图 6-6(c)所示的外形表示一种过渡外形。

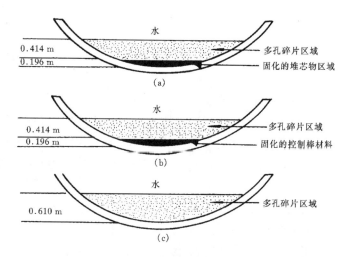

图 6-6　用于估算压力容器热响应曲线的碎片外形模型

二维、有限元、瞬态热导和热对流程序 COUPLE—FLUID 已由 EG&G 公司用来模拟下封头的热行为和径向/轴向中重新定位的堆芯材料。该程序利用 Galerkin 方法解二维能量迁移问题。上述的碎片外形的压力容器壁内侧和外侧温度的计算结果显示在图 6-7 中。

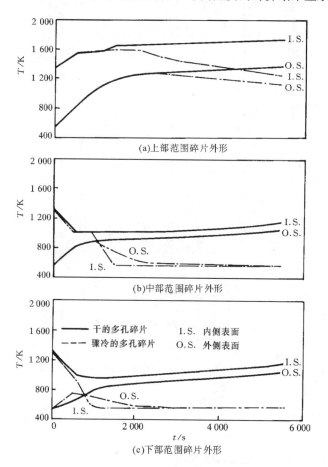

图 6-7　计算的压力容器壁径向温度

6.3.4　自然循环

在严重事故期间,自然循环已被视为压水堆中的一个重要现象,尤其是当主泵维持着高压时更是如此。

当燃料熔化并开始阻塞冷却剂流道后,由于反应堆堆芯中的径向功率梯度,中心堆芯范围中的过热蒸汽比堆芯外围的蒸汽要热得多和轻得多。密度梯度形成压力容器内的自然循环流动(见图6-8)。高密度蒸汽往往引起向下流,并向上返回堆芯中部。替代较热的上升蒸汽,上升的蒸汽在上腔室内快速返至外侧,并通过把热传给结构物而成为较冷的蒸汽。

自然对流一方面使堆芯的温度分布趋于均匀,另一方面使蒸汽在堆芯内的分布更均匀,从而增加了金属与蒸汽反应的氧化反应速率,导致更严重的包壳氧化。

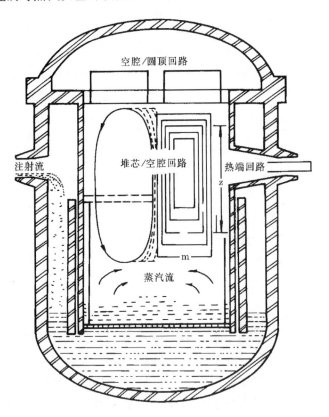

图6-8　堆芯/堆坑回流模型的示意图

6.4　安全壳内过程

6.4.1　概　述

安全壳是在核反应堆和环境之间的实体屏障,它在各种事故工况下起着防止或减缓放射性物质对环境的可能释放作用。安全壳被设计能承受最大热负荷和最大机械负荷,这些负荷可以由设计基准事故（DBA）确定，例如 LOCA、电厂断电、内部失火等，并且能容纳放射性物质把事故的后果降至最小。大破口失水事故（LBLOCA）对安全壳来说是给定了最大压力的 DBA，各种诸如喷淋器、冷凝器、水池和冰床这类的安全设施（ESF）被用来减缓对安全壳完整性的威胁。

在三里岛（TMI-2）严重事故后，许多国家进行了大量的有关安全壳承受超过它设计基础负荷能力的研究，结果表明，安全壳结构承受这种挑战的能力是设计水准的 2～3 倍。这是因为在安全壳的设计中考虑了一定的安全裕量，如大量不确定系数等，而这些不确定系数本身与用于安全壳设计的材料性质和结构有关。这就是安全裕量在发生假想的严重事故中将在确定安全壳的失效压力和温度中扮演重要角色的原因。

虽然严重事故发生的概率极低，但在堆芯熔化的严重事故工况下，安全壳功能的丧失将导致严重的环境灾害，而这种灾害在量级方面可与切尔诺贝利周围已验证的灾害量级相比。作为一种后果，反应堆安全研究和与将来反应堆发展有关的工业性考虑因素正把重点集中在安全壳的设计上，这种设计要经受得住已确认的严重事故的挑战。

安全壳能够吸收由于 DBA 引起的压力和温度增加所产生的负荷。然而，如果当严重事故使压力和温度的增加超过设计基准限值的话，那么安全壳的强度必须依靠安全裕量。因此，我们所关心的是超过设计基准限值的负荷。

《反应堆安全研究》（WASH-1400）对安全壳失效模式作了以下分类：

α：蒸汽爆炸；

β：安全壳隔离故障；

γ：由于氢气燃烧产生的超压；

δ：由于蒸汽和不凝气体产生的超压故障；

ε：地基熔穿；

υ：安全壳旁路。

按照安全壳失效的时间可以对这些模型进行再分类：

β：安全壳隔离故障；

υ：安全壳旁路；

α,γ,δ_1：接近反应堆压力容器熔穿（早期失效）时的超压故障；

δ_2：反应堆压力容器熔穿后故障数 h；

ε：地基熔穿，裂变产物释放至大气中（后期故障）。

在严重事故期间可能导致作用于安全壳的负荷超过设计基础的另一些过程和物理现象有：

· 蒸汽爆炸；

· 氢气产生、扩散并燃烧；

· 高压熔化喷射和直接安全壳加热（DCH）；

· 碎片床冷却；

· 熔化的堆芯物质与混凝土相互作用。

前三种过程可能是早期安全壳失效的起因；后二种相当于长期持久的瞬态。

6.4.2　安全壳早期失效

安全壳早期失效是指堆芯熔融物熔穿压力容器之前或者之后很短时间内安全壳的失效。由于其启动厂外应急程序的警报时间很短,而且安全壳内放射性物质的沉淀时间很短而导致更大的放射性物质的释放,因此对严重事故分析来说,早期失效就显得更加重要。导致安全壳早期失效的主要原因有安全壳大气直接加热、蒸汽爆炸、氢气燃烧、安全壳隔离失效等。

1. 安全壳大气直接加热

某些常在压水堆的 PSA 中所考虑的假想事故序列(如小破口失水事故、全厂断电等)会发生当主冷却剂系统仍处于高压时堆芯就严重熔化,并且能导致反应堆压力容器失效,这能引发熔化的堆芯快速喷射进入反应堆堆坑,随后在安全壳中将分散成极细的雾沫状热物质并扩散,这样会在安全壳中引发复杂的质量和能量转换过程,并导致明显的安全壳压力和温度的增加。这可能促使安全壳建筑物的一种早期失效,并且由于同时产生的放射性气溶胶会引起放射性源项的增强,这将威胁公众的安全,这种过程称为安全壳大气直接加热(DCH),是安全壳压力上升的主要原因。

在 Zion 概率安全研究中,首先指出核电厂直接安全壳加热(DCH)的潜在风险。其后在塞瑞核电厂的严重事故事件的评价文献中和 USNRC 的反应堆风险参考文献 NUREG—1150 中突出出来。尽管其概率低,但这种事故代表了整个风险最明显的贡献之一。图 6-9 给出了 DCH 过程的示意图。

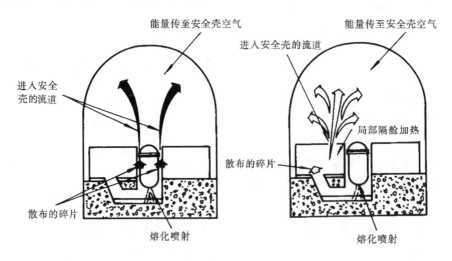

图 6-9　直接安全壳加热(DCH)

为了评估压力容器外堆芯碎片的可否冷却,不论是否能提供水,也不论是否存在着传热途径,必须确定碎片的重新定位。堆芯碎片散布的评估必须考虑特殊的事故次序和电站的几何外形。

涉及 DCH 的主要问题有:

·压力容器损坏之前的系统压力;

・压力容器(或系统)损坏的模型;

・下腔室中熔融物的质量;

・系统中熔化和气体的成分;

・熔融物的温度。

2. 氢气的分布与燃烧

在压水堆严重事故过程中,反应堆堆芯金属物质的氧化过程会产生氢气。在堆芯部分或全部裸露时,堆芯中的锆会被加热到很高的温度,这时这个过程显得更加重要。如前所述,当锆的温度超过 1000 ℃时,反应速率将会急剧增加。另外,压力容器中的钢也会和蒸汽发生反应。所有这些反应都是放热反应,因此也会进一步加大氢气的产生量。

除了金属-水相互作用能产生氢气外,熔化的堆芯-混凝土相互作用(MCCI)也会产生氢气。在 TMI-2 事故中,安全壳中产生了大量的氢气,并已验证存在着自燃事件。

了解可燃气体在安全壳系统中的分布,对评估能导致氢气、蒸汽和空气混合物点火的压力和温度是必须的。有关氢气从快速降压燃烧到爆炸的分布、燃烧和转变的基本数据,已通过小规模实验所获得,而由大规模试验所获得的数据非常有限。

在有空气和蒸汽存在的环境中,氢气的易燃性和爆燃特性在轻水氢气手册中有介绍,对不同燃烧方式的氢气浓度的下限值(体积百分比):①向上扩展:4.1%;②横向扩展:6.0%;③向下扩展:9.0%

Shapiro 和 Moffette1957 年提出了一个通用的易燃性限值的三元特性曲线圈(见图 6-10),可应用于不冷凝空气、蒸汽和氢气的混合气体。

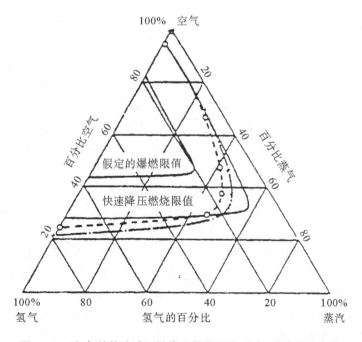

图 6-10　氢气的快速减压燃烧和爆燃限值:空气、蒸汽混合气体

EPRI 关于在一个大的球形压力容器中连续氢气燃烧的实验表明,氢气燃烧发展而成的压力对氢气浓度极其敏感(图 6-11)。在一座大型 PWR 安全壳(如郇山核电厂中),在氢气浓度达 4% 至 10% 的范围下(相当于堆芯锆合金 100% 的氧化),氢气的燃烧将产生一个约 $1.44P/P_0$ 的峰值压力此处,P_0 为燃烧之前的初始压力。

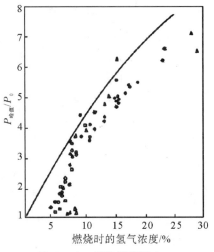

图 6-11　峰值燃烧压力

由于存在不同的燃烧模型,因此评估由于氢气燃烧而引起的安全壳内部结构和设备的压力和温度的变化较为困难。下面简单介绍几种不同燃烧方式的特征。

(1)扩散燃烧:是由一个连续的氢气流作供给的稳定燃烧,其特点在于压力峰值较小,因此可以忽略,但由于燃烧时间较长,引起的局部热流密度较高。在有点火器的情况下发生扩散燃烧的可能性较大。安装点火器的目的是为了降低氢气的扩散范围和降低氢气的浓度,而降低事故的风险。

(2)快速减压燃烧:是燃烧以相当慢的速度从点火处向氢气、蒸汽和空气形成的混合气体中蔓延,其特点在于适度的压力增加和短时间的高热流密度。氢气燃烧的速率和燃烧氢气的总量决定了作用于安全壳的压力和温度。

(3)爆燃:是燃烧以超声波的速度在氢气、蒸气和空气的混合气体中扩散,其特点在于极短时间内形成高峰值压力。爆燃形成的标准可细分成二种类型:第一类是爆燃的直接形成;第二类是快速降压燃烧—爆燃的转变,这种转变中燃烧蔓延速度从次声波至声波的逐步上升。

在安全壳中释放的氢气在初始释放动量、强制循环系统、安全壳喷淋和自然循环等原因的作用下被输送出安全壳。安全分析必须评估凡氢气存在的区域其积累的浓度是否明显地比安全壳剩余氢气的浓度大。可燃气体的分布将受几种过程的影响,这些过程可能分开或者一起使氢气与蒸汽和空气混合。这些过程有:①扩散;②由温度增减率引起的自然对流;③由风扇和喷淋形成的强制对流;④在各种堆舱中堆腔室之间的强制流动,流动由压差形成,而压差由各堆腔室中的非均匀(排)放气和传热引起。

3. 安全壳隔离失效

许多管道和电缆要穿过安全壳壁,人员和设备也需要进出安全壳。穿过壳壁的管道和设备为安全壳贯穿件。主要的安全壳贯穿件有设备出入门、人员出入气锁门和应急出入气锁门、元件运输管、管道、电缆贯穿件。

贯穿件的设计要考虑局部应力集中造成的管道破裂,一般均采用双层带膨胀段的准柔性结构。为了防止事故工况下放射性流体通过贯穿件漏出安全壳,所有流体管道在贯穿安全壳的区段均设有隔离阀,一般采用两个串连的阀门以满足单一故障准则。

安全壳隔离失效是指在发生事故时,安全壳事先存在破口或者安全壳隔离系统失效。由于安全壳早期失效的前几种原因的概率很低,因此安全壳隔离失效对早期失效的贡献相对较大。

当事故发生时,隔离阀必须关闭以使安全壳和环境隔离。如果安全壳中存在一个不能隔离的孔洞(如备用贯穿孔等)或者当隔离阀关闭失效时,安全壳的泄露率会超出设计规定的泄露率。

核电厂的运行记录表明曾经出现过多次安全壳隔离失效的实例,当然出现隔离失效并不意味着安全壳泄露率一定超出法规允许值很多,但其潜在的环境后果将会比较严重。

6.4.3　安全壳晚期失效

如果安全壳不发生早期失效,在熔融堆芯熔穿压力容器后,仍然存在长期危及安全壳完整性的因素,也就是说,安全壳存在晚期失效的可能性,这些因素主要有:晚期可燃气体的燃烧,安全壳逐步超压以及地基熔穿。

晚期可燃气体的燃烧与 6.4.2 节所述的早期可燃气体燃烧没有太大的区别,只是需要考虑另一种气体即一氧化碳。一氧化碳是由熔融堆芯碎片在与混凝土相互作用时产生的。因此对这方面的考虑可以参照 6.4.2 节。

无论是安全壳逐步超压还是地基熔穿,都与碎片床的冷却以及熔融堆芯碎片与混凝土相互作用有关,下面主要介绍这方面的内容。

1. 碎片床及其冷却

在堆芯碎片从主系统排放到堆坑或地基区域之后,若这些区域中存在水,碎片能在极短的时间内骤冷。骤冷产生蒸汽,从而增加安全壳内的压力,压力的上升量将取决于蒸汽的产生速率。

碎片床的可冷却性取决于水的供给量及其方式、堆芯碎片的衰变功率、碎片床的结构特性(碎片颗粒的大小及其分布,空隙率及其分布)等。由于堆芯碎片物质的最终冷却是终止严重事故的重要标准,碎片床的可冷却特性是目前学术界研究的热点。在 TMI-2 事故中,在压力容器的下封头内约有 20 t 的堆芯碎片物质最终被冷却,至今人们对这一现象原因还不清楚。主要原因是复杂的碎片床的三维结构、冷却剂进入碎片床的途径不明等。在安全壳内的碎片床的状态与结构取决于事故的过程以及电厂对严重事故的管理方式。碎片床可能是液态的,也可能是有固态颗粒组成(多孔介质),但空隙率很低,也有可能是由不同的多孔介质特性(颗粒大小、空隙率)组成的分层结构,也有可能是三维的堆状结构等。不同结构与状态的碎片床的可冷却特性差异较大。对液态的碎片床来说,国外有关试验研究结果表明,对碎片床采取顶端淹没不能最终冷却碎片床,原因是在碎片床的上表面形成了一硬壳,从而阻碍冷却剂浸入碎片床的内部。若能从液态的碎片床的底部提供冷却剂,剧烈的熔融物与水的相互作用会形成多孔的固态碎片床,而且其空隙率可高达 60%,这样的碎片床是非常容易被冷却的。

对于分层的多孔碎片床来说,若上层的碎片具有较小的颗粒和较低的空隙率,采用顶端淹没将难以冷却这样的碎片床,但若采用底部淹没,其最终冷却是可以达到的。

总之,碎片床的冷却是一个非常复杂的传质传热过程,强烈地受下列可变因素的影响:碎片床颗粒的尺寸,冷却剂穿过碎片床的方法,碎片床的厚度以及系统的压力等。

2. 堆芯熔融物与混凝土的相互作用

研究堆芯熔落物与混凝土相互作用的主要原因是为了评估安全壳的超压,除了气溶胶的形成和沉积外,超压由逐渐形成的气体和产生的蒸汽造成,而气溶胶作为源项的可能贡献者则来自保持在碎片中的裂变产物。另一个原因也是为确定对安全壳可能的结构损坏,损坏由熔化坑的增长和碎片对地基的贯穿造成。

由堆芯碎片造成的混凝土破坏取决于事故发展的序列、安全壳堆坑的几何形状以及水的存在与否。可能的现象有:

(1)熔融堆芯落入安全壳的底部之后,它将与任何存在的水相互作用。如果碎片床具有可冷却特性,并且可以持续地提供冷却水,那么冷却碎片床是可能的。

(2)如果水被蒸发,则堆芯熔落物将保持高温,并开始侵蚀混凝土,产生气体并排出。

(3)在堆坑中的水被蒸发之后,碎片床将重新加热,并将产生较大的向上辐射热流密度。

在这种情况下,混凝土将被加热、熔化、剥落、产生化学反应并释放出气体和蒸汽。

混凝土的消融速率取决于传给混凝土的热流密度和混凝土的类型(见图 6-12),而且有很明显的非均匀特性。由于在混凝土的消融过程中产生气体,气体的运动将促进堆芯熔融物于混凝土之间的对流传热,从而加速混凝土的消融速度。在混凝土的消融过程中发生吸热化学反应,其所需的能量比熔融物的衰变热要大。与此同时,在混凝土的消融过程中产生蒸汽和氧化碳,这些气体可与堆芯熔融物中的金属发生放热化学反应。因此,在长时间的侵蚀期间,碎片基本上可以保持在恒定温度下。

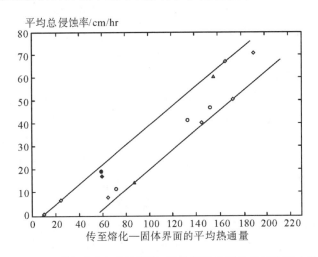

图 6-12　剥落速率与传至熔化-固体界面的平均热流密度之比

堆芯熔融物中金属材料与水的几种主要化学反应有:

(1)$Fe + H_2O \longrightarrow FeO + H_2$($Fe = 1000$ kg;$H_2O = 322.3$ kg;$H_2 = 36.1$ kg)

(2)$3Fe + 4H_2O \longrightarrow Fe_3O_4 + 4H_2$($Fe = 1000$ kg;$H_2O = 429.7$ kg;$H_2 = 47.7$ kg)

(3)$2Cr + 3H_2O \longrightarrow Cr_2O_3 + 3H_2$($Cr = 1000$ kg;$H_2O = 519.2$ kg;$H_2 = 57.7$ kg)

(4)$Zr + 2H_2O \longrightarrow ZrO_2 + 2H_2$($Zr = 1000$ kg;$H_2O = 394.6$ kg;$H_2 = 43.8$ kg)

对于由 90000 kg 燃料和 22000 kg 不锈钢(Fe:85%,Cr:10%,Ni:5%)组成的堆芯熔落物来说,氢气产量的最大理论值为 1392.2 kg。根据 SNL,TITSC 试验的结论,堆芯熔落物氧化率的保守限值为 33%,因此对上述的堆芯熔落物来说,得到约 460 kg 的氢气产物,并消耗水 4300 kg。

混凝土消融的化学反应有：

(1)$CaCO_2 \longrightarrow CaO + CO$

(2)$Ca(OH)_2 \longrightarrow CaO + H_2O$

(3)$2H_2 + O_2 \longrightarrow 2H_2O$

若上述的堆芯熔落物具有 1600 ℃的温度，且堆坑中不存在水，则将有 8.4 m³（约 20270 kg）的混凝土被消融，并产生约 1340 kg 的蒸汽和 7135 kg 的二氧化碳，这相当于地基熔穿 0.2～0.5 m。对于石灰石混凝土来说，合成焓约为 2700 kJ/kg，一个约 100 cm 厚的堆芯熔落物层，且有 0.5 W/cm³ 的衰变功率，将产生混凝土的消融率约为 13 cm/h。

图 6-13 给出了混凝土的消融过程示意图，针对一座具有 3000 MW 热功率压水堆的安全壳，提出了以下两种极端情况：

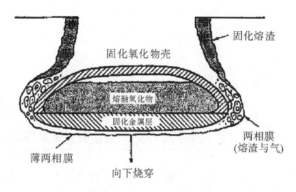

图 6-13　混凝土底板烧蚀包团示意图

(1)如果混凝土的消融过程主要是氧化过程，堆芯熔融物可能与混凝土和岩石相溶混。形成的溶混坑的深度将有限（约 3 m），直径约 13 m（见图 6-14）。这个坑可能保持溶混达几年以上的时间。图 6-14 表示了可能的熔混坑 1 年后的情况，并给出了围绕熔混坑和岩石/混凝土中温度剖面。坑内裂变产物的衰变热将通过导热而传给周围的岩石与混凝土。

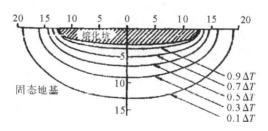

图 6-14　3000 MWt 电厂堆芯碎片的轴对称可熔混坑 1 年后的状态
ΔT 为熔坑与环境温度之差

(2)在消融过程中，将伴随钢的熔化。如果液态的钢被氧化，那么熔坑中的物质能与混凝土/岩石地基溶混，并且形成如图 6-13 所示的那种坑；如果熔化的钢不被氧化，那么钢/裂变产物的混合溶液将不会与熔化的燃料与混凝土/岩石熔混，并且该溶液可能穿透地基岩石很深。计算结果如图 6-15 所示，该图表明，这种类型的不可熔混物质可能熔穿的最大深度为 14 m。

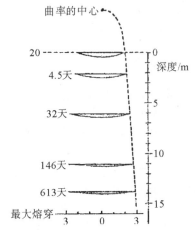

图 6 - 15　镜头形坑的下降(体积:3 m³)

$Q_0 = 100$ MW;$K = 2$ W/(mK)

6.4.4　安全壳旁路

在某些事故工况下,安全壳可以被完全旁路。如果发生事故后,一回路冷却剂以及相伴的放射性裂变产物能够不进入安全壳与空气混合而直接排放到外部环境中,这就是安全壳旁路。

在接口部失水事故中,连接主系统与低压系统(如低压安注系统、高压安注系统、余热排除系统、化容系统以及安注箱)之间的隔离截止阀失效而引起的。低压系统设计压力较低(如低压安注系统仅为 4 MPa),截止阀的失效使它经受主系统至少 14 MPa 的压力,因而很快会破裂,造成从堆芯到安全壳外辅助厂房的直接主冷却剂泄漏通道。

另一类类似的事故是由蒸汽发生器传热管破裂事故引起的堆芯熔化事故,放射性物质将通过事故蒸汽发生器蒸汽管道上的释放阀排到环境中。

研究表明,这两种类型的旁路仅仅是在多重故障下才会发生,因此其发生概率很低,审评分析基本不考虑。

6.5　严重事故管理

6.5.1　基本概念

由于核电厂的严重事故可能带来非常严重的放射性物质泄漏的后果,对严重事故的管理是当今核工业界一个极为重要的课题。若采取适当的严重事故操作管理,不但可以大大缓解放射性物质向外界的释放量,而且在事故发生的初始阶段就有可能加以终止。

严重事故管理,即严重事故的对策,包括两方面的内容:第一,采用一切可用的措施,防止堆芯熔化,这一部分称为事故预防(Prevention);第二,若堆芯开始熔化,采用各种手段,尽量减少放射性向厂外的释放,这一部分称为事故的缓解(Mitigation)。事故管理的主要注意力放在获得安全的主要手段即事故预防上。从核电厂的基本特征和事故现象出发,事故管理的基本任务依次是:

(1)预防堆芯损坏;

(2)中止已经开始的堆芯损坏过程,将燃料滞留于主系统压力边界以内;

(3)在一回路压力边界完整性不能确保时,尽可能长时间地维持安全壳的完整性;

(4)万一安全壳完整性也不能确保,应尽量减少放射性向厂外的释放。

根据这些任务,对事故管理对策的设想归结为确保三个安全功能。为了防止或及早中止堆芯损坏过程,应当首先确保停堆能力,始终维持反应堆处于次临界状态。同时应确保堆芯的冷却以顺利带出衰变热,为此可采用的手段有二次侧补泄过程、一次侧补泄过程及辅助喷淋等。为了维持放射性包容能力,应当考虑安全壳隔离措施和必要的减压措施。

6.5.2　事故预防

事故预防是事故管理中的首要任务,重点为采用手段防止堆芯熔化、防止伤害公众并限制或减轻核电厂的财产损失。

事故预防的关键在于尽力降低严重事故的发生概率。为了做到这一点,应该从技术和组织两个范畴来考虑。其组织范畴主要是利用运行经验,抓好人因,利用制度,抓好管理。其技术范畴是利用在役检查、维修和单个电厂安全性评价,保障和了解机组硬件设备的可利用性和可靠性,同时利用核安全研究技术预先寻找和评价各种预防对策措施。

如果按阶段和工作方式,可以将事故预防阶段可用的技术措施列举如表 6 - 2。

表 6 - 2　事故预防措施

一次侧	应急堆芯冷却注射含硼水; 高压安注加主系统减压(Feed-Bleed),主系统减压引入应急堆芯冷却系统注射,包括启用安注箱(Bleed-Feed),利用可能的替代水源和替代泵实现应急注入; 启用主泵避免压力热冲击; 发生 SGTR 后切断或减少高压安注流率
二次侧	小破口失水事故和瞬变下推迟给水以节省水资源; 在丧失热阱情况下,开启阀门快速减压,利用移动泵供水; 丧失主给水源时利用除盐水; 利用消防水

6.5.3　严重事故管理策略

围绕严重事故管理的目的和内容,目前国际上存在两大严重事故管理策略,即压力容器内熔融物滞留(IVR)和压力容器外熔融物滞留(EVR)。两者的区别是和核电厂第二道物理屏障——反应堆压力容器联系在一起的。严重事故发生后,如果在压力容器下封头损坏之前,事故就成功得以控制或终止,即为 IVR(In-Vessel melt Retention);如果事故在压力容器下封头损坏之后混凝土地基(安全壳)损坏之前才得以控制或终止,就是EVR(Ex-Vessel melt Retention)。

1. IVR

1989 年圣巴巴拉大学的 Theofanous 教授等人首次向芬兰核安全监管机构(STUK)

提出在位于 Loviisa 的前苏联设计的 VVER-440 核电站基础上应用反应堆外部冷却(ERVC)技术,并提出压力容器内熔融物滞留(IVMR)的严重事故管理(SAM)策略。芬兰核安全监管机构评估了下封头熔融池的传热机理后认为:Loviisa 核电站内应用 IRVC措施,可以保证严重事故下"实际上不可能发生压力容器失效破裂",肯定了熔融池滞留的严重事故管理策略[3,4]。

　　所谓压力容器内熔融池滞留(In-vessel melt retention)是指发生反应堆堆芯融化严重事故时,通过一定手段或策略,成功将下封头内的熔融池冷却,使熔融池停留在压力容器内,以保持压力容器的完整性。

　　图 6-16 展示了典型的反应堆 IVR 的结构图,水注入堆腔后沿着压力容器外壁面向上流动以冷却压力容器,压力容器内的熔融池由于密度差异分成下部重金属氧化层和上部轻金属层。熔融池内由于存在内外温差会有各自的自然循环,其自身热量以及重金属氧化层的衰变热通过压力容器下封头内壁面导向外部水,最终压力容器能够成功将熔融池滞留在反应堆内。

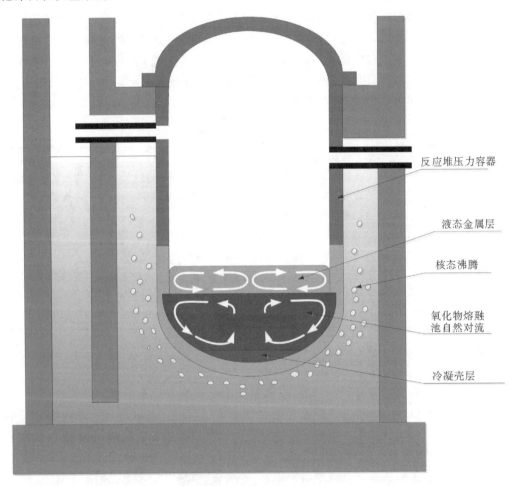

反应堆压力容器

液态金属层

核态沸腾

氧化物熔融池自然对流

冷凝壳层

图 6-16　IVR-ERVC 示意图

　　反应堆 IVR 设计在 Loviisa 核电站得到成功应用后,这样的 IVMR 策略又在西屋公司的 AP600 以及后来的 AP1000、德国西门子设计的 SWR-1000、韩国的 APR1400、

PWR-1400 等诸多核电站的设计和建造中采用。

IVR 的研究可分为压力容器内和外两部分。压力容器内的研究主要是针对堆芯熔融物分层和传热的问题,目的是准确估算出堆芯熔融物对压力容器的热流密度;压力容器外的研究是围绕堆坑部分的强化换热问题,目的是提高堆坑部分冷却剂对压力容器的外部强化换热能力。下面分别叙述。

1)熔融池换热研究

20 世纪 70 年代到 20 世纪 80 年代早期,就已经有人对氧化熔融池的自然对流换热进行了研究,如 Jahn 和 Reineke(1974)、Jahn 和 Mayinger(1975)、Kulacki 和 Emara(1977)等人都对氧化熔融池的导热现象进行过合作研究。他们发现氧化熔融池对流如图 6-17 所示,有以下特征:

(1)在熔融池底部有一层静态层,传热以导热为主;

(2)熔融池静止层以上是高湍流区,液态熔融池形成向上的流柱,把热量带到融池上表面冷却之后再回流到下部的湍流区域;

(3)沿着熔融池半球形边界有一层从顶部到底部的溶液对流,该对流可以补充下部静态层和上部高湍流区域的溶液。

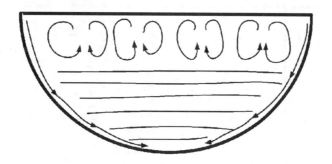

图 6-17 氧化熔融池的自然对流和分层情况

事实上,熔融池总的向上与向下对流导热量的计算关系式均与一个无量纲 Ra 数有关,该无量纲数又与熔融池的 Pr 数和 Gr 数有关,并且与熔融池的物理尺寸的 5 次方成正比关系。但对于一般的反应堆而言,这个 Ra 数一般能够达到 10^{16} 到 10^{17} 量级,然而早期实验得到的关系式中,Ra 数的量级均无法达到此范围。

如 1974 年 Jahn 和 Reineke 合作测量了矩形和半圆形结构的熔融池的热流密度分布,数据范围在:$5 \times 10^5 \leqslant Ra \leqslant 5 \times 10^8$。1978 年 Steinberner 和 Reineke 合作测量了矩形结构箱体上的壁面热流密度分布,其实验范围:$Ra \approx 4 \times 10^{13}$。

因此早期的实验结果都无法直接应用到反应堆的 IVR 计算中,需要获得一个能在更高 Ra 数下使用的熔融池换热关系式。直到 20 世纪 90 年代,Theofanous 教授首先在芬兰成功推行了 IVMR SAM 策略后,IVR 的相关研究变得如火如荼。

COPO 实验装置是针对芬兰的 Loviisa 的 VVER-440 核电厂的实际需要搭建的。在 Theofanous 和 Kymalainen 等教授的带领下进行下封头内熔融池传热行为研究,COPO 是一套 VVER-440 核电厂下封头 1/2 比例的二维半圆片形实验装置,得出熔融池向上与向下的总对流导热量公式与熔融池热流密度在下封头上的分布情况,并且 Ra 数范围达到了 $\sim 10^{15}$,得出结论,氧化熔融池对下封头的热流密度随着角度增加而增加,在靠近氧化熔融池上表面的位置达到最大。该实验结果与20世纪70到80年代的结果相比,更符合 Loviisa 核电厂的使用范围。紧接着 Kymalainen 等教授在原 COPO 实验装置的基础上搭建了升级版的 COPO-Ⅱ实验装置,研究更高 Ra 数下的熔融池传热现象。

Dhir 等人对半球形带外部水冷却的容器(UCLA)进行了实验,得到熔融池内部自然对流换热系数在容器内的分布情况,发现不同边界条件对液池的平均换热系数影响很小,实验结果与 Kulacki 和 Emara 的关系式进行了对比。

Theofanous 与 Liu 等教授也做过这样的实验,他们搭建的实验装置是 min-ACOPO,实验主要研究下封头内部熔融池的自然对流以及熔融池对下封头的热流密度与温度分布情况,获得熔融池向上与向下对流换热计算关系式,Ra 数范围～7×10^{14},用 min-ACO-PO 的实验数据与 UCLA、Kelkar、Mayinger 等人的实验拟合关系式进行对比,实验较全面地研究了熔融池金属层、氧化层的换热行为。在 min-ACOPO 的基础上,Theofanous 与 Maguire 等教授又搭建了一台半球形尺寸的实验装置 ACOPO,该实验装置如图6-18所示,使用热水代替熔融盐池,Ra 数范围达到了 $10^{15}\sim10^{16}$。

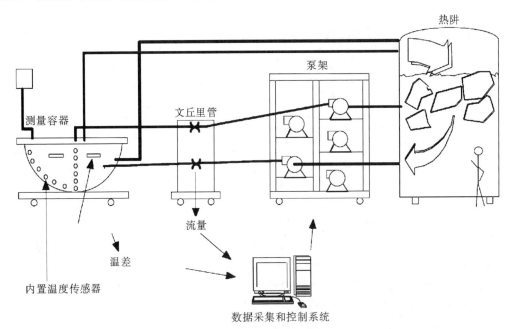

图6-18　ACOPO 实验装置[2]

除此之外,还有瑞典皇家理工学院(KTH)用 SIMECO 实验装置、俄罗斯的 Kurcha-tov 研究院(KI)用 RASPLAV 实验装置对熔融盐池以及 UO_2-ZRO_2-ZR 的混合熔融池都做过研究,他们得出了与 COPO 和 ACOPO 相似的结论。半球形氧化熔融池的热流密度沿角度方向分布均有如图6-19的分布规律。

2)压力容器外换热强化研究

IVRM 策略需要在安全壳堆腔注水淹没压力容器,通常需要堆腔水位淹没反应堆出口热管段位置。如此才能将熔融池向上部的压力容器辐射传递的热量导走。反应堆 IVR 结构如图6-16所示,水注入堆腔后在反应堆压力容器外表面被加热沸腾,堆腔内的水处于两相流动状态,水蒸气上升通过冷凝器被冷却成液态水后又被输送回来形成一个回路。IVMR 策略需要压力容器外水的热量导走能力大于熔融池对下封头的热量输入能力。重金属氧化层顶部位置和轻金属层位置对应的下封头外流体 CHF 需要特别注意。

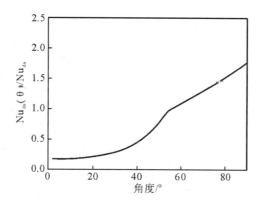

图 6-19　半球形氧化熔融池的热流密度沿角度方向分布均规律

在 IVR 外部水 CHF 测定实验中，应用最为广泛的当属 Theofanous 教授及其同事在美国加利福尼亚圣巴巴拉大学搭建的 ULPU 实验装置所得的实验结果。第一代为 ULPU-2000 Configuration Ⅰ 实验装置。该实验得到了下封头随角度变化的水 CHF 关系式，其实验段的加热采用电加热，不同角度的加热功率的数值大小由 ACOPO 实验装置测量所得的实验数据提供。

该实验装置冷却剂流道没有特别的形状，得到如图 6-20 实线所示临界热流密度曲线。CHF 随着半圆形壁面角度的增加而增加，这让 IVRM 策略的实现成为可能。Configuration Ⅱ 型实验装置测量得到的最大角度上的热流密度值～1.5 MW/m²。该值对于 AP600 是足够的，但是对于 AP1000 该 CHF 值的富裕度却不够。因此 Theofanous 等教授对装置的挡板形状进行了重新设计，设计理念如下：

(1)减小了循环回路的流动阻力以减小压降；

(2)对装置流道形状进行改进，增加流道流体流动速度。

于是设计出了拥有更高 CHF 限值的 ULPU-configuration Ⅳ 实验装置，实验发现改进后的实验装置 CHF 最大限值～1.8 MW/m²，如图 6-20 数据点所示，其安全富裕度仍然不够。

在 ULPU configuration Ⅳ 的基础上，Theofanous 等教授对实验装置的冷却剂流道尺寸进行了更精细的设计，对试验段表面进行表面效应研究，如使用经磨砂处理的表面，使用特殊化学处理过的水，最终设计出了具有更高 CHF 值的 ULPU configuration Ⅴ 装置。经实验表明 ULPU-Ⅴ 的 CHF 限值达到了～2 MW/m²，数据如图 6-21 的数据点所示。

除了上述通过改善压力容器保温层结构的方法外，还存在其他一些压力容器外换热强化的相关研究，比如在压力容器半球形外表面涂金属多孔介质层、纳米材料，甚至在外部冷却剂中添加纳米材料。研究表明，这些措施在一定条件下能在很大程度上提高下朝向弧形表面的沸腾传热 CHF 限制，基于广泛的理论研究和实验研究，他们还提出了理论机理模型和 CHF 的经验关系式。

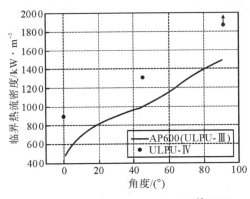

图 6 - 20　ULPU configuration Ⅳ 的 CHF
结果（数据点）

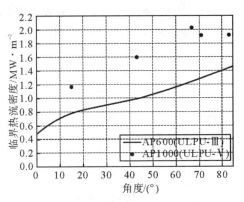

图 6 - 21　ULPU configuration Ⅴ 的 CHF
结果（数据点）

2. EVR

随着反应堆功率越来越大，实现 IVR 难度也越来越大，这个时候，为了确保大功率反应堆的安全，我们就要考虑 EVR。目前 EVR 有 2 个成功的应用案例，分别是 EPR 和 VVER1000。

1）EPR

欧洲压水堆（EPR）是一种电功率为 1600 MWe 的 4 回路反应堆。由于其堆芯功率很高，从一开始 EPR 就不采用压力容器外部冷却的方式，而是利用牺牲材料实现熔融物在堆坑熔融物的临时滞留和改性，随后熔融物在扩展室铺展后通过冷却水顶部淹没冷却和底部冷却部件冷却，实现熔融物的冷却和滞留。EPR 需要将熔融物平铺冷却，以降低热功率密度，扩展水平空间需求巨大。EPR 的冷却水主要来自于安全壳内置换料水箱。如图 6 - 22 所示，EPR 所采用的堆芯捕集器结构可概括分为 5 部分：①临时滞留装置；②熔融塞；③熔融物转移通道；④熔融物扩展室；⑤供水通道。

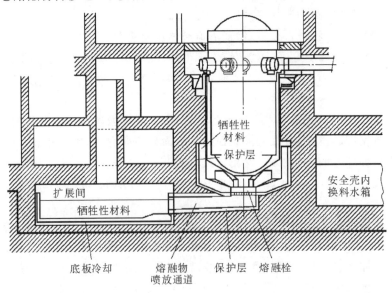

图 6 - 22　EPR 堆芯捕集器结构

2) VVER-1000

俄罗斯 VVER-1000 堆型同样设计了堆外堆芯捕集和冷却装置用以缓解严重事故后果，包容放射性裂变产物。VVER-1000 的捕集策略是利用轻金属氧化物牺牲材料对熔穿压力容器的堆芯熔融物进行降温降熔，同时氧化其中的锆、镍等金属，熔融混合物由坩埚型热交换装置进行长期外部冷却且保持表面淹没冷却。VVER 采用的是集中坩埚冷却，主要装置为扇形换热器。VVER 顶部冷却水源来自乏燃料水池，底部冷却水源来自堆内构件检查井。具体结构如图 6-23 所示。江苏田湾 1,2 号是该堆型世界首堆，俄罗斯出口给印度的 AES-92 型和将在其本土推广的 VVER-1500 核电机组的设计均采用相同的堆芯捕集冷却装置。

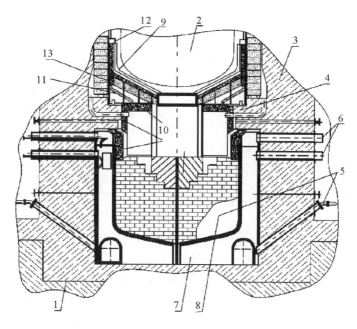

图 6-23　VVER 堆芯捕集器结构

1—安全壳；2—反应堆；3—混凝土堆坑；4—悬臂；5—冷却水供给；6—冷却水出口；7—扇形换热器；
8—堆芯捕集器；9—保护层；10—绝热层；11—空气冷却通道；12—绝热层；13—下部盘

在 EPR 和 VVER 的设计中均设置了堆芯捕集器，但两者在总体策略、材料方案、功能和资源需求等方面均存在较大差异，归纳如表 6-3 所示。

表 6-3　EPR 与 VVER 堆芯捕集器区别对比

	EPR	VVER
总体策略	在堆坑内通过牺牲材料对熔融物进行临时滞留，同时改变熔融物的物理特性，随后通过熔融物扩展增大熔融物的表面积-体积比，最终实现熔融物的堆外滞留	利用大量牺牲材料对堆芯熔融物进行稀释氧化，降低熔融物温度、热流密度和熔点，同时将外部冷却与内部淹没结合起来，最终达到有限包容滞留的目的

		EPR	VVER
材料方案	牺牲材料	堆坑内主要成分是 SiO_2 和 Fe_2O_3,最主要的作用是保证熔蚀过程足够慢,确保在熔融物从压力容器内完全释放之前熔融塞仍不失效;扩展室内主要成分是 SiO_2,最主要的作用是延缓熔融物和冷却部件的接触,确保熔融物的润滑与扩展	位于填充篮内,主要成分是 Fe_2O_3 和 Al_2O_3,能对进入篮内的熔融物实现金属氧化、降低熔点、降低温度等功能,并不需要降低粘度扩展
	耐热材料	反应堆堆坑和熔融物转移通道中的耐热材料成分均为 ZrO_2 型耐热砖	耐高温混凝土 CAR,特殊赤铁矿混凝土 SHC
功能		(1)接受和保持堆芯和结构材料的熔融物; (2)提供从熔融物到冷却水之间稳定的热传递; (3)防止熔融物超出设定的边界; (4)保持熔融物处于次临界状态; (5)保证向堆芯捕集器供应水和排出蒸汽; (6)使安全壳内排出的放射性物质尽量少; (7)使氢的产生最小化; (8)堆芯捕集器执行功能时,人员对其的控制应尽量最小化; (9)维持安全壳的完整性	(1)在反应堆压力容器发生断裂、变形但堆芯熔化物未流出压力容器之前,支撑压力容器底部; (2)保护反应堆竖井及堆芯捕集器部件不受堆芯熔化物的热力机械破坏; (3)接收、存放堆芯、堆内构件以及反应堆金属构件的液态、固态熔化物; (4)保证堆芯熔化物稳定地向冷却水导出热量,以及熔融物冷却; (5)将熔融物限制在确定的边界之内; (6)保证熔融物的次临界度; (7)保证向水泥竖井供给冷却水,以及导出蒸汽; (8)减少向安全壳内空间的放射性物质排放; (9)减少氢气产生量; (10)保证水泥竖井内结构部件所受热应力以及静态、动态应力不超过最大值
资源需求	空间资源	需要将熔融物平铺冷却,以降低热功率密度,故扩展水平空间需求巨大	集中坩埚冷却,主要装置为扇形换热器
	冷却水资源	冷却水主要来自于安全壳内置换料水箱	顶部冷却水源来自乏燃料水池,底部冷却水源来自堆内构件检查井

6.5.4 事故缓解措施研究

事故缓解措施向操纵员提供一套建议,提示在堆芯熔化状态下的应急操作行动。进入事故缓解的时机是：所有预防性事故干预手段均已失效，放射性的前两道屏障已经丧失，第三道即最后一道屏障安全壳已经受到威胁。

事故缓解的基本目标是尽可能维持已高度损坏堆芯的冷却，实现可控的最终稳定状态，尽可能长时间地维持安全壳的完整性，从而为厂外应急计划赢得更多的时间，并尽量降低向厂外的放射性释放，尽量避免土壤和地下水的长期污染。实验与分析均表明，堆芯熔化以后，放射性物质在安全壳内的沉降与滞留有非常明显的时间效应，因此尽量避免安全壳早期失效并尽量推迟失效时间，极有意义。

1. 防止高压熔堆

从事故缓解的角度考虑，为了防止 DCH 危及安全壳的早期完整性，应当及早将它转变为低压过程。

研究表明，将一回路转为低压过程可以通过操纵员动作（适时地开启稳压器安全阀卸压）或者自然过程（自然循环冷却）来实现。有些国家还专门设计了涉及系统降压的操作规程。安全阀开启后主系统将迅速转入低压，上封头失效时主系统压力将小于 1.2 MPa，而相应未开阀的高压瞬变序列下，上封头失效时的压力将接近安全阀的开启定值压力即 15 MPa 以上。

即使没有能动注水补充，单纯的卸压过程不但可以防止高压熔堆，其本身还有延缓堆芯熔化的效果。这是因为减压过程中堆芯冷却剂的闪蒸使混合液位上升，燃料元件上部可以获得汽液两相流的额外冷却从而延缓过热过程。压力下降到 5 MPa 以下还可引入非能动安注箱注水，有效地利用这一部分水资源载出热量。

一回路降压的方法需要注意的问题是稳压器安全阀打开的时机，如果太早，势必引起一回路冷却剂装量的更多流失，使堆芯早期加热更加明显。

2. 安全壳热量排出与减压

安全壳内压与安全壳内聚积的热量有一定关系，安全壳的减压过程也就是热量的排出过程。

喷淋是安全壳排热减压的重要手段。喷淋有两方面的作用，一是使安全壳内水蒸汽凝结以维持较低的压力，二是通过喷淋及其添加剂洗消放射性碘和气溶胶，从而降低可能泄出的放射性。通过对喷淋作用的机理分析，表明取小流量喷淋间歇式运行方式效果较好，这可以保证在安全壳压力不超过设计定值的前提下节省换料水箱的水资源，以利于从总体上延缓喷淋作用的时间，也即推迟安全壳的超压时间。根据对严重瞬变时序的分析结果，确保至少一路喷淋注射在事故后 4～5 h 可用是有效的缓解措施之一。

实际上，简单的喷淋注射并没有从安全壳内排出热量，它只是利用较冷的喷淋液吸收了一部分堆芯释放的热量，暂时缓解了安全壳的升温过程。安全壳内热量的排出要进一步依靠安注和再循环喷淋，此时地坑内积聚的较热的主冷却剂和喷淋液被汲出，通过热交换器将热量传给设备冷却水，然后再排向环境，被冷却了的主冷却剂然后重新注入主系统或喷淋到安全壳。因此，对于安全壳排热来说，安注和喷淋再循环是重要的冷却手段。法国压水堆核电机组的设计中，考虑了喷淋或安注的再循环失效问题，使低压安注泵和喷淋泵互为备用，提高了这两个系统的可利用率。在最极端的情况下，可以考虑动用移动式泵和热交换器实现再循环。当然，这一方案需要在安全壳上预留接口，并保证正常及一般事故情况下的隔离有效性。

喷淋和再循环喷淋是一种有效的排热减压措施,但其启用也有比较大的副作用。除含碱喷淋液对设备的腐蚀及善后工作复杂外,若喷淋在事故后较晚投入,此时锆已大部氧化,其他金属也与水蒸汽反应缓慢地产生氢气,则喷淋使水蒸汽快速凝结可能导致安全壳大气中氢气分压大幅度上升,甚至可能进入燃爆区,因此,喷淋的晚期投入一定要慎重。

另一种可用的安全壳排热减压措施是利用安全壳风冷系统。有些核电厂风冷系统设计成安全级系统,事故下可以自动切换到应急运行状态,降低风机转速,加大基本公用水流量,同时使气流先除湿再进入活性炭吸附器。对于这一类电厂,风冷系统的投入优先于喷淋。另有不少核电厂的风冷系统仅用于排除正常运行时主系统设备所产生的热量,不属于安全级设备,设计容量也较小,因而在事故分析中不考虑其贡献。在事故缓解阶段,如其支持系统(电源、冷却水)能够保障,不妨考虑使其投入。它至少可以载出相当一部分停堆后的衰变热,有利于减轻其他缓解系统的压力。今后设计建造的核电厂,应当加强安全壳的风冷能力,相比之下,这种安全壳冷却方式的副作用较小。

对于自由空间较大、结构热容量也较大的安全壳,还可以在事故后一段时间内采用姑息法,即在一定期间内不采取排热措施,而集中精力于努力恢复正常的冷却通道如再循环系统等。对于这一类安全壳,其超压失效时间通常长达数天,在此期间,安全壳内吸热和壳外壁与外界环境的换热已不可忽略,它们对于抑制安全壳内压上升有明显作用。

3. 消氢措施

为了消除氢爆与氢燃的威胁,解除晚期投入喷淋的后顾之忧,应当考虑完善的消氢系统。

压水堆核电厂一般均装备有安全级的消氢系统,该系统将安全壳大气抽出一部分,使之通过被加热到 800 ℃左右的金属触媒网,以促使氢与氧化合而达到消氢的目的。目前的系统存在着若干不足,其触发点为 2% 左右氢浓度,系统的进风口较小,无法解决氢的局部浓积间题,而分析恰恰表明,氢的局部浓积,在一定隔室内燃烧产生火焰加速,是最有威胁性的。此外,氢再化合器体积较大,需电源和冷却水支持,发生多重故障时将失去功能。

美国研制的氢点火器是一种新型的消氢装置,这是一种类似矿山安全灯那样的装置,将这小型装置布置在适当的隔室内,点火器内的微小电火花可以使可能存在的氢气与氧气化合。

除了采用点火器来缓解氢气爆燃的危险外,另一种方法是采用复合器。这两种方式可单独使用,也可同时使用,这取决于事故的进程。西门子公司设计的复合器具有运行功率低的特点(在安全壳压力 0.26 MPa 和氢气浓度为 4% 时,一个 1.5 m×1.4 m×0.3 m 的面板可以消耗约 3.6 kg/h 的氢气),因此可以用来减缓氢气浓度生成速率使之低于较低易燃性限值的范围。这些复合器的工作原理在于催化 $2H_2 + O_2 \longrightarrow 2H_2O$,使之在较低的氢气浓度下发生反应。这种反应是非能动的,也就是说它们:

(1)是自启动和自供给;

(2)没有移动的部件;

(3)不需要外部供能。

只要在安全的安全壳内侧的氢气浓度开始增加,这些复合器自发地动作。

4. 安全壳功能的最终保障

在喷淋、风冷手段失效的情况下,安全壳功能的最终保障有两个可能途径。

1) 过滤排气减压

在安全壳预计将发生超压失效时,以可控方式排出部分安全壳内气体可以达到减压的目的。采取这一措施将人为破坏安全壳的密封完整性,怎样减少向厂外的放射性释放是问题的关键点,因此,排出的气体应当经过适当形式的过滤。

目前国际上研制出若干种类的过滤减压装置。瑞典为沸水堆设计了卵石床过滤器,法国则设计了砂堆过滤器,利用固体颗粒表面以吸附和凝结作用去除挥发性裂变产物和气溶胶。

2) 安全壳及堆坑淹没

如果水源有保障,事故又发展到极为严重的阶段,向安全壳大量注入冷水是推迟安全壳超压的另一可能措施。

大量冷水注入安全壳后,水将升温吸收主系统显热和衰变热。到达相应设计压力下饱和温度以前,安全壳不可能超压。

计算表明,升温速率是很低的,不采用任何其他措施,仅注水也可维持安全壳在失效压力以下几十小时至百余小时。但是,对于堆功率较大而安全壳较小的核电厂,安全壳淹没措施受到某些限制,效果并不显著,而负作用可能较大。因此,能否采用某一缓解措施,说到底是一个电厂特异性问题。

如果不可能或因其他原因不采取安全壳淹没措施,则为了防止熔融堆芯在下封头失效后烧蚀安全壳底板,淹没堆腔仍是有益的。熔融物跌入堆腔时与水作用将使熔融物温度显著下降。由于水池的存在,蒸汽在水中上升时可得到较好冷却,气溶胶上升经过水层也能获得有效的洗刷效果。为了淹没堆腔,安全壳结构上需作少量调整,在地坑与堆腔间保留一定通道,使地坑水达到一定水位(保证再循环用水)后,其余水先溢入堆腔,与地坑形成一体。

6.6　核电厂核事故应急管理

根据国际上的经验、核能界人士的共识和国家核安全部门的法规要求,营运核电厂必须有应急计划和在应急情况下实施应急响应的执行程序,以避免事故的进一步恶化和限制放射性产物对环境的扩散。

6.6.1　核应急的定义

核应急(以下简称应急)状态就是核紧急状态,它是由于核设施发生事故或事件,使核设施场内、外的某些区域处于紧急状态下。严格地按定义,应急是一种要求立即采取行动(超出了一般工作程序范围)的状态,以避免事故的发生或减轻事故的后果。按美国国家标准,应急定义为起动应急响应计划的任何状态。

6.6.2　应急管理工作的方针

我国核事故应急管理工作的方针是:"常备不懈,积极兼容,统一指挥,大力协同,保护公众,保护环境"。经过应急准备工作多年的实践,证明已得到了贯彻实施,并且取得了良好的效果。

我国核事故应急管理工作的方针,反映了我国政府对核事故应急工作特点的认识,确定了核事故应急管理工作的组织与领导原则以及核事故应急工作的根本目的。它吸取国际经验,符合我国国情,是组织实施核事故应急管理工作的指针。它的主要含义是:

(1)常备不懈:预先做好应付核事故万一发生的周密准备,能在一旦发生核事故时作出迅速有效的应急响应。

(2)积极兼容:将核事故应急工作与各有关组织的日常业务工作相结合,充分利用现有的和计划发展的机构、人员、设施和设备,使应急工作便于落实,保持经常,减少投入,避免浪费。

(3)统一指挥:将核事故应急准备与响应工作置于政府的统一组织和指挥之下,严格按应急管理条例和经批准的应急计划以及指令办事,防止各行其是,贻误工作。

(4)大力协同:参与核事故应急工作的各有关组织和人员,在进行应急准备与应急响应时,均应积极主动、密切配合、互相支持、协调一致地执行任务,提高应急工作效率,防止推诿、拖拉、扯皮和一切不负责任的行为。

(5)保护公众,保护环境:这是应急工作的根本目的。在应急准备特别是应急响应的全过程中,各级应急组织必须采取各种有效措施,确保公众(含应急工作人员)避免或减轻辐射伤害和其他损失,尽快消除事物后果,将事故损失减小到最低限度。

对应急管理工作方针的贯彻执行,各有关应急组织特别是领导者和主管业务部门负有重要的责任。

6.6.3 应急机构及职责

我国的核事故应急工作实行国家、地方和核电厂三级管理体系,即国务院设立国家核事故应急委员会,核电厂所在省(自治区、直辖市)人民政府设立地方核事故应急委员会,核电厂营运单位设立应急指挥部,分别负责全国、本地区和本单位的核事故应急管理工作。

全国的核事故应急管理工作由国务院指定的部门负责,其主要职责是:①拟定国家核事故应急工作政策;②统一协调国务院有关部门、军队和地方人民政府的核事故应急工作;③组织制定和实施国家核事故应急计划,审查批准场外核事故应急计划;④适时批准进入和终止场外应急状态;⑤提出实施核事故应急响应行动的建议;⑥审查批准核事故公报、国际通报,提出请求国际援助的方案。

必要时,由国务院领导、组织、协调全国的核事故应急管理方案。

核电厂所在地的省、自治区、直辖市人民政府指定的部门负责本行政区域内的核事故应急管理工作,其主要职责是:①执行国家核事故应急工作的法规和政策;②组织制定场外核事故应急计划,做好核事故应急准备工作;③统一指挥场外核事故应急响应行动;④组织支援核事故应急响应行动;⑤及时向相邻的省、自治区、直辖市通报核事故情况。

必要时,由省、自治区、直辖市人民政府领导、组织、协调本行政区域内的核事故应急管理工作。

核电厂的核事故应急机构的主要职责是:①执行国家核事故应急工作的法规和政

策;②制定场内核事故应急计划,做好核事故应急准备工作;③确定核事故应急状态等级,统一指挥本单位的核事故应急响应行动;④及时向上级主管部门、国务院核安全部门和省级人民政府指定的部门报告事故情况,提出进入场外应急状态和采取应急防护措施的建议;⑤协助和配合省级人民政府指定的部门做好核事故应急管理工作。

6.6.4　应急计划

应急计划又称应急响应计划。在应急计划中规定了核设施营运单位、地方政府等向国家和公众所承担的应急准备和响应的任务。按定义,应急计划是一种文件,确定为应付应急采取行动的基础,它提出应急执行程序要满足的目标,在这些程序中规定达到这些目标的管理组织及其职责。应当注意到,"应急计划"一词在很多场合下和文献中的含义是进行应急响应计划的活动。我国核电厂应急计划的编制基本上与该定义提出的做法相同,即应急计划明确应急准备与响应的要点,应急响应的实施细则在应急计划的执行程序中规定。需要指出,执行程序和应急计划是两个不同层次的文件。应急计划必须经过审批或审评方能生效。尽管应急计划也要定期或不定期地进行修改,但其内容应相对稳定。应急计划应简练明了,便于执行。可能经常变动或较具体的内容,例如属于应急组织机构中具体成员的姓名、电话号码和一些物资的清单等应列入执行程序中。有些内容可作为应急计划的附录和附件,它们可以具有与正文相同的行政效力。

应急计划的主要内容应包括应急准备与响应的任务、组织机构、设施和设备等。计划应明确规定在应急状态下"做什么,由谁做,如何做"。这是对应急计划内容的很好概括。

应急计划应按国家有关部门颁布的关于应急计划内容和格式的标准或导则来编制,而且一般不应有缺项。

核电厂营运单位和地方政府的应急计划通常应包含如下的主要内容:

(1)定义说明应急计划中所列人们不甚熟悉的术语或专用的术语。

(2)范围和应用说明制订应急计划的目的、适用范围以及负责单位。

(3)核电厂概况说明核电厂的建设规模,运行和发展规划,隶属关系,地理位置,主要设施与功能。

(4)应急计划区应说明应急计划区的范围,应急计划区的环境持征(地形地貌、气象、水文和水源情况,交通运输状况,土地利用,农副产品生产与消费情况),人口分布,应急计划区内所含的行政区及城市、邻近地区。

(5)应急状态分级在核电厂营运单位的应急计划中必须描述四个应急等级和判断它们的初始条件。地方政府采用与核电厂营运单位相一致的应急状态分级和初始条件。

(6)组织确定应急组织的岗位并明确其职责是应急计划十分重要的内容。必须明确启动任何应急响应活动的负责人及其替代关系。应该给出说明各组织、各岗位之间的指挥和工作关系图,包括与外部接口(协调)的关系。在计划中还应明确负责编制、修改应急计划的负责人以及负责事故后期恢复的组织.明确各种后援单位。

(7)通知和通信必须制订应急响应时通知应急人员的程序,明确向应急组织实施初始通知和后续通知的内容,确定通知公众的方法。在通知程序中要包括对信息的核实手段。要做好在各主要应急组织之间和与应急人员及公众实施有效通信联络的计划。在涉外的核电厂中,还需明确应急响应时所使用的语言和文字。

　　(8)设施和设备必须说明应急设施和主要设备以及启用它们的程序。要注意不要将应急设施与应急组织相混淆,如应急指挥中心是设施而不是组织。计划中还应对应急设施、设备的维护作出规定。

　　(9)评价活动明确在不同应急状态下对实际的和潜在的场内、场外放射性后果进行监测和评价所使用的系统、设备和方案。评价活动包括对应急响应人员受照和防护的评价。还应明确营运单位和地方政府在评价活动中的分工和协调。

　　(10)主要防护措施明确采取主要防护措施(隐蔽、发放和服用碘片或碘剂、撤离、避迁、交通管制、医疗和去污、污染食物和水的控制等)所依据的准则,对所有的防护措施作出的安排。

　　(11)公众教育和公众信息:地方政府的应急计划中应对公众进行核安全、辐射防护和应急响应等普及教育作出安排。明确向公众提供应急信息的渠道和方法等。

　　(12)培训和演习要制订培训应急人员和进行应急演习的计划,明确培训的目标、对象、内容以及考核的方法,规定演习的目的、种类、频率和组织等事宜。

　　(13)应急的终止和恢复活动要规定应急终止的条件和宣布终止的程序以及事故后期的恢复工作,负责恢复工作的组织和职责。需要说明,应急计划的制订主要针对事故早期和中期的响应,事故早、中期要有周密的计划,而对事故后期的恢复活动可作概要计划,因为那时有足够的时间依据当时的实际情况作出更具体的计划。

　　(14)附件是应急计划重要组成部分,附件应包括应急计划执行程序和各种合同书或协议书。例如,如果核电厂营运单位在应急中需要附近消防队和医院等单位的支援,则在应急计划中应当有与这些后援单位签订的合同或协议;如果地方政府的应急响应中需要科研机构、大学等支援放射性应急监测的设备和人员,同样应当有合同或协议。总之,在应急计划中凡需外部支援的项目均必须落实,保证在需要时能提供合同或协议中规定的设备和人员。

6.6.5　应急计划区

　　应急计划区、事故放射性释放的时间特征和释放的辐射特征,是制订应急计划重要的技术基础,而应急计划区是其中最重要的内容。编制应急计划的人员首先遇到的就是各类应急计划区或应急计划范围的大小。通常,应急计划区的大小是由国家主管部门规定的。

　　应急计划区是指为了保证在事故时能迅速采取有效的行动保护公众,在核设施周围需要进行应急响应计划的区域。应急计划区就是必须制订计划并作好应急准备的区域。在实际发生事故时,对公众采取的防护行动很可能仅局限于应急计划区的一小部分;但在发生极为罕见的最严重的事故时,也可能需要在应急计划区外的部分地区采取防护措施。不能认为应急计划区内的区域是不安全的,也不能认为应急计划区外的区域是绝对安全的。不能将应急计划区与污染区、环境评价区和监测区混淆起来。对应急计划区,不要求是圆形,可以依据核设施场址特征和周围行政管辖情况等决定实际的形状。按我国应急管理条例规定,核电厂周围应建立烟羽应急计划区和食入应急计划区,它们是分别针对事故情况下放射性烟羽照射途径和食入照射途径而建立的。图 6-24 给出了应急计划区的概念。

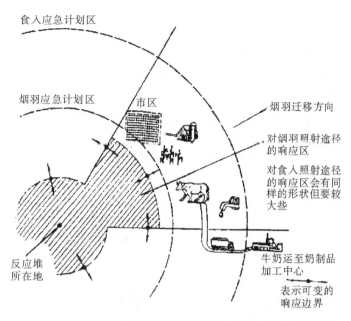

图 6 - 24　应急计划区概念

确定应急计划区的范围应遵循国际上一般的原则。对应急计划所考虑的事故进行分析,估计其场外预期剂量,与干预水平相比较,使大多数堆芯熔化事故在应急计划区外的预期剂量低于我国采用的相应干预水平值。

确定应急计划区的范围,除在技术上满足核安全标准外,还必须充分注意社会、公众心理等因素的影响,密切结合实际情况,包括社会的、核电厂场址的具体情况,以及实施应急防护措施的可能性和有效性。

我国核电厂应急计划区分为烟羽应急计划区和食入应急计划区。

(1)烟羽应急计划区以反应堆为中心,7～10 km 为半径。在此范围内需要依据实际情况作好实际防护措施的准备。在该范围内还要考虑在 3～5 km 为半径的区域内,作好人员撤离的准备。

(2)食入应急计划区以反应堆为中心,30～50 km 为半径。在此范围内,应加强辐射监测,并作好食物和饮水控制的准备。

6.6.6　应急状态的分级和特征

为了有效地实施应急响应,需要对每一种应急状态进行评估,以确定所采取的应急行动是否仅仅限于核电厂厂房内还是场区,是否需要扩大到场外。当出现某一具体的状态时,便可立即采取相应的行动。不同类型的应急状态要求不同等级的响应。按照国际原子能机构的建议,我国将核电厂应急状态分成以下四级:

(1)应急待命。电厂的有关人员得到通知,进入准备应急的状态。

(2)厂房应急(应急状态的影响只限于工厂的部分区域)。厂内的人员行动起来,并通知场区外的有关机构。

(3)场区应急(应急状态的影响限于场区内)。场区内的人员行动起来,并通知场外的有关机构,场外的一些机构也可以行动起来。

(4)场外应急(应急状态的影响已超出场区边界)。执行整个场内、场外的应急响应计划。

宣布应急状态等级的根据是预先确定的核电厂应急行动水平。这里所谓"应急行动水平"是指可以用来作为建立应急状态等级和开始执行相应的应急措施的阈值;它们可以是待定仪表读数或观测值,辐射剂量或剂量率,气载、水载和地表放射性物质的特定污染水平。表6-4列出了核电厂不同应急等级下堆芯损坏和场外辐射状况的一般描述。在制订应急计划时,要分析可能导致核电厂出现不同应急状态的各种始发事件,说明判定应急状态的各种待定条件和准则。

表6-4 核电厂不同应急状态等级的描述

应急等级	核电厂堆芯状态	辐射情况
应急待命	堆芯燃料没有损坏	放射性物质的释放不超过技术说明书中的规定(或每年的限值)
厂房应急	核电厂的安全水平出现实际的(或潜在的)明显下降	放射性物质的释放造成的场址边界外的剂量仅仅是干预水平很小的一部分
场区应急	保护公众的核电厂设施的功能明显失效	放射性物质的释放造成的场址边界外的剂量不超过干预水平
场外应急	堆芯已经发生或即将发生损坏	场外剂量实际或可能超过干预水平

6.6.7 宣布各应急等级的目的和程序

1. 应急待命

宣布应急待命的目的是:①这是保证以后执行必要应急响应的第一步;②使运行人员作好准备;③可以系统地分析处理异常情况和作出有关决策。

2. 厂房应急

宣布厂房应急的目的是:①启动核设施营运单位的应急组织。②如果事态进一步恶化,保证应急工作人员能迅速有效地作出响应;如果有需要,将完成预先确定的辐射监测计划。③向场外有关应急管理机构提供有关事故或事件目前情况的资料。

3. 场区应急

宣布场区应急的目的是:①保证场外负责应急响应的机构配备了人员;②保证派出监测队进行环境辐射监测;③如果事态进一步恶化,保证负责场址附近区域撤离的人员已经到位;④及时与场外有关机构进行协商;⑤通过政府的应急组织向公众提供必要的和正确的信息。

4. 场外应急

宣布场外应急的目的是:①启用为保护公众预先确定的防护行动;②持续评价来自核设施和场外机构有关核设施状态的资料及辐射监测资料;③按实际的和可能的事故放射性释放启用补充的防护措施;④及时与场外有关机构进行协商;⑤通过政府的应急组织向公众提供正确的最新情况。

应急待命、厂房应急和场区应急状态是由核设施营运单位的应急指挥负责确定和宣布。我国核电厂场外应急总状态宣布的程序是：当核电厂场外应急状态的初始条件显示并得到证实，电厂应急指挥向省核应急指挥建议，由省应急组织确定场外应急状态，报经国家核事故应急组织批准后发布场外应急状态的命令和通告。在特别紧急情况下，可以先实施场外应急措施后报告。

6.7　三里岛事故

三里岛核电厂二号机组（TMI-2）是由美国巴布科克（Babcock）和威尔科克斯（Wilcox）设计、Metropolitan Edison 公司运行的 959MW 电功率（880MW 净电功率）压水反应堆。1978 年 3 月 28 日达到临界，刚好在其后一年 1979 年 3 月 28 日发生了美国商用核电厂历史上最严重的事故。该核电厂位于美国宾夕法尼亚州（Pennsylvania）首府哈里斯堡（Harrisburg）东南 16 km 附近。这次事故由给水丧失引起瞬变开始，经过一系列事件造成了堆芯部分融化，大量裂变产物释放到安全壳。尽管对环境的放射性释放以及对运行人员和公众造成的辐射后果是很微小的，但该事故对世界核工业的发展造成了深远的影响。

6.7.1　电厂概述

由 177 盒燃料组件构成直径 3.27 m、高 3.65 m 的反应堆堆芯放在直径 4.35 m，高 12.4 m 的碳钢压力容器内。每个燃料组件内有 208 根燃料元件，按 15×15 栅格排列。燃料是富集度 2.57% 的二氧化铀，包壳材料为 Zr-4。

反应堆有两个环路，每个环路上有两台主循环泵和一个直流式蒸汽发生器。一次冷却剂运行压力为 14.8 MPa（表压），出口温度为 319.4 ℃。反应堆压力由一个稳压器维持。稳压器通过电动泄压阀（PORV）与反应堆冷却剂泄压箱相连，如图 6-25 所示。

专设安全设施包括反应堆控制棒、高压注射应急堆芯冷却系统（ECCS）、含硼水箱和安全壳 ECCS 再循环水坑等。

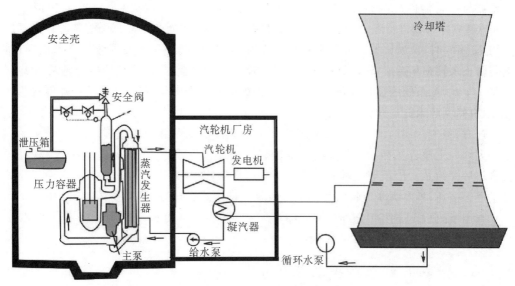

图 6-25　三里岛核电厂流程图

6.7.2　事故过程

　　1979 年 3 月 28 日早晨 4 点,反应堆运行在 97% 额定功率下。三位运行人员正在维修净化给水的离子交换系统,忙于把 7 号凝结水净化箱内的树脂输送到树脂再生箱去。事故是由凝结水流量丧失触发给水总量的丧失而开始的。几乎与此同时,凌晨 4 时 0 分 37 秒主汽轮机跳闸。所有应急给水泵全部按设计要求启动,但实际上流量因隔离阀关闭而受阻。这时,反应堆继续在满功率下运行,反应堆一回路温度和压力上升,3 s 后达到稳压器电动泄压阀整定值 15.55 MPa。8 s 后,反应堆一回路压力达到紧急停堆整定值而自动紧急停堆。随着反应堆的紧急停堆,反应堆冷却系统经历预期的冷却剂收缩、冷却剂装量损失,一回路系统压力下降。大约在 13 s 时,压力达到稳压器泄压阀关闭整定值,它应该关闭但未能关闭。控制室内虽有一个指示灯有所反映,但由于没有该阀状态的直接指示,操纵员误以为该阀门已被关闭。这样,一回路冷却剂就以大约 0.0126 m³/s 的初始速率向外漏水,蒸汽发生器水位在下降,这相当一个小破口失水事故。

　　在二回路,虽有三台应急给水泵在运行,但在例行试验时,泵向蒸汽发生器供水管路上的两个隔离阀忘记打开了,这样就没有水能达到蒸汽发生器。失去了二次侧热阱,反应堆一回路系统继续在加热,蒸汽发生器水位继续在下降,逐渐干涸。

　　实际上,当进入事故大约 2 min 时,高压注射系统(HPI)自动触发,从换料水箱抽取含硼水送入堆芯,但是只运行了 2 min 左右,操纵员就关闭了一台 HPI 泵。这样就造成了注入的水流量率小于通过电动泄压阀所损失的冷却剂损失速率。操纵员这样操作是因为他们看到稳压器中出现了高水位指示,误认为一回路水量太多。过去的培训告诉过操纵员,当水位达到稳压器完全充满水(实心稳压器)的刻度,是十分危险的,必须加以避免。在正常情况下,实心的稳压器是无法完成系统压力的控制功能的。实际上,稳压器的高水位指示是由于电动泄压阀开启后,在反应堆冷却剂系统中形成了分散的或分布的空泡所造成的,造成了水急剧地涌入稳压器内。应该说,一回路系统的布置并不能使压力容器与稳压器内冷却剂水位之间存在直接的关系。这时,操纵员仍然不知道一个 LOCA 事故继续在进行着。由于蒸汽含量的增加,反应堆主泵出现了剧烈震动。在事故大约 73 min 时,操纵员关闭了 B 回路两台主泵,以避免主泵和相关管路的严重损坏,特别是防止泵轴损坏造成 Seal LOCA。又在 100 min 时关闭了 A 回路内的反应堆冷却剂主泵。至此,主系统的强迫循环全部中断。操纵员期望能够依靠自然循环来避免堆芯过热,但自然循环未能建立。

　　这时,堆内冷却剂已不足以完全复盖堆芯。衰变热继续蒸干冷却剂。

　　大约在主泵停关后 10 min,反应堆冷却剂出口温度迅速上升,超过仪表量程范围。在事故后大约 2.5 h,反应堆堆芯相当大部分已裸露,并经受了持续的高温。这种工况导致了燃料损坏,堆芯裂变产物大量释放以及氢气的生成,堆芯已严重损坏。

　　直至事故后 15 时 50 分,成功地实现了强迫循环。一回路系统压力稳定在 6.89～7.58 MPa(表压)。表明了事故序列的结束。

6.7.3　事故的后果和堆芯损坏

　　在三个不同的时期里,堆芯曾有一部分或全部裸露过。图 6 - 26 给出 TMI-2 事故后堆芯构造的恢复图。

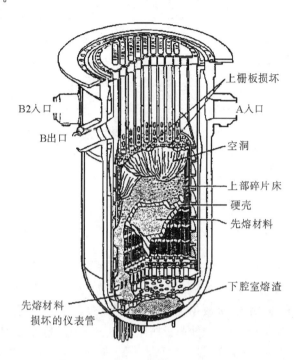

图 6 - 26　TMI-2 事故后堆芯构造图

第一时期开始于事故发生后约 100 min,堆芯至少有 1.5 m 裸露大约 1 h。这是堆芯受到主要损坏的时期,此时发生强烈的锆-水反应,产生大量氢气,同时有大量气体裂变产物从燃料释放到反应堆冷却剂系统中。

堆芯裸露的第二个时期出现在事故发生后约 7.5 h,堆芯大约有 1.5 m 裸露了很短一段时间,与第一时期相比,燃料温度可能低得多。

第三个时期大约是在事故发生后 11 h,此时堆芯水位降低到 2.1～2.3 m,此段时间长约 1～3 h,在此期间,燃料温度再次达到很高的数值。

估计 Zr 氧化了 30%～40%,堆芯上部三分之一严重损坏,燃料温度升高到 1350 ℃ 与 2600 ℃ 之间。

在表 6 - 5 中列出了 TMI-2 事故下裂变产物从燃料向冷却剂、反应堆厂房、反应堆辅助厂房和环境的释放份额。

估计事故中大约 70% 惰性气体(主要是氙,^{133}Xe),30% 的碘和 50% 的铯以及少量其他裂变产物释放进入了反应堆主冷却剂系统。部分放射性物质通过开启的泄压阀进入了安全壳底部的泄压箱。15 min 后泄压箱满溢,爆破阀破裂,放射性水进入地坑,从而裂变气体进入安全壳。此外,开始时曾有一部分放射性水被唧送至辅助厂房内的排水箱,造成部分放射性外逸。

另一条释放途径是操纵员打开主系统下泄系统而造成的。操纵员认为主系统水量过多,打开了下泄系统,将部分冷却剂经净化系统引入容积控制箱,从而与除气系统相通。除气系统将释出的气体压缩至衰变箱并经过滤器排向烟囱。事故中主系统产生大量气体,使得除气系统超载,结果气体便从容积控制箱的安全阀排出。

表 6 - 5　裂变产物释放份额

裂变产物种类	释放份额(%)			
	到反应堆冷却剂	到反应堆厂房	到辅助厂房	到环境
惰性气体	70	70	5	5
碘	30			
液态		20	3	
气态		0.6	10^{-4}	10^{-5}
铯	50			
液态		40	3	
气态		<<1		
锶和钡	2	1		
液态				

事故中运行人员接受了略高的辐射。但总剂量仍十分有限。对主冷却剂取样的人员可能受到 30～40 mSv 辐照,事故中无人受伤或死亡。

厂外 80 km 半径内 200 万人群集体剂量估计为 33 人·Sv,平均的个体剂量为 0.015 mSv。最大可能的厂外剂量为 0.83 mSv。

三里岛事故中释放出的放射性物质如此之少,说明安全壳十分重要。虽然安全壳并不能绝对不泄漏,但基本上没有受到机械损伤。由于安全壳喷淋液中添加了 NaOH,绝大多数碘和铯被捕集在安全壳内。从安全壳泄漏出的气体经过辅助厂房,因而大部分放射性物质被过滤器所捕集。

6.8　切尔诺贝利事故

1986 年 4 月 26 日,星期六的凌晨在前苏联切尔诺贝利 4 号机组发生了核电历史上最严重的核事故。该事故是在反应堆安全系统试验过程中发生功率瞬变引起瞬发临界而造成的严重事故。反应堆堆芯、反应堆厂房和汽轮机厂房被摧毁,大量放射性物质释放到大气。

6.8.1　电厂描述

切尔诺贝利核电厂位于乌克兰境内,离普里皮亚特(Pripyat)小镇 3 km,离切尔诺贝利 18 km,离乌克兰首府基辅市以北 130 km。

事故时,共有 4 台 1000 MW 的 RBMK 型反应堆在运行,在附近还有 2 座反应堆正在建造。出事的 4 号机组于 1983 年 12 月投入运行。

RBMK 是一种石墨慢化、轻水冷却的压力管式反应堆。反应堆堆芯系由石墨块(7 m ×0.25 m×0.25 m)组成直径为 12 m 高为 7 m 的圆柱体。总共大约有 1700 根垂直管道装有反应堆燃料。在反应堆运行时能够实现不停堆装卸料。反应堆燃料是用锆合金(Zr-2.5%Nb)管做包壳的二氧化铀,富集度为 2.0%,每一组件内含有 18 根燃料棒。采用沸腾轻水作冷却剂,产生的蒸汽通过强迫循环直接供给汽轮机,如图 6 - 27 和 6 - 28 所示。

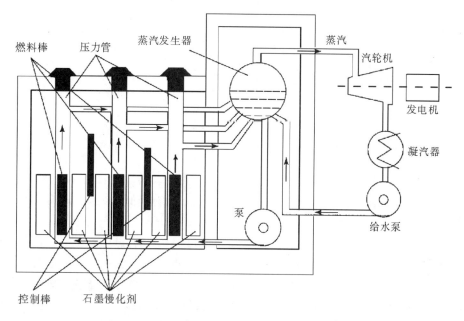

图 6 - 27　RBMK 核电厂流程图

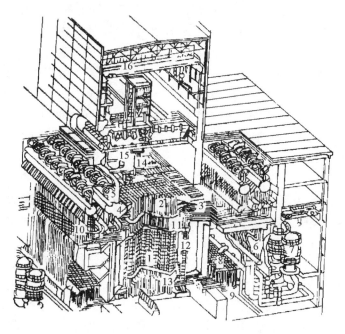

图 6 - 28　切尔诺贝利 4 号机组剖面图

1—反应堆;2—燃料管道立管;3—蒸汽/水竖管;4—汽鼓;5—蒸汽联箱;6—下水管;7—主循环泵;
8—分配母管组;9—反应堆进水管;10—爆破箱检测系统;11—上部生物屏蔽;12—侧部生物屏蔽;
13—下部生物屏蔽;14—乏燃料储存池;15—换料机械;16—桥式吊车

RBMK1000 输出热功率为 3200 MW,主冷却剂系统有 2 个环路,每个环路上有 4 台
主循环泵(3 台运行,1 台备用)和两个蒸汽汽鼓/分离器。冷却剂在压力管内被加热到沸

腾,然后部分汽化,平均质量含气量 14% 的汽水混合物在汽鼓内分离,然后送到两台 500 MW 电功率的汽轮机。

上述设计决定了反应堆的特性和核电厂优缺点。它的优点包括没有笨重的压力容器,没有既复杂又昂贵的蒸汽发生器,又可实现连续装卸料,良好的中子平衡等,但在物理上也存在着明显的缺陷。在冷却剂中出现沸腾时,特别是在低功率下具有正的反应性系数。另一方面高 7m、直径 12 m 的大型堆芯可能会出现氙空间振荡而使堆的控制变得复杂。

6.8.2　事故过程

事故是在进行 8 号汽轮发电机组实验计划时触发的。实验的目的在于:探讨厂内外全部断电情况下汽轮发电机中断蒸汽供应时,利用转子惰走动能来满足该机组本身电力需要的可能性。

4 月 25 日 1 时,反应堆功率开始从满功率下降。13 时 5 分时,热功率水平降至 1600 MW,按计划关闭了 7 号汽轮机。反应堆运转的 4 台主泵、两台给水泵和其他设备所需要的电源切换到 8 号发电机组母线上。根据试验大纲,14 时把反应堆应急堆芯冷却系统与强迫循环回路断开,以防止实验过程中应急堆芯冷却系统动作。23 时 10 分,继续降功率,按实验大纲,实验应在堆热功率 700~1000 MW 下进行。但是,按低功率下运行规程解除局部自动调节系统时,操纵员未能及时消除因自动调节棒测量部件所引起的不平衡状态,结果使功率降到 30 MW 以下。4 月 26 日 1 时,操纵员能够将反应堆热功率稳定在 200 MW。由于在功率骤减期间氙毒的积累,这已是他们能够得到的最大功率。这时操纵员已将大部分控制棒提出,所提升的控制棒数已经超出了运行规程的限制。中心区域内的堆芯中子通量分布已被氙严重毒化。尽管如此,仍决定继续作试验。为了保证试验后有足够的冷却,所有 8 台主循环水泵都投入了运行。为了抑制沸腾的程度,堆芯流率很高,堆芯冷却剂入口温度接近饱和工况。蒸汽压力下降,蒸汽分离器内的水位也下降到紧急状态标志以下。在这种情况下,为了避免停堆,操纵员切除了与这些参数有关的事故保护系统。

1 时 23 分 04 秒,为了试验而关闭了汽轮机入口截止阀,随着汽轮机的隔离,4 台循环水泵开始惰转。试验开始后不久,反应堆功率开始急剧上升。冷却剂的大部分已经非常接近很容易闪蒸成蒸汽的饱和点。具有正空泡系数的 RBMK 反应堆对此类蒸汽形成的响应是,反应性与功率增长,温度与蒸汽产量进一步增大,从而产生一种失控的状态。1 时 23 分 40 秒,操纵员按下紧急停堆按钮,要把所有控制棒和紧急停堆棒全部插入堆芯。但几秒钟后,控制室感觉到了若干次震动,操纵员看到了控制棒已经不能达到其较低的位置。于是手动切除了控制棒的电源,使其靠自重下降。然而,在此期间,反应堆功率在 4 s 内就大约增大到满功率的 100 倍。功率的突然暴涨,使得燃料碎裂成热的颗粒,这些热的颗粒使得冷却剂急剧地蒸发,从而引起了蒸汽爆炸。

大约在凌晨 1 时 24 分,接连听到两次爆炸声,燃烧的石墨块和燃料向反应堆厂房的上空直喷,一部分落到汽轮机大厅的房顶上,并引发了火灾。大约有 25% 的石墨块和燃料管道中的材料被抛出堆外,其中大约 3%~4% 的燃料以碎片或以 1 μm 至 10 μm 直径的颗粒形式被抛出。

两次爆炸发生后,浓烟烈火直冲天空,高达 1000 多米。火花溅落在反应堆厂房、发电机厂房等建筑物屋顶,引起屋顶起火。同时由于油管损坏、电缆短路以及来自反应堆的强烈热辐射,引起反应堆厂房内、7 号汽轮机房内及其临近区域多处起火,总共有 30 多处大火。1 点 30 分,值勤消防人员从附近城镇出发赶往事故现场,经过消防人员、现场值班运行和检修人员以及附近五号、六号机组施工人员共同努力,于 5 点左右,大火全部扑灭。

6.8.3　事故后果处理

事故后的首要任务是尽最大可能减少放射性物质扩散和对人的辐射影响。

为防止熔化元件掉入下部水池,操纵员关闭了有关阀门,将抑压池水排空,消防人员控制火势防止蔓延至 3 号机组。

事故时虽停止了链式反应,但仍有大量余热释放,加之锆-水反应热、石墨燃烧热,核能和化学能同时释放。为防止事故扩大,采取了堆底液氮或氮气强制冷却。

利用直升飞机投下 1000 t 砂子灭火,接着投下粘土、硼、白云石、石灰石和铅等五千余吨于堆上,以形成防护层。先后出动两次约 300 架次飞机。这对灭火、控制事故蔓延、减少放射性物质随烟火抬升扩散起着很好的作用。至 4 月 30 日得到了控制。

修筑带冷却装置混凝土壳,以便最终掩埋反应堆。离堆 165 m 处开挖隧洞,在堆下部构筑带有冷却系统的厚混凝土层,防止从地下泄漏,周围打防渗墙至基岩为止,据报道该项任务于 7 月底完成。

事故后 16 h 开始撤离居民,电厂 30 km 内的居民全部被临时迁移到外地,动员了约 1700 辆机动车,于 4 h 内撤出了 30000 多人,先后共撤出 135000 人。

清除厂内的放射性,在厂区筑上围堤,防止雨水冲刷造成放射性污染水系。为减少事故处理的辐射照射,采取分班轮流作业,进行时间控制,还使用机器人进行了大量工作。

电厂附近 30 km 内,对所有建筑物、生活设施进行水洗。在其周围土地上喷洒聚合物,用薄膜把落下灰吸附,然后将薄膜卷起运至指定地点埋入地下。使用飞机和专用车辆喷洒聚合物粘液,可带粘性塑料薄膜复盖大地,这是较有效的措施。

为防止厂区附近降雨将污染物转入水系,前苏联成立了一个专门消除雨云的气象飞机队,向空中雨云投掷装有特殊物质的纸箱,以驱散雨云。投掷这些"气象炸弹"后,完全排除了方圆 30 km 区域内降雨,避免了流经基辅的大河(第聂伯河)造成污染。

对电厂周围食品和饮用品进行了控制与检查。

事故发生后,对于放射性物质向环境释放情况进行了一系列的测量、分析和评价。这包括:

(1)从 1986 年 4 月 26 日起,在事故机组上方不同部位收集气溶胶样品;

(2)核电厂厂区空气中 γ 的监测;

(3)沉降物样品的分析;

(4)各气象站对气象条件的系统监测。

6.8.4　事故对环境的影响

从切尔诺贝利事故释放出的放射性物质可以分为几个阶段。在事故当天,爆炸能量和大火产生的气体和可挥发裂变产物的烟云有1000~2000 m高,其释放量占总释放量的25%。

4月27日该烟云已移到波兰的东北部。该烟云在东欧上空上升到9000 m高。在事故后的2~6天烟云扩展到东欧、中欧和南欧,以及亚洲10000 m高空。

事故中释放出的源项超过了100 MCi(3.7×10^{18} Bq)。其中惰性气体释放了100%,I为40%,Cs为25%,Te大于10%,详见表6-6。

表6-6　事故释放的放射性量

核素	释放总量$\times 10^{16}$ Bq		
	4月26日	至5月6日	至1986年5月从反应堆排放的放射性总量,%
^{133}Xe	17.5	166.5	100
^{85m}Kr	0.55	—	100
^{85}Kr	—	3.33	100
^{131}I	16.65	36.1	20
^{132}Te	14.8	4.91	15
^{134}Cs	0.55	1.75	10
^{137}Cs	1.11	3.7	13
^{99}Mo	1.66	11.1	2.3
^{95}Zr	1.66	14	3.2
^{103}Ru	2.22	11.8	2.9
^{106}Ru	0.74	5.92	2.9
^{140}Ba	1.35	16.31	5.6
^{141}Ce	1.48	10.36	2.3
^{144}Ce	1.66	8.88	2.8
^{89}Sr	0.925	8.14	4
^{90}Sr	0.055	0.814	4
^{239}Np	9.99	4.44	3.2
^{238}Pu	3.7E—4	2.86E—3	3
^{239}Pu	3.7E—4	2.59E—3	3
^{240}Pu	7.4E—4	7.4E—3	3
^{241}Pu	7.4E—2	0.518	3
^{242}Pu	1.11E—6	7.4E—6	3
^{242}Cm	1.11E—2	7.4E—6	3

鉴于事故的严重性和可能的释放量,很快就作出了采取疏散的决定。首先在3 h内从普里皮亚特镇和切尔诺贝利疏离了45000人。其中大部分受到了大于0.25 Sv的辐照剂量,最严重者为0.4~0.5 Sv。以后几天,外围30 km范围内又撤离了90000人。

核电厂周围30 km以外地区所受的影响主要是放射性沉降而产生的地面外照射和

食入内照射。估计欧洲各国的积累总剂量为 5.8×10^5 人·Sv。原苏联国内所受的相应剂量为 6.0×10^5 人·Sv。欧洲经济合作与发展组织(OECD)核能机构评价了切尔诺贝利事故对欧洲其他国家的影响,指出西欧各国个人剂量不大可能超过一年的自然本底照射剂量,由社会集体剂量推算出的潜在健康效应也没有明显的变化,据估计,晚期癌症致死率只增加了 0.03%。

由于发生事故后最初几小时参加抢险工作的结果,电厂和事故处理的部分人员受到了大剂量照射。同时在参加扑灭火灾时被烧伤。总计大约有 500 人住进了医院,切尔诺贝利事故共造成了 31 人死亡。

6.8.5　事故原因与经验教训

从本质上说,切尔诺贝利事故是由过剩反应性引入而造成的严重事故。管理混乱、严重违章是这次严重事故发生的主要原因。操纵员在操作过程中严重地违反了运行规程。在表 6-7 列出了主要的违章事例。

其次,反应堆在设计上存在严重缺陷,不具备固有安全性。

反应堆具有正的空泡反应性系数。在平衡燃耗和额定功率下空泡反应性系数是正值,为 $2.0 \times 10^{-6} \delta k/k/1\%$ 蒸汽容积;慢化剂(石墨)的温度反应性系数也是正值,为 $6 \times 10^{-5}/℃$。虽然在正常工作点上,综合的功率反应性系数是负值,为 $-5 \times 10^{-7}/MW$,但是,在堆功率低于 20% 额定功率时,这个综合效应却是正的。因而,在 20% 额定功率以下运行时,反应堆易于出现极大的不稳定性。

在其他各种外在因素(操纵员多次严重违反操作规程等)存在条件下,正是通过这个内在的正的空泡反应系数导致反应堆瞬发临界,造成了堆芯碎裂事故。

此外,该核电厂没有安全壳,也是该事故造成对环境严重影响的一个原因。

表 6-7　切尔诺贝利-4 的违章操作

违章内容	动机	后果
(1)将运行反应性裕度降低到容许限值以下;	试图克服氙中毒	应急保护系统不起作用
(2)功率水平低于试验计划中规定的水平;	切除局部自动控制方面的错误	反应堆难以控制
(3)所有循环泵投入运转,有些泵流量超过了规定值;	满足试验要求	冷却剂温度接近饱和值
(4)闭锁了来自两台汽轮发电机的停堆信号;	必要时可以重复试验	失去了自动停堆的可能性
(5)闭锁了汽水分离器的水位和蒸汽压力事故停堆信号;	为了完成实验,任凭反应堆不稳定运行	失去了与热工参数有关的保护系统
(6)切除了应急堆芯冷却系统	避免试验时应急堆芯冷却系统误设入	失去了减轻事故后果的能力

当放射性物质大量泄漏时,没有任何防护设施能阻止它进入大气。原设计反应堆本体和汽水分离器主要冷却回路分别置于混凝土的辐射防护屏蔽隔离室,由这些相邻隔离室组成反应堆主厂房,厂房不密封、不能承压,起不到安全壳的作用,其安全措施较压水堆差。

6.9　福岛事故

2011年3月11日14点46分,日本东北部地区太平洋海域发生了里氏9级地震,震源深度23.7 km,这是日本有史以来最大的一次地震,并随后引发巨大的海啸。海啸摧毁了无数的房屋、商业建筑、船只、汽车和财物。海啸导致561(km)² 区域被洪水淹没,造成约25000人死亡或失踪,数十万人无家可归。地震和海啸大面积摧毁了附近大面积的基础设施,包括电力、通信和交通。频繁发生的余震也妨碍了各种事故响应措施的实施。

该自然灾害袭击了东京电力公司下的 Fukushima Daichi 核电厂(福岛第一核电厂)和 Daini 核电厂(福岛第二核电厂),爆发了一场空前的核事故,在几个堆同时发生核燃料、反应堆压力容器和安全壳受到损害的严重事故,其规模和持续时间均是史无前例的。

地震造成福岛第一核电厂所有6路外部电源全部丧失。对于海啸,福岛第一核电厂建造许可证申请是按最大设计基准海啸高度3.1 m考虑的,后根据2002年的评估,最高水位应为5.7 m,作为评估的响应,提高了海水泵的安装高度。但是,这次海啸的淹没高度达到了14~15 m。所有机组用于冷却的海水泵设施全部被淹没并失效。除了6号机组外的其他所有安装在地下室的应急柴油发电机均被淹没并失效。

最终造成福岛第一核电厂1、2和3号机组堆芯发生熔化事故,大量放射性向环境释放。

福岛第一核电厂在东京东北部240 km处,其所处的福岛县人口密度并不高。图6-29示意表示了地震震中与日本核电厂的位置,图6-30显示了福岛第1核电厂各个机组的配置,1号到4号机组相互靠的较近,5号与6号机组相邻,但距1~4号机组有一定距离。

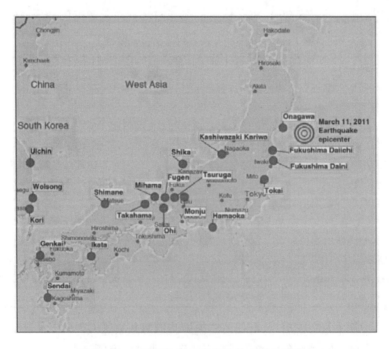

图6-29　地震震中位置和日本核电厂位置分布

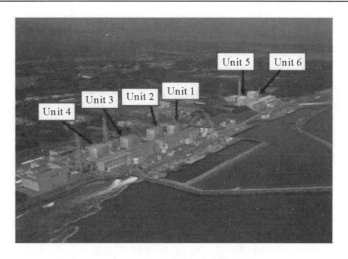

图 6 - 30　福岛核电厂机组排布

6.9.1　电厂描述

福岛第一核电厂位于福岛县双叶郡，由 6 台沸水堆组成，总装机容量是 469.6 万千瓦。沸水堆和压水堆一样，采用相同燃料、慢化剂和冷却剂，但堆芯工作压力由压水堆的 15 MPa 左右下降到 7 MPa 左右。以沸腾水为中子慢化剂和冷却剂，并在反应堆压力容器内直接产生饱和蒸汽。

沸水堆本体由反应堆压力容器、堆芯、堆内构件、汽水分离器、干燥器、控制棒组件及喷射泵组成。沸水堆堆芯燃料组件有元件盒。典型沸水堆堆芯有约 $400 \sim 800$ 个燃料组件，燃料棒 6×6，7×7，8×8 正方形排列，燃料棒的直径比压水堆的稍大一些。燃料棒也是二氧化铀燃料芯块，以锆－2 合金作包壳，内部充满氦气，端部加锆－2 合金端塞。

沸水堆控制棒组件呈十字形，外壳是不锈钢包壳，壳内装有碳化硼小管。

从安全壳来看，福岛第一核电厂 6 台机组中有 5 台是 Mark-Ⅰ型沸水堆，由通用电气公司设计和制造。1 号机组是最老的，于 1971 年 3 月开始商业运营，其电功率约 460 MW。其他的 4 个机组（2 到 5 号）在接下来的 1974 到 1978 年陆续投入商业运营，其电功率水平约为 800 MW。6 号机组是 Mark-Ⅱ型的设计，电功率水平达到 1100 MW。需要注意，所有的 Mark-Ⅰ型机组都有 2 台应急柴油发电机，安全壳的设计压力约为 4 bar。基本信息如表 6 - 8 所示。

通用电气公司设计的 Mark-Ⅰ和 Mark-Ⅱ型的 BWR 是小尺寸安全壳，安全壳抑压水池提供大量水用来冷凝大 LOCA 设计基准事故下产生的蒸汽。冷凝过程吸收卸放到安全壳中的热量，因此安全壳体积可能明显减少，安全壳的设计压力为 $3 \sim 5$ bar。因此，BWR Mark－Ⅰ型安全壳的容积只有 PWR 安全壳容积的 $12\% \sim 15\%$，见图 6 - 31。

对于小容积的 BWR Mark-Ⅰ和Ⅱ型安全壳，在 BWR 严重事故中产生的氢气便成了一个很大的问题，因为在 BWR 堆芯中有更多的锆量，在严重事故中其氧化会产生成吨的氢气。氢气在 Mark-Ⅰ型安全壳迅速积累会有在安全壳内爆燃的危险。为此，在 BWR Mark-Ⅰ和 Mark-Ⅱ型安全壳内充氮惰化气氛以避免在安全壳内燃烧。

地震前,福岛第一核电厂6台机组的运行状态是:1号机组在额定电功率下运行,2、3号机组在热功率下运行,4、5、6号机组正在定期检修。4号机组为彻底检修,所有核燃料都转移到乏燃料池。

表6-8　福岛第一核电厂基本信息

机组	1号	2号	3号	4号	5号	6号
安全壳类型	BWR-3 Mark Ⅰ	BWR-4 Mark Ⅰ	BWR-4 Mark Ⅰ	BWR-4 Mark Ⅰ	BWR-4 Mark Ⅰ	BWR-5 Mark Ⅱ
电功率/MW	460	784	784	784	784	1100
商运时间	1971年3月	1974年7月	1976年3月	1978年10月	1978年4月	1979年10月
堆供应商	GE	GE	Toshiba	Hitachi	Toshiba	GE
压力容器设计压力/MPa	8.24	8.24	8.24	8.24	8.62	8.62
压力容器设计温度/℃	300	300	300	300	302	302
安全壳设计压力/MPa	0.43	0.38	0.38	0.38	0.38	0.28
安全壳设计温度/℃	140	140	140	140	138	171 干阱 105 镇压水池
柴油机数量	2	2	2	2	2	3(一台为空冷)
3月11日时电厂状态	运行	运行	运行	换料	换料	换料

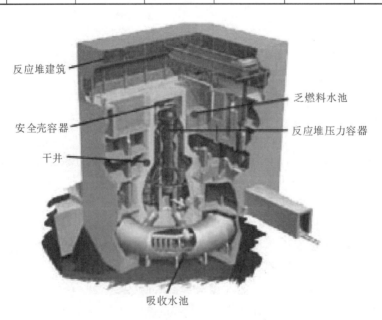

图6-31　Mark-Ⅰ　BWR的压力容器、安全壳和反应堆建筑结构

6.9.2　事故过程

2011 年 3 月 11 日 14 点 46 分,发生里氏 9 级地震(在设计上能够抗该震源处 8.2 级地震),尽管超过设计基准,但 1、2 和 3 号堆都实现了自动停堆,停止链式反应。4、5 和 6 号堆原来就在停堆维修状态。但地震造成六条供核电厂线路破坏,输电线倒塌,核电厂丧失厂外电源,但燃料的余热依靠应急发电机启动应急冷却系统实现冷却。

41 分钟后,高达 14~15 m 的第一波海啸造成冷却辅助系统的所有海水泵被淹没,除了 6 号机组外,所有多列的应急柴油机和配电盘被淹没和丧失功能。操作员在黑暗中工作,只有少量仪表和控制系统。

1、2 和 3 号机组中使用交流电源的堆芯冷却功能全部失效,不使用交流电源的堆芯冷却功能投入运行,或者准备投入运行。这包括:1 号机组的隔离冷凝器,2 号机组的堆芯隔离冷却系统(RCIC)、3 号机组的堆芯隔离冷却系统(RCIC)以及高压注入系统(HP-CI)。隔离冷凝器约有 110 m^3 水,有能力承受停堆后头 1.5 h 产生的衰变热。它采用自然循环,蒸汽从堆出来,在冷凝器冷凝,冷凝液依靠重力回到再循环管线入口进入堆芯实现冷却。堆芯隔离冷却系统 RCIC 利用堆产生的蒸汽供给汽轮机来驱动泵(即汽动泵),可以从冷凝水箱(近 2000 m^3)或从抑压水池取水,为堆芯提供冷却。高压注入系统(HPCI)是应急堆芯冷却系统,采用由余热产生的水蒸气提供给汽轮机来驱动泵。

这些设施的运行,虽然可以不需要交流电,但是无法长期运行,操作员依靠应急电池维持在一定时间内向反应堆实现冷却。最后,厂外电不能恢复,又无可移动电源,电池耗尽,无法向压力容器持续较长时期的注水,余热带不走。反应堆温度上升,堆内水位下降,造成堆芯燃料裸露过热,锆金属与水化学反应产生氢,导致堆芯熔化,部分熔化的燃料滞留在压力容器底部。

如上所述,3 个机组在事故后所采用的不需要交流电源的冷却系统是不同的,这些系统只运行了一段时间,且各个机组没有水冷却或注入的时间是很不同的。估计 1 号机组没有水注入的时间有 14 h9 min,估计 1 号机组堆芯产生了 800~1000 kg 的氢。估计 1 号机组在事故后几小时,2 号机组在事故后 71 h 和 3 号机组在事故后 36 h,燃料损坏了。

丧失堆芯冷却能力的压力容器压力上升,为降低蒸汽压力,操作员通过安全阀向安全壳排放,引起一次安全壳温度和压力上升。为了控制安全壳压力和氢浓度水平,操作员多次对一次安全壳湿阱实施排放措施,以避免一次安全壳过压失效。一次安全壳的排放物经过过滤出排放管进入二次安全壳即反应堆厂房,位置在反应堆厂房顶部换料平台高释放点。

在向二次安全壳排放后,从一次安全壳中泄漏出的氢气在反应堆厂房上部区域发生了氢爆。摧毁了反应堆厂房的操作平台,造成大量放射性物质释放到大气环境。事故后 25 h(3 月 12 日)1 号机组和事故后 68.5 h(3 月 14 日)3 号机组,氢爆造成包围安全壳的厂房倒塌。在 3 号机组反应堆厂房被摧毁后,4 号机组反应堆厂房也发生了可能由氢气产生的爆炸,摧毁了上部区域,其原因可能是 3 号机组厂房破坏后,3 号机组产生的氢跑到 4 号机组厂房发生了爆炸。

之后的几小时内,事故在发展,并启动了严重事故管理规程。根据情况适时地向一回路注入淡水或海水,尽快修复厂外电源向厂址供电,利用消防水泼洒,并向乏燃料池注水。根据一次安全壳压力,操作员实施排放卸压和释放氢气。

事故后 87.5 h,3 月 15 日,2 号机组发生了氢爆。

之后又在机组和乏燃料水池的多处地点发生过着火事件。事故后 91 h,3 月 15 日,4 号机组反应堆厂房起火。事故后 115 h,3 月 16 日,3 号机组出现白烟。

4 月 27 日,TEPCO 对堆芯损坏分额作出估计:1 号机组为 55%,2 号机组为 35%,3 号机组为 30%。

在表 6-9 和图 6-32,以福岛第一核电厂 1 号机组为例说明事故的主要进程。

表 6-9 福岛第一核电厂 1 号机组事故的主要进程

时间点	现象与措施	说明
3 月 11 日 14:46	地震,自动停堆,丧失外部电源,启动两台应急柴油机	
3 月 11 日 14:52	自动启动应急隔离冷凝器系统(IC)来冷却反应堆,	
3 月 11 日 15:03	应急隔离冷凝器系统停止工作	按运行规程,冷却速度为 55 ℃/h。堆压力上升下降了三次,表明 IC 手动运行
3 月 11 日 15:37	海啸造成两台应急柴油机丧失功能,丧失所有 AC	
3 月 11 日 17:00	估计水位下降,燃料开始裸露,融熔燃料到压力容器底部	按 NISA 评价,HPCI 没有运行。压力容器底部可能受损,某些燃料下降并在干阱地面积累
3 月 12 日 05:46	利用消防车水泵通过消防管线注入淡水	到 14:53 注入了 80 m³ 升水,开始不知道已经停止注入了。估计注水停止了 14 h9 min
3 月 12 日 14:30	对 PCV 进行了湿阱通风	
3 月 12 日 15:36	反应堆厂房出现氢爆	压力容器温度上升造成锆-水反应,产生氢泄漏在堆厂房积累。4 月 7 日开始在 PCV 内充 N_2
3 月 12 日 19:04	通过消防管线注入海水	在政府与 TEPCO 之间通信存在混乱,但海水一直在注入。到 3 月 25 日恢复了淡水箱水的注入。由此看出,在地震后 1 h 的堆芯水位不足以自动启动高压安注
3 月 27 日	恢复 1、2 和 3 号机组中心控制室厂外电和照明	
3 月 30 日后	继续向堆压力容器注入淡水。泵淡水已由消防卡车切换到利用柴油机供电的临时电动泵以 6~8 m³/h 流量通过给水管向堆压力容器注水。向堆注入的水似乎在压力容器底部有泄漏	到 5 月 31 日注入的水总量是 13700 t,产生的蒸汽估计是 5100 t,泄漏量是其差值 8600 t 再减去压力容器内的 350 m³

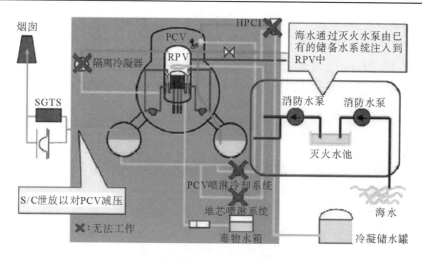

图 6-32　1 号机组的主要事故进程

6.9.3　核应急响应

事故后,在当天 19:03 宣布核应急状态。成立核应急响应指挥中心以及地方应急响应指挥中心,均由首相担任总指挥。

3 月 11 日 21:23,作为福岛核电厂事故状态的响应,将 3 km 内区域为撤离,3~10 km 区域为室内隐蔽区。随后,3 月 12 日 18:25,将撤离区域扩大到 20 km 范围。3 月 15 日 11:00,将室内隐蔽区扩展至 30 km。共撤离了 185000 人。4 月 21 日将 20 km 范围定为"受限制区域"。

实施了放发碘片措施,230000 单元。

随环境放射性水平增加,采取了食物控制的措施。

对于环境的监测,按计划要求由当地政府负责,当事故发生后初始阶段,大部分监测点均出现故障。从 3 月 16 日开始,决定由文部科学省、当地政府以及美国合作机构一起进行监测。负责测量大气剂量率、土壤放射性浓度以及大气中放射性物质浓度。对核电厂附近海域,由日本有关机构合作监测海水和海床的放射性浓度。

由于无法获得电厂信息和源项信息,日本开发的应急响应支持系统(ERSS)和环境应急剂量信息预测系统(SPEEDI)都无法发挥作用。

6.9.4　放射性向环境的释放

根据日本原子力学会提供的反应堆状态的数据以及其他数据,日本原子力保安院(NISA)估计了福岛第一核电厂各机组反应堆放射性物质释放的总量,碘-131 的释放量约为 1.6×10^{17} Bq,铯-137 的释放量约为 1.5×10^{16} Bq。

4 月 2 日,发现 2 号机组电缆处污染水的放射性水平到 1000 mSv/h。放射性污染了海水。到 4 月 6 日停止工作前,总排放量约为 4.7×10^{15} Bq。决定采取贮存高污染水,但没有贮存罐。为了保证贮存能力,在 4 月 4—10 日排放了低放射性水,排放总量估计是 1.5×10^{11} Bq。

事故开始时,按 INES 标准,将 1、2 和 3 号机组核事故定为 5 级,对 4 号机组定为 3

级。经过三周的观测，表明 1、2 和 3 号机组燃料组件有部分熔化。4 月 12 日根据 3 月 18 日以来的信息估计放射性物质向大气释放量约是切尔诺贝利事故的 10%，按此评价，将福岛事故定为 7 级。

6.9.5　人员辐照照射情况

到 5 月 23 日进入区域的工人总数为 7800 人，平均剂量为 7.7 mSv。其中有 30 人超过 100 mSv。内照射剂量待以后测量，考虑其未来剂量可能超过 250 mSv。

3 月 24 日，两个工人进入积水中，其剂量估计小于 2～3 Sv。

到 5 月 31 日，受照的居民有 195345 人接受了检查，未发现健康受损的案例，有 1080 儿童接受甲状腺检查，受照值低于规定水平。

在 4 月 3 日在汽轮机厂房发现有二人死于海啸，这与放射性事故无关。

6.9.6　事故原因与经验教训

发生这起事故的原因是多方面的。首先，地震级别和随后的海啸自然灾害远远胜过了设计基准，地震后立即造成丧失所有的外电源，但对核反应堆安全性至关重要的系统、设备或装置并未受到地震的破坏，及时启动了应急柴油发电机，保证了厂内电力供应，维持了 RCIC 和 IC 冷却系统的正常运行。真正袭击核电厂的是随后 14～15 m 的海啸，致使应急柴油发电机和开关装置被淹没，导致丧失所有交流电，海水冷却系统也被淹没，失去了输送热量到海水的最终热阱。

总结这些事实，造成福岛第一核电厂 1 号、2 号和 3 号机组事故的直接原因是所有交流电源的丧失，它导致反应堆堆芯冷却的故障，随后堆芯破坏并导致堆芯熔毁。

此外，福岛第一核电厂几台机组是在上世纪 70 年代建成的，并运行了 40 年，到达了运行寿命，虽经过延寿审查，但总体上看，设备老化或有缺陷，设计上也有一些问题，对氢缺乏有力的措施。在事故发生后，也有处置不当，存在侥幸心理和想保全设备和核电厂等问题，致使未能及时采取有效措施。如果事故后及时注入海水或其他有效措施，有可能阻止堆芯熔毁，或减少事故后果。

本次核事故导致几台机组同时发生严重核事故，虽然没有造成人员死亡，但却动摇了民众对核电的信心，经验教训是深刻的，对世界核电造成的影响是深远的。下面从严重事故预防、缓解、应急响应、安全监管和安全文化等方面总结经验教训。

（1）严重事故是有可能发生的。对目前的安全理念必须反思，除设计基准外，必须考虑超设计基准，甚至更严重的事故。如何看待目前对核电厂评价的确定论评价方法和概率论评价方法（PSA），如何理解对 PSA 分析给出的堆芯损坏频率。

（2）必须深入研究地震、水淹、海啸、飓风和火灾等自然灾害带来的影响，提高电厂对其的防范能力。要考虑组合的自然事件，如地震后引发海啸造成的水灾，要有缓解能力程序。

（3）要重视电厂对全厂断电事故的处理能力。不能确保电力供应是本次核电厂的主要原因。从外部事件共因失效来看，福岛第一核电厂缺少多样化的供电电源，安装的设备（如开关板）不满足能承受严重的环境条件（如水淹）的技术要求。此外，与恢复交流电所需要的时间相比，蓄电池的使用寿命太短，恢复交流电所需要的时间目标也不明确。

（4）必须确保反应堆、安全壳和乏燃料池的冷却功能。该事故中，海水泵功能的丧失导致最终热阱的丧失。事故时，虽然启动了堆的注入措施，但由于水源的枯竭、电力供应的丧失,仍然无法避免堆芯的损坏,安全壳的冷却功能也无法正常运转。该事故中,供电的丧失造成了乏燃料池冷却功能的丧失,需要采取措施防止因乏燃料池冷却功能丧失造成的严重事故。由于乏燃料池出现重大事故的风险远小于堆芯事件风险,目前一般不考虑向乏燃料池注水的备用措施。在核电厂布置方面,乏燃料池位于反应堆厂房的较高区域,这使事故应对也变得困难。

(5)必须有全面的事故管理措施。在事故后核电厂采取了事故管理措施,尽管部分措施也起到了作用,如用消防水系统作为备用措施向反应堆注水,但其他措施并没有发挥作用,未能确保电源供应和反应堆冷却,结果表明这些措施不够充分。措施的制定是运营单位自己制定的,非法律要求,措施制定缺乏严肃性。

(6)多机组核电厂事故的应急响应。本次事故在多座反应堆上同时发生,必然分散了事故应对所需要的资源,而且由于两座反应堆共用一些设施,加上实体距离过小,一个反应堆中核事故的发展往往会影响邻近反应堆的应急活动。在反应堆设计中应该考虑一座反应堆在设计上的独立性。

(7)加强预防氢爆炸的措施。在该事故中,几台机组都在反应堆厂房发生了氢气爆炸,而且无法采取有效的应对措施,又连续不断发生了多次氢气爆炸。设计中在安全壳内考虑了惰性环境,并设置了点火控制系统,但未考虑氢气泄漏到反应堆厂房而引发的氢气爆炸。

(8)提高仪表性能和强化辐射照射管理系统。由于在严重事故下堆和安全壳仪表不能充分发挥功能,无法快速充分获得堆水位、压力和放射性物质释放种类和数量等重要信息,难以确定事故发展的态势。大部分个人剂量计和剂量读数装置因水淹而失效,无法进行充分的辐射管理。必须加强辐射照射管理系统,储备足够的个人剂量计、事故防护服以及防护装置,建立管理体系,以便在事故下增加放射性管理人员,改善结构和设备。

(9)改善事故响应的环境。事故中,主控制室辐射剂量升高,可居留性降低,导致常时间内无法在主控制室开展工作。应急控制中心辐射剂量升高和通信照明条件的恶化也影响事故应急活动。

(10)加强环境监测。当地政府负责应急情况下的环境监测,但由于环境监测设备和设施因地震和海啸遭到破坏,而且相关人员必须从厂外应急中心撤离,致使事故后不可能立即进行准确环境监测。必须建立一种机制,在应急情况下政府能够可靠有计划地进行环境监测。

(11)加强安全监管。日本现有的组织和结构阻止了对大规模核事故快速应对能力的动员。日本政府打算将日本原子力保安院(NISA)从经济产业省中分离出来,并审查核安全法规管理和环境监测的执行框架。

根据该核事故经验,将对核电厂设计、运行、安全管理和核应急准备及响应的法律结构及其有关标准、导则进行审查和改进。

应该说,福岛核事故是在极强的9级地震下并随后出现极罕见的海啸下发生的。这种情况使操纵员迷失了方向,也限制了他们从专家和有知识经验的人那里得到技术支持。如果操纵员能够建立热阱,在失去所有注入后2~4 h内向压力容器加水,福岛事故本是可以得到缓解的。

日本当局及时对核电厂周围采取了撤离措施,缓解了对公众造成的辐照后果。福岛事故没有造成因辐照引起的急性死亡,只是少数电厂员工受到高剂量照射。但是,福岛核事故已经对世界的核动力的未来产生了影响。在该事故前,核动力已经在许多国家出现复苏的迹象,福岛核事故的发生又冻结了这些核计划。裂变核能可以接受吗?面临着严重的考验,存在公众可接受性问题,政治因素往往又起到很重要的作用。福岛事故后,许多国家做出迅速反应。德国立即停止了7个较老核电厂的运行,并打算到2022年关停所有核电厂。

不过,发展中国家需要电力,从环境和气候变化考虑,煤不是一个好的选择。随着核技术的改进,只要保证公众只在短时间内受到低水平放射性的照射,不产生任何致病的健康效应,公众还是会接受核动力的。

习　题

1. 简述压水堆堆芯熔化过程的分类及其区别。
2. 导致安全壳早期和晚期失效的原因有哪些?
3. 解释何谓严重事故对策。
4. 解释何谓核应急,应急计划的分级和特征。
5. 简要叙述三哩岛、切尔诺贝利和日本福岛核事故的起因,按国际核事件分级表说明这三大核事故的事件等级,从这三起核事件中应吸收什么经验教训。并对当今核电发展的安全问题提出自己的见解。

参考文献

[1]　Lewis E E. Nuclear Power Reactor Safety[M]. John Wiley & Sons Inc. , 1977.

[2]　O. C. 琼斯. 核电厂安全传热[M]. 贺安全译, 北京:原子能出版社,1988.

[3]　Alsmeyer H. Melt Attack and Penetration of Radial Concrete Structures Cooled by Outside Water. Proc. 3rd Workshop on Sevfre Accident Research in Japan, JAERI-nemo 05-100, 1993.

[4]　Eltawila F, et al. Studies of Core Debris Interaction, Proc. 17th WRSM.

[5]　Fortana M, et al. Nuclear Power Plant Resonse to Severe Accidents, EPRI-ID-COR, Technology for Energy Corp. , Konxville(Tennessee), Nov. 1984.

[6]　Fosberg C W, et al. Core-melt Source Reduction System to Terminate LWR Core-melt Accident, Second Int. Conf. on Nuclear Engineering, ICONE-2, San Francisco, U. S. A. ,1993.

[7]　Hofmann P, et al. Reactor Core Material Interactions at Very High Temperatures, J. of Nuclear Energy, Vol. 188(1992):131-145.

[8]　OECD/NEA. The Role of Nuclear Reactor Containment in Severe Accidents, Nuclear Energy Agency OECD, 1989.

[9]　杨志林,等. 反应堆严重事故下的传质传热的研究[J]. 核科学与工程, Vol. 17, No. 2,1997.

[10]　原苏联国家原子能利用委员会. 切尔诺贝利核电站事故及其后果[R]. 中译本. 国家核安全局,1986.

第7章 概率安全评价法

本章介绍概率安全评价(PSA)的基本概念,简要说明事件树和故障树分析方法,给出 PSA 在核电厂安全评价中实际应用的结果,最后给出 PSA 新近发展和应用前景。

7.1 概率安全评价方法

概率安全评价(PSA)又称概率风险评价(PRA)是 20 世纪 70 年代以后发展起来的一种系统工程方法。它采用系统可靠性(即故障树、事件树分析)和概率风险分析方法对复杂系统的各种可能事故的发生和发展过程进行全面分析,从它们的发生概率以及造成的后果综合进行考虑。

1979 年美国三哩岛核事故发生后,人们发现该事故的整个发生发展过程在 1975 年发表的《反应堆安全研究》(WASH-1400)中有明确预测。从此以后,概率安全评价得到广泛的承认,世界上所有发展核电的国家无一例外地开展了这方面工作,方法本身也已趋于成熟。制造商、运营单位、研究单位、以及管理当局已在核电厂审批监督、核电厂评价、定期安全审评、诊断故障、指导运行、制定维修策略、改善核电厂运行安全特性、分析设计中的薄弱环节、改进设计、新型反应堆设计等各方面广泛地采用了 PSA 技术,并逐步发展为进行安全评价和安全决策的标准工具。

按概率安全评价法的观点,核电厂中发生的事件或事故是一个随机事件,并不存在"可信"与"不可信"的截然界限,只是发生的概率有大小之别,一座核电厂可能有各种潜在事故,事故所造成的社会危害理应用所有潜在事故后果的数学期望值来表示,这个数学期望值就是风险。核电厂风险研究中指出,堆芯熔化是导致放射性物质向环境释放的主要因素,而小破口失水事故和运行瞬变是引起堆芯熔化的主要原因。二哩岛事故的教训说明,采用 PSA 法是更为合理的。

风险评价方法引入了风险的概念,按简单定义风险就是后果与造成这种后果的事故发生频率的乘积。风险的单位就是每年死亡人数(群体风险)或每年每人死亡率(个人风险)。风险具有定量的意义,也适用于人们所从事的社会活动的各个领域,这样,PSA 法就可把核电厂引起的社会风险与自然灾害或人为因素引起的社会风险进行比较,同样也能与火电厂或水电站所引起的社会危害进行比较,因此 PSA 法易于被广大居民所接受。

在 PRA 中,要系统地回答三个问题。这些问题结合在一起,有时称为"风险三要素":

(1)什么能够变坏?说明事故的情景。什么情况能够造成偏离正常运行?什么系统可用来缓解事件? 什么操作员行动可以影响事件的发展?

(2)有多大可能性发生? 说明概率和频率的问题,偏离事件的频率,设备失效的概率,设备不能服务的概率,人员差错概率;

(3)会造成什么样结果,说明其后果。

风险评价方法是一种系统的安全评价技术。对核电厂这样复杂的系统作系统的分析思考,以严格的数理逻辑推理和概率论为理论基础,提供一种综合的结构化的处理方法,找出可信的事故序列,评价相应的发生概率和描绘造成的后果。概率安全评价方法与传统的确定论安全分析的区别就在于:它不仅能确定从各种不同始发事件所造成的事故序列,它还能够系统地和现实地确定该事故的发生频率和事故造成的后果。

应该说,对核电厂进行 PSA 分析过程实际上就是对核电厂的一次全面审查、全面认识的过程,是从不同的角度对核电厂复杂工艺系统的安全性作出全面综合的分析。在分析过程中,还能对系统相关性、人员相互作用、结果不确定性、不同事故系列的"相对重要性"等各方面作出全面完整的分析。PSA 为安全有关问题的决策提供了协调一致的完整的方法。

尽管 PSA 作为一个工具,提供了许多有用信息。但也应看到 PSA 的数值结果有它的局限性和不确定性,有些问题,例如人的行为和人为破坏是很难进行定量比较的。因而,对具体核电厂的应用来说,坚持多重屏障和纵深防御设计原理,预防事故的发生和减轻事故后果,即采用传统的确定性分析方法乃是一个合理权衡的工程方法。

应该注意到,PRA 不是代替传统的对保证安全而作出的努力,而是对其补充。PRA 是对"经验指引"和"管理指引"的设计和运行实际的补充。PRA 按"风险指引"处理是有效的。

7.2 风险的定义

风险一词有各种含义,通俗地说,可以将风险看成人们从事某种活动,在一定的时间内可能给人类带来的危害。不同的人对风险可能有不同的理解。这种不一致性可能在风险评价和管理中引起严重的混乱。"风险"一词在字典中定义为:"生命与财产损失或损伤的可能性"。按此定义转化成数学上的语言,可能性即为事件发生的概率,如果以每年发生的概率计算即为事件发生的频率,生命与财产损失或损伤即为事件发生造成的后果,"的"即为"乘积"。所以通常将风险定义为事件发生频率和事件后果大小的乘积,即:

$$风险 R(后果/单位时间)=P(事件/单位时间)\times C(后果/事件)$$

风险又可分为个人风险和社会风险两类。个人风险系指在单位时间内由于发生某一确定事件而给个人造成的后果。社会风险系指对整个社会群体造成的后果。显然,社会风险等于个人风险与该群体内人数的乘积。

作为示例,分析美国汽车车祸带来的风险。根据统计,美国每年大约有 15×10^6 起车祸。每发生一起车祸平均损失 300 美元,每发生 300 起事故大约有 1 人死亡。

这样,因汽车事故造成的经济损失为:

15×10^6 次事故/年×300 美元/次事故=4.5×10^9 美元/年

因汽车事故造成的死亡数:

15×10^6 次事故/年 $\times 1$ 人死亡/300 次事故 $=50000$ 人死亡/年

如美国人口按两亿计算,则平均个人风险为:2.5×10^{-4} 死亡/(人·年),0.075 次事故/(人·年)和 22.5 美元/(人·年)。

显然,开汽车带来的风险在美国认为是可以接受的。如考虑 40 年内每年行驶 50000 km,他们的风险可能是每 30 人中有一人因交通事故而丧生。

类似地,将风险定义用于核电厂。可以求出核电厂给公众造成的风险 R:

$$R = \sum_{i=1}^{M} c_i p_i \tag{7-1}$$

式中,p_i 为发生 i 种失效模式的事故发生频率;c_i 为由于发生 i 种失效模式造成的后果;M 为所有失效模式的总数。

在上述风险定义中,实质上人们对风险作了线性迭加的假设,这有着明显的缺点,它并没有考虑人们的心理影响。从表面上看,大量后果轻的小事故和少量后果严重的事故风险值可以相等。但是,人们总觉得在同等风险值下,少量的严重事故的社会影响要大得多。对于每年汽车事故造成 50000 人死亡是不足为奇的,因为每一次事故涉及的最多只是少数人死亡,但单一事故造成 50000 人死亡则是很难接受的。

为了在风险定义考虑这种非线性,将风险定义改为:

$$R = \sum_{i=1}^{M} c_i^{\nu} p_i \tag{7-2}$$

式中,ν 为考虑风险可接受性的修正因子,$\nu > 1$,按 NUREG-0739 的推荐,ν 取 1.2。

表 7-1 给出美国各种不测事故的个人风险。显然,对于高于 10^{-6} 死亡/(人·年)的风险,人们愿意花钱和时间去采取预防措施。N. Rasmussen 等学者在 1974 年首次发表了为美国原子能委员会所作的一项研究工作,它根据 20 世纪 60 年代后期的工艺,估计了与反应堆运行有关的风险。他们利用故障树和事件树的概率分析方法估算了社会的和个人的风险值。他们的结论是,如果有 100 座核电厂在运行,每百年因反应堆事故死亡的只有 4 人。给出的个人的风险大约为每年每人 2×10^{-10} 死亡,这个概率是很小的。换一种说法,可以看出在美国由于 100 座核电厂运行而造成 1000 人死亡的概率,同因殒石冲击造成死亡的可能性相等。因地震造成同样多人死亡的概率可能要大 30000 倍以上。

由此表可以看出,核电的风险是可以接受的。随着设计和工艺的改进,运行经验的积累,核电造成的风险还在逐渐减小。

一般认为每人每年死亡概率小于 10^{-7} 是一个可接受的风险值,它比现有社会事故风险水平 6×10^{-4} 死亡/(人·年)要小 3～4 个数量级。

表 7-1　美国各种原因引起的人身早期死亡风险

事　故	1969 年死亡总人数	个人风险死亡/人·年
汽车	55791	3×10^{-4}
坠落	17827	9×10^{-5}
火灾和高温	7451	4×10^{-5}
溺水	6181	3×10^{-5}

事　故	1969 年死亡总人数	个人风险死亡/人·年
中毒	4516	2×10^{-5}
枪击	2309	10^{-5}
机械	2054	10^{-5}
小船	1743	9×10^{-6}
飞机	1778	9×10^{-6}
落物	1271	6×10^{-6}
触电	1148	6×10^{-6}
火车	884	4×10^{-6}
雷击	160	5×10^{-7}
飓风	118	4×10^{-7}
龙卷风	90	4×10^{-7}
其他	8695	4×10^{-5}
所有事故	115000	6×10^{-4}

7.3　概率安全评价研究范围和实施程序

7.3.1　PSA 分析的三个等级

在核电厂概率安全评价的应用中,通常认为分析有三个不同的级别。

1. 一级 PSA

对核电厂系统进行可靠性分析,确定造成堆芯损坏的事故系列,作出定量化分析,求出各事件序列的发生频率,给出反应堆每运行年发生堆芯损坏的频率。该级分析可以帮助分析设计中的弱点和指出防止堆芯损坏的途径。

在一级 PRA 中,集中关注堆芯损坏的可能性和堆芯损坏下事故发展的特性。在一级 PRA 中,综合考虑核电厂设计、运行经验、安全分析、人员特性等方面的信息,根据这些信息识别出可能出现的事件序列,并估计这些事件序列的发生频率。在按安全壳系统状态对堆芯损坏事件序列进行聚合时,常常要对堆芯损坏事件序列按电厂损伤态进行分组。

可以按不同方式给出一级 PRA 结果,即堆芯损坏频率和说明其主要贡献者,可以按不同始发事件类别给出对堆芯损坏频率的相对贡献。在压水堆中,对堆芯损坏频率起主要贡献的是 LOCA 始发事件。

2. 二级 PSA

二级 PRA 分析是在一级 PSA 结果基础上完成堆芯熔化物理过程和安全壳响应特性分析,包括分析安全壳在堆芯损坏事故下受的载荷、安全壳失效模式、熔融物质与混凝土的作用以及放射性物质在安全壳内释放和迁移。

在二级 PRA 中,需要综合安全壳安全系统状态的信息,在堆芯损坏序列上附加分析安全壳的事件树,描述物理现象的特征,确定安全壳是否会失效,失效有多严重。可以利用 MAAP 程序、MERCOR 程序完成热工水力学计算,进行物理现象的分析。特别是对于严重事故现象还不理解的问题,按概率论观点进行论述。

二级 PRA 分析可以对各种堆芯损坏事件序列造成放射性释放的严重性作出分析。找出设计上的弱点,并对减缓堆芯损坏后的事故后果途径和事故管理提出具体意见。

二级 PSA 的输出是各种事故下不同类型放射性物质从安全壳释放的数量和发生频率。这种释放常常按类型分组,构成放射性源项,作为三级 PRA 分析的输入。

3. 三级 PSA

三级 PRA 是在前面一级、二级 PSA 基础上完成事故后厂外后果的评价。可以有不同类型的后果,可以指各种健康效应,也可以是经济损失(如丧失土地的使用)。在这部分,利用二级 PRA 分析给出的源项,研究放射性物质在厂址周围弥散时的迁移和沉积过程。求出核电厂外不同距离处放射性物质浓度随时间的变化。预测厂址边界处个人的剂量,包括吸入和直接照射的直接剂量,也包括通过消耗受污染食品造成的剂量。也可以评价除健康效应之外的其他后果量,如可以计算丧失农场土地的风险。

一个 PRA 的流程从始发事件开始,然后估计事件序列频率,分析对保持安全壳完整性起作用的系统,分析堆芯损坏严重事故下的物理现象,说明可能造成安全壳完整性的破坏,再对各种事故计算厂外后果。

7.3.2　PSA 的实施程序

图 7-1 说明了核电厂 PSA 分析的基本任务和进行的程序。

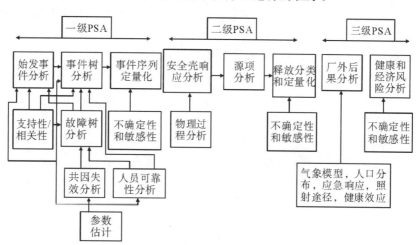

图 7-1　核电厂概率安全评价的程序

1. 初始信息的收集

概率安全评价是一项内容广泛的整体研究工作,需要有大量的信息。所需要的信息与分析的范围有关,信息可以分为以下三大类:

(1)电厂设计、厂址和运行的信息。

(2)一般性数据和电厂具体数据。

(3)关于 PSA 方法的文件报告。

一级 PSA 分析需要有下列信息:最终安全分析报告,管路系统图,电气系统图和仪表系统图;关于所研究系统的说明性资料;试验、维修、运行以及审批规程。这些信息是需要的,以便向分析人员提供一套尽可能完整的电厂设计和运行的文件报告。

二级 PSA 分析所需要的附加信息包括关于反应堆冷却剂系统和安全壳更详细的设计资料。安全壳结构设计的信息应包括它的尺寸、质量和材料等基本信息。

三级 PSA 分析还需要厂址处具体的气象数据,以计算放射性物质在环境中的输运。

2. 一级 PSA 的基本任务

一级 PRA 的任务包括定性分析和定量分析两部分。具体任务包括:

(1)确定始发事件;

(2)确定成功准则,事件序列描述,建立事件树;

(3)系统可靠性分析,建造故障树;

(4)数据分析;

(5)人员可靠性分析(HRA);

(6)定量化分析。

所分析的始发事件大体上分为两大类:内部始发事件和外部始发事件。

始发事件确定后,必须说明响应始发事件所涉及的系统或采取的行动,定出其成功准则,对事件序列的发展做出描述。最后,对每一始发事件或者具有同一事件树结构的一类始发事件,形成各自的事件树。

对于在事件树中所涉及的系统必须进行可靠性分析。系统可靠性分析方法有:可靠性框图法,故障树方法,马尔可夫分析法,FMEA 法和 GO 法。目前在核电厂 PSA 中广泛采用的是故障树分析法。在此分析中,应考虑系统试验、维修和人为差错、共模失效以及系统相互作用等因素。

为了对事件序列进行定量化分析,必须完成数据分析和人因可靠性分析,确定始发事件的发生频率、相关部件失效概率和人误概率,最后利用计算机程序算出事件树中各事故序列的发生频率。在定量化分析中,还应该完成必要的重要度分析、灵敏度分析和不确定性分析结果。

3. 安全壳分析

二级 PSA 分析实际上就是完成安全壳分析,它主要由两项分任务组成。

(1)物理现象和安全壳响应分析。堆芯熔化事故将会引起堆芯、压力容器、反应堆冷却系统和安全壳内许多物理过程。已经发展了一些计算机程序来分析这些物理过程。其计算结果可帮助人们透彻了解与事故序列有关的各物理现象和预计安全壳是否失效。

对每个所讨论的事故序列建立安全壳事件树。如果预计安全壳会失效,则要分析何时发生失效,何处发生失效以及释放出的能量。

(2)放射性核素释放和输运的分析。对每一种可能造成安全壳破裂的堆芯熔化事故,必须估计释放到环境中去的放射性核素总量。利用计算模型分析事故期间从反应堆燃料释放出的放射性核素总量,并估计安全壳失效之前放射性核素在安全壳内的输运和沉积。该分析的结果是预计每个事故序列下安全壳失效时释放到环境中去的放射性核素总量即源项。

4. 后果分析

三级 PSA 分析就是完成后果分析。根据二级 PSA 安全壳分析提供的源项,利用厂址处具体的气象数据和局部地形信息,分析放射性核素在环境中的输运和弥散,计算出放射性核素随时间、空间位置的变化,从而估计核电厂周围居民受到的放射性剂量、造成的健康效应。最后给出核电厂放射性释放造成的各种后果:早期死亡、晚期癌症死亡和财产损失。

5. 不确定性分析

不管分析的范围如何,不确定性分析都是 PSA 中的一个必要的组成部分。在 PSA 分析的每一步都有不确定性问题,有些的不确定性可能还很大。不管是定性还是定量分析,都要考虑数据的不确定性、模式化时假设的不确定性以及分析的完整性。

7.4　始发事件

7.4.1　始发事件的确定

实施 PSA 的第一步就是要产生一个需分析的始发事件清单,并对这些始发事件进行分组,以便减轻事故序列模型化和定量化的工作量。

始发事件是指该事件发生后对核电厂正常运行形成扰动,并且有可能导致堆芯损坏的事件,它究竟能否造成堆芯损坏,依赖于核电厂各个缓解事故的系统是否能成功地运行,或操作员是否采取正确的行动。

尽管从要求上看,我们需要有一份尽可能完备的始发事件清单,但必须认识到,不可能形成一个绝对完整的始发事件清单,我们只希望没有被识别的始发事件对总风险的贡献应是极小的。

始发事件的确定可以采取两种方式。一种方法是广泛的工程评价,对以前进行的 PSA 资料、反映运行历史的文件资料以及本电厂的设计等资料进行评价,经过工程判断编制出始发事件的清单。另一种方法就是采用演绎分析的方法。在这种方法中,堆芯损坏作为一个方框图的顶事件,这种方框图在结构上类似于故障树。从顶事件开始逐步分解成不同类别的可能导致堆芯损坏发生的事件,从最底层的各事件选出始发事件。安全系统成功运行以及其他预防性措施在此图中皆不包括在内。

始发事件一般可分为内部始发事件和外部危害两大类。内部始发事件包括核电厂硬件失效和由人误或计算机软件缺陷造成核电厂硬件的错误运行。外部危害(也可叫作外部事件)是指使若干个系统处于极端环境条件的外部事件。外部危害包括地震、洪水、大风和飞机坠落。内部水淹、内部火灾和飞射物撞击属于内部危害。丧失厂外电源有人也归入外部危害,但一般将它归为内部始发事件。

对轻水堆,内部始发事件可粗分为冷却剂丧失事故(LOCA)和瞬态两大类。冷却剂丧失始发事件是指直接造成一回路压力边界丧失完整性的所有事件,例如不同破口尺寸的 LOCA 和接口系统 LOCA。瞬态始发事件是指需要反应堆降功率或者停堆并随后排出衰变热的所有事件。在瞬态事件下,它涉及电厂偏离,但就其本身并不破坏反应堆冷却剂系统的完整性。

为了尽可能得到完备的事故始发事件。人们可以参考现有同类核电厂的最终安全分析报告和所作的 PSA 分析报告。还可以参考核电厂运行的事件报告以及有关专题报告。在进行特定核电厂 PSA 工作时，一开始就对这些报告中列出的始发事件经过分析和筛选，初步形成一个始发事件清单。

7.4.2 始发事件的分组

应该说，一个核电厂的始发事件在数量是很庞大的，即便是对几十个始发事件建立事件树也是不实现的。因而，需要检查各个始发事件发生后的事故进程，并分析所要求安全系统的成功准则。对于事故进程相同、安全系统的成功准则也相同的各个始发事件，应该分在同一组内加以考虑。也就是说对众多的始发事件必须按安全功能或者系统响应进行分组。对同一组内的所有始发事件，基本上具有相同的前沿系统成功准则，并且具有相同的特殊条件(对操作员要求，核电厂自动响应)，因而能够利用相同的事件树/故障树分析进行模型化。如事故进程或成功准则略有不同的始发事件被分成一组，需要特别检查所建立的事件树是否包括了所有潜在序列和后果。

通常，对 LOCA 一般细分为大、中、小三类，它们所需要的安全系统是有所不同。根据系统的设计，可能需要有特殊的设备专门用来对付如冷却剂泵轴封故障这样的极小破口。若破口是在冷却剂系统的管道上，需要特别注意破口的位置，因为它会影响所需安全系统的成功准则。蒸汽发生器传热管破裂(SGTR)，它与小 LOCA 类似，但响应特性有差别，必须单独加以考虑。对接口系统 LOCA 也必须单独加以考虑。

另一方面，由于动力转化系统提供了热量移出的手段和向堆芯供水的手段。因此，瞬变始发事件常常要按动力转化系统是否有效进行细分，并应该考虑电厂安全系统的具体特性。对于大多数的瞬变始发事件，堆芯的冷却剂流量是不中断的。但在某些瞬变始发事件，冷却剂将通过安全阀/泄压阀向外释放，这时就需要向堆芯采取紧急注入供水。如果阀门卡在开启位置，瞬态始发事件就变成一个小 LOCA 始发事件。因此，在某些核电厂 PSA 中，这种事故按特殊的瞬变始发事件下的事件树加以处理。

此外，对于失去厂外电源的瞬变始发事件作为单独一类加以考虑。

我们不仅给出要分析的始发事件清单，为了作出定量分析，还必须给出主要始发事件的发生频率。对于不同的始发事件，其发生频率的差别是很大的。对于不影响任何堆芯冷却系统的反应堆紧急停堆，其发生频率约为每年一次。丧失外电源事件的频率约 20 年一次。

在 IAEA-TECDOC-719 报告中，对始发事件系统地总结了 20 世纪 90 年代以前在不同国家针对不同水堆类型 PRA 中的分析，同时给出始发事件清单及其发生频率。在 NUREG/CR-5750 中，根据工业界 1982 年出版的 EPRI NP-2230 研究报告和 1985 年出版的 NUREG/CR-3862 报告，总结出在满功率 PRA 下所要考虑的始发事件，并作出了分类。这些结果可以用于目前在运行的所有 PWR 和 BWR。

在 2007 年发表的 NUREG/CR-6928 中，给出了标准电厂风险分析(SPAR)一级建模中始发事件频率。对需求失效概率采用了 β 分布，而对时间相关的失效率采用了 γ 分布。在表 7-2 中给出了 PWR 重要始发事件频率的分析结果。

始发事件的发生频率变化范围甚大，发生频率很高的始发事件不一定会造成对公众最大的健康风险。

表 7 - 2　PWR 重要始发事件的频率

始发事件	分布类型	均值(1/(堆·年))	α	β	误差因子
大 LOCA	γ	1.33E-06	0.420	3.158E05	10.7
中 LOCA	γ	5.10E-04	0.440	8.627E02	10.0
小 LOCA	γ	5.77E-04	0.500	8.666E02	8.4
极小 LOCA	γ	1.55E-03	0.500	3.219E02	8.4
传热管破裂	γ	5.54E-04	0.500	1.413E02	8.4
安全阀和卸压阀卡在开位置	γ	2.88E-03	0.500	1.733E02	8.4
丧失交流电母线	γ	8.80E-03	8.500	9.658E02	1.7
丧失部件冷却水	γ	3.90E-04	0.500	1.282E03	8.4
部分丧失部件冷却水	γ	1.17E-04	0.500	4.275E02	8.4
丧失冷凝器热阱	γ	8.11E-02	38.5	4.750E02	1.3
丧失直流电母线	γ	1.17E-03	0.500	4.275E02	8.4
丧失仪表气	γ	9.81E-03	0.500	5.099E01	8.4
丧失主给水	γ	9.59E-02	1.326	1.383E01	3.6
丧失厂外电	γ	3.59E-02	1.580	4.402E01	3.2
丧失应急服务水	γ	3.94E-04	0.500	1.269E03	8.4
部分丧失应急服务水	γ	1.95E-02	0.500	2.565E03	8.4
一般瞬态	γ	7.51E-02	17.772	2.366E01	1.4

7.4.3　安全功能

对每一个始发事件,必须确定为防止堆芯损坏所需要执行的安全功能。

轻水堆内防止堆芯损坏的安全功能有:

(1)控制反应性;

(2)排出堆芯衰变热和潜热;

(3)保持反应堆冷却剂压力边界完整性(压力控制);

(4)保持反应堆冷却剂总量;

(5)保护安全壳完整性(隔离、超压保护);

(6)从安全壳大气中清除放射性物质。

为了实施安全功能,就需要投入执行该安全功能的各个系统。直接执行安全功能的系统称为前沿系统,为保证前沿系统正确执行功能所需的系统称为支持系统。一个事故始发事件发生后,需要投入的前沿系统是与始发事件密切有关的。

在压水堆中,为防止堆芯损坏而需要的安全功能有:次临界度,反应堆冷却剂系统总量控制,反应堆冷却剂系统热量载出,保持反应堆冷却剂边界完整性,安全壳热量载出,安全壳隔离,可燃气体控制。表 7 - 3 列出典型 PWR 的安全功能及其实施特定安全功能所需要的系统。该表可能不完整,又如在一回路的总量控制中,相关系统的作用与一回路压力和总量损失的速率有关。

表 7 - 3 典型 PWR 的安全功能及其要建模的系统

安全功能	建模的系统
反应性控制	—反应堆保护系统 —应急加硼/卸硼系统
反应堆冷却剂系统总量控制	—上充/高压安注 —中压安注 —低压安注
保持反应堆冷却剂边界完整性	—稳压器安全卸压阀
反应堆冷却剂系统热量载出	—主给水 —冷凝 —辅助给水/应急给水 —反应堆冷却剂系统充排模式
安全壳热量载出	—安全壳喷淋系统 —余热载出系统 —安全壳风冷却器
安全壳隔离	—与安全壳相联的非闭合的回路系统
可燃气体控制	—点燃器

直接执行安全功能的前沿系统必须要有支持系统的支持。在 PWR 中,支持系统有:厂外交流电源、柴油发电机、直流电源、专设安全设施触发系统、应急给水引发和控制系统、厂用水系统、仪表用压缩空气系统、设备冷却水系统、配电间冷却系统、高压泵房冷却系统、低压喷淋泵房冷却以及非核级仪表电源等。

在 PSA 中分析前沿系统与支持系统的依赖关系是十分重要的。在表 7 - 4 列出了 PWR 中前沿系统与支持系统的依赖关系。

表 7 - 4 PWR 核电厂前沿系统和支持系统依赖关系的示例

前沿系统	支持系统													
	厂外交流电源	柴油发电机	125 V 直流电源	专设安全触发系统	应急给水引发和控制系统	厂用水系统	仪表用压缩空气系统	整体控制系统	中间冷却系统	交流配电间冷却	直流配电间冷却	高压泵房的冷却	低压喷淋泵房的冷却	非核级仪表电源
反应堆保护系统														
高压安注/再循环	√	√	√	√		√				√	√	√		
低压安注/再循环	√	√	√	√		√				√	√		√	
反应堆厂房喷淋注射/再循环	√	√	√	√		√				√	√		√	

前沿系统	支持系统													
	厂外交流电源	柴油发电机	125 V直流电源	专设安全触发系统	应急给水引发和控制系统	厂用水系统	仪表用压缩空气系统	整体控制系统	中间冷却系统	交流配电间冷却	直流配电间冷却	高压泵房的冷却	低压喷淋泵房的冷却	非核级仪表电源
反应堆厂房冷却系统	√	√	√	√		√				√	√			
动力转换系统	√		√		√	√	√	√	√	√	√			√
应急给水系统	√	√	√		√	√				√	√			
稳压器安全卸压阀														

7.5　事件树分析方法

7.5.1　事件树的建造

对于一个特定的始发事件,必须描绘核电厂对始发事件的响应,分析该始发事件是否会造成堆芯损坏,目前在 PRA 中都采用事件树分析法来完成这种分析。事件树分析(Event Tree Analysis)法是一种逻辑的演绎法,是事件序列的图形描绘。

在事件树分析法中,分析核电厂对每组始发事件的响应,哪些系统需要投入,要不要采用一些行动,分析始发事件可能导致的各种事件序列的结果,会不会造成堆芯损坏,从而定性与定量地评价整个核电厂系统的特性,并帮助分析人员获得正确的决策。由于事件序列是以图形表示,并且呈扇状,故得名事件树。

图 7 - 2　代表了一棵简单的事件树。

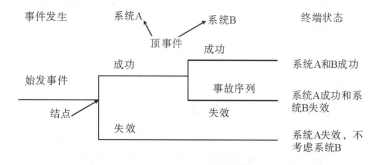

图 7 - 2　一棵简单的事件树

事件树最上层是按顺序列出一系列事件的反映,这些事件称为事件树题头。它可以是始发事件发生后所需执行的安全功能,或转变为执行此安全功能的系统(如反应堆保护系统、应急冷却系统),操作员的动作,或基本事件的发生。

事件树从始发事件开始,然后从左到右按时间排序(也可以按其他原则排序)。对于每一个始发事件(组),建一颗事件树。事件序列的路径从左向右发展,在每一个事件题头处,或是通过或是出现分支,向上分支表示"是"或"成功",向下分支表示"否"或"失败",通过表示"不考虑"或是对事故缓解"不有效"。在分支点上给出的是故障树结果或是"点估计值"。

如图所示,我们从始发事件开始进入这棵树,然后询问系统 A 是否正常工作。在树的分支点处,上分支表示系统 A 成功,下分支表示系统 A 失效。类似地,在各系统上有各个分支,依次作出询问。在事件树中给出的每一条途径代表着一种事故情景,即所谓事件序列。它从特定的始发事件开始,导致一种终端状态。

下面对一些基本术语作出解释。

题头事件:在事件树中最上部表示的题头常称为"题头事件",常常是作为一个问题而提出(系统 A 满足一个功能),在事件树结构上是一个询问/决策点。典型的问题是:功能是否正常或系统是否运行,例如主冷凝器是否有效,低压安注是否成功。这些题头事件往往就是对这些系统分析所用故障树分析中的"顶事件"。

结点:事件树中路径分叉的点称为结点。事件树不一定在顶事件处分叉。例如,在上事件树中,如果系统 A 失效,我们就不关心系统 B,也就不询问它是否成功与失效。

事件序列:事件树中的一个途径反映了顶事件的成功与失效的一个集合,构成事件序列。在 PRA 评价的事件序列是最终造成不希望状态(如堆芯损坏,停堆下一回路冷却剂系统沸腾)的事件序列。

当然,可以对事件树中每一条途径造成的后果定义一种电厂损坏状态,n 个事件树题头下最大将有 2^n 个电厂损坏状态。这样,对于整个核电厂,考虑各类始发事件,最后得到的电厂状态数量是很庞大的。为此,人们可以采用对序列分组的办法来减少要分析的电厂状态。根据反应堆压力容器状态、堆芯熔化的类别和程度、安全壳喷淋系统和风冷系统的状态,可以定义出为数不多的电厂损坏状态。

在事件树方法中,我们对系统采用了"两态"模型,即系统不是成功就是失效。但在实际问题中是存在中间状态的,系统可能部分成功、部分失效。对于这种情况,在目前的事件树分析中,认为系统成功必须是完全成功。系统部分失效则当成全部失效。这样做的结果是偏保守的。

7.5.2 事件序列定量化

关于事件树中事件序列的定量化,首先从始发事件开始进入,它用年度频率来表示。向下的分支反映了顶事件的失效概率,向上分支是向下分支的补集,即它的概率为 1 减去向下分支的概率。事件序列频率为始发事件频率与序列内成功概率和失效概率的乘积。应该注意到,对所有事件序列求总和就是始发事件的频率,这就是说,各个分支可以将始发频率分叉,但是不允许丢失。事件树的定量化分析如图 7-3 所示。

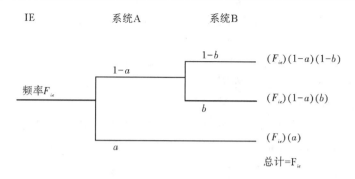

图 7 - 3　事件树的定量化分析

7.5.3　大破口事件树

下面以大破口失水事故为例,说明在核电厂 PSA 分析中是如何建立事件树的。

1. 事故进程分析

一回路大破口失水事故的发展过程非常迅速,破口引起一回路迅速降压。首先因稳压器低压信号触发紧急停堆,而后因稳压器低—低压信号启动安注系统和安全壳第一阶段隔离。

安注信号自动使安注系统投入直接注入阶段,当换料水箱的水位达到低—低水位时,自动切换汲水口到地坑,进入再循环冷却阶段。

随着大量的水和蒸汽从破口喷入安全壳内,导致安全壳压力升高。当安全壳内压力达到高—高压整定值时,自动触发安全壳喷淋系统投入运行和安全壳第二阶段隔离。安全壳喷淋泵开始从换料水箱汲水,当水箱到达低—低水位时,改汲地坑水进入再循环喷淋。

2. 安全功能分析

为了建立大 LOCA 事件树,必须对一回路大破口失水事故下需要完成的功能及相应投入的安全系统作一分析。

(1)反应性控制。一般地,通过紧急停堆系统完成,即通过控制棒插入堆芯,使反应堆达到次临界,降低堆芯的释热功率,但对于大破口事故,由于堆芯的空泡率较高,由其带来的负反应性可以在短期内使反应堆进入次临界,同时经安注箱及安注泵将 2000 ppm 含硼水注入一回路也可获得次临界,因此在大破口事故分析中,紧急停堆系统并非是必不可少的。

(2)一回路冷却剂总量的维持和堆芯余热的导出。发生大破口事故后,一回路冷却剂大量从破口喷入安全壳,如果堆芯水量得不到及时补充,堆芯就会裸露,通过破口以蒸汽方式带出堆芯热量就难以维持。为完成此功能,需要安注箱排水和低压安注系统的投入。

直接注入阶段,低压安注泵从换料水箱汲水,当换料水箱达到低—低水位时,改为地坑汲水,进入再循环冷却阶段。

(3)安全壳内热量的排出。堆芯大量热量排入安全壳内,引起安全壳内压力、温度的升高,直接影响安全壳的完整性和壳内其他系统设备的正常运行。安全壳喷淋系统是排出安全壳内热量的唯一手段。在低压安注的直接注入阶段和再循环阶段,该系统的投入都是必须的。

安全壳喷淋系统在安全壳内压力达到高—高压限值时,两列自动投入运行。

（4）系统间相互关系的分析。如果安全壳喷淋系统出现故障,则不考虑安注系统再循环运行。因为在安全壳喷淋系统故障下,地坑水得不到冷却,大约5小时温度即可上升到130℃(低压安注泵的极限温度)。如果低压安注在直接注入阶段失效,则认为再循环运行已不起作用,此时堆芯已经熔化。

3. 大 LOCA 的事件树

根据上述分析,可以形成大 LOCA 事件树中相应的题头事件。如图 7-4 列出的是热端大 LOCA 始发事件下的事件树。这里对各题头事件的含义、成功准则、任务时间作一简要说明。

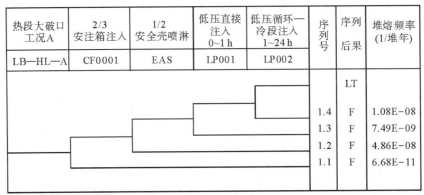

热段大破口工况A	2/3安注箱注入	1/2安全壳喷淋	低压直接注入 0~1 h	低压循环—冷段注入 1~24 h	序列号	序列后果	堆熔频率 (1/堆年)
LB—HL—A	CF0001	EAS	LP001	LP002			
						LT	
					1.4	F	1.08E-08
					1.3	F	7.49E-09
					1.2	F	4.86E-08
					1.1	F	6.68E-11

注：LT—堆芯进入长期工况　　　　F—堆芯熔化

图 7-4　热端大 LOCA 下的事件树

（1）安注箱注入。安注箱注入是为了防止堆芯裸露,当稳压器压力低于 4.1 MPa 时,自动触发该系统向一回路注入硼水。在热段破口下,成功准则为 3 个安注箱至少有 2 个能将水注入一回路。

（2）安全壳喷淋。安全壳喷淋是安全壳内热量导出的唯一手段。在整个 24 小时的事故分析中,都需要该系统正常投入运行。成功准则是两台安喷泵至少一台泵能将水经一台热交换器注入到安全壳内。

（3）低压安注直接注入。成功准则要求两台低压安注泵至少一台能正常运行。从换料水箱取水,经冷段注入管线注水,3 根注入管至少 2 根有效。

（4）低压再循环冷却—冷段注入。成功准则要求两台低压安注泵至少一台能正常运行。从地坑吸水,经冷段注入管线注水。3 根注入管至少 2 根有效。

7.6　故障树分析法

7.6.1　概述

在分析核电厂对始发事件的响应后,形成一系列事件树。事件树中一个重要要素是系统的成功或失效。我们必须采用有效的系统建模方法对系统作出可靠性分析。人们或许会问,为什么不直接收集这些系统的失效率数据呢？实际上,这是行不通的。这是因为：

（1）这种系统可能没有建成，或者是一个崭新的系统，没有可供使用的数据。

（2）从安全观点看，人们希望在系统损坏以前就能获得所要的数据，不希望为获得经验数据而产生不希望的后果。

（3）由于在部件设计上采用了冗余技术，因而系统可靠性很高，整个系统失效是一稀有事件，因而无法根据经验直接确定系统可靠性。另一方面部件的失效数据可能是容易决定的。因而人们需要采用有效的系统模型方法，以便根据部件失效数据来预测系统的可靠性。

目前，经常采用的系统建模方法有故障树分析法，状态空间和 Markov 分析法，可靠性方框图法，GO 图法。

故障树分析是最为广泛采用的方法。尤其对于核电厂这样复杂的装置，系统由许多部件组成，在分析中还要考虑多个子系统的联接形成更大的系统，对于这种庞大系统，采用故障树分析是很有效的，能够方便地分析出系统失效的可能机理，并定量求出失效概率。而采用其他的系统建型方法可能会遇到困难。

不论采用那种方法，最好在使用之前，采用定性分析，如失效模型和影响分析（FMEA）法，获得对系统和部件的深入了解。FMEA 是一种列表的处理方法，最早用于宇航工业，现在核工业也得到了广泛应用。用 FMEA 法可以系统地识别出在设备/系统设计中可能的失效，并分析出该失效对设备/系统性能造成的影响。

故障树分析方法就是把系统最不希望发生的状态作为系统故障的分析目标，然后寻找直接导致这一状态发生的全部因素，再跟踪追击找出造成下一级事件发生的全部直接因素，直到毋须再深究其发生的因素为止。通过分析找出出现不希望状态的所有可信路径。在故障树分析中，把这个最不希望发生的事件称为"顶事件"，毋须再深究的事件称为"底事件"，介于顶事件与底事件之间的一切事件称为"中间事件"。分析中这些事件由相应符号表示，并用适当的逻辑门把顶事件、中间事件和底事件联结成树形图。这种树形图称为"故障树（FaultTree）"，简称"FT"。以故障树为工具对系统故障进行评价的方法称为"故障树分析法"，简称"FTA"法。

故障树顶事件因分析的问题而有所不同。

在用故障树计算事件树节点处的分支概率时，故障树顶事件就为系统的失效或功能的失效。但也可以是其他不希望发生的事件，如堆芯严重损坏或堆芯熔化。实际上在用事件树寻找造成堆芯熔化的事故序列的过程，也可以看成是用故障树分析法分析造成堆芯熔化的路径。

底事件主要包括基本事件和待发展事件。基本事件代表着不需进一步发展的独立的一次失效事件。待发展事件是由于某种原因还没有进一步发展的失效事件。它只是一个假定的一次失效事件。当有了足够信息或需要时，可以将待发展事件作进一步的发展。特别在为事件树的前沿系统建立故障树时，支持系统的失效可以处理成一个待发展事件。对支持系统可以单独建树。在核电厂事件树分析需要时，可以在前沿系统的待发展事件处代入相应支持系统的故障树。

整个故障树分析工作大致可以分为以下五步：

（1）选择合理的顶事件、系统的分析边界和定义范围，并确定成功与失败的准则；

（2）建造故障树，这是 FTA 的核心部分之一，通过对已收集的技术资料，在设计、运

行管理人员的帮助下,建造故障树;

（3）对故障树进行简化或者模块化;

（4）定性分析,求出故障树的全部最小割集,当其数量太多时,可以通过概率截断或割集阶数截断进行简化;

（5）定量分析,包括计算顶事件发生概率即系统的点无效度和区间无效度,此外还要进行重要度分析和灵敏度分析。

7.6.2 故障树中基本符号

建造故障树需要一些逻辑关系的门符号和事件符号,以便用它们表示事件之间逻辑因果关系,表7-5列出主要的门符号和事件符号,并对其含义作了简要说明。在文献中还可能看到其他符号,定义一些其他种类的门,如互斥或门、顺序与门等。应该指出,"与"门和"或"门是最基本的逻辑门,其他类别的逻辑门可以由"与"门和"或"门表示。

表7-5 故障树中基本符号

分类	符号	名称	说明
底事件	◯	基本事件	不需进一步发展的初始失效事件
	◇	待发展事件（菱形事件）	该事件可以在故障树外发展但没有在本故障树内,作底事件处理
	⌂	房形事件	是一个二元事件,作为触发器条件,可用与不可用的逻辑
结果事件	▭	中间事件	通常为其他事件逻辑组合产生的结果,包含顶事件和中间事件,框中包含了事件的说明
逻辑门符号	⌓•	与门（AND)	事件的"交"操作,仅当所有输入失效/条件发生时,输出事件才发生
	⌓+	或门	事件的"并"操作,只要输入失效/条件有一个发生,输出事件才发生
	$\frac{m}{n}$	表决门	在 n 个输入失效/条件中有 m 个发生时,输出事件就发生
	⬡—Ⓐ	禁止门	仅当禁止条件 A 出现和输入失效/条件存在时,才有输出事件

分类	符号	名称	说明
转移符号	△	转入符	表示故障树将在对应的"转出符"处发展
	△	转出符	表示下面的逻辑将与"转入符"处相连接，可以被多个门接受

现对基本符号解释如下：

(1)顶事件：顶事件是被分析系统不希望发生的事件，它位于故障树顶端。

(2)中间事件：它位于顶事件和底事件之间，又称故障事件，以矩形符号表示，并且由一个逻辑门紧跟着。

(3)底事件：位于故障树底部的事件，在已建成的故障树中，不必再要求分解了，故障树的底事件又分为：基本事件和菱形事件。

基本事件：已经探明或尚未探明其发生原因而有失效数据的底事件。基本元部件的故障或者人为失误均可属于基本事件。

菱形事件：又称待发展事件。一般可分为两类情况，一种是在一定条件下可以忽略的次要事件，画在故障树中是为了提醒设计人员或管理人员，或者暂时的保留它，还有一种情况就是未能探明的二次失效，对它的影响不清楚，无法继续分解下去，只能看作一种假想的基本事件。待发展事件也可以代表在本故障树外发展的一颗故障树，但没有在该故障树内，作底事件处理。

(4)房形事件：它也位于故障树底部，它起开关作用，有时表示一种系统中的正常条件或故障条件，房形事件的状态只能发生或不发生，通过使用房形事件，可以描述各种不同条件下的系统故障树。

(5)与门：表示事件关系的一种逻辑门，仅当输入事件中所有输入事件同时发生时，门的输出事件才发生。

(6)或门：表示事件关系的一种逻辑门，仅当输入事件中至少有一个发生时，则门的输出事件发生。

(7)表决门：例如 k/m 门，表示一种表决的逻辑关系，仅当 m 个输入事件中任何 k 个事件发生时，则门的输出事件发生。

(8)禁门：表示在一定条件下才打开的逻辑门，当禁门的条件事件存在时，输入禁门的事件发生才会导致输出事件的发生。同与门的情况相比，禁门条件事件不仅可以是故障事件而且可以是系统的一种状态和条件。

(9)非门：表示门的输出事件是输入事件的对立事件。"非门"表示门的输出失效/条件是输入失效/条件的对立情况。在 PRA 中，有时要考虑系统的成功，非门是需要的。

(10)转移符号：有转入与转出符号，便于画树过程中进行转页和查找。

7.6.3 故障树的建造规则

在故障树分析中，建树是一个关键的和基本的步骤。建树是否完善将直接影响定性分析和定量计算结果的准确性。故障树应是实际系统故障组合和传递的逻辑关系的正确描述。

在建造故障树之前,需要对系统及其各个组成部分作出透彻的了解。这包括:

(1)了解系统是如何进行工作的;

(2)找出会造成顶事件发生的子结构失效,对复杂系统,还必须对这些子结构再作细分;

(3)列出为系统运行所需要的支持系统;

(4)确定为系统运行所需要的环境;

(5)了解部件是如何失效的;

(6)了解试验与维修的程序。

下面就建造故障树过程中应该遵循的基本规则和需注意的一些问题作一说明。

1.明确建树的边界条件并形成简化系统图

这一条规则主要是要说明一颗故障树不可能建得过大。为了减小树的规模和突出重点,应在 FMEA 分析的基础上,舍去那些不重要的部件,从系统图的主要逻辑关系形成一个等效的简化系统图,然后从简化系统图出发进行建树。

2.顶事件应严格定义

通常故障树的顶事件是由事件树中的成功准则所规定的。有时一个系统对不同的始发事件有不同的成功准则。例如在小 LOCA 事件下,低压注入系统的四台泵列有一列工作就可以满足要求,而在大 LOCA 下低压注入系统需要三台泵同时工作。这时,将对低压注入系统分别定义顶事件,形成小 LOCA 下和大 LOCA 下的故障树。

3.部件失效模式

故障树分析的目的就是找出对顶事件有贡献的与硬件有关的部件故障事件。这些故障事件是以失效模式来表现的。为了定量评价,必须清楚地确定失效模式,并能从数据库中确定其失效率。

部件失效模式可以分成以下 3 类:

(1)需求失效:当要求某部件在某特定的时刻启动,改变状态或执行某一特定功能时,它未能作出正确的响应,这时称作需求失效。

(2)贮备失效:一个系统和部件正常情况下处于贮备状态,但在需要时必须投入运行。但在贮备期间可能出现了失效,因而当需要时无法投入运行。这时称为贮备失效。

(3)运行失效:一个系统或部件正常时处于运行状态或成功地起动了,但却未能按所需要的时间连续地运行。这种失效称为运行失效。

4.试验、维修和人因

除去硬件失效造成系统无法使用外,试验和维修活动对系统无效度也会有明显的贡献。其影响大小与试验和维修行为的频率和持续时间有关。通常试验计划影响的是整个子系统,因而没有必要单个地考虑各个硬件元件。另外,对于一个系统有冗余部分进行的试验,在建树时还应该考虑技术规格书造成的约束条件。维修活动将分为两类:预防性维修和异常维修。预防性维修可以从维修程序确定维修的频率和每次维修的持续时间。而异常维修是由于设备突然失效引起的维修,其频率和平均持续时间只能从统计数据决定。

人因错误是一个复杂问题,必须通过详细的系统分析加以考虑。在故障树中人因可以看成是部件失效的一种模式。

5.相关性

在故障树中应该认真考虑各种相关性。这包括:

(1)始发事件和系统响应之间的相互关系;

(2)前沿系统与前沿系统或事件的相关性;

(3)各前沿系统之间共用的部件。

在一些事故序列中,始发事件可能会影响某个响应系统的可用性。为了使这样的事故序列能很好地定量化,始发事件(如 LOCA 事件,丧失厂外电源)对系统可用性的影响应明确地包括在每系统的故障树中。

此外,有些部件是对不同前沿系统共用的,在建树时也要谨慎小心地加以处理。不同系统的故障树往往由不同人建造,常常出现对同一个部件同一个失效模式给予了不同的事件标识名,从而导致错误而影响分析结果。

6.故障树的层次结构

从一开始,我们就是按层次结构看待系统的,一个系统由子系统组成,子系统本身又包括子系统,这种分解一直到部件一级,在部件一级,可以获得失效率数据。

在建树时,为了避免遗漏,我们应该按这种层次从上向下逐级建树。在对每一中间事件分析时,必须对所有的输入事件分析完了以后,再分析下一个层次。

7.事件的命名和描述

为了保证故障树的质量,事件命名和描述也是很重要的。采用一种标准化格式来对故障树中基本事件进行编码命名是极为重要的,在基本事件名中应清楚地说明:

(1)部件失效模式;

(2)部件识记和类型;

(3)部件所处的系统;

(4)部件的电厂编码。

在事件的说明中应对失效作出完整的描述,不仅包括是什么样的失效,还应该包括何时失效。

7.6.4　故障树建造实例

图 7-5 为一个简化的应急冷却注入系统。现以此为例说明故障树建造过程。该系统的投入由安注信号触发,安注信号将向安注泵及有关阀门发出。该故障树的顶事件为"未能通过阀门 D 取得足够的流量"。建树时从阀门 D 开始,询问如何会发生顶事件? 这可能是因为阀门 D 没有接到安注信号,也可能是因本身原因而未能使阀门 D 开启,或者是阀门 D 未能从阀门 B 和阀门 C 得到水流量。按照系统的层次将此过程继续进展下去,便可以得到最后简化应急冷却注入系统的故障树,如图 7-6 所示。

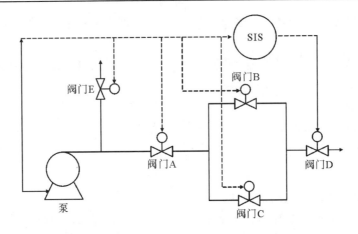

图 7-5　简化的应急冷却注入系统流程示意图

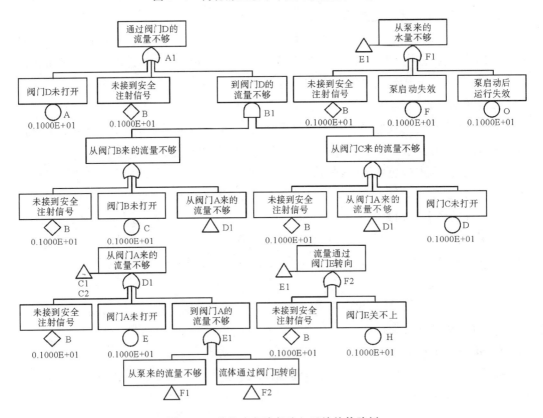

图 7-6　简化应急冷却注入系统的故障树

7.6.5　故障树的定性分析

故障树定性分析是故障树分析最为关键的一步,是定量分析的基础。故障树定性分析的目的在于寻找导致顶事件发生的基本事件或基本事件的组合,即识别导致顶事件发生的所有失效模式。

由于失效数据有时难以获得,特别是人的可靠性难以定量化。有时故障树分析往往只能进行到定性阶段,即找出故障树的全部最小割集。

　　总的说来,故障树定性分析工作包括下列三方面内容:首先,对建立起来的故障树进行规范化处理,将非规范化的逻辑门或事件,例如禁门互斥或门、顺序与门、房形事件等按等效变换为规范化的逻辑门或事件,使建造出来的故障树为仅含有基本事件,结果事件以及"与""或"和"非"三种逻辑门的故障树。然后对故障树进行简化和模块化处理,这一步虽不是故障树定性分析的必要步骤,但对减小故障树的规模,节省处理工作量,往往是有好处的。故障树的分析是一个数学上典型的 NP 问题。最后,采用故障树算法(上行法和下行法)对故障树进行处理,并按布尔代数规则进行化简吸收求得全部最小割集。

1. 故障树的结构函数表示

　　故障树中每个事件所处的状态只有成功与失效两种状态,因而可以看成是一个布尔变量。这样对故障树中出现的每一个逻辑关系就可以看成一个布尔表示式。

　　对于与门,令 $x_1, x_2, \cdots, x_n$ 为逻辑与门的输入事件状态变量,则该逻辑与门的输出事件状态变量 $\Phi(\vec{X})$ 可表示为 $x_1, x_2, \cdots, x_n$ 的布尔乘积

$$\Phi(\vec{X}) = x_1, x_2 \cdots x_n \tag{7-3}$$

　　对于或门,其输出事件状态变量 $\Phi(\vec{X})$ 可表示为 $x_1, x_2, \cdots, x_n$ 的布尔和

$$\Phi(\vec{X}) = x_1 + x_2 + \cdots + x_n \tag{7-4}$$

　　对于非门的输出事件状态变量表为 $\vec{x}$

$$\vec{x} = \begin{cases} 1, \text{当 } x = 0 \\ 0, \text{当 } x = 1 \end{cases} \tag{7-5}$$

　　对于一颗故障树,均可以简化为只含逻辑与门和逻辑或门以及底事件组成的形式,因而利用逻辑门的布尔表示可以将故障树顶事件的状态变量 T 表示为底事件状态变量 $x_1, x_2, \cdots, x_n$ 的布尔表达式

$$\psi = \psi(x_1, x_2 \cdots x_n) \tag{7-6}$$

　　这个表示式就称为故障树的结构函数。对于一个复杂故障树来说,结构函数 ψ 还是较复杂的。它是布尔变量的函数,因而可以利用布尔代数规则进行简化、展开、吸收化成所谓积之和形式的表达式,便于分析和计算。

　　在表 7-6 列出了布尔代数的基本运算法则。

表 7-6　布尔代数的基本运算法则

	规　则
1. 交换律	a. $XY = YX$
	b. $X + Y = Y + X$
2. 结合律	a. $X(YZ) = (XY)Z$
	b. $X + (Y + Z) = (X + Y) + Z$
3. 等幂律	a. $XX = X$
	b. $X + X = X$
4. 吸收律	a. $X(X + Y) = X$

	规　　则
	b. $X+XY=X$
5.分配律	a. $X(Y+Z)=XY+XZ$
	b. $(X+Y)(X+Z)=X+YZ$
6.互补性	a. $X\bar{X}=\varphi$
	b. $X+\bar{X}=\Omega$
	c. $\bar{\bar{X}}=X$
7.德·摩根定理	a. $(\overline{XY})=\bar{X}+\bar{Y}$
	b. $(\overline{X+Y})=\bar{X}\bar{Y}$
8.其他	a. $X+\bar{X}Y=X+Y$
	b. $\bar{X}(X+\bar{Y})=\bar{X}\bar{Y}$

2. 割集与最小割集

割集是故障树底事件集合的一个子集合,如果该子集的所有这些底事件发生,则顶事件必定发生。

最小割集是割集集合的一个子集,是底事件数量不能再减少的割集,即如果在这个割集中任意去换一个底事件之后,剩下的事件集合不再是一个割集。

任一个故障树将由有限数量的最小割集组成。

最小割集中所含底事件数目称为最小割集的阶数。在核电厂系统故障树中,各底事件发生概率比较小且相互差别相对不大。这时,阶数越小的最小割集越重要,在低阶最小割集中出现的底事件比高阶最小割集中的底事件重要,在不同最小割集中重复出现的次数越多越重要。

对于核电厂安全系统,设计上要满足单一失效准则,这就意味着系统中不允许有一阶最小割集。

由于全部最小割集反映系统的全部失效模式,这为寻找系统薄弱环节、提高系统可靠性的途径提供了依据。

3. 求最小割集的算法

寻找最小割集的方法很多,这里介绍常用的两种方法,一种是下行法,也称 Fussell 法,一种是上行法。下行法是从顶事件开始,由上而下逐步将顶事件展为底事件的积之和形式,经过吸收得到全部最小割集。上行法与下行法进行方向相反,从底事件开始,由下向上逐步将顶事件展为底事件的积之和形式,经吸收得到全部最小割集。

(1)下行法。下行法是从顶事件开始的,从上往下逐级展开,经过或门,用输入事件置换输出事件就给出了应展为哪些项的信息。经过与门,用输入事件置换输出事件就给出了项中应有哪些元素的信息。换句话说,经过或门,给出有哪些割集的信息,经过与门,给出割集有哪些事件的信息。直到全部门事件均被底事件置换为止,所得到的全部乘积项就是含有全部最小割集的布尔显示割集(BICS)。经过吸收便得到全部最小割集。

所谓布尔显示割集,是全部割集的一部分,这一部分割集是由给定的结构函数经布尔展开得到的(显示出来的)积之和形式的全部项,它不一定是故障树的全部割集,但由逻辑函数的性质知道,只要结构函数是单调关联的,从数学上可以证明,布尔显示割集一定包括了全部最小割集。由布尔显示割集经等幂化简、再吸收便可得到全部最小割集。

(2)上行法。上行法与下行法进行方向相反,从底事件开始,由下向上逐步将顶事件展成底事件的积之和形式,经吸收得到全部最小割集。

不论哪一种方法,都将故障树的顶事件表为下列积之和形式:

$$Top = \sum_{i=1}^{r} \prod_{j \in i}^{n} x_{ij} = \sum_{i=1}^{r} C_i, \quad C_i = \prod_{j \in i}^{n} x_{ij} \qquad (7-7)$$

例:用下行法求解图 7-7 的全部最小割集。

在表 7-7 中列出了用下行法求解的过程。

在逐级展开由左向右完成表格的过程中,遇到"与"门时,将该所有的输入事件都排在同一行中,在遇到"或"门时把该门的输入都单独排一行,这样直到底事件,最后一步得到的各项是系统割集,但不一定是系统的全部割集,也不是最小割集,经吸收后得到该系统的全部最小割集:

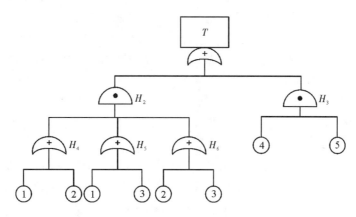

图 7-7　用下行法求全部最小割集的故障树

表 7-7　下行法寻找 MCS 的过程

	置换或门	置换与门	置换与门	置换或门	置换或门	BICS	吸　收	MCS
$T \rightarrow$	H_2	H_2	$H_4 H_5 H_6$	$X_1 H_5 H_6$	$X_1 X_1 H_6$	$X_1 X_1 X_2$	$X_1 X_2$	$X_1 X_2$
	H_3	$X_4 X_5$	$X_4 X_5$	$X_2 H_5 H_6$	$X_1 X_3 H_6$	$X_1 X_1 X_2$	$X_1 X_3$	$X_1 X_3$
				$X_4 X_5$	$X_2 X_1 H_6$	$X_1 X_3 X_2$	$X_1 X_2 X_3$	$X_2 X_3$
					$X_2 X_3 H_6$	$X_1 X_3 X_3$	$X_1 X_3$	$X_4 X_5$
				$X_1 X_2$	$X_4 X_5$	$X_2 X_1 X_2$	$X_1 X_2$	
				$X_1 X_3$		$X_2 X_1 X_3$	$X_1 X_2 X_3$	
				$X_1 X_2 X_3$		$X_2 X_3 X_2$	$X_2 X_3$	
						$X_2 X_3 X_3$	$X_2 X_3$	
						$X_4 X_5$	$X_4 X_5$	

用上行法也可以得出所有最小割集。按上行法

$$H_4 = X_1 + X_2, \tag{7-8}$$

$$H_5 = X_1 + X_3, \tag{7-9}$$

$$H_6 = X_2 + X_3 \tag{7-10}$$

$$H_3 = X_4 X_5 \tag{7-11}$$

$$H_2 = H_4 H_5 H_6 = (X_1 + X_2)(X_1 + X_3)(X_2 + X_3) \tag{7-12}$$

$$H_2 = (X_1 + X_2)(X_1 + X_3)(X_2 + X_3) = (X_1 + X_2 X_3)(X_2 + X_3)$$
$$= X_1 X_2 + X_1 X_3 + X_2 X_3 X_2 + X_2 X_3 X_3 = X_1 X_2 + X_1 X_3 + X_2 X_3 \tag{7-13}$$

$$T = H_2 + H_3 = X_1 X_2 + X_1 X_3 + X_2 X_3 + X_4 X_5 \tag{7-14}$$

上述介绍的两种算法都是有效的,得出的最小割集肯定是一样的,因为一颗给定故障树的最小割集的数量和每个最小割集的元素是唯一的。

对于前面建立的注入系统故障树,可以按下行法采用下列步骤求出最小割集。

(1)置换

$$A1 = A + B + B1 = A + B + C1 * C2 = A + B + (C + B + D1) * (D + B + D1)$$
$$= A + B + (C + B + E + B + E1) * (D + B + E + B + E1)$$
$$= A + B + (C + B + E + B + F1 + F2) * (D + B + E + D + F1 + F2)$$
$$= A + B + (C + B + E + B + F + G + B + H + B) * (D + B + E + D + F$$
$$+ G + B + H + B) \tag{7-15}$$

(2)化简,利用 X+X=X

$$A1 = A + B + \{C + B + E + F + G + H\} * \{D + B + E + F + G + H\} \tag{7-16}$$

(3)展开

$$A1 = A + B + CD + CB + CE + CF + CG + CH + BD + BB + BE + BF$$
$$+ BG + BH + ED + EB + EE + EF + EG + EH + FD + FB + FE$$
$$+ FF + FG + FH + GD + GB + GE + GF + GG + GH + HD$$
$$+ HB + HE + HF + HG + HH \tag{7-17}$$

(4)化简,利用 XX=X

$$A1 = A + B + CD + CB + CE + CF + CG + CH + BD + B + BE + BF + BG + BH$$
$$+ ED + EB + E + EF + EG + EH + FD + FB + FE + F + FG + FH + GD$$
$$+ GB + GE + GF + G + GH + HD + HB + HE + HF + HG + H \tag{7-18}$$

(5)化简,利用 X+X·Y=X

$$A1 = A + B + E + F + G + H + CD \tag{7-19}$$

上述介绍的两种算法都是有效的,但是必须注意,当故障树中部件数量大时,其运算量是很大的,而且计算量随部件数目 n 的增长而指数增长,即求故障树最小割集是一个 NP 问题。一个由 n 个底事件组成的系统,底事件的组合为 $2^n - 1$ 种,用试探法求故障树割集将有 $2^n - 1$ 种可能性,因此是 NP 问题。用上面所说的上行法或下行法针对实际问题分析,求得全部布尔显示割集 BICS 比 $2^n - 1$ 少得多,但绝对数目还是很大的,在用大型计算机求解仍然存在计算容量和速度的问题。为此人们提出了各种各样的算法和技术来缓解所谓 NP 困难引起的问题。这包括模块化技术、早期不交化技术……。其中最为成功并被许多程序利用的是模块化技术。

在采用模块化技术时,先对故障树进行分析,找出一些最大可能的独立部分,这些独立部分用一个准底事件或超级事件代替,这个独立部分通常称为故障树的模块或独立子树。在原故障树中有关部分就用这些独立子树代替,新形成的故障树在规模上要比原来的故障树小得多。对该树进行分析,求出最小割集表达式,该最小割集表达式中含有一些独立子树代表的超级事件。再将独立子树的最小割集代入,经过布尔运算化简就可以得到原故障树的全部最小集合。实践表明,采用模块化技术大大减少了分析的工作量。

在故障树定性分析中,人们还可以根据实际问题采用按割集阶数或割集概率截断方法来减少计算量。这样作在最小割集表示式中可能丢失一些不重要的失效模式,但从工程观点来看这是允许的。实践表明,截断方法是控制生成最小割集数目的唯一有效手段。截断概率根据实际情况和 PSA 的应用情况确定。

7.6.6　故障树的定量分析

1. 概述

故障树定量分析的工作包括:

(1)确定底事件的失效概率。

(2)利用底事件的发生概率算出顶事件发生概率的点估计值和区间估计值,以确定系统的可靠性。

(3)确定每个最小割集的发生概率,以便改进设计,提高系统的可靠性。

(4)确定每个底事件的发生对引起顶事件发生的重要程度,即重要度分析,以便合理设计和正确选用部件或元件的可靠性等级,和识别设计上的薄弱环节。

2. 基本可靠性特征量

对于一个部件,可以引入下列可靠性特征量 $f(t),\lambda(t),F(t),R(t)$:

$f(t)dt$　　为 t 时刻 dt 内发生失效的概率;

$\lambda(t)dt$　　为部件直到 t 时刻仍然完好,但在随后 dt 时间内失效的概率;

$R(t)=1-F(t)$　　可靠度,为部件在 t 时刻以前没有失效的概率;

$F(t)=1-R(t)$　　为部件在 t 时刻已经失效的概率,也是在 0 到 t 期间某一时刻发生失效的概率,$F(t)$ 也称累积失效概率分布函数。

从定义出发,很容易证明有下列关系式:

$$f(t) = \lambda(t)R(t) \tag{7-20}$$

$$F(t) = \int_0^t f(t')dt', R(t) = \int_t^\infty f(t')dt' \tag{7-21}$$

$$R(t) = 1 - F(t) = 1 - \int_0^t f(t')dt' \tag{7-22}$$

$$R(t) = -\frac{d\lambda(t)}{dt} \tag{7-23}$$

从而得出:

$$R(t) = \exp\left[-\int_0^t \lambda(t')dt'\right] \tag{7-24}$$

$$f(t) = \lambda(t)\exp\left[-\int_0^t \lambda(t')dt'\right] \tag{7-25}$$

$$F(t) = 1 - \exp[-\int_0^t \lambda(t')\mathrm{d}t'] \qquad (7-26)$$

3. 底事件失效概率

故障树定量分析的第一步就是确定各个底事件的失效概率。对部件失效数据分析是其重要的一环,这包括对部件运行失效、部件需求失效、部件检修、部件试验和维修等方面的模型分析。

一个部件的失效特性可以按两种方式描述:

(1)失效率 $\lambda(t)$,在 t 时刻还未失效的部件而在 t 时刻单位时间内失效的概率;

(2)需求失效概率(不可用度),它为部件执行功能需求时的失效概率,也就是在需求以前或在需求时刻部件功能已经失效的概率。就失效的含义来说,失效概率等效于不可用度。但失效率不要与不可用度相混。

从类似部件在可比环境中运行的失效统计数据,可以计算失效率 λ 和需求失效概率。一般说来这两个量都不是常数,而是时间 t 的函数。大多数部件的 $\lambda(t)$ 曲线如浴盆形状,称为"浴盆曲线"。

如图 7-8 所示,失效率随时间的变化分成三个阶段。第一阶段,由于部件磨合或部件生产质量控制不严造成部件容易失效,称为早期失效期;第二阶段,失效率由随机失效决定,基本保持不变,称为偶发失效期;第三阶段,由于老化使部件变得易于失效,称为损耗失效期。

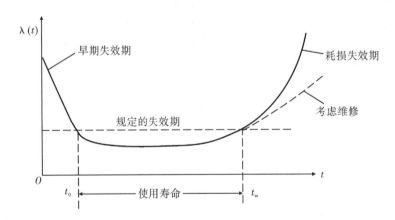

图 7-8　部件失效率浴盆曲线

对于核反应堆中大多数安全系统,由于有严格的质量控制要求,部件在早期的失效就趋向于随时失效,另一方面又采用维修和更替部件的手段来防止部件进入耗损失效期,因此,在核电厂的可靠性和风险分析中,可以认为失效是随机的,即 $\lambda(t) = \lambda = $ 常数,这种随时失效可以用指数分布描述,即部件 t 时刻仍处于完好状态的概率:

$$R(t) = \exp[-\int_0^t \lambda(t)\mathrm{d}t] = \mathrm{e}^{-\lambda t} \qquad (7-27)$$

t 时刻累积失效概率:

$$F(t) = 1 - \mathrm{e}^{-\lambda t} \qquad (7-28)$$

除去部件的失效行为之外,还必须考虑因修理、功能试验和定期更换等维修引起的无效度。这样,从失效时刻,或从各个试验开始,到维修行动终了时为止,部件就认为失效。

　　下面具体讨论一下如何计算故障树中所需要的基本事件的发生概率。

　　对于一个正在运行的系统,其部件不可用度

$$q = 1 - e^{-\lambda_0 T_0 T_M} \approx \lambda_0 T_M \qquad (7-29)$$

式中,λ_0 为运行失效率;T_M 为任务时间。T_M 可以根据系统运行的成功准则来决定。

　　对于在线可修部件

$$q = \frac{\lambda_0 T_R}{1 + \lambda_0 T_R} \qquad (7-30)$$

式中,T_R 为平均检修时间。

　　对于一个备用系统中部件,实际上所需要的首先是部件的需求不可用度,系统运行起来以后才关心运行失效概率。对于备用系统的部件,可以利用部件按时间平均的不可用度作为故障树中所需要的基本事件的发生概率。

　　假设备用部件的备用失效率为 λ_s,仍然只考虑随机失效,λ_s 也为常数,失效概率分布函数为指数分布

$$F(t) = 1 - e^{-\lambda_s t} \qquad (7-31)$$

　　部件按时间平均不可用度

$$q = \frac{\int_0^{T_p} F(t)\,\mathrm{d}t}{\int_0^{T_p} \mathrm{d}t} = 1 - \frac{1 - e^{-\lambda_s T_p}}{\lambda_s T_p} \approx \frac{1}{2}\lambda_s T_p \qquad (7-32)$$

式中,T_p 为部件备用时间。

　　如果备用部件要定期地进行试验,那不可用度就是时间的周期函数。为了减轻计算的负担,与时间相关的部件不可用度可以用其在所分析的周期上的平均值代替,将部件不可用度看成常数。

$$q = 1 - \frac{1 - e^{-\lambda_s}}{\lambda_s T} \approx \frac{1}{2}\lambda_s T \qquad (7-33)$$

式中,T 为部件试验周期。

　　在试验或检验期间,因试验或检验本身也造成了部件的无法投入,在故障树中也是要加以考虑的。其在故障树中基本事件的失效概率可以采用下列公式。

　　(1)因试验造成部件的停运,其不可用度

$$q = \frac{\tau}{T} \qquad (7-34)$$

式中,τ 为平均试验持续时间。

　　(2)按计划检修造成部件的停运,其不可用度

$$q = f_m T_m \qquad (7-35)$$

式中,f_m 为按计划维修的频率;T_m 为按计划维修行动所需的平均时间。

　　关于失效率和需求失效概率,已有不少数据库可供使用。但是应该小心谨慎地使用这些通用数据库或电厂专用数据库。库中所给数值是根据特定试验频率并用有关模型算出来的,如使用的情况不同,可能会对部件不可用度造成明显的高估或低估。

4. 顶事件发生概率的计算

　　在系统顶事件发生的最小割集表示式中,由于同一个底事件可以在几个最小割集中重复出现,这就意味着最小割集之间是相容的。这样必须采用相容事件的概率公式才能

精确计算顶事件发生概率,即容斥定理。

顶事件

$$T = C_1 + C_2 + \cdots + C_N \tag{7-36}$$

顶事件发生概率

$$
\begin{aligned}
P(T) = &\sum_{i=1}^{N} P(C_i) - \sum_{i=1}^{N-1} \sum_{j=i+1}^{N} P(C_i C_j) + \sum_{i=1}^{N-2} \sum_{j=i+1}^{N-1} \sum_{k=j+1}^{N} P(C_i C_j C_k) \\
&+ \cdots + (-1)^{N-1} P(C_1 C_2 \cdots C_N)
\end{aligned} \tag{7-37}
$$

式中,C_i,C_j,C_k,为第 i、j、k 个最小割集。

对于上例题中的最小割集

$$C_1 = X_1 X_2, C_2 = X_1 X_3, C_3 = X_2 X_3, C_4 = X_4 X_5 \tag{7-38}$$

且设所有底事件的失效概率 $p=0.1$,有

$$
\begin{aligned}
P(T) = & P(C_1) + P(C_2) + P(C_3) + P(C_4) - P(C_1 C_2) - P(C_1 C_3) - P(C_1 C_4) \\
& - P(C_2 C_3) - P(C_2 C_4) - P(C_3 C_4) + P(C_1 C_2 C_3) + P(C_1 C_2 C_4) \\
& + P(C_1 C_3 C_4) + P(C_2 C_3 C_4) - P(C_1 C_2 C_3 C_4) \\
= & P(X_1 X_2) + P(X_1 X_3) + P(X_2 X_3) + P(X_4 X_5) - P(X_1 X_2 X_3) \\
& - P(X_1 X_2 X_3) - P(X_1 X_2 X_4 X_5) - P(X_1 X_2 X_3) - P(X_1 X_3 X_4 X_5) \\
& - P(X_2 X_3 X_4 X_5) + P(X_1 X_2 X_3) + P(X_1 X_2 X_3 X_4 X_5) + P(X_1 X_2 X_3 X_4 X_5) \\
& + P(X_1 X_2 X_3 X_4 X_5) - P(X_1 X_2 X_3 X_4 X_5) \\
= & 4 \times 0.1^2 - 2 \times 0.1^3 - 3 \times 0.1^4 + 2 \times 0.1^5 = 0.03772
\end{aligned} \tag{7-39}
$$

可以看出,当最小割集数 N 足够大时,顶事件计算同样会出现组合爆炸问题,因为其计算项数 $=2^{N-1}$ 项,每一项又是许多项的连乘积。实际工程问题是可以采用近似方法计算顶事件概率的。

上述容斥定理表示式中:

记

$$P_1 = \sum_{i=1}^{N} P(C_i), \quad P_1 = \sum_{i=1}^{N-1} \sum_{j=i+1}^{N} P(C_i C_j) \tag{7-40}$$

$$P_3 = \sum_{i=1}^{N-2} \sum_{j=i+1}^{N-1} \sum_{k=j+1}^{N} P(C_i C_j C_k) \tag{7-41}$$

则

$$P(T) = P_1 - P_2 + P_3 - P_4 \cdots (-1)^N P_N \tag{7-42}$$

P_1 是 $P(T)$ 的上界,$P_1 - P_2$ 为 $P(T)$ 中的下界。作为一级近似取

$$P(T) \approx \sum_{i=1}^{N} P(C_i) \tag{7-43}$$

该近似称为稀有事件近似。实际 $P(T) \leqslant P_1$,因此取 P_1 作顶事件发生概率是一种保守的近似。

应该说按此计算出的只是顶事件的点估计值。实际上,每个底事件从概率论观点上看是一个随机事件,因此其失效概率不是定常数,而是满足某种分布。数据量少和数据使用条件的不同也使底事件概率存在一定的不确定性。这样,按上述方法由底事件发生概率计算顶事件发生概率必然带有误差。因此,进行顶事件的区间估计是必要的。

　　故障树顶事件区间估计的常用方法主要有两种:蒙特卡罗模拟法和矩法。蒙特卡罗法是数值仿真的方法,其实施步骤:首先对每个底事件按底事件的分布进行随机抽样,产生各个底事件的随机的概率值,代入故障树模型求得顶事件一次随机数值,完成对系统一次模拟实验。根据精度要求进行多次抽样随机试验,最后得到顶事件的概率分布曲线,并求出顶事件发生概率区间估计值。

　　在矩法中,首先是求出部件可靠性分布函数的各次矩,然后根据系统的结构函数求得顶事件可靠度分布函数的各次矩,从而求出顶事件发生概率的区间估计值。在矩法中,可以不知道部件失效服从何种分布,但一定得知道失效概率分布函数的矩。可以从实际的部件失效数据经数据处理求出分布的"矩"。

5. 重要度分析

　　重要度分析是故障树定量分析的重要组成部分,也是事件序列定量分析的重要组成部分。重要度系指部件或者割集对顶事件的贡献,也就意味着通过重要度分析可以找出哪些部件或者割集对核电厂总风险起着重要的作用。通过重要度的分析可以理解特定事件对 PRA 分析结果的贡献。人们从各种角度引进了各种各样的重要度,这里只介绍其中重要的几种。

　　(1)概率重要度(Birnbaum 重要度)。概率重要度定义为部件失效概率变化所引起的顶事件发生概率的变化,即系统不可用度 $g(Q(t))$ 对某个部件 Q_s 的偏导数。显然,由于 $g(Q(t))$ 是一个多元线性函数,因此,概率重要度等于部件 i 失效时系统的不可用度减去部件 i 正常时系统的不可用度。

$$I_i^B(t) = \frac{\partial g(Q(t))}{\partial Q_i(t)} = g(1_i, Q(t)) - g(0_i, Q(t)) \tag{7-44}$$

式中,$g(1_i, Q(t))$ 为部件 i 失效时系统的不可用度;$g(0_i, Q(t))$ 为部件 i 正常时系统的不可用度;$g(Q(t)) = g(Q_1(t), Q_2(t) \cdots \cdots)$ 为系统不可用度。

　　(2)F-W 割集重要度(Fussel-Vesely 重要度)$I_i^{FV}(t)$。为了描述部件失效对系统失效的总贡献,Fussell 和 Vesslly 定义和使用了下列定义,称为 Fussell-Veselly 割集重要度:

$$I_i^{FV(t)} = \frac{g_i(Q(t))}{g(Q(t))} = \frac{g(Q(t)) - g(0_i, Q(t))}{g(Q(t))} \tag{7-45}$$

式中,$g_i(Q(t))$ 为所有包含部件 i 的最小割集发生概率;$g(Q(t))$ 为系统不可用度。

　　(3)关键重要度。为了提高系统的可靠性,一般是改进系统最薄弱的环节,也就是说提高较高质量的部件不如提高较低质量的部件。为此引入关键重要度。

　　关键重要度是部件失效概率的变化率所引起的系统失效概率的变化率。

$$I_i^{Cr}(t) = \lim \frac{\frac{\Delta g(Q(t))}{g(Q(t))}}{\frac{\Delta Q_i(t)}{Q_i(t)}} = \frac{Q_i(t)}{g(Q(t))} \frac{\partial g(Q(t))}{\partial Q_i(t)} = \frac{Q_i(t)}{g(Q(t))} \times I_i^b(t) \tag{7-46}$$

　　(4)致险重要度。假定事件肯定失效对顶事件造成的相对增加。一个部件的 RAW 较高,则表明它的失效对结果有明显的影响。

$$I_i^{RAW} = \frac{g_i(1_i, Q(t))}{g(Q(t))} \tag{7-47}$$

7.7　事故序列分析

7.7.1　概述

事故序列分析的目的在于找出待定量化的事故序列和求出各个事故序列的发生频率。

在事故序列分析中应给出下列结果:

(1)重要事故序列及其重要的最小割集;

(2)所有事故序列的归类;

(3)事故序列的点估计和区间估计;

(4)堆芯损坏频率;

(5)事故序列中系统、最小割集和部件重要度;

(6)灵敏度分析。

一个事故序列实质上就是一个由各题头事件用"与"门联系起来的故障树,或称为事故序列故障树。因此,事故序列分析也是故障树分析,只是在事故序列分析中还要考虑一些特殊问题。

7.7.2　事故序列中相关性处理

事故序列分析中,对相关性的处理是一个复杂的关键问题,必须认真加以处理。在事故序列分析中碰到的相关性有以下几类:

(1)共同始发事件,引起多个前沿系统或支持系统失效;

(2)共享部件失效引起多个系统失效;

(3)系统间的相关性,包括共享支持系统、支持系统相互依赖性,前沿系统中的支持系统与其他支持系统等;

(4)由于区别早期和晚期系统失效的要求引起的相关性;

(5)人因相关性。

在事件树建造过程中小心谨慎地考虑系统之间的相关性。而用计算机程序对事件树进行布尔化简过程中会对相关性作出处理,自动地完成各种相关性分析,包括系统相关性和始发事件、部件失效与人误之间的相关性。

7.7.3　事故序列中对系统成功的处理

在某些情况,在定义事故序列中包含了系统的成功。这时,在事故序列的布尔化简中要明确地考虑该系统的成功,以避免对事故序列发生频率作出过高的估计。例如,当前沿系统的系统模型中包括支持系统时,前沿系统的成功意味着它的支持系统的成功,在此之后在同一事故序列中该支持系统就不能认为对另一不同的前沿系统的失效有贡献。

这种问题精确处理要求利用对偶定理建立与系统成功模型相对应的成功树。然后再与事故序列中系统失效对应的故障树进行布尔化简求出事故序列的最小割集。这样,即使使用非常好的故障树分析程序也会碰到困难,而且这样形成的故障树还是非单调关联故障树。为此一般采用近似的方法——割集匹配技术。其实施步骤如下：首先求出事故序列中失效系统合并故障树的最小割集和成功系统的故障树最小割集，然后对上述两个最小割集进行比较，如果第一组中某最小割集被第二组中的最小割集所包含，就在第一组中删除该最小割集，删除后的最小割集就是事故序列的最小割集。

7.7.4　事故序列的定量化

在事故序列定量化之前，首先确定需定量化的事故序列，并对这些事故序列进行处理，如系统成功的处理，以形成适合定量化的形式。

事故序列在系统一级上筛选也是需要的。例如事故序列 IABC 已给定量化了，而事故序列 IABDE 有待定量化，如果已肯定 DE 不依赖于 IAB，而且发生概率要比 C 低得多（比如低二个数量级），那么 IABDE 就可以不需要定量化了。

事件树布尔化简过程的复杂性随着构成事故序列的各个故障树中项数（割集）的增加而按几何级数增大。因此，为了使序列定量化实际可行，类似于故障树的处理，可以采用模块化技术和截断技术。

模块化过程的目标是将尽可能多的底事件失效组合成独立子树，或称为模块，并赋给一个名字。但这一过程需要小心进行，每一个子树必须与同一事故序列中的所有其他子树完全独立。在多个系统中作为独立子树出现的所有失效必须在它们出现的每一个系统中具有相同的名字。

一般来说，由于每个独立子树都包含多个底事件，因而用含有独立子树写出的布尔方程比只用底事件写成的布尔方程会有少得多的项数。于是，使用独立子树的故障树可以大大降低布尔化简过程的复杂性。

截断技术是一种近似方法，这包括按割集阶数截断和按概率值截断两种方法。按概率截断，就是说只考虑发生概率在某一截止值之上的那些割集，该截止值称为截断值。实际经验表明，将截断值取为比所得到的支配性数值或者所考虑的准则值小 1000 倍通常是足够的。因此准则值取 10^{-5}，那么一般来说截断值取为 10^{-8} 是足够的。在目前核电厂 PSA 事故序列分析中，一般取截断值为 10^{-8} 或者 10^{-9}。

在给出事故序列定量化的最终结果以前，通常还有一个问题值得考虑，那就是恢复行动对结果的影响。每一个事故序列的最小割集代表该序列可能发生的一种可能途径。运行人员可以从最小割集得到有用信息，并判断能否采取恢复行动。通常是对最重要的最小割集考虑恢复行动。对于采取恢复行动的最小割集，要估算非恢复概率。然后将最小割集的频率乘以它的非恢复概率就可估算有恢复的最小割集频率，从而计算出事故序列的最终估计频率。

7.8　核电厂 PSA 分析结果

7.8.1　美国反应堆安全研究（RSS）

20 世纪 70 年代美国在 Rasmussen 领导下开始的反应堆安全研究是世界上第一次全面应用概率论方法进行核电厂事故风险的研究工作，并于 1975 年发表了《反应堆安全

研究》报告(WASH-1400)。该报告分析了两个参考核电厂:775MW 电功率的塞瑞 1 号
(Surry-1))西屋公司压水堆和 1065 兆瓦电功率桃花谷 2 号(Peach Bottom-2)通用电气公
司沸水堆。总共研究了 PWR 4800 个事故序列,对其中可能导致堆芯熔化的 1000 多个
又仔细进行了事件树、故障树和后果分析。给出压水堆堆芯熔化总频率为 6×10^{-5}/(堆
·年),并指出小 LOCA 事故序列是造成堆芯熔化频率的主要贡献者,其他始发事件,如
余热去除系统失效和失去厂外电源引起的瞬变始发事件对堆芯熔化频率也有较大贡献。

在表 7-8 中列出了塞瑞 1 号压水堆中各种始发事件对堆芯熔化频率的贡献。

表 7-8　塞瑞 1 号压水堆各种始发事件对堆芯熔化频率的贡献

始发事件	频率 1/年	引起的堆芯熔化频率 1/(堆·年)	在总熔化频率中所占份额
大破口 LOCA	1×10^{-4}	3.4×10^{-6}	6%
中破口 LOCA	3×10^{-4}	6.9×10^{-6}	12%
小破口 LOCA	1×10^{-3}	2.6×10^{-5}	46%
压力容器破裂	1×10^{-7}	1.1×10^{-7}	0.2%
一回路界面设备失效	4×10^{-6}	4.8×10^{-6}	8%
瞬态	2×10^{-1}	1.6×10^{-5}	28%
全部始发事件		5.7×10^{-5}	100%

7.8.2　德国风险研究

德国风险研究工作开始于 1973 年,研究工作分两个阶段,阶段 A 以 1300 MW 电功
率压水堆核电厂 Biblis B 为对象,采用反应堆安全研究(RSS)中的假设和方法评价严重
事故造成的风险。该工作于 1979 年完成。RSS 研究的参考电厂与德国电厂之间设计上
和安全系统功能上有明显的差异,因此尽管在堆芯熔化频率上数值差别不大,但各种始
发事件对堆芯熔化频率的相对贡献还是有一些差别的。具体见表 7-9。

表 7-9　德国风险研究给出的堆芯损坏频率(点估计值)

始发事件	阶段 A	阶段 B
失水事故		
一回路大破口(>200 cm²)	2×10^{-6}	3.1×10^{-7}
一回路小破口(2~200 cm²)	5.7×10^{-5}	3.7×10^{-6}
稳压器安全阀误开	—	2.2×10^{-6}
稳压器泄压阀卡开	9.0×10^{-6}	8.2×10^{-7}
多根蒸发器热管破裂(>6 cm²)	—	3×10^{-7}
单根蒸发器热管破裂(1~6 cm²)	—	1×10^{-6}
隔离阀失效未能关闭	3×10^{-8}	$<10^{-7}$
瞬态		
丧失电源	1.3×10^{-5}	2.2×10^{-6}

始发事件	阶段 A	阶段 B
丧失主给水	3.0×10^{-6}	3.2×10^{-6}
丧失热阱		2.9×10^{-6}
丧失热阱和主给水	$< 10^{-7}$	6.7×10^{-6}
主蒸汽管破断	—	2.5×10^{-6}
ATWS	1.3×10^{-6}	2.0×10^{-7}
合计	8.6×10^{-5}	2.6×10^{-5}

　　阶段 B 研究的主要目的在于将阶段 A 所作的分析工作深入下去,以便尽可能以现实估计为基础来评估、改进和优化核电厂安全特性。在阶段 B 中,进一步考虑了各种始发事件,完整地分析事故序列,识别和分析能够将风险降低最小的事故处理措施。在阶段 A 取得的许多成果已在阶段 B 的严重事故分析中加以考虑。另外,阶段 A 对安全壳特性没有作详细分析,而阶段 B 已将重点转向严重事故源项研究,即对安全壳特性作了全面详细分析。

　　阶段 B 所分析的对像仍是 Biblis B 核电厂,但自阶段 A 完成以后,Biblis B 已作了一些系统改进,因此在阶段 B 分析中必须加以考虑。具体包括:

　　(1)安装了一个半自动系统,在小破口下能以 100 ℃/小时速率控制冷却,该项改进使小破口对堆芯损坏频率降了一个数量级;

　　(2)改进二回路泄压阀;

　　(3)在主热阱失效时,电厂有自动进行部分冷却的能力;

　　(4)通过各种附合的隔离信号来控制稳压器泄压系统;

　　(5)在应急柴油机失效情况下,可以恢复与主电网的连接;

　　(6)安装了一个备用电网。

　　在阶段 B 分析中还取消了一些保守的假设。例如,对于应急堆芯冷却系统的成功准则,在阶段 A 要求至少要有两列高压和两列低压运行成功。而在阶段 B,应急堆芯冷却的成功准则只要求一列高压和一列低压运行成功,只是这些系统必须在事故后 30 分钟以内能够启动以冷却反应堆。

　　在阶段 A,所有堆芯损坏状态都认为是堆芯熔化。而在阶段 B,在堆芯熔化以前出现堆芯损坏状态下,即使有关安全系统已经失效,但仍允许采取恢复行动,只是当恢复不成功时,事故才会发展成堆芯熔化。

　　在阶段 B 对始发事件频率重新作了认真分析。鉴于一回路高质量的设计,大破口和中破口的频率是很低的,因而改取小于 10^{-7}/(堆·年)。而像失去热阱和失去主给水的始发事件,在阶段 A 是没有考虑的,而在阶段 B 经过分析发现它对结果有一明显的贡献。总之,在阶段 B 考虑的始发事件数目增加了,分析的范围也扩大了。但由于在阶段 A 后,对安全系统作了较大改进,因而堆芯损坏总频率都下降了三倍,为 2.6×10^{-5}/(堆·年),其中大约 30% 来自小破口始发事件,70% 来自瞬态始发事件。主要的事故序列为余热载出失效造成一回路高压而使堆芯损坏。阶段 B 的研究还指出,该事故序列特别是在初始阶段,在一回路系统还是一个缓慢变化的过程。因此,在许多情况下可以采用灵活的事故处置手段来防止燃料的加热和其后的堆芯熔化。这就是说安全系统失效不一定导致堆芯熔化,特别是不一定导致堆芯在高压下的熔化。经研究指出,采取事故处置手段之后,电厂损坏状态中的88％能够恢复到安全状态,仅有12％造成堆芯熔化。最后造成堆芯熔化的频率为 3.6×10^{-6}/(堆·年),其中高压堆芯熔化频率仅为 4.5×10^{-7}/(堆·年)。这说明采取事故处置手段是有效的,特别是大幅度降低了高压堆芯熔化概率。

7.8.3　NUREG1150 分析结果

《反应堆安全研究》工作完成后,美国开始了概率安全评价在管理工作中的应用。特别是 1979 年三哩岛核事故的发生加速了概率评价方法的发展和在核电厂安全评价中的应用。开展了反应堆安全研究方法计划(RSSMAP)、内部事件可靠性评价计划(IREP)以及国家可靠性评价计划(NREP)。与此同时,许多电力公司在美国核管会的建议下,也进行了所属核电厂的 PSA 分析。特别在后期所作的 PSA 分析中,对系统采用了现实的系统成功准则,代替了早期 PSA 中根据审批过程中所用的保守性假设,在 20 世纪 80 年代中期,对严重事故的物理过程经过深入研究后形成了新的计算模型,PSA 的技术也趋于完善,并出版了 PSA 的实施指南和安全目标等重要文件。在这种情况下,美国从 1983 年开始执行严重事故研究计划,利用最新的 PSA 技术和严重事故方法学资料,以及当时的设计和运行特性资料,对 5 种不同设计的商用核电厂进行系统的严重事故风险分析。其研究结果以 NUREG-1150 报告形式发表,1987 年 2 月完成初稿,1989 年完成第二版。

该研究的目标是:

(1)对五种不同设计的商用核电厂的严重事故风险提供最新的评价;

(2)更新《反应堆安全研究》(WASH-1400)的估计;

(3)对风险不确定性作定量分析;

(4)从风险角度识别这五个核电厂存在的弱点;

(5)根据风险分析结果就一些重要问题提出一些见解,包括分析对严重事故频率、安全性特性和风险有重大影响的问题、同 NRC 安全目标比较以及严重事故管理程序对减少事故频率的作用等;

(6)根据 PSA 模型和结果对潜在的安全问题和有关的研究工作进行排序。

所分析的五座核电厂是:Surry-1 压水堆,Zion-2 压水堆,Sequoyah 压水堆,Peach Bottom 沸水堆和 Grand Gulf 沸水堆核电厂。

在表 7-10 中列出了这五座核电厂中各始发事件对堆芯严重损坏的贡献和堆芯损坏总频率。在该表中给出的 Surry 压水堆核电厂堆芯损坏总频率与 WASH-1400 结果相比有所降低。这是因为自 WASH-1400 发表以后 Surry 电厂作了一些变化,例如压力界面接口系统止回阀的试验与维护程序作了变化。从《反应堆安全研究》发表后十几年时间,在 PSA 技术上也有不少发展,致使对结果也有一些影响,特别是各始发事件对堆芯总熔化频率的贡献有所变化。

表 7-10 各始发事件对堆芯严重损坏频率的贡献(均值)

始发事件	Surry	Peach Bottom	Sequoyah	Grand Gulf	Zion
内部事件	4.1×10^{-5}	4.5×10^{-6}	5.7×10^{-5}	4.0×10^{-6}	3.4×10^{-4}
全厂断电		2.2×10^{-6}			6.3×10^{-6}
短期	5.4×10^{-6}	—	9.6×10^{-6}	3.8×10^{-6}	—
长期	2.2×10^{-5}	—	5.0×10^{-6}	1.0×10^{-7}	—
ATWS	1.6×10^{-6}	1.9×10^{-6}	1.9×10^{-6}	1.1×10^{-7}	—
瞬变	2.1×10^{-6}	1.4×10^{-7}	2.5×10^{-6}	1.9×10^{-8}	1.4×10^{-5}
LOCA	6.0×10^{-6}	2.6×10^{-7}	3.6×10^{-5}	—	3.1×10^{-4}
界面系统 LOCA	1.6×10^{-6}	—	6.5×10^{-7}	—	
蒸发器管道破裂	1.8×10^{-6}		1.7×10^{-6}		1.5×10^{-6}
外部事件					
地震(LLNL)	1.2×10^{-4}	7.7×10^{-5}			
地震(EPRI)	2.5×10^{-5}	3.1×10^{-6}			
火灾	1.1×10^{-5}	2.0×10^{-5}			

　　NUREG1150 的结果还表明,对堆芯损坏频率起支配作用的始发事件与核电厂的设计特性密切相关。现对其中三个压水堆 PSA 结果作一简要说明。

　　对于 Surry 核电厂,各始发事件的发生频率如下取值:大 LOCA(大于 6″破口)频率为 5×10^{-4}/(堆·年),中 LOCA(2″—6″破口)为 1×10^{-3}/(堆·年),小 LOCA(1/2″—2″破口)为 1×10^{-3}/(堆·年),极小 LOCA(小于 1/2″破口)为 2×10^{-2}/(堆·年),瞬变始发事件总和为 8.4/(堆·年),其中失去厂外电源 7×10^{-2}/(堆·年),失去主给水 0.86/(堆·年),480 V 母线失效 9×10^{-3}/(堆·年),直流母线失效 9×10^{-4}/(堆·年),上充泵冷却系统失效 3×10^{-2}/(堆·年),其他瞬变为 7.3/(堆·年)。这些始发事件造成的堆芯损坏总频率为:均值为 4.1×10^{-5}/(堆·年),中值为 2.3×10^{-5}/(堆·年),下限(5％置信度)为 6.8×10^{-6}/(堆·年),上限(95％置信度)为 1.3×10^{-4}/(堆·年)。堆芯损坏频率的主要贡献是来自瞬变始发事件引起的事故序列,其次是 LOCA 事件。重要的事故序列有:

　　(1)全厂断电和辅助给水汽动泵列系统失效。全厂断电后将导致高压安注系统、安全壳喷淋系统和安全壳内外喷淋再循环系统失效。这样在 1 小时内不能恢复辅助给水系统和高压安注系统,那就因不能排移堆芯热量而导致堆芯严重损坏。在全厂断电下,辅助给水系统失效原因是汽动泵起动失效。

　　(2)全厂断电导致高压安注系统、安全壳喷淋和安全壳内外喷淋再循环系统失效,以及辅助给水电动泵失效。失去所有交流电虽然在全厂断电开始时不会影响仪表系统,但电池供电只能持续 4 小时,这样,长时间的全厂断电将失去仪表和控制电源,从而造成辅助给水系统汽动泵列失效,无法冷却堆芯。如果交流电不能在 3 小时内恢复就将造成堆芯裸露而损坏。

　　(3)全厂断电(大于 1.5 小时)使反应堆主泵密封冷却丧失而造成 Seal LOCA。全厂断电本身造成高压安注系统以及辅助给水电动泵、安全壳喷淋和安全壳内外喷淋再循环系统失效。这样在 Seal LOCA 发生后 1 小时不能恢复高压注入系统,堆芯就会发生严重损坏。

(4)大 LOCA 或中 LOCA 加上低压注入或再循环系统失效。在大 LOCA 下,由于破口尺寸大,恢复时间只是 5—10 分钟,因此不考虑设备的恢复。LOCA 发生后,安全壳排热系统可以是有效的,但冷却剂的继续加热和沸腾将会造成堆芯损坏。低压注入系统失效的主要原因是共因失效,因共因造成低压注入泵启动失效,换料水箱隔离阀关闭,泵入口端阀门打不开以及到热腿的隔离阀打不开。

(5)小 LOCA(1/2″—2″)加上高压注入系统失效。所有安全壳排热系统可以正常工作,但一回路冷却剂却因继续加热和沸腾而使堆芯在 1 至 8 小时内造成裸露而损坏。造成高压安注系统失效的主要原因是:三个上充泵的公共出入口处止回阀的硬性失效或是下泄管线上电动阀的共因失效。

(6)界面系统 LOCA 造成安全壳旁通。低压安注系统上有三对串联的止回阀,其作用是将低压安注系统与一回路系统隔离。而当这些隔离阀中任何一个失效就会造成安全壳旁通。流入低压系统的流动造成安全壳外低压管道或部件失效。这样,在初期堆芯冷却剂可以用高压注入系统来补充,但是由于无法切换到再循环阶段,最终大约在始发事件发生 1 小时后将造成堆芯损坏。由于阀门处于安全壳外,因而所有与安全壳有关的减缓事故的系统皆被旁通了。

(7)蒸汽发生器一根加热管双端破断引起的事故序列,称 SGTR 序列。在分析中没有考虑多根管的破断。该始发事件发生后,如果操作人员未能在 45 分钟内将一回路冷却系统泄压,那将造成水从受影响蒸汽发生器上的蒸汽管线上的安全阀上流失,如果安全阀还关不上,采用手动方式时操作员可能会出现错误操作。这样由于水不断通过破管流出,大约 10 小时将造成堆芯裸露。

对于 Zion 核电厂,堆芯损坏频率均值为 3.4×10^{-4}/(堆·年),中值为 2.4×10^{-4}/(堆·年),下限(5% 置信度)为 1.1×10^{-4}/(堆·年),上限(95% 置信度)为 8.4×10^{-4}/(堆·年)。对堆芯损坏频率起着主要贡献的是由于丧失部件冷却水和厂用水瞬变始发事件引起的事故序列。该瞬变始发事件发生后造成反应堆主泵密封、上充泵和安注泵失效。如果在 45 分钟内不能恢复安注泵的运行,那堆芯就将严重损坏。另一个重要的事故序列是小 LOCA 发生后高压再循环系统失效而造成堆芯损坏。高压再循环系统失效的主要模式是由于阀门共模失效和人误操作失效造成无法从安全壳地坑汲水来实现堆芯的冷却。

对于 Sequayah 核电厂,堆芯损坏频率均值为 5.7×10^{-5}/(堆·年),中值为 3.7×10^{-5}/(堆·年),下限(5% 置信度)为 1.2×10^{-5}/(堆·年),上限(95% 置信度)为 1.8×10^{-4}/(堆·年)。对堆芯损坏频率起着主要贡献的是由各类 LOCA 引起的事故序列,其中以小 LOCA 的贡献为最大。LOCA 始发事件发生后,高压应急冷却系统或低压应急冷却系统在再循环阶段失效,而造成堆芯损坏。这主要是由于泵、阀门硬件或人员操作失效造成无法从安全壳地坑汲水实现冷却剂再循环。全厂断电对堆芯熔化频率也有较大的贡献,其事故发展过程类似于 Surry 核电厂。

总之,这些概率安全评价结果表明,PSA 研究把核电厂当成一个整体,而且研究的范围和广度远大于确定论方法,因而它能更全面分析系统与功能、系统之间相互影响以及人员行为重要性等问题。特别,PSA 以现实的整体的观点看待电厂的设计和运行,从而能给出许多有益的见解。

应该指出,不应把任何一种 PSA 结果看成是固定不变的,在做决定之前,必须仔细考虑各种不确定性。由于源项的不确定性大,所以风险估值的不确定性要比系统(堆芯损坏)分析所得出的不确定性大。

从现有十多个 PSA 结果可以看出,堆芯损坏频率估值的变化范围约为两个数量级,约从 10^{-5}/(堆·年)至 10^{-3}/(堆·年)。从不同的核电厂设计、运行、厂址特征、研究范围、所采用的概率安全评价方法以及所假定的分析前提出发,会得到不同的结果。鉴于各个核电厂在设计和运行上的差异,因此必需对特定电厂进行 PSA 分析才能估计出该电厂的堆芯损坏频率。

从现有 PSA 分析中,我们可以得到以下见解:

(1)核电厂运行特性对 PSA 结果有着重要的影响,特别是人员操作错误起关键作用。

(2)在估计对公众的总风险方面,安全壳性能起着关键作用。

(3)在绝大多数 PSA 评价中,瞬态和小破口失水事故是造成堆芯损坏频率和风险的重要贡献者。对总风险来说,单一的大破口失水事故不是重要贡献者。

(4)地震与内部火灾似乎在风险中起着重要的作用,尽管此结论与电厂具体情况有着密切的关系,并且有较大的不确定性。

(5)目前,与内部始发事件的风险估计相比,外部始发事件的风险估计有着更大的不确定性。

7.9　PSA 发展趋势及其应用

从 1975 年美国正式发表《反应堆安全研究》(WASH - 1400)以来,世界上所有发展核电的国家,无一例外地都开展了这方面工作,方法本身已趋于成熟。制造商、运营单位、研究单位、专家以及管理当局已在核电厂审批监督、核电厂评价、定期安全审评、改善核电厂运行安全特性、新型反应堆设计等各方面广泛地采用了 PSA 技术。

7.9.1　以风险度量为基础改进技术规格书

对于许多安全系统,当反应堆正常运行时,它们处于备用状态。为保证在事故出现时能立即成功地投入运行,必须对它们进行周期试验,此试验间隔即为 STI。当发现故障时,需立即进行检修。在修复前,由于该安全系统的冗余度减少,使得电厂的安全性降低,风险增加。因此,对各种重要部件规定相应的最大允许的检修时间 AOT(Allowed Outage Time),以便将由于这些部件的不可用而带来的电厂风险增量限制在一个可接受的水平下。AOT 确定得过松会危及安全,规定得过紧会增加不必要的强迫停堆,从而降低电厂的负荷因子,大大影响经济性。

在申请核电站运行执照时,在提交的技术规格书中对运行极限工况(Limiting Conditions for Opertion 即 LCO)和监督要求(surveillance requirements)作出说明。在运行极限工况中明确规定了安全系统内各种重要部件的 AOT,在监督要求中规定许多部件的 STI。

目前,技术规格书中对 AOT 及 STI 的规定存在着一系列的问题:

(1)AOT 的确定主要是根据惯例和工程判断,缺乏统一的定量依据。

(2)目前技术规格书中主要只规定了单一部件的 AOT 及 STI,并且,各部件的 AOT 是一个定值,与电厂当时真实的状态无关。但是,在不同的电厂状态下(即已经存在某些部件失效的状态下)部件退出运行(或备用)状态而引起风险的增加值是不同的,即部件的重要性随电厂的状态不同而不同。几个部件同时处于计划或非计划检修状态可能对电厂的安全性影响极大。目前技术规格书不能仔细地对部件的组合作出 AOT 的规定,这是一个严重的缺陷。

(3)减小 STI 即增加对备用部件检验的频数,这样虽可以增加备用部件在需求时的可利用性,但同时却增加了因检验而引起的电厂不可利用率,另外也因增加了部件启动的次数而增加了部件的损坏可能性。因此过多增加设备的试验次数有时不仅不能带来好处,反而会影响设备的可利用性。目前 STI 的确定也缺乏风险度量的依据。

(4)电厂停堆而必须运行的系统、设备(如余热去除系统),它们的 AOT 需要更仔细地分析。

由于有上述种种问题,近年来对技术规格书(TS)制定的基础、内容和方法进行了愈来愈多的讨论,并试图寻求一种以风险度量为基础的有效方法,以评价和改进现有技术规格书。

美国 NRC 在 1983 年 8 月成立了工作组,对核电厂的技术规格书进行了审查,根据这个工作组的建议,于 1984 年 12 月 NRC 通过了一项技术规格书改进计划(TSIP),以便在各个方面评价技术规格书,并提出修改对技术规格书的建议。与此同时,核工业界也开展了同样的工作,给出了改进技术规格书的建议。1987 年 2 月 NRC 发布了改善技术规格书的临时政策声明,提出了制定技术规格书的指导思想和编制技术规格书的一套准则,建议进一步发展风险评价技术及可靠性分析来制定技术规格书。1993 年 7 月 22 日发表了 NRC 改进核电站技术规格书的政策声明。同意在技术规格书中加入特定电站 PSA 的见解,后来又加上配置风险管理大纲 Configuration Risk Management Program (CRMP)。1998 年 8 月 NRC 发布了管理导则 RG1.177"特定电厂风险指引决策方法:技术规格书"。2011 年发布了管理导则 RG1.177 第一次修订版。

一些国家的核电厂也用此方法修订了原有技术规格书中对 AOT 的规定,例如,法国首先对 Fessenheim 电厂进行了 AOT 的研究,于 1988 年声称用 PSA 方法对 900 MWe 和 1300 MWe 核电厂的 AOT 进行了修改。美国许多电厂,如 Oconee,Byron 等都用类似的方法对 AOT 进行了研究和修改。

经过分析比较,各国一致推荐以风险为基础的实时评价的方法。该方法的主要出发点是分析电厂状态的变化对电厂瞬时风险的影响。它可以由软件快速给出。这样,电厂的风险模型便可用来计划日常的运行管理工作,对诸如对周期检验、预防性维修或设备非计划停役作出决策,给出设备的 AOT 等。设备的 AOT 不为定值,而是随电厂状态不同而不同,正如此,给出的时间称为 ACT(Allowed Configuration Time),在实际应用中已发现,按风险指引给出的 ACT 比目前电站技术规格书中规定的 AOT 要大得多。这一方法可用于核电厂的所有工况,包括停堆工况。

应该控制正常运行期间预防性维修和必要的修正性维修的行为特性,既有足够的时间完成维修工作,又要减少因进行维修使设备无效而带来的风险。从风险评价的观点看,定量评价工作给出以下三个量:①当部件维修时的即时(条件)风险;②在 AOT 期间的累计(积分)风险;③在一段时间(如年度)上平均风险,考虑对部件进行维修的频率。

在 1999 年 1 月由 NRC、EPRI、NEI(核研究所)和工业界组成一个队伍,着手形成完全以风险为指引的标准化 TS,确定了要解决的 7 个问题,并首先在 San Onofre 核电站上应用。

在美国管理导则 NRC RG1.177 中,针对特定的 AOT 变更给出了 TS 的可接受准则:

(1)证明 AOT 变更对电厂风险只有小的定量影响。对于单个的 AOT 变更,如果 ICCDP(incremental conditional core damage probability)<5.0E−7,ICLERP(incremental conditional large early release probability)<5.0E−8,则认为是很小的。这一条是根据大多数的修复活动能够在 5 小时之内完成所得出的,因此选择了 ICCDP<5E−07 作为 NRC 对目前正在运行的核电站可以接受的风险水平。

(2)证明对实施变更后出现的主要的高风险的电站状态有适当的限制措施。

(3)实施了风险指引的电站配置控制大纲。当然,而且要按 RG1.174 的要求,说明电站仍然保持纵深防御和安全裕度,并作灵敏度不确定性分析。

CE 业主联盟(Combustion Engineering Owners Group)按此做法,分析了在 San Onofre 核电站的 AOT。现在经过论证并得到 NRC 的批准,技术规格书中对 AOT 作了如下变化:①低压安注系统 LPSI 由 3 天增加到 7 天;②安注箱 SIT 从 1 小时增加到 24 小时;③柴油机从 3 天增加到 14 天;④安全壳喷淋系统从 3 天增加到 14 天;⑤安全壳隔离阀从 4 小时延长到系统 AOT;⑥应急冷冻水系统从 7 天增加到 14 天。

可以看出,以风险为指引制定核电站的 TS 已在实际应用中得到了好处。它提高了人们的安全意识,去除了不合理的要求,减少了不必要的负担,提高了运行的灵活性,延长了 AOT 时间,缩短了停堆换料时间,减少了试验频率,在保持安全水平不降低的条件下提高电站的经济性。

7.9.2　PSA 在运行管理上的应用

为了在运行管理方面应用 PSA,若干个电厂发展了专用软件,一个新的研究课题——"Living PSA"(缩写为 LPSA,称活的概率安全评价)得到了很快的发展。所谓 LPSA 是一个可应变的系统,用以估计由于设计引起的电厂永久变化或由运行状态造成的临时变化而导致的反应堆堆芯严重损坏频率的变化。LPSA 正在被设计者、电力公司和管理人员按他们的需要用于各种目的:设计的确认,电站设计或运行可能变化的评价,培训计划的设计,为电厂的运行、维修和决策提供依据,以及电站执照发放的依据(licensing basis)要发生变化时对其作出评价。

以 LPSA 为基础,发展了实时在线风险管理的称为安全/风险监视器(Safety/Risk Monitor)的专门工具,即根据电站系统和部件的实际状况确定即时风险。是一个用于电站运行风险管理、制定维修计划以及电站状态控制的应用软件系统。

　　LPSA 和风险监视器之间是既相互联系又有所不同。LPSA 研究的是一个综合模型,在年度上对维修和试验作假设,始发事件是随机出现的。LPSA 的基本应用是预测在电站寿期内的堆芯损坏频率(CDF),使电力公司在设计和运行变化长期计划中对风险有一个看法。它反映了电厂在一定时期内的平均风险水平和变化趋势。风险监视器则是根据实际电站配置和进行中的试验确定当前的风险状态。风险监视器的基本应用是要能够以风险为指引实施维修和试验活动。

　　特别是由美国 Scientech 公司开发了 Safety Monitor 系统,该系统的目的是:①更好地管理电站风险;②在线评估维修带来的风险;③考虑维修规则的要求,给出可用性和可靠性最佳化的结果;④用风险指引型的管理增加运行的灵活性。该项工作开始于 1992年,5 月完成功能规范设计。1994 年 4 月在 San Onofre 电站上安装,由维修、运行和 PSA人员使用。1995 年 3 月加上二级 PRA 的分析,1998 年 1 月加上停堆下的模型,1998 年 6月加上外部事件(火灾,地震),并开始考虑配置风险管理大纲 Configuration Risk Management Program(CRMP),2000 年 11 月完成维修规则风险管理大纲 Maintenance Rule Risk Management Program (MRRMP)的规程。

　　该程序系统对数值结果进行风险分级,分为正常风险、中等风险、报警风险和高风险四个级别,并以不同颜色显示。显示风险的变化趋势,给出关键部件的列表。根据堆芯损坏频率和早期大的释放频率的判断准则提出推荐的 ACT(allowed Configuration Time),用作制定维修计划的依据。

　　该系统已在全球多个核电站上安装使用。

　　根据风险监视器在实际核电站的应用情况,人们得出了一些重要的看法。目前,大多数的维修活动是低风险的,某些定期的活动可能出现高风险,但比较容易修改降低其风险水平 。现有核电站的技术规格书的规定大部分是过于保守的,即风险指引的 ACT比技术规格书规定 AOT 长。

7.9.3　在新型反应堆设计上的应用

　　在新型反应堆设计中利用 PSA 有以下优点:

　　(1)能够评价各种不同的设计选择方案。

　　(2)识别设计中缺点。

　　(3)在事故预防和事故减缓解之间建立综合平衡。

　　(4)从概率安全评价角度识别各系统和部件的重要性。

　　(5)找出与人员错误密切相关的一些问题。

　　为此,各国管理当局建议在设计新型反应堆时使用 PSA 技术。例如在法国和德国,联合编写的"未来压水堆核电厂总体安全"文件,特别给出了 PSA 应用指南,强调指出在设计阶段利用 PSA 作一种重要工具,可以对电厂的相对弱点作出深刻的了解,对设备和人员错误等复杂状态作出合适处理。设计阶段的 PSA 能够实现下列目的:支持对设计选择方案作出挑选,分析安全系统冗余性和多样性,在安全概念和安全实践之间找到合适的平衡,对改进后的安全水平与现今安全水平作出评价。

　　在设计阶段 PSA 的实施上可以分成几步进行:在概念设计阶段只作简化评价;在工

程设计阶段,当有了更准确的设计资料时,可以作更完整的研究,分析不同的设计方案,并作敏感性分析。

7.9.4　PSA 在管理中的应用

1.概述

从历史上看,不论是核电站的设计,还是核电站的运行,都是根据确定论的管理要求来实施执照发放过程。在设计中实施纵深防御原理和建立安全裕度,如利用多重屏障(燃料、反应堆冷却剂系统边界和安全壳系统)防止裂变产物的释放。在分析工具和确定论的管理准则中,采用保守的办法来考虑设计、运行和物理现象过程分析带来的不确定性。根据设计基准事故的分析得出电站的设计要求,并通过实施单一失效准则确保核电站达到合适的安全水平。

确定论的管理过程没有明确考虑一个事件的发生概率。也不需要分析多重失效的事件,认为概率很低,这实际上隐含了概率论方面的理由。多重失效是无法直观判断的,因而不包括在确定论的管理要求中。

现在人们总是在按确定论和概率论混合的方法发展核管理过程。在风险评价方法的发展初期,将 PSA 结果用于管理和执照发放过程是有怀疑的。人们担心 PSA 结果有很大的不确定性,分析中有明显的主观因素,许多输入是根据判断得出的。但随着技术的发展和一些问题的解决,特别是 PSA 对风险的贡献者能提出重要见解,逐渐使人们接受 PSA 成为管理的工具。1979 年 TMI2 事故后的研究大大地促进了核工业界和核管会在运行安全决策中利用 PSA 技术和有关风险的信息。在许多国家,利用 PSA 已是安全分析报告的一个组成部分。美国 NRC 也完全认识到 PSA 在执照发放和管理中的作用,1995 年发布了 PRA 政策声明,现在又发表了管理导则 RG1.174 及其相关的审评大纲的有关章节。

在管理过程中加入风险的概念可以是在传统的确定论要求中简单地加上概率论的考虑,也可以是作广泛的概率安全和风险分析,优化管理的重点,强化管理要求,以及由执照持有者更有效地利用资源增强安全性。事实上,在过去几年,曾提出过以风险为基础管理的概念,即风险的意见起主导作用。现在看,不认为这是一个最佳方案。多数人一致的意见是 PSA 是一个补充,而不是代替传统的管理方法。正是这样,通常称为"risk-informed regulation"(风险指引型的管理),而不是"risk-based regulation"(以风险为基础的管理)。

风险指引型的管理的确使当局(因而也使执照持有者)集中于安全、减少不必要的管理负担和有一个有能效的管理过程。在这种管理中,人们把注意力集中于设备、事件和规程的风险重要性上,在作决策时能最有效地利用管理当局和执照持有者的资源。这样作的另一个好处是可以更新管理的技术基础,以反映在知识和方法的进展和几十年的运行经验。

PSA 的模型可以被管理当局利用,也可以为执照持有者利用。在业主提交的申请中利用了 PSA 模型时,管理当局必须注意,业主提交的分析要能够进行审评,作决策的依据要有明确说明,PSA 的分析范围对于所提交的申请来说是充分的。在管理过程中,还必须注意 PSA 的技术质量,是否基于最新的最佳估计的模型、最新的数据和假设。

2. 美国 NRC 以风险指引型的管理

自 1975 年发表 WASH－1400 反应堆安全研究以来,NRC 一直重视 PSA 的发展和应用。特别是在 1995 年 NRC 发表在核管理活动中应用 PSA 方法的政策声明,明确指出:

(1)"在所有的管理事务中应根据 PRA 方法和数据的最新进展增加概率风险分析技术的使用,作为 NRC 确定论方法的补充,并支持 NRC 传统的纵深防御原则"。

(2)"在实际应用最新技术的管理事务中应利用 PRA 和相关技术(如灵敏度分析,不确定性分析和重要性度量),以降低当前管理要求、管理导则、许可证许诺和 NRC 官员实践中带来的不必要的保守性。现行管理规定和管理导则应该遵守,除非对这些管理规定和管理导则作出改变"。

(3)"支持管理决策的 PRA 评价应该尽可能现实可行,所用的支持性数据应该公开地供审评使用"。

(4)"在根据需要对向核电站执照持有者提出和修改的新要求作管理判断时,要使用核管会的核电站安全目标及其附属的数值指标,并适当考虑其不确定性。"

该政策声明的实施将在三个方面改进管理过程:在管理中加入 PRA 的见解,维护当局者的资源和减少执照持有者不必要的负担。

在 1998 年核管会正式确定风险指引型的管理为一种管理决策的处理方法。风险指引型的处理方法在以下方面加强了传统的处理方法:

(1)明确在更大范围考虑安全问题;

(2)对这些问题按风险重要性、运行经验和工程判断排序;

(3)针对这些问题考虑防范措施;

(4)在分析中明确识别不确定性并定量化分析;

(5)对关键性假设对结果的影响作灵敏性试验。

此外,风险指引型管理的处理方法还能用来识别保守程度不够的地方,并为附加管理要求或管理行动的提出提供依据。

为了实施该政策声明,发布了一系列的管理导则(RG1.174,RG1.175,RG1.177,RG1.200,RG1.201,RG1.205)和标准审评大纲的有关章节(NUREG 0800 16.1 节,19 节,3.9.7 节,3.9.8 节)。在这些导则中描述了可接受风险指引型应用的属性,并给出 NRC 官员对特定 NRC 管理部分可接受的方法,因而可作为业主应用的指南。

在管理导则 RG1.174 中建立了风险指引型决策管理的总框架。对根据风险指引型所提出的变更,应该满足下列五项基本原则:

(1)所提出的变更满足现行的规章,除非这些变更明显与申请豁免或规则变更有关;

(2)所提出的变更与纵深防御原则一致;

(3)所提出的变更保持足够的安全裕度;

(4)当所提出的变更造成堆芯损坏频率或风险增加时,其增加量应该很小,与核管会的安全目标政策声明的要求是一致的;

(5)应使用性能测定策略来监视所提出变更造成的影响。

在风险指引型的综合决策过程中应逐一考虑这些原则,如图 7－9 所示。

NRC 官员根据这些原则提出评估方法和可接受准则。在贯彻这些原则时,NRC 官员希望:

（1）作为整个风险管理方法的一部分,用综合方式评估所提出的变更对安全的各种影响。许可证持有者要使用风险分析,概括地说明如何利用改善运行和工程决策来减小风险,而不单单是取消许可证持有者所不希望的要求。对于可能增加风险的那些情况,应当描述其所带来的收益,根据收益与风险的分析确定出在那儿应当增加要求,在那儿可以降低要求。

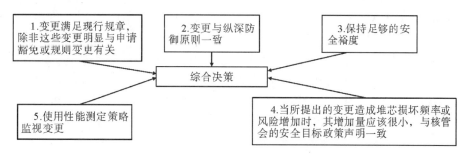

图 7 - 9　风险指引型综合决策的原则

（2）对于作为许可证申请基础的变更（即 LB 变更）,其正当性分析（包括传统的和概率分析）的范围、详细程度和技术可接受性应该与这种变更的特点和范围相适应,也应考虑电站建造、运行和维护的现状和运行经验。

（3）作为支持许可证持有者变更建议的特定电站 PRA,要遵循质量保证和质量控制的方法。

（4）在分析和解释结果时,要考虑不确定性。

（5）使用堆芯损坏频率（CDF）和早期大量释放频率（LERF）作为 PRA 可接受准则的基础。原则上说,用安全目标 QHO 代替 LERF 也是可以接受的,许可证持有者可以提出他们的方案。但采用这种方案可能需要扩展到三级 PRA。需要补充三级 PRA 分析所用的方法与假设及相应不确定性。

（6）由 LB 变更造成的 CDF 和 LERF 增量应该是小增加量。在决策过程中考虑应考虑各种变更的累积效应。

（7）支持管理决策的数据、方法和评价准则必须形成文档,并可供公众审查。

根据上述风险指引型决策原则,NRC 官员确定了四要素的处理方法来评估所提出的 LB 变更。该方法表示在图 7 - 10 上,它很好地支持 NRC 的决策过程。这种方法实质上不是序列式的,而是多次反复进行的。

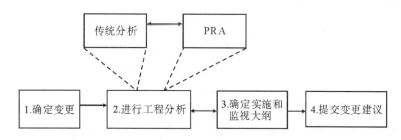

图 7 - 10　特定电站风险指引型决策的基本要素

3. 在 10 CFR50 中应用风险指引型管理

PSA 技术得到了迅速发展,方法也趋于成熟,并在实际中得到了广泛应用,取得有益的效果。在此期间已经发现,20 世纪 50 年代开始发展起来的法规有很大的保守性。工业界进行的以风险为指引的一些项目,虽然取得了很好的成果,但由于与现有法规相抵触,有些申请迟迟得不到批准,即使得到批准,实施起来有困难。在工业界的促进下迫切需要用风险指引型的方法改造现有的法规。1997 年初,许多电力公司就要求 NRC 评价所有的管理导则,希望将现有的确定论的管理改变为"风险指引型-性能为基础"的管理模式。1997 年 6 月 NRC 主席 Shirley Ann Jackson 写信给 NEI,鼓励核工业界与 NRC官员一起工作在试点电站上实施小规模的开发计划。1997 年 8 月向 NRC 提出了计划大纲,开始进行工作。之后,在三个电力公司(Arkansas Nuclear One,San Onofre 和 South Texas Project)开展了相应的工作,称为"零任务"(Task Zero)。

到 1998 年底,NRC 清楚地认识到,需要对在风险指引型下的 10CFR 50 再版工作提出一个明确意见。1999 年 1 月 NRC 官员向 NRC 委员会提出了 SECY－98－300 报告,"对风险指引型下再版 10CFR 50 的选择方案"。首先说明了按风险指引型再版 10CFR50的目的:

(1)集中 NRC 和执照持有者的资源,放在与健康和安全重要性相关的问题,以加强安全性;

(2)对 NRC 提供一个使用风险信息执行反应堆监管活动的框架;

(3)允许利用风险信息,对电厂的设计、运行提供灵活性,在不降低安全要求的条件下减轻负担。

在此报告中对具体实施办法提出了三种选择:

第一种选择,对现有 10CFR50 不作修改。该方案将中止 NRC 官员以风险为指引对现有 10CFR50 作全面改变而进行的活动。对于已经发展出的一些导则文档,NRC 官员可以使用。对于正在进行的考虑风险因素的法规制定活动仍继续进行。

第二种选择,需要对 10CFR50 中涉及 SSC(构筑物、系统和部件)特殊处理的范围作出修改,但仅对在质量保证、环境鉴定和技术规定书等方面需特殊处理的 SSC 的管理范围进行变更,不涉及改变电站的设计或设计基准事故。对根据风险指引型评价得出的低安全重要性的 SSC,将降低管理要求,从"特殊处理"移至"正常工业处理"("商业处理")。

第三种选择,改变某些管理要求。在这种方案下,要对 10CFR50 本身进行改变,使之在要求中包括以风险指引型的属性。修改方法包括:

(1)增加条款,让 NRC 官员同意风险指引型的要求替代原有的管理法规;

(2)修改具体要求以反映风险指引型的考虑;

(3)删掉不必要的或无效的管理法规。

可对 10CFR50 附录 A 中的某些一般设计准则修改或制定一些新的设计基准。

在 SECY－99－256 中对一些带有政策性的问题作了讨论。并提出以下观点:

(1)对 10CFR50 在风险指引型下作的修改是否实施对业主来说是自愿的,而非强制的;

(2)允许工业界在试点电站上用豁免条款实施更改的小规模的研究,这对发展风险指引型下 10CFR50 新版本是有利的;

(3)建议按风险指引型修改维修规则中的范围;

(4)制定附加管理导则,明确 NRC 官员在管理活动中应用风险指引型过程的权限。

1999 年 6 月 NRC 委员会同意 SECY－98－300 报告的建议,采取分阶段的方法来进行该项工作,同意按第二种选择开始工作,并同时对第三种选择进行研究。对于按第一种选择开展的法规制定工作要继续进行。

在第二种选择下提出了规则修改的实施计划。在实施计划中包括下列六项主要工作:

(1)审评 South Texas Project 豁免请求;

(2)发布建议规则修改的远景意见;

(3)分类的试验计划;

(4)审评 NEI 所提出的 SSC 分类指南;

(5)发布所提出的修改规则;

(6)发布最后修改的规则。

该实施计划在 2000 年 1 月得到 NRC 委员会的批准。

第三种选择的研究工作由两阶段组成:

(1)初始研究阶段,由 NRC 的研究局领导,目的是向 NRC 委员会提出所要进行变更的建议;

(2)实施阶段。

在第一阶段有三项任务:

(1)识别出要求和设计基准事故可能的变更;

(2)对这些变更排序;

(3)确定出所建议的变更。

工业界正在"在新世纪产生一个新法规框架"下作进一步工作,于 2002 年 5 月向 NRC 提交了白皮书 NEI02 - 02"A Risk-Informed Performance Based Regulation Framework for Power Reactors",包括新法规系统的原则,基本准则和法规结构体系。2012 年 4 月出版了 NUREG1250"A Proposed Risk Management Regulatory Framework"报告,详细地阐明在反应堆、材料、废物、燃料循环和运输各个方面全面采用风险指引-性能为基础的管理方法。

习　题

1. 由三部件并联组成的系统,它们的可靠度分别为 R_1 和 R_2 和 R_3,系统至少要求有一个部件正常工作,试用(1)最小割集法,(2)最小路集法以及(3)事件树法,求出系统可靠度?

2. 燃料中产生的裂变气体 G,由于经过多层的屏障而被阻碍在燃料块内,泄漏不到外界来,这是安全设计的基本准则,这些阻挡层的顺序是:燃料块 F,覆盖层 C,冷却剂 W,压力壳 P 和安全壳 B。

   (a)试建造简化事件树,说明燃料中裂变气体非正常泄漏到大气中的事件树。

   (b)计算非正常泄漏概率。已知各阻挡层的成功概率是:
   $P_F=0.1, P_P=0.98, P_C=0.99, P_B=0.2, P_W=0.15$。

3. 写出下图所示故障树的结构函数。并用下行法及上行法求故障树的最小割集。设:$\lambda_1=0.0001/h, \lambda_2=\lambda_3=\lambda_4=0.00015/h, \lambda_5=\lambda_6=0.0005/h, \lambda_7=\lambda_8=0.00075/h$。试用最小割集法计算该系统工作 100 h 时,顶事件发生的概率。

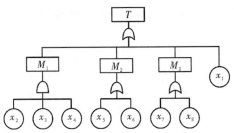

4. 叙述故障树分析的基本步骤。画出 3 取 2 表决系统的故障树,写出其结构函数,求出最小割集,写出该系统无效度的表达式,若每个部件的无效度 $Q=0.6$,求该系统的无效度。

参考文献

[1] U.S. NUCLEAR REGULATORY COMMISSION, Reactor Safety Study: An Assessment of Accident Risks in U.S. Commercial Power Plants, WASH-1400 (NUREG-75/014),October 1975.

[2] INTERNATIONAL ATOMIC ENERGY AGENCY, Review of Probabilistic Safety Assessments by Regulatory Bodies, Safety Report Series No. 25, IAEA, Vienna November 2002.

[3] INTERNATIONAL ATOMIC ENERGY AGENCY, Procedures for Conducting Probabilistic Safety Assessments of Nuclear Power Plants(Level 1), Safety Series No. 50-P-4, IAEA, Vienna (1992).

[4] U.S. NUCLEAR REGULATORY COMMISSION, PRA Procedures Guide—A Guide to the Performance of Probabilistic Risk Assessment for Nuclear Power Plants, Rep. NUREG/CR-2300(2 Vols), USNRC, Washington, DC(1983).

[5] SWAIN, A.D., GUTTMAN, H.E., Handbook of Human Reliability Analysis with Emphasis on Nuclear Power Plant Applications, Rep. NUREG/CR-1278, United States Nuclear Regulatory Commission, Washington, DC(1983).

[6] U.S. NUCLEAR REGULATORY COMMISSION, Severe Accident Risks: An Assessment for Five U.S. Nuclear Power Plants, NUREG-1150(Vols 1 and 2), January 1991.

[7] U.S. NUCLEAR REGULATORY COMMISSION, Safety Goals for Nuclear Power Plant Operation, NUREG-0880,May 1983.

[8] Heuser F W, Werner W F. Final Version of German Risk Study Phase B,Nucl, Eng,Inter., Vol35,No. 428,1990,p17.

[9] U.S. NUCLEAR REGULATORY COMMISSION An Approach for Using Probabilistic Risk Assessment in Risk-Informed Decisions on Plant-Specific Changes to the Licensing Basis, Regulatory Guide(RG) 1.174, Revision November 2002.

[10] U.S. NRC Policy Statement, Use of Probabilistic Risk Assessment Methods in Nuclear Regulatory Activities, 60 Federal Register(FR) 42622, August 16, 1995.

[11] U.S. NUCLEAR REGULATORY COMMISSION, Fault Tree Handbook, NUREG-0492, January 1981.

[12] U.S. NUCLEAR REGULATORY COMMISSION, NUREG1250 A Proposed Risk Management Regulatory Framework April 2012.

第 2 篇
快堆、高温堆、重水堆的安全分析

第 8 章
快中子反应堆安全分析

快中子增殖反应堆一般采用氧化铀和氧化钚的混合物或金属铀作燃料,主要以奥氏体不锈钢(1Cr18Ni9Ti)作结构材料,以金属钠作为冷却剂,快堆的热效率高、安全性好。

1986 年,作为先进核反应堆之一,快中子增殖反应堆、高温气冷堆和聚变—裂变混合堆一起,纳入了国家高技术研究能源技术领域发展计划(863 计划)。经过十多年的努力,中国 65MW 快中子实验堆在完成主要关键技术攻关和技术设计的基础上,工程建设已经进入设备安装与调试阶段。

本章介绍钠冷快中子增殖反应堆的发展概况与特点、安全特性和事故分析等内容。

8.1 快中子增殖堆的发展概况与特点

8.1.1 快堆的发展与作用

早在 1942 年 E. Fermi 领导下建成第一座反应堆 CP-1 后不久,科学家们就认识到:高能区的链式反应可提供更多的过剩中子从而实现裂变材料的增殖,许多技术先进的国家如美国、前苏联、英国等国家都大力开发快堆技术,这导致了世界上在 10 多年期间内建造了 15 座第一代的实验快堆,其特点是用金属燃料或合金燃料,试用钠、钠钾、铅铋等各种冷却剂。

20 世纪 60 年代以后,主要发达国家的经济高速发展,电力的平均年增长率高达 7%,引起了人们对化石燃料特别是石油资源可能过早耗尽的担心,导致热堆电站大规模地建造和推广,产生了铀资源的供应问题。核工程界的结论是:20 世纪末将会出现铀资源的严重短缺,只有尽早引入快堆才能克服这个困难,为此,各国都人力加速商用快堆的开发,导致上世纪 70 年代初一批原型快堆电站投入运行。

1973 年第一次世界性石油经济危机造成整个资本主义世界的经济衰退,能源需求下降;20 世纪 80～90 年代欧美经济回升速率不快;三里岛、切尔诺贝利两次核事故引起公众对核电站安全的不信任危机,热中子堆核电厂增设安全设施的投资增大,核电的发展速率与规模比原来预计的小得多,快堆电厂的商用化进程也就推迟了。

至今,美国、前苏联、法国、英国、日本、德国及印度等国家总共建成 20 余座快堆,功率从 200 kW 发展到 1 200 MW,经历了实验堆、原型堆,到经济验证性示范堆。如美国的 EBR-Ⅱ堆,前苏联的 BN-350 堆、BN-600 堆,法国的凤凰 Phoenix 快堆、超凤凰 Supper Phoenix 快堆,英国的唐瑞 PFR 快堆,德国的 SNR-300 堆,日本的文殊 MONJU 快堆等。

国际上快堆的发展仍在稳步前进,只不过是由于市场需求变化,其商业应用推迟而已。

中国的快堆技术研究工作始于上世纪 60 年代中期,在 70 年代初期设计建成了一个快中子零功率装置(DF-Ⅵ)以及若干钠热工试验回路、材料腐蚀试验回路和其他有关实验装置。1987 年,快堆技术开发纳入国家高技术(八六三)计划后,进行了大量的快堆基本技术研究,热功率 65 MW、电功率 25 MW 的中国实验快堆 CEFR 已进入设备安装和调试阶段。

快中子增殖反应堆能够比其他反应堆更好地利用现有的铀资源,可以使能源的前景变得光明。另外,在快堆中,可以对长寿命裂变产物锕系核素作最终处理。

1. 充分合理地利用有限的核资源,保证核能长期稳定地发展

^{235}U 是自然界存在的唯一易裂变元素,它在天然铀中的丰度只有 0.71%。热中子反应堆主要以 ^{235}U 作燃料,虽然在热堆中有部分 ^{238}U(^{238}U 在天然铀中的丰度为 99.29%)转化为可裂变钚,并发生裂变,但由于热堆的转化比小(0.5～0.6),最终的铀资源利用率只有 1% 左右。只发展热堆,核能的发展规模最终将受到能否获得足够的廉价天然铀资源的限制。快堆是由平均能量 0.1 MeV 左右的的快中子产生裂变反应,与热堆相比快堆最本质的特点是:在提供能源的同时可生产出比消耗掉还多的裂变材料。引入快堆并实现燃料的再循环后,铀资源的利用率从单纯发展轻水堆的 1% 左右可提高到 60% 左右,是热堆的 60 倍,可使核能的发展具有良好的前景。

2. 引入快堆可达到合理的核燃料封闭循环

第一代热堆核电厂的发展积累了工业钚和大量贫铀(同位素分离厂的尾料)。工业钚虽可在热堆中利用,但其使用价值仅及在快堆中利用的 70% 或更少,而大量贫铀在热堆中无法利用。利用工业钚作燃料、贫铀作增殖材料建造快堆是很自然的结果。因此快堆是热堆发展到一定阶段的必然后续部分。

3. 快堆有利于解决长寿命锕系元素的最终处置问题

反应堆放射性废物中锕系元素的半衰期长达百万年。它的最终处置问题是至今尚未解决的难题。在快堆中锕系元素可以消化掉,从而解决人类发展核能的后顾之忧。

快堆由快中子产生裂变反应,堆内不需要慢化剂,冷却剂必须满足对中子慢化作用最小、能从高功率密度系统里排出足够的热量,以及中子寄生俘获最小等要求。从反应堆中子学、热工水力、化学以及经济性考虑,液态金属钠是最好的快堆冷却剂。

8.1.2　快堆的特点

快中子增殖反应堆热传输系统的主要布置方式有两种,即池式和回路式。

池式布置是将堆芯、一次钠泵、中间热交换器、钠泵出口管道布置在一个钠池内,形成一体化结构,原理图见图 8-1。回路式是将堆本体、一次钠泵和中间热交换器分立布置,并由管道相连,其原理图见图 8-2。

这两种布置方式各有优缺点,回路式分散布置,各设备间隔开,总体结构简单,维护、维修均比较方便;中间热交换器可布置于较高位置,提高了自然循环能力。主要缺点是:管线长,焊缝多,一回路钠温度高,增加了一回路放射性钠从一次钠设备和从管线泄漏的可能性。

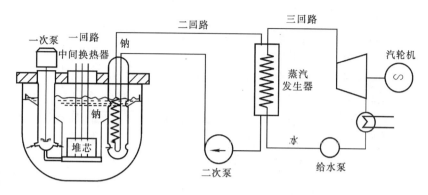

图 8 - 1　池式快堆系统原理图

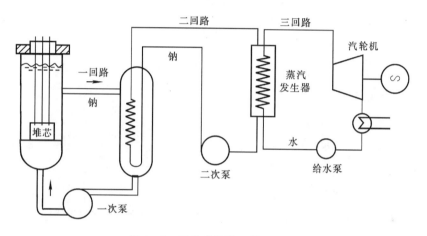

图 8 - 2　回路式快堆系统原理图

池式布置的优点在于一回路钠设备和很短的管线都布置在主容器中,它们即使发生泄漏,也不会引起堆芯失冷,主容器外层还有保护容器,可确保不使放射性外泄。池式快堆钠容量大,有很大的热惰性,钠的热导率又大,堆芯不易过热,即使失去全部热阱,一回路钠的升温也很慢,抗瞬变能力强。所以,池式快堆有固有安全性。同时,池式快堆布置紧凑,经济性好,对生物屏蔽要求简化。池式快堆的缺点主要是堆本体结构复杂,设计、制造、安装难度都较大,维护、维修不方便,为减小二次钠的活化,钠池内屏蔽材料用得多。

已建成的 15 座实验快堆中,仅一座 EBR－Ⅱ为池式,已建成的 5 座原型快堆中有 3 座为池式,2 座为回路式。在各国设计的商用规模快堆电站中,均采用池式。

8.1.3　中国实验快堆

主要目的和要求:作为中国快中子增殖堆技术发展的第一阶段,计划设计与建造 CEFR,主要目的是有助于国家掌握快中子增殖堆的设计方法,包括数据库的建立,中子学、热工水力、机械结构、燃料元件设计等计算程序的验证和重要经验的积累,在质量控制和保证的相应标准和准则下掌握部件制造技术,以及积累运行快中子增殖堆电厂的经验。

次要目的是使得实验快堆能成为发展燃料和材料的快中子辐照装置。

　　CEFR 的设计原则确定如下:

　　(1) 主要的技术选择与快堆技术发展的世界趋势相一致;

　　(2) 采用商用快中子反应堆的基本热工参数;

　　(3) 设计应具有自稳反应堆堆芯和非能动余热排出系统;

　　(4) 系统和部件应尽可能简单,以实现高可靠性和经济性;

　　(5) 遵守国家核安全局颁布的安全法规、导则和程序,国家环保总局和地方环保部门发布的环境影响限制。

　　CEFR 主要设计参数选择和设计工况如表 8-1

表 8-1　CEFR-25 主要的技术选择和设计工况

反应堆功率 65MW,配电功率 25 MW 的汽轮发电机组
燃料(Pu−U)O$_2$,首炉为 UO$_2$,堆芯结构材料选用 316(Ti)不锈钢
钠池主冷却剂系统布置
燃料最大线功率,43 kW/m
堆芯出口温度,530 ℃
最大包壳允许温度,700 ℃
燃料的最大燃耗,50 000 MWD/t
蒸汽温度 480~490 ℃,压力 10.0 MPa
乏燃料贮存于堆芯外围
燃料传送机械有两个旋塞,通过装卸孔道可以传输新燃料组件或乏燃料组件
两个冷却剂环路
两个独立的停堆系统,以及主系统全部在安全壳内

　　反应堆堆芯和组件设计:CEFR 的堆芯示于图 8-3。堆芯有 81 盒燃料组件、3 盒补偿组件、2 盒调节组件和 3 盒安全组件,在它们的外围布置了 336 盒不锈钢反射层组件和 230 盒屏蔽组件,在屏蔽组件区设置了 56 个乏燃料贮存棒位。

　　燃料组件是装有 61 根直径 6 mm 的燃料元件的六角形套管中,元件用绕丝定位。六角管外对边为 59 mm,组件上部为操作头,下部为管脚,既作定位,又作冷却剂入口。

　　燃料区高度为 450 mm,上反射层为 250 mm UO$_2$,下反射层为 100 mm UO$_2$,燃料区当量直径 600 mm。

　　有两个能动的停堆系统。第一个停堆系统有 6 根控制棒。1 根用于温度补偿,3 根用于燃耗补偿,2 根用于调节。第二个停堆系统是两根安全棒。这两个停堆系统可以自动地紧急动作,或在需要时手动操作。落棒时间设计为 1.2~1.5 s 或 0.7 s。

　　反应堆本体:池式 CEFR 反应堆的设计示于图 8-4。全部热传输主系统包含在主钠池内,钠池直径为 8 m,深 8 m,壁厚 25~50 mm。钠池外面包围着一个保护容器,两容器之间的间隙为 87.5 mm,堆芯通过栅板联箱和围板及堆内支承结构支撑在容器上,整个堆容器通过支承裙支撑在基座上。

　　堆本体顶部为双旋塞,既作密封顶盖,又作换料时的转动寻址机械。支撑在主容器

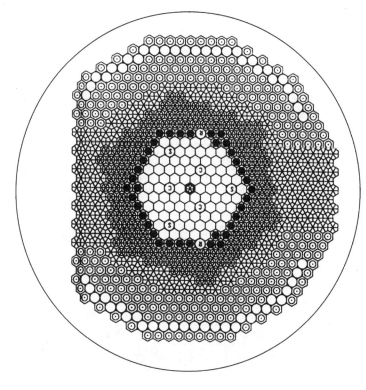

	燃料组件	81
	不锈钢棒	1
	不锈钢反射层组件	37
	不锈钢反射层棒(1)	132
	不锈钢反射层棒(2)	167
	屏蔽组件	230
	乏燃料组件贮存位置	56
S	安全棒组件	3
R	调节棒组件	2
C	补偿棒组件	3

图 8 - 3　CEFR 的堆芯

顶部的大旋塞与堆芯同轴,小旋塞偏心布置,在小旋塞上又偏心布置了一台直拉式燃料操作机构。八套控制棒驱动机构安放在小旋塞上。

钠池上面有来自辅助氩气系统的氩作为覆盖气体,以阻止钠与空气接触。主钠池内包容的钠运行于略高于大气的压力,正常运行时为 0.15 MPa。热钠池与冷钠池由内层壳隔开。

主容器内约盛有 260 t 液态钠,下部为平均温度约 360 ℃的冷池,上部为约 516 ℃的热池。反应堆运行时一次钠泵将 360 ℃的钠泵入栅板联箱,离开堆芯时达到 530 ℃,与上部钠交混达到 516 ℃,进入中间热交换器,从中间热交换器流出时降至 353 ℃。

主热传输系统:主回路系统由 2 台一次钠泵和 4 台中间热交换器组成,它们都放在钠池中。主热传输系统的特征示于图 8-4。

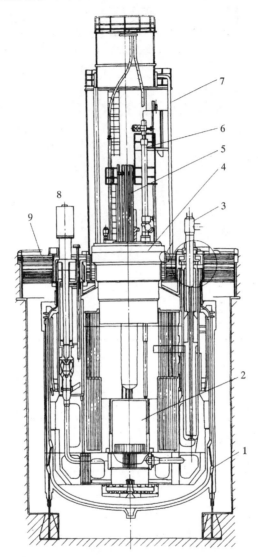

图 8-4　CEFR 的主热传输系统

1—主容器和保护容器;2—堆芯;3—中间热交换器;

4—双旋塞;5—控制棒驱动机构;6—换料机;

7—防护罩;8——回路钠泵;9—堆顶固定屏蔽

二回路在堆本体外,是双环路系统,每条环路包括 2 台中间热交换器,1 台二回路钠泵,1 台蒸汽发生器,1 台过热器,钠缓冲罐和阀门、管道。二回路只有一台汽轮发电机。

二回路总钠量 48.2 t,二次钠泵将 310 ℃的二次钠唧送入中间热交换器,加热至495 ℃进过热器,将 370.3 ℃的饱和蒸汽加热为 480 ℃过热蒸汽,钠温降至463.3 ℃进入蒸汽发生器,将 190 ℃的 14 MPa 的水加热成饱和蒸汽,钠温下降到 310 ℃进入缓冲罐。再由二次钠泵唧送入中间热交换器,形成二回路的循环。

三回路系统由水、汽回路组成。190 ℃、14 MPa 的水分别供给两台蒸汽发生器,两条过热蒸汽管道合并成一条总管,将 480 ℃、14 MPa 的过热蒸汽送到汽轮机,在冷凝器内冷凝后经三级低压加热器,再经除氧器由主给水泵注入蒸汽发生器。

8.2　快中子增殖堆的安全特征

8.2.1　快堆的固有安全性

快堆的固有安全性设计体现在事故下的自停堆能力和余热排出能力。

快堆的自停堆能力是靠设计负反应性反馈来实现的。国际上已知的不同规模快堆的功率系数均在 $-2\sim8\times10^{-5}$ Δk/k/MW,可以保证堆的自稳定性,在停堆系统失效的情况下使堆的功率降到安全水平。

快堆具有很强的自排热能力,可以避免异常工况下燃料元件的过度升温,保证堆芯不熔化。这是由于

(1)采用池式结构,热容量大,钠在正常运行工况下留有 300 ℃以上的沸腾裕量,对衰变热的排出起到缓和作用,而钠的适当温升又是自停堆能力的重要贡献因素;

(2)钠池内结构的布置提供了池内自然对流通过中间热交换器排热的能力;

(3)作为后备设置的自然循环风冷式余热排出系统提供了二次侧热阱丧失情况下的排热能力;

(4)即使全部排热系统失效,钠池外环形空间内的空气靠自然对流也可带走钠池的辐射热,抑制钠池的升温。

快堆的固有安全性特征如下。

1. 负的功率反应性系数——自然的安全性

依靠多普勒效应、钠密度效应、燃料膨胀、芯部膨胀及变形以及控制棒的伸长等反馈,足以保证快堆具有足够大的负功率反应性系数。控制棒及其驱动机构的设计限制了反应性引入速率不超过允许值。当控制棒机构发生故障导致意外连续抽出时,功率的增长可由互相独立的探测方法(如中子注量率,冷却剂出口温度等)给出信号,使安全棒落入堆芯而停堆。负功率系数是一个抑制功率增长的稳定因素,即使是十分罕见的意外情况,如所有信号探测系统和保护系统都失效时,功率也不会按其初始值指数增长。设计得当的快堆,限制反应性引入量可保证靠负功率反应性系数本身就可使反应堆重新稳定在一个可以接受的功率水平。

2. 冷却剂压力低

快堆堆芯钠的出口温度比钠的沸点低 300 ℃以上,冷却剂系统的压力低,只有 0.7～0.8 MPa。一回路容器和管道承受的压力低,一般不易损坏,即使损坏也不会产生像压水堆那样的强烈汽化现象。因此,衰变热可相当容易地导出,而不必像压水堆那样附设高压注射系统。

由于冷却剂压力低,可以在主容器外围加保护容器,在管道外面加一个防保护容器,

用这些办法来对付一回路万一出现破口造成的情况。对池式快堆来说,加保护容器后,很容易保证冷却剂液面淹没堆芯和中间热交换器。衰变热可由二次冷却剂导出(如果中间热交换器完好的话)或者由应急冷却系统导出。在回路式快堆中,一次冷却剂的入口管接在堆壳体上部超过芯部顶端之处,可保证万一出现破口时,芯部能被淹没,此时如果至少有一个一次回路是完好的,衰变热也可顺利导出。

3. 热容量大——非能动安全性

池式堆的堆池内有大量钠,因此有很大的热容量;钠的热导率又大,所以堆芯有很大的热惰性,对瞬变有很强的适应能力。即使在二次冷却系统不工作的失热阱事故工况下,反应堆停闭后,钠的流动性好,容易形成自然对流,可以以非能动的方法导出余热,冷却剂温度上升速率也相当缓慢,一般约 30 ℃/min. 在温度上升到使燃料破损前(800~1000 ℃),有足够时间投入二次冷却系统或是应急冷却系统。提高了余热导出的安全性。

4. 多道安全屏障——后备的安全性

反应堆安全的中心问题是确保放射性物质能可靠地保持在一定范围以内,不要无控制地释放到周围环境中去。在快堆中,放射性材料(燃料、裂变产物和放射性活化产物)和周围环境之间一般设有三道安全屏障,即燃料包壳、一回路边界(池式堆的容器、回路式堆的容器、泵、中间热交换器和管道)和安全壳。

目前燃料元件设计上可做到很难破损,但由于堆内元件数量很大(典型 1000 MWe 快堆电站约有 105 根元件),以致不得不考虑燃料元件有少量的破损(在严重事故下破损概率为 0.1% 或更小)。少量元件破损导致有少量的放射性(主要是气体裂变产物和某些挥发性裂变产物)释放到冷却剂中去。实验表明:即使有一个较大破口,或者是当某些小破口元件随堆继续运行没有更换,破口逐渐扩大,释放到冷却剂中去的放射性也是很小的。即使发生包壳损坏蔓延现象,也可及时在冷却剂和覆盖气体中探测出来,采取相应的措施。

第二道屏障的设计能够保证从泵轴、控制棒驱动机构轴、旋转屏蔽塞密封处的泄漏保持在很低的水平(包括 ^{24}Na 的泄漏)。

安全的最后一道屏障是安全壳。它在一定温度和一定压力下的泄漏量的设计都是以严重的假想事故为依据的。可保证从一回路和部分二回路释放出来的放射性被有效地包容住。安全壳还设有通风系统和过滤装置,以便可以控制向大气的放射性排放量。安全壳的设计还能保证在风载、地震或其他外部作用下保持完好。

总之,谨慎合理的设计能可靠地保证即使在严重的假想事故条件下也不会产生公众安全问题。三道安全屏障是互相独立的,三道安全屏障同时破坏的概率是微不足道的。

上述快堆的自然安全性和非能动安全性特征说明,快堆与当前许多热中子反应堆相比,具有固有安全性。但是,多数快堆用钠作冷却剂,钠极为活泼,因此,快堆也有它特殊的工业事故:钠火和钠水反应。

8.2.2　快中子增殖堆安全上的隐患

1. 高功率密度

典型钠冷快堆堆芯的平均功率密度高达 300~500 kW/L,比一般压水堆高 5 倍以上。高功率密度意味着一旦燃料元件表面丧失冷却,其温度上升极为迅速。对假想的极限情况,中心燃料元件可能瞬时完全丧失冷却,反应堆仍然继续运行时,燃料元件可能在3~4 s内熔化。如果熔化的燃料逸出包壳与冷却剂相互作用,可导致迅速气化造成"爆炸现象"。用熔融金属(铝或不锈钢)与冷水突然混合模拟熔融燃料与钠的相互作用的实验表明,不会发生严重后果。

快堆中的燃料不是以反应性最大的模式布置的,如果熔融燃料的运动是使燃料趋向密集,则反应性会增加,但很难证实会发生这种情况,熔融燃料与钠相互作用的结果,更趋向于将燃料分散,因此这个缺点只是一个理论上的缺点。

2. 钠火问题

这是一个设计上要加以防范的问题。实践证明这个问题可以很好解决。解决的办法多数是常规的方法且不难实现。设计上对敏感区域(如一回路)采用的办法是把所有载钠容器和管道放在一个连续的充满惰性气体的保护容器中,在适当的位置设置钠泄漏探测器进行监测。对不敏感区域(如二回路)可不设上述保护容器,采用捕集泄漏出来的钠的装置进行监测,并配备钠的灭火器材。

8.3　快中子增殖堆事故分析

8.3.1　事故分类

表 8-2 是按美国核协会(ANS)标准对快中子增殖堆事故工况的分类,与压水堆事故工况的分类规定为 4 个不同等级,对快中子增殖堆,只使用了 3 个等级。表 8-2 的预期运行事件,相当于压水堆事故工况中的中等频率事件和稀有事件。

表 8-2　按美国核协会(ANS)标准对事故工况的分类*

	种　　类	举　　例
Ⅰ	正常运行 (在正常运行和维护期间常常期望的)	启动,正常停堆,备用,负荷跟踪;在技术规范内包壳破损;换料
Ⅱ	预期运行事件 (在核电厂寿期内可能意外出现一次或多次)	钠泵停运;失去厂外电源;汽轮发电机组停运;意外提升控制棒
Ⅲ	假想事故 (预期不会出现——但仍包含在设计基准内,以便为确保不过分危及公众健康和安全而提供附加的安全裕度)	根据事件发生的频率和后果设定事故谱(例如:管道破裂,大型钠火,大的钠水反应,放射性废物处理系统储存罐破裂)

注:* General Safety Design Criteria for LMFBR Nuclear Power Plant, ANS-54.1, Trial Use Draft, April 1975, American Nuclear Society, La Grange Park, Illinois.

典型事件的分类:

典型事件的分类,按多年来在液态金属快中子增殖堆的研究中获得的广泛经验列出。主要结果在表 8-3 和表 8-4 中给出。

表 8 - 3　典型的主要设计基准始发事件

反应堆误停闭

一根控制棒的不可控提出

内部或外部溢流

极端的天气状况

中间热交换器(IXH)二次回路或反应堆直接冷却回路(DRC)大泄漏

在燃料传输和贮存系统中的多重故障

常规的火灾

组件跌落

部分组件冷却故障

主泵和二次泵故障

主泵与栅板连接内部构件的泄漏和破裂

主钠池泄漏

燃料误装载

覆盖气体的大泄漏

气体不正常通过堆芯

蒸汽发生器大泄漏

在二次安全池内主钠回路泄漏

地震

表 8 - 4　典型的极限事件

主钠池和保护容器的泄漏

燃料组件熔化

在蒸汽发生器厂房内钠-水-空气反应

在蒸汽发生器内钠-水-空气反应(大于设计基准事件)

在反应堆盖板处大的钠泄漏

因一个钠主管道的剪切故障,钠大泄漏出二次安全池外

　　在快堆设计及安全分析中所选取的设计基准事故,其基本思路是找出可能导致堆芯解体的各种始发事件,以便及早制止;确定是否需要改进设计或是增加保护措施以及已有的保护系统是否必要。近年来的研究与安全验证试验结果表明:快堆的安全可以完全依靠或主要依靠其固有安全特性来保证。

8.3.2　最大假想事故

　　最大假想事故是指冷却剂流量丧失、二次侧热阱丧失或超功率瞬变下保护系统同时

失效的事故。

分析与试验表明,对中小型快堆在三种事故工况下,即使所有能动系统不动作,依靠固有安全性可自动停堆,回到安全状态。冷却剂出口温度不超过 750 ℃,元件不会受损。在事故后 1800 s,钠整体温度可达 620 ℃左右。

1. 金属燃料钠冷快堆超功率瞬变事故分析

超功率瞬变事故是快堆设计基准事故之一。在反应堆启动和功率运行期间,由于操纵员失误或多重机械故障,可能导致反应性意外引入,引发超功率瞬变事故;另外,地震引起的堆芯移动、堆芯进口钠流突然过冷等,也会造成类似效应。反应性的意外引入,会使反应堆偏离设计工况,功率迅速上升,燃料、包壳、冷却剂温度不断升高,造成元件过热、包壳破裂,如果不采取有效保护措施,会危及堆芯安全。

1)有保护瞬变

实例:向处于满功率的 FFTF 中以 3.4 C/s(C 反应性单位,1 \$ ＝100 C,即 1 元等于 100 分)的反应性增加速率引入反应性。这样的反应性增加速率相应于正常的控制棒提升速率(0.25 m/min),但是,要假定该棒是连续提升的,并且只有借助于 PPS 动作才可能阻止控制棒提升,所使用的分析工具是 MELT－Ⅲ 程序,计算热管因子,这样计算的燃料棒温度偏于保守。

图 8－5 示出了假定一次电厂保护系统(PPS)动作时的堆芯包壳峰值温度,同时,也示出了假定只有二次 PPS 动作时的堆芯包壳峰值温度。峰值温度(仅一次系统起作用时为 801 ℃,仅二次系统起作用时为 831 ℃)都远低于 870 ℃ 的限值。因此,以 3.4 C/s 向满功率的 FFTF 引入反应性这一计算表明,即使一次 PPS 没有动作,其安全裕量(使用该包壳温度限制)也是相当大的。

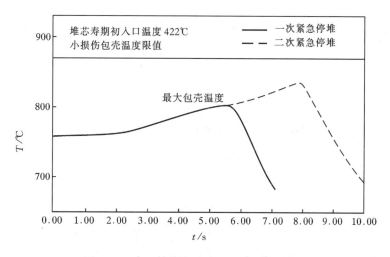

图 8－5　有保护的全堆芯反应性瞬态的例子

2)无保护瞬变

假定在运行着的快中子堆中发生反应性引入,并假想应急保护系统完全失效,反应堆将有怎样的动力学特性。

分析计算以美国池式钠冷快堆 EBR－Ⅱ 为代表的金属燃料钠冷快堆超功率瞬变。反应性引入的始发瞬变有两种:一种为反应堆从临界启动工况;另一种是功率运行工况,堆芯为满功率(62.5 MW),堆芯钠冷却剂流量始终保持额定值,反应性引入速率则从 6.8×10^{-5} s^{-1} 到 6.8×10^{-2} s^{-1} 变化,以功率为触发信号的应急保护停堆系统的整定值为 115% 额定功率,EBR-Ⅱ快堆 MK-Ⅱ驱动燃料元件包壳内表面温度限值有两个,在预期事故下的温度限值是 715 ℃(此时,包壳和燃料会形成共熔混合物),在更严重事故时的温度限值是 816 ℃。

为了求得 115% 额定功率与温度之间的时间裕度,计算中假定堆内应急保护停堆系统在功率达到整定值时不投入。计算结果示于图 8-6。图中给出用两种计算程序的相应计算曲线。对启动工况下反应性引入事故发生时计算结果表明,达到给定功率水平的时间和达到包壳内表面峰值温度(715 ℃,816 ℃)的时间虽有差别,却相当接近;当反应性引入速率大于 0.010 2 s^{-1} 时,两者已很接近,且小于应急保护停堆系统的响应时间(一般为 10~50 ms)。

图 8-6 为反应堆功率运行时反应性引入事故工况的计算结果。与启动工况相比,可发现有两点不同,一是达到 115 % 额定功率的时间短,二是功率达 115 % 额定功率和包壳内表面峰值温度达 715 ℃、816 ℃限值之间的时间间隔较长。前者虽然是由于始发功率水平(额定功率)离功率定值很近所致;后者主要是由于功率运行时的强反应性反馈有效地抑制了功率增长的速率,从而使包壳表面峰值温度达到限值的时间向后推移。从图 8-6 也可看出,对于所研究的反应性引入速率范围,达到 115% 额定功率和达到包壳内表面温度限值之间的时间间隔都大于 100 ms,足以让应急保护停堆系统作出响应。

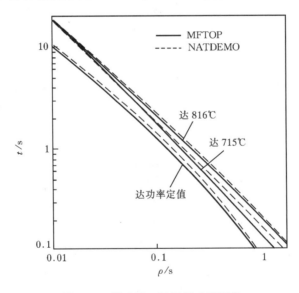

图 8-6　满功率工况下超功率瞬态

2. 金属燃料钠冷快堆失流事故分析

失流事故可能造成钠冷快堆堆芯冷却故障或严重破坏,是典型的设计基准事故之一。它一旦发生,就要求应急保护系统立即投入工作,实现应急保护停堆。但是,即使实现了保护停堆,如果系统没有继续获得足够的冷却,衰变热仍足以使堆芯受到破坏。另一种情况是,应急保护停堆系统因机械故障或操作失当而不能正常工作时,反应堆只能依靠自身的固有安全机制被动地作出响应。因此,研究失流事故下钠冷快堆主回路系统的动态响应过程,分析其是否具备足够的冷却能力和安全性能,是快堆瞬变安全分析的重要内容之一。

1)有保护停堆失流瞬变分析

造成失流事故的典型始发事件是全厂断电引起钠泵全部停运。图 8-7 示出了美国池式金属燃料钠冷快堆 EBR-Ⅱ 有保护停堆失流试验的计算曲线及试验结果。

从图中可以看出,钠泵失电后,主回路冷却剂流量以较快速率从强迫对流平稳地向自然对流过渡,在瞬变开始后约 50 s 时达到最低值,此后系统依靠自然循环冷却堆芯。紧急停堆系统的投入,使堆芯裂变功率由始发值急剧下降至 2.5% 满功率左右,实现保护停堆。停堆初期,堆芯功率比流量下降速率快得多,结果使堆芯出口冷却剂温度也迅速下降。随后,以衰变功率为主的堆芯功率下降速率变慢,而堆芯流量下降速率仍旧很快,故堆芯出口温度又有所回升。当系统建立起稳定的自然循环(约 50 s 处),流量基本维持一个低值不变时,回升的堆芯出口温度在达到一个并不太高的峰值后又随衰变功率缓慢下降。

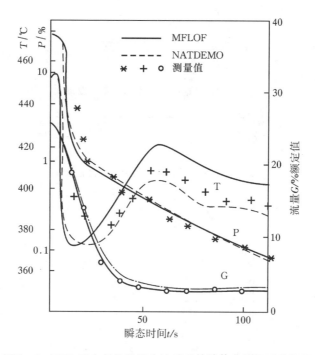

图 8-7　EBR-Ⅱ 有保护停堆失流试验的计算曲线及试验结果

由此可见,对于有保护停堆失流瞬变,EBR-Ⅱ 的响应是良好的,堆芯流动平稳地从强迫对流过渡到自然循环工况,自然循环流量虽然不大,但足以带走堆内的衰变热,维持对堆芯的有效冷却。

2)无保护停堆失流瞬变分析

对无保护停堆失流试验的主要计算结果示于图 8-8 和图 8-9,从各图可看出,钠泵断电后,主回路系统的冷却剂流量迅速下降,使堆芯出口冷却剂温度迅速升高(图 8-8)。而在堆内负反应性反馈机制的作用下,堆芯功率下降很快(图8.9),抑制了堆芯出口温度的进一步升高。当流量下降至自然循环水平并维持在低值不变后,由于裂变功率继续下降,反应堆出口温度随之下降,反应性也因此回升。最后,裂变功率下降到与衰变功率相当的水平,和自然循环流动排热能力相平衡,堆芯出口温度逐渐稳定于与其稳态值相当的水平,反馈反应性回升至近于零的水平,反应堆成功地实现了自动停闭。

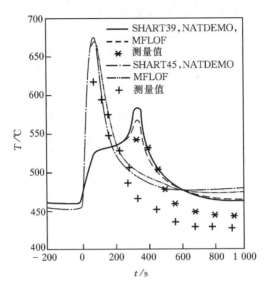

图 8 - 8 驱动区出口冷却剂平均温度

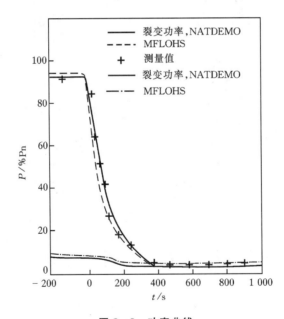

图 8 - 9 功率曲线

3. 金属燃料钠冷快堆失热阱事故分析

钠冷快堆正常工作时,相对于主回路系统来说,中间回路以及三回路是热阱,如果二回路或三回路某个环节发生故障,不能及时排走主回路系统产生的热量,必然造成返回主回路系统冷却剂温度过高,导致堆芯因冷却能力不足而过热,形成热阱丧失事故。

造成失热阱事故的始发事件较为复杂。当汽轮发电机组或电网发生故障触发汽轮机跳闸时,如果旁路阀未打开,三回路将充满蒸汽,使中间回路乃至主回路中的热量无法及时排出;中间回路钠泵失电,阀门意外关闭,都将直接造成主回路系统热阱丧失。

失热阱事故后果虽不如失流事故严重,但它与失流事故、超功率瞬变事故一样,均属设计基准事故,是快堆瞬变安全分析中的重点之一。

图 8-10 是以美国池式钠冷快堆 EBR-Ⅱ中间钠泵失电典型事故时,分析无保护失热阱事故瞬变。试验是在满功率(60 MW)、全流量(一回路冷却剂流率为485 kg/s)的稳态工况下进行。试验开始后,首先将中间回路的冷却剂泵电源断开,然后通过一定的手动控制,使中间回路的流量在 20 s 内从满流量(317 kg/s)线性下降到额定流量的 0.5%,从而基本消除中间热交换器的排热能力,造成与二回路断电事故极为相似的失热阱瞬变。整个试验期间,反应堆的控制保护系统都不投入工作,散热能力不大的停堆空气冷却系统(正常工况下只能带走 350 kW 的热量)也关掉,以保证系统完全依靠自身的反馈机制,来应付无停堆保护失热阱(LOHSWS)事故。

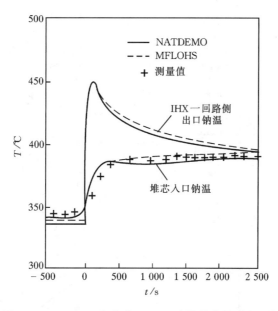

图 8-10 60 MW 试验时,EBR-Ⅱ失热阱事故瞬变分析

从图 8-10 可以看出,热阱的丧失,使中间热交换器一回路侧出口钠温迅速上升,以致堆芯入口温度迅速增高;但由于堆芯内固有的负反馈机制的作用(图8-11),堆芯功率即迅速下降(图 8-12),从而使堆芯出口钠温也呈下降趋势(图8-13),随着堆功率渐近于零,堆芯的进出口钠温也趋于一致。整个瞬变过程中所有的温度曲线都远低于钠的沸点。由此可见,EBR-Ⅱ对于无停堆保护失热阱瞬变确是固有安全的。

4. 钠火事故

在钠冷快堆安全分析中,与钠火相关的安全问题受到了重视。严重事故下的钠火问题包括两种基本类型:池式钠火和雾式钠火。钠雾火是由于管道破裂或者在堆芯破坏事故下钠从堆芯顶部喷出形成的,池式钠火可能出现于钠逸入设备间或反应堆厂房的地板上。在钠火过程中,钠与安全壳大气的传热以及钠与氧气相互作用产生的化学热将会引起安全壳大气温度和压力升高,进而危及到安全壳的完整性。了解钠火发生的环境条件很重要,以

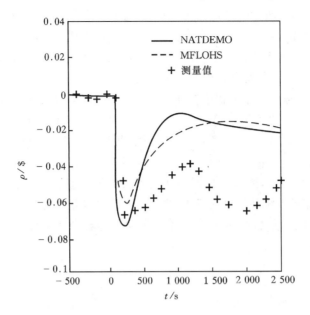

图 8-11　60 MW 试验时反应性曲线

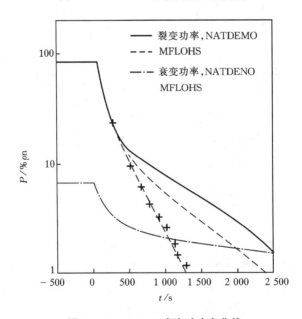

图 8-12　60 MW 试验时功率曲线

便在设计中加以考虑,从而减少着火的概率。

钠是质软银白色金属,在 98 ℃时熔化。钠在含有氧气的环境中会着火,着火时形成各种各样氧化物,但主要生成的是氧化钠(Na_2O)和过氧化钠(Na_2O_2),并伴随如下放热反应:

$$2Na+(1/2)O_2 \rightarrow Na_2O, \qquad \Delta H=-418.1 \text{ kJ/mol}$$

$$2Na+O_2 \rightarrow Na_2O_2, \qquad \Delta H=-513 \text{ kJ/mol}$$

ΔH 为反应热,钠着火时有火焰和白色浓烟生成。燃烧的钠不是全部形成烟,大部分的钠仍以氧化物和未反应钠的形式存在。残余的反应产物和烟包含 Na_2O 和 Na_2O_2。以第一种反应为主要型式,这是由于钠火的发展与氧和钠接触状况十分有关。在氧气过量

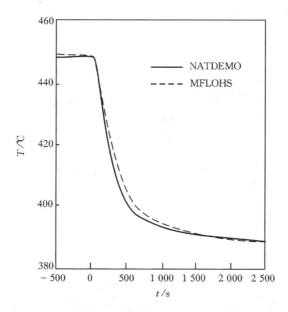

图 8 - 13 60 MW 试验时驱动区平均通道出口钠温

的情况下，Na_2O_2 是主要反应产物；在钠过量的情况下，Na_2O 是主要产物。

1）池式钠火

一般来说，钠池在低于 250 ℃时是不会着火的。当然，在 200 ℃时，若钠池被扰动可能着火。由于钠池着火仅仅在池液面上发生，所以可用面积表征钠燃烧的速率。池式起火在空气中的标准燃烧速率为25（$kg/m^2 \cdot h$）。

钠火的发展取决于与钠池小室容积和传热状况有关的很多参数。实际现象会因钠池并非静止以及钠与空气之间接触的改变而更为复杂。

2）雾状钠火

钠雾状起火的引燃温度比池式起火低得多，如果钠的液滴很大，大约在 120 ℃可能点燃；而在很细的雾状时，点燃温度会更低。小室的峰值压力与室壁的传热条件有关，从理论上说，压力范围可能为1 MPa。但是，实测的压力总是低于理论上限压力。雾状钠火时，气溶胶产生率比池式纳火要高（大约 5 倍或更高）。

3）钠火的探测、防止与缓解

钠泄漏的探测对钠火的防止有重要作用。常用的有火焰光谱仪和烟尘探测器。对钠的早期探测可在所有情况下阻止大的泄漏、腐蚀和火灾；限制火灾的延续时间以避免大量结构件因受热超过限值而严重损坏。

池型堆的池壳上部有覆盖气体（惰性气体）作密封，形成压力边界，钠池外有密封的保护池，其间充有惰性气体—氩气，即使主容器破漏，钠也不可能燃烧。有可能发生燃烧的是二次系统的钠。二次系统压力很低，管道外有厚的保温层，泄漏时燃烧比较温和，且着火面积不会很大，用膨胀石墨、碳酸钠粉末或石棉布覆盖均可灭火。二次钠的火灾无放射性沾污问题。

管式堆的一回路设备容器和管道都设有保护容器，其间充以惰性气体，其作用与池式堆的保护容器相同。

5. 钠水反应事故

蒸汽发生器是快堆电站中最为关键的部件之一。在蒸汽发生器中,水在传热管内流动,钠在传热管外流动。由于水/汽侧压力比钠侧压力高,如果传热管壁出现漏洞或裂缝,水会冲入钠中,导致发生钠-水反应。工程实践表明,发生蒸汽发生器泄漏的主要原因有:不纯液钠或水中 NaOH 或 NaCl 等酸碱性杂质引起的应力腐蚀;管束的焊接和制造质量不高;液钠温度变化过大引起的热冲击、疲劳;管支撑强度不够引起的机械疲劳等。因此不能完全避免水/汽泄漏进入液钠。

长期以来,蒸汽发生器传热管发生泄漏的事故在世界上现有的快堆电厂上时有发生,防止蒸汽发生器中水漏入钠曾是钠冷快堆发展中一个重要的安全问题,它给所有三座原型快堆(法国凤凰快堆 Phoenix、英国唐瑞快堆 PFR 和前苏联 BN-350 快堆)均带来了不少麻烦。

在快堆事故分类中,美国核管会(NRC)把蒸汽发生器泄漏、钠-水反应与燃料破损一起列为 8 级,即"按设计基准估算所考虑的事故始发事件"。在美国核学会所建立的核标准中,管道破裂、大的钠-水反应与大型钠火等被列为第三类假想事故,即预期不会出现但仍包含在设计基准内,以便为确保不过分危及公众健康和安全而提供附加的安全裕度。表 8-5 是法国对钠冷快堆蒸汽发生器事故的分类(以超凤凰堆为例):

表 8-5　法国对钠冷快堆蒸汽发生器事故分类

类　别	蒸 汽 发 生 器 事 故/故 障
Ⅱ　中等频率事故	d. 二回路及蒸汽发生器事故 二回路或辅助回路中钠的小泄漏
Ⅲ　稀有事故	b. 二回路及蒸汽发生器事故 蒸汽发生器传热管泄漏直至双端断裂造成的钠-水反应
Ⅳ　极限事故	f. 水/蒸汽回路的事故 隔离阀不能关闭时在一台蒸汽发生器内剧烈的钠-水反应

根据蒸汽发生器换热管破裂所产生的泄漏对蒸汽发生器结构材料和整个回路工况影响的程度进行如下分类:

(1)微漏。指只在液流管子中发生破坏,其影响局限在本管,对周围的管子无影响,但泄漏孔会逐渐增大(自耗蚀)。

(2)小漏。钠-水反应产生的射流影响到了相邻的换热管并导致该管的损坏。在此情况下,正对着喷射出来的水的传热管,损耗最为严重。

(3)中漏。钠-水反应产生的射流使相邻管子的损坏速率通过最大值后有下降趋势,所损坏的换热管数量增加。由于过热效应,管束损坏的概率增大。

(4)大漏。水向钠的泄漏量很大,但时间很短暂,并伴随着影响回路工况流体动力学效应和热效应。在钠-水反应区结构材料的损坏程度最高。

表 8-6 出日本的文殊(MONJU)堆所划分的不同泄漏类型对应的水泄漏率。

由于材料、制造和加工的问题,苛刻运行条件的长期作用,蒸汽发生器高温高压水(汽)向高温常压钠一侧的泄漏及其后的钠水反应是难以避免的。对于小泄漏,应及时诊断,对大、中泄漏,应采取相应的爆破防护技术。

表 8-6　日本的文殊(MONJU)堆蒸汽发生器钠-水反应分类*

分　类	水泄漏率	主要影响
微小泄漏	$<50\ mg/s$	自耗蚀
小泄漏	$50\ mg/s\sim10\ g/s$	周围单根管子发生耗蚀
中泄漏	$10\ g/s\sim2\ kg/s$	周围多根管子发生耗蚀
大泄漏	$>2\ kg/s$	压力增加

注:* 每一类钠-水反应的相应水泄漏率根据蒸汽发生器的类型、容量和其他情况的不同而不同

1)小泄漏钠-水反应

如果传热管只有很小的孔洞或裂缝,仅少量的水以喷流的形式流出来与周围的钠反应,蒸汽发生器中的压力上升很慢,但会产生高温、有腐蚀性的反应产物,这些产物微粒冲击周围的传热管可以使传热管表面遭到磨损和腐蚀的双重影响,即所谓的"耗蚀"(wastage)。耗蚀将最终导致传热管烧穿。

探测微量水(汽)(小于 0.1 g/s)泄漏引起钠水反应所产生的氢,将通过镍管壁扩散到高真空一侧,导致高真空度降低,氢的扩散流率由氢质谱仪测出,可及早确定蒸汽发生器的微小泄漏,以便及早采取隔离、排钠、排水(汽)等防御措施。

当发生 0.1~10 g/s 小泄漏时,通过氢的监测和氩气泡监测,得到信号将通过自动控制系统降压并切断给水,同时钠侧也进行隔离,避免事故扩大。

2)大泄漏钠-水反应

大泄漏发生于蒸汽发生器中传热管破裂或类似情况下,水或蒸汽可能以 1 kg/s 量级的流量射入钠中,所导致的钠-水反应将产生大量的氢气和热量,致使破口附近产生高温高压,再加上二次钠回路可能至少受到 10 MPa 左右蒸汽压的影响,压力会更高。反应所产生的氢气会严重影响钠的流动,导致蒸汽发生器内的压力急剧上升。压力可以通过二次钠回路波及到中间热交换器导致其结构失效,这样,一回路中带放射性的钠就会与二回路的钠相混合,使二回路各部分遭到放射性污染。应当防止中间热交换器损坏是最为重要的,因为它们是放射性一次钠屏障的一部分。

如果出现 10 g/s~2 kg/s 的中泄漏和大于 2 kg/s 大泄漏时,除了氢、氢气泡、压力等测量外,若压力峰值大于阈值时,爆破膜破裂,蒸汽发生器中的钠卸入事故排放罐,同时,切断给水和从钠侧隔离蒸汽发生器。按这一设计原则,一般再大的钠-水反应事故也不会波及到与蒸汽发生器相连的其他设备。

爆破卸压装置是快堆蒸汽发生器系统和 10 g/s 以上中、大泄漏钠水反应不可缺少的安全装置。

爆破膜是钠冷快堆蒸汽发生器卸压系统的一个重要部分。爆破膜有一定的设计压力,即当爆破膜承受的压力超过它的设计压力时,它就会破裂。当钠-水反应产生的高压从二次侧的钠传到爆破膜时,如果这个压力超过爆破膜设计压力,爆破膜破裂,钠就从爆破膜后面的管道流出,从而使蒸汽发生器中的压力下降。

快堆的二回路系统示意图见图 8-14。二回路系统中低温钠由泵排出,经中间热交

换器入口的连接管道,由中间热交换器的中心下降管进入,反向后由换热管束的管内流出,成为高温钠。再经中间热交换器出口与蒸汽发生器入口的连接管道,在过热器的下部进入过热器壳侧并自下向上流动。在过热器上部,钠流出过热器进入蒸汽发生器。二次钠在蒸汽发生器中自上而下流过壳侧,并从二次钠泵入口连接管道返回到钠泵,完成二次系统的钠循环。在蒸汽发生器里一次侧钠与二次侧的水/汽进行热交换。在二回路设有三个爆破膜,其中,钠膨胀罐旁边的爆破膜3的设定压力较低,过热器钠入口和蒸汽发生器的出口处的两个主爆破膜1、2的设定压力较高。在快堆蒸汽发生器中发生的超压情况下,多数是压力幅度升高相对较低的情况。二回路中的压力逐渐升高,爆破膜3破裂。当发生大泄漏钠-水反应使二回路压力急剧升高时,主爆破膜1和2破裂。爆破膜破裂后,钠、氢气和其他反应产物等流入钠-水反应产物排放罐,从而限制二回路中的压力升高。排放出来的物质再进入分离器将气体从其他物质中分离,再用点火装置点燃,排放至大气。

　　当蒸汽发生器附近有爆破膜时,事故发生后5.5 ms,压力波到达离泄漏点最近的爆破膜1,该爆破膜破裂。蒸汽发生器、二回路管道中的钠通过卸压管路流入反应产物排放箱,爆破膜破裂产生的膨胀波到达钠-氢边界时,约为12 ms左右,氢气泡压力及钠-氢边界处的压力也开始下降。9 ms时,从另一个方向传出的压力波到达另一个爆破膜2,这个爆破膜也破裂。由于钠-水反应产生的高压在传播到爆破膜1,2时就已停止,二回路其他部件基本不受影响。27 ms时,中间热交换器出口处出现气蚀现象。22至25 ms,泵处出现气蚀,28 ms后气蚀再次出现。卸压过程中,由于爆破膜破裂后的低压使蒸汽发生器中钠的流速加快,氢气泡的体积增长速率大于非卸压过程中的体积增长速率。水泄漏率在0～40 ms内与无爆破膜的情况差不多。因此,有了爆破膜以后,爆破膜在高压作用下破裂,将蒸汽发生器和二回路中的钠、钠-水反应产物等排入反应产物排放箱,从而限制了蒸汽发生器和二回路中的压力升高,保护了二回路各部件,尤其是中间热交换器的边界完整。

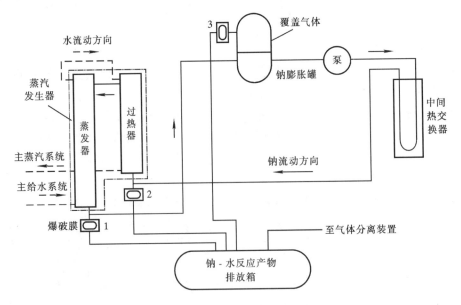

图 8 - 14　快堆的二回路系统示意图

8.4　快中子增殖堆对环境放射性影响评价

快堆电站对环境的污染比热堆电站要小,主要原因是以下几个方面:

(1)冷却剂钠可以有效地吸收滞留金属裂变产物和碘,事故工况下可有效地降低向环境的放射性释放量;

(2)由于采用固有安全设计,快堆发生严重事故的概率比压水堆低。对环境影响的风险小;

(3)快堆的燃料燃耗深,乏燃料的年处理量较少,后处理去污系数小,放射性废物少;

(4)快堆电厂有较高的热效率,因而对环境的热污染程度轻。

由于快堆设计上采用了良好的安全防护措施,快堆核电厂工作人员所受的辐射剂量比轻水堆核电厂低得多。EBR-Ⅱ,PHOENIX,KNK-Ⅱ,JOYO,PFR,FFTF 等快堆电站的平均总剂量在7.4～21.7 人·rem/a,而美国压水堆电站 1974—1984 年间的平均总剂量是300～500 人·rem/a,同期的沸水堆是500～1 100 人·rem/a。

习　题

1. 为什么要发展快中子反应堆?

2. 试分别例举池式和回路式快中子反应堆热传输系统的优缺点。

3. (1)在中间热交换器(IHX)中,一次钠通常在壳侧还是在管侧,为什么?

　(2)在蒸汽发生器中,蒸汽在管侧还是钠在管侧,为什么?

　大范围的钠-水反应会引发很高的压力。这时,在蒸汽发生器中可能会发生什么情况?

4. 如何能探测到钠的泄漏?

5. 讨论并比较钠冷快中子增殖堆和压水堆的主要安全问题。

6. 在钠冷快中子增殖堆的事故中,钠着火会引起什么问题? 列出可能发生钠火的地方,能否预料出现的是雾状火还是池式火?

参考文献

[1]　IAEA-TECDOC-1083. Status of Liquid Metal Cooled Fast Reactor Technology. INTERNATIONAL ATOMIC ENERGY AGENCY,April 1999.

[2]　SAFETY REPORTS SERIES No. 23. Accident Analysis for Nuclear Power Plants,INTERNATIONAL ATOMIC ENERGY AGENCY,VIENNA,2002.

[3]　IAEA-TECDOC-908. Fast Reactor Fuel Failures and Steam Generator Leaks: Transient and Accident Analysis Approaches. INTERNATIONAL ATOMIC ENERGY AGENCY,October 1996.

[4]　徐鉽,李中平. 快中子反应堆.“八六三”计划能源技术领域研究工作进展,85～99, (1986—2000)[M]. 原子能出版社,2001.

[5]　王学容,朱继洲. 钠冷快增殖堆池式钠火事故分析计算[J]. 核科学与工程. 2000,

20(3):260～265

[6]　朱继洲,张建民. 国家高技术研究发展计划课题总结报告[R]. 实验快堆蒸汽发生器钠-水反应事故分析调研,2000.

[7]　General Safety Design Criteria for LMFBR Nuclear Power Plant，ANS－54.1，Trial Use Draft，April 1975，American Nuclear Society，La Grange Park，Illinois.

第9章 高温气冷反应堆安全分析

高温气冷反应堆采用化学惰性和热工性能好的氦气为冷却剂,能承受1600 ℃高温的全陶瓷型包覆颗粒为燃料元件,用耐高温的石墨作为慢化剂和堆芯结构材料。堆芯出口氦气温度可达到950 ℃甚至更高。本章介绍高温气冷反应堆发展概况、设计特点、安全特性和事故分析等。

9.1 高温气冷反应堆的发展概况

高温气冷反应堆的发展一直受到国际核能界的关注,20世纪六七十年代,在英国、美国、苏联、联邦德国等国就开始发展高温气冷反应堆技术,近年我国和日本正在实施高温气冷反应堆的研究发展计划。模块式球床高温气冷反应堆在中小型核电站、干旱地区核电站以及核能煤汽化和液化、制氢等方面具有良好的应用前景。

表9-1列出了已建高温气冷反应堆主要参数。

表9-1　已建高温气冷反应堆主要参数

	龙堆	桃花谷	AVR	圣·符伦堡	THTR-300	HTTR	HTR-10
国家	英国	美国	联邦德国	美国	德国	日本	中国
开始建造时间	1960.4	1962	1961.9	1968.4	1971.1	1991	1995.6
临界时间	1964.8	1966	1966	1976	1985.9	1998.11	2000.12
并网时间		1967	1967	1976.12	1985.11		2003.1
热功率/MWt	20	115	46	840	750	30	10
电功率/MWe		40	15	330	300		2.5
功率密度/(MW/m³)	14.0	8.3	2.6	6.3	6.0		2.0
燃料最高温度/ ℃	1600	1331	1134	1260	1250	1495	<1230
平均燃耗/(MWD/tU)	30000	60000	70000	100000	114000	22000	80000
一回路(氦气):*							
压力/(kg/cm²)	20.0	23.6	10.9	49.0	40.0	40.0	30.0
出口温度/ ℃	750	728	950	785	750	950	700/950

	龙堆	桃花谷	AVR	圣·符伦堡	THTR-300	HTTR	HTR-10
入口温度/ ℃	350	344	275	406	260	395	250/300
流量/(kg/s)	9.62	55.0	13.0	430	300		4.3
二回路(汽—水):							
入口压力/MPa		10.2	7.2	17.5	19.0		4.0
蒸汽温度/ ℃		538	500	540	535		440
流量/(t/h)		140	56	1000	950		10.5
退役时间	1976	1974.10	1988.12	1990.6	1997		

迄今为至,核能技术可以划分为三代。第一代核能系统是指 20 世纪 50 年代末至 60 年代初,世界上建造的第一批原型电站。第二代核能系统是指在 60 年代至 70 年代世界上大批建造,单机容量在 600—1400 MWe 的标准型核电站。它们构成了世界上目前运行的 430 多座核电站的主体,我国大亚湾、秦山核电站即属于这一代。第三代核能系统指的是 80 年代开始发展,旨在 90 年代投入市场的先进轻水堆核电站,如日本的先进沸水堆(ABWR)、韩国的系统 80(system 80)电站、欧洲压水堆(EPR)和美国的非能动安全先进压水堆(AP600,AP1000)都属于这一代。ABWR 在日本已经有 2 台机组建成运行。第三代核能系统基于第二代核能系统的成熟技术,重新设计,做了大量研究开发工作,历经 20 年完成。第三代反应堆在安全性和操作的简便性方面确实有重大的改进。

考虑到新一代核能系统的发展需要相当长的周期,也由于对新的核能系统的要求已逐渐明朗,美国能源部着手规划发展在经济性、安全性和废物处理等方面有重大革命性改进的新一代先进核能系统——"第四代先进核能系统"(Generation Ⅳ)。发展第四代先进核能系统始见于 1999 年 6 月美国核学会年会。1999 年 11 月召开的美国核学会冬季年会上,美国能源部核能司司长 W. D. Magwood 进一步明确了发展第四代核能系统的设想(Nuclear News,January 2000)。2000 年 1 月,美国、法国、日本、英国、韩国、南非等 9 个国家政府在华盛顿签署了共同发展第四代核能系统的声明。2000 年 5 月,由美国能源部主持,在华盛顿召开了关于第四代先进核能系统发展目标的专家研讨会。会议的目的是提出第四代核能系统必须满足的目标和特性。特别是从安全角度,第四代先进核能系统必须有下列特性:

(1)必须具有非常小的堆芯破损概率,堆芯熔化概率低于每堆年 10^{-6};

(2)能够通过对核电站的整体实验向公众证明核电的安全性;

(3)在事故条件下无厂外释放,不需场外应急,即无论核电站发生什么事故,都不会对厂外公众造成损害;

(4)初投资低于 1000 美元/kW;

(5)建设周期小于 3 年;

(6)电力生产成本低于 3 美分/度电,能够和其他电力生产方式相竞争,见图 9 - 1。

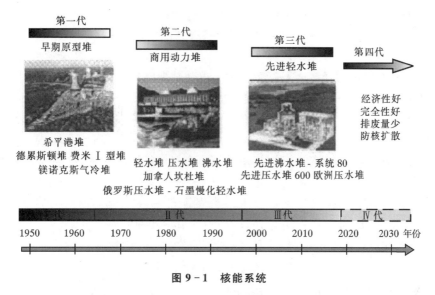

图 9 - 1　核能系统

模块式球床高温气冷反应堆技术是最有希望满足第四代核能系统要求的技术之一（W. D. Magwood, Nuclear News, July, 1999）。高温气冷反应堆采用能耐 1600 ℃高温的包覆颗粒燃料元件，模块化设计，根本排除了发生堆芯熔化的可能性。

9.1.1　早期钢壳 HTGR 原型电站

20 世纪 50 年代后期在西方国家开始发展高温气冷反应堆。英国第一座 20 MW 的试验高温气冷反应堆龙堆（Dragon）于 1964 年 8 月首次临界，1965 年 7 月投入运行，1966 年 4 月达到满功率 20 MW 热功率，一直运行到 1976 年 3 月。它是于 1959 年 4 月开始的 OECD 的国际合作项目，其目的是论证 HTGR 的可行性。反应堆的长期满功率运行成功地论证了许多部件的特性。反应堆利用高富集度铀的包覆颗粒燃料，石墨作慢化剂，入口温度为 350 ℃，出口温度为 750 ℃。虽然没有发电，但为氦气冷却反应堆和包覆颗粒的发展提供了有力的工具。

与此同时，美国和联邦德国也在发展 HTGR 技术，建造了另外两座实验反应堆，即美国的桃花谷（Peach Botton）反应堆和联邦德国的 AVR 反应堆。

美国在 1957 年着手高温反应堆研究，1962 年开始在宾夕法尼亚州建造电功率 40 MW 的桃花谷高温气冷反应堆，采用棱柱状燃料元件，燃料棒含有包覆颗粒燃料，弥散在石墨基体材料中，冷却孔道放在慢化剂的石墨块内。1966 年 3 月该反应堆达到临界，1967 年年中满功率运行，一直运行到 1974 年 10 月按计划完成试验任务。从 1967 年到 1974 年的 7 年，累积运行 1349 满功率天，除了研究工作所需的计划停堆之外，平均利用率达到 88％，负荷因子达到 74％，总计发电 1.2×10^9 kW·h，电厂热效率为 37.2％。论证了高温氦气冷却石墨慢化动力反应堆的可行性，功率密度达到了 8.3 MW（热）/M3。在桃花谷堆运行期间，美国改善和发展了包覆颗粒燃料技术。美国高温气冷反应堆第一批燃料采用薄层热解碳简单的包覆颗粒，寿命较短。第二批燃料采用了双层包覆的“BISO”颗粒，性能有了很大的改进。桃花谷高温气冷反应堆的运行和试验是成功的。

联邦德国重点发展了球床式高温气冷反应堆，于 1959 年开始建造 AVR 球床高温反应堆,热功率为 46 MW,电功率 15 MW,1966 年 8 月临界,1967 年 12 月首次向电网供电,1968 年 2 月达到设计功率。设计一回路氦气出口温度为 750 ℃,1974 年 2 月将运行温度提高到 950 ℃。AVR 采用一体化的布置,即堆芯和蒸汽发生器安装在同一个钢制压力容器内,堆芯球床直径 3 米,高度 2.5 米,内装球形燃料元件 10 万个,燃料球直径为 6 cm,平均功率密度 2.5 MW/m³,利用包覆颗粒燃料,初期采用高浓铀燃料,后期改为低浓铀燃料,燃耗达到 100000 MWd/t 重金属,在试验中最高的元件燃耗达到 180000 MWd/t 重金属,石墨为慢化剂和堆芯结构材料,堆芯出口温度设计为 850 ℃,1974 年将出口温度提高到 950 ℃,运行良好。反应堆压力容器内径为 7.6 米,高为 25.77 米,一回路工作压力 11 kg/cm²;二回路蒸汽压力为 70 kg/cm²,温度为 505 ℃,送往汽轮机发电。AVR 一直运行到 1988 年 12 月。在长达 21 年的服役中,累计运行时间约 122000 小时以上,平均可利用率 66.4%,总共发电 16.7 亿度(千瓦·小时)。

通过 3 个实验反应堆的运行,高温气冷反应堆在设计、燃料和材料的发展、建造和运行方面都积累了成功的经验,开始进入发电和工业应用的商用化阶段。特别是取得了下列成果:

(1)证明了"全陶瓷性"包覆燃料元件堆型的现实性和可靠性。包覆燃料颗粒的破损率和裂变产物释放率均比预计值低。为发展大型高温气冷反应堆打下了基础。

(2)证明了氦技术的现实性。氦冷却剂的温度可达到 750—950 ℃。多年运行经验证明了氦气与堆芯及一回路部件在化学上的相容性。

(3)证明了堆芯结构的可靠性。石墨堆芯结构是坚固和可靠的。

9.1.2　预应力混凝土示范电站

20 世纪 70 年代美国和联邦德国分别建造了电功率为 330 MW 的"圣·符伦堡高温气冷反应堆电站"和电功率为 300 MW "THTR-300 钍高温气冷反应堆电站",同时开展了高温气冷反应堆氦气透平循环发电和高温核工艺热应用技术的研究发展计划。

1968—1974 年,美国建造了电功率为 330 MW 的圣·符伦堡示范式高温气冷反应堆核电站,美国圣·符伦堡高温气冷反应堆电站有以下特性:

(1)采用预应力混凝土反应堆壳,包含整个一回路系统;

(2)采用包覆颗粒燃料的六角型石墨块燃料元件和反射层;

(3)采用一次通过蒸气发生器,产生 538 ℃ 的过热蒸气。

该堆于 1974 年 1 月初临界。由于风机水.润滑轴承等问题,曾造成堆芯进水事故,一直到 1976 年 12 月才首次发电,1978 年 4 月达到 70% 的设计功率。1981 年 11 月达到满功率。尽管电站的利用率较低,当该电站成功地论证了 HTGR 的许多特性,包括六角型石墨块燃料元件的结构、TRISO 的包覆颗粒燃料、反应堆的构件、蒸气发生器、燃料操作和氦净化系统,该电站的运行还表明它具有很低的辐照剂量水平。美国在建造和运行了桃花谷和圣·符伦堡两座高温堆电站以后,高温堆的技术基本成熟。它已经建立了高温气冷反应堆燃料制造厂,发展了高温堆专用石墨和高温合金材料。

联邦德国于 1971 年计划建造电功率为 300 MW "THTR-300 钍高温气冷反应堆电站"。1981 年建成,1985 年 11 月并网发电,这标志着联邦德国球床高温堆核电站进入商业运行的阶段。1989 年 8 月决定永久性关闭 THTR-300。该决定并不是由于技术上困难而作出的,完全是政治上原因所决定的。THTR-300 的成功运行证明了球床式高温气冷反应堆的安全特性和良好的可控制特性、一回路系统热工水力学特性和燃料元件对裂变产物的滞留能力。

THTR-300 堆热功率 750 MW,电功率 300 MW,反应堆堆芯是一个球床,由 675000 个直径为 6 cm 的球形燃料元件构成,这些元件装在直径为 5.6 m、高约 6 m 的筒形石墨反射层中,有 36 根控制棒插在反射层孔道中,42 根直接插入球床堆芯。一回路氦气被加热到 750 ℃,通过六台蒸汽发生器,产生 19.0 MPa、535 ℃ 的过热蒸汽,供一台 300 MW 的标准汽轮发电机。燃料循环系统的设计可使燃料元件在运行时连续装卸,这是球床堆的一大特点。反应堆一回路主要设备被装在预应力混凝土压力容器内,该压力容器直径约 25 m,高约 29 m,一回路压力为 4.0 MPa。

通过 AVR 和 THTR-300 的建造和运行,证明了球床堆的一些特殊优点,而且在球形燃料元件制造、耐辐照石墨材料发展、燃料连续装卸系统和燃耗在线测量等技术方面形成了它的研究和生产体系。联邦德国高温堆燃料元件的发展工作开始于 1962 年,成立了高温堆元件制造厂(HOBEG)。HOBEG 元件制造厂共为 AVR 堆生产了 250000 个燃料元件,为 THTR-300 堆生产了 750000 个燃料元件,它生产线的自动化水平逐步提高,生产的燃料元件质量也不断提高,曾具有年生产 500000 个元件的能力,形成了批量生产能力。

9.1.3　模块式高温气冷反应堆的发展

美国三哩岛事故发生后,人们希望能设计一种"绝对安全"反应堆,在任何事故情况下都不会发生大的核泄漏,不会危及公众与周围环境的安全,也就是说反应堆具有固有安全特性。模块式高温气冷反应堆就是在这样的背景下发展起来的一种新堆型。1980 年初联邦德国电站联盟(KWU)/国际原子公司(Interatom)首先提出球床模块式高温气冷反应堆的概念。模块式高温气冷反应堆以小型化和具有固有安全特性为其特征,在技术上保证在任何事故情况下能够安全停堆,即使在冷却剂流失的情况下,堆芯余热也可依靠自然对流、热传导和辐射导出堆外,使堆芯温度上升缓慢,使燃料元件的最高温度限制在允许温度 1600 ℃ 以下;在经济上以模块式组合、标准化生产、建造时间短、投资风险小等优势与其他堆型核电站相竞争。

20 世纪 80 年代中期,有三种模块堆设计推向市场。一是联邦德国 KWU/Interatom 公司的 HTR-Module,热功率 200 MW,电功率 80 MW,采用堆芯与蒸汽发生器双壳肩并肩布置,具有非能动的安全特性,1987 年完成了 HTR 模块反应堆的安全评价。二是联邦德国 BBC/HRB 公司的 HTR-100,热功率 250 MW,电功率 100 MW,采用堆芯与蒸汽发生器单壳一体化布置,以上两种都是球床堆。三是 1985 年由美国 GA 公司提出的棱柱状元件模块式高温气冷反应堆,采用低浓铀(<20%)加钍的一次通过燃料循环,堆芯和蒸汽发生器双壳肩并肩布置,其基本模块提供 17.3 MPa 和 538 ℃ 的过热蒸气,完成了 250 MW 热功率的设计方案,采用环形堆芯后,功率水平可以提高到 350 MW 热功率。1986 年秋天提交美国核管会(NRC)审评,1988 年 6 月完成了安全评价报告的初步审评,1989 年形成了审评报告。1986 年完成了四个模块式 MHTGR 电厂的初步安全报告文件(PSID),并提交美国核管会(NRC)进行评审。

这三种模块堆的设计在安全概念上是相同的,即都具有固有安全性,它们的主要设计参数见表 9-2。近 20 年来,模块式高温气冷反应堆由于安全性好、能够适应广大能源市场(供电、供热)的需要,已成为国际高温气冷反应堆技术发展的主要方向,重新引起国际核能界和工业界的重视。

表 9-2　国外典型模块式高温气冷反应堆主要设计参数

堆型	HTR-M	HTR-100	MHTGR
公司	德 KWU/Interatom	德 BBC/HRB	美国 GA
热功率/MW	200	250	350
电功率/MW	80	100	140
堆芯型式	球床	球床	柱状,双区
堆芯直径/m	3.0	3.5	3.5
堆芯高度/m	9.4	8.0	8.0
平均功率密度/(MW/m³)	3.0	4.2	5.9
燃料元件	球,d=6 cm	球,d=6 cm	六棱柱状　宽 35.5 cm,高 80 cm
重金属含量/(g/球)	7.0	8.0/14.6	
^{235}U 加浓度/(%)	7.9	6.0/9.0	19.8+ThO₂
平均燃耗/(MWd/tU)	80000	100000	82460
燃料在堆内时间	1000 天	977 天	~3 年
氦气压力/(bar)	60	70	64
氦气温度/ ℃	700/250	740/255	686/258
蒸汽压力/MPa	17/19	17	17.1
蒸汽温度/ ℃	530	530	542
压力壳直径/m	5.9	6.1	7.4
压力壳高度/m	25.2	30.0	22.55
蒸汽发生器	在堆外,肩并肩	在堆内,一体化	在堆外、肩并肩

　　日本从 1969 年开始高温气冷反应堆研究发展计划,先后建成了氦气工程试验回路、高温堆物理临界试验装置、高温堆燃料元件的辐照试验回路等,1991 年开始建造高温气冷工程试验堆(HTTR),热功率为 30 MW,氦气出口温度为 950 ℃,目的是进行高温工艺热应用的试验,开展气体透平发电技术的研究。该试验堆已于 1998 年 11 月 10 日达到首次临界。HTTR 的建成为高温堆技术的发展提供一个试验基地。

9.1.4　中国高温气冷反应堆的发展

　　清华大学核能技术设计研究院从 20 世纪 70 年代开始进行高温气冷反应堆和相关

技术的研究,1992 年开始设计和建设一座 10 MW 的高温气冷实验堆(HTR-10),这是国家高技术发展计划能源领域中的一个重点项目,1992 年经国务院批准立项,总投资为2.7亿元。实验反应堆的总体参数为:热功率:10 MW;电功率:2.5 MW;氦气出口温度:700 ℃;氦气压力:3.0 MPa。主要目标是掌握高温气冷反应堆的设计、建造和运行的关键技术,验证其安全特性,取得运行经验。

10 MW 高温气冷实验堆于 1995 年 6 月开工建造,期间完成了大量的设计工作,在国内有关企业的大力支持下完成了反应堆压力壳、主氦风机、蒸汽发生器等重大设备的研制与制造。完成安装后于 2000 年 4 月开始系统的调试,2000 年 12 月 1 日实现首次临界。2003 年 1 月 29 日完成 72 小时满功率并网发电,运行参数达到了总体设计要求,这表明我国已初步掌握了模块式球床高温气冷实验堆的核心技术、设计技术和系统集成技术。

HTR-10 的主要设计参数如表 9 - 3 所示,反应堆与蒸汽发生器剖面如图 9 - 2 所示。

表 9 - 3　HTR-10 主要设计参数

反应堆热功率	MW	10
电功率	MW	3
堆芯体积	m³	5
平均功率密度	MW/m³	2
一回路氦气压力	MPa	3
氦入口温度	℃	250/300
氦出口温度	℃	700/900
氦气流量	kg/s	4.3/2.2
给水温度	℃	104
UO₂燃料富集度	%	17
每个冷燃料球重金属含量	g/球	5
燃料元件直径	mm	60
燃料元件个数		□7000
单球最大功率	kW	1.08
燃料循环模式		多次连续循环
平均燃耗深度	MWd/t	80000
蒸汽发生器出口蒸汽压力	MPa	4.0
蒸汽发生器出口蒸汽温度	℃	440
蒸汽发生器给水温度	℃	104
一回路氦气空间体积	m³	85.4

通过 10 MW 高温气冷反应堆的建造,我国已形成了高温气冷反应堆技术的自主知识产权,初步建立了自主设计、制造和建造的能力:

(1)掌握了物理、热工、机械等系统的全套设计技术;

(2)开展了氦风机、燃料装卸系统、衰变热非能动排出系统、控制棒传动机构等关键设备的研制和工程考验;

(3)实现了压力壳、堆芯壳、蒸汽发生器、石墨构件等重大设备的国产化制造;

(4)研究和开发了数字化保护系统和先进的控制系统;

(5)通过技术转让在清华大学核能技术设计研究院建造了高温气冷反应堆燃料元件的生产线,通过自己的研究和开发,掌握了高温气冷实验堆的核心技术——先进的包覆颗粒燃料元件的制造技术,制造破损率达到世界先进水平,批量制造的燃料元件满足10 MW高温气冷实验堆的设计要求,为 10 MW 高温气冷反应堆提供运行的燃料元件。成为目前世界上现仅有的一条球形燃料元件的生产线。

10 MW 高温气冷实验堆是世界上建成的第一座具有非能动安全的模块式球床高温

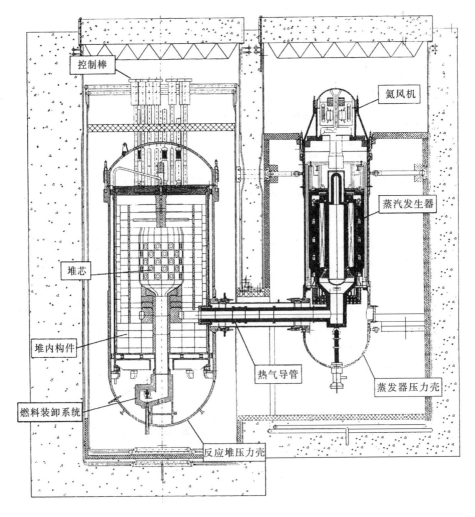

图 9 - 2　HTR-10 反应堆与蒸汽发生器剖面图

气冷反应堆,本项目取得的成果表明我国在高温气冷反应堆技术领域已达到世界先进水平。

在我国有关主管部门的支持下,为推进高温气冷反应堆的工业应用,建造一座高温气冷反应堆商用示范核电站和产业化工作已初步列入到我国 2020 年的核电规划之中,并正安排厂址的选择。

10 MW 高温气冷实验堆是世界上建成的第一座具有非能动安全的模块式球床高温气冷堆,本项目取得的成果表明我国在高温气冷堆技术领域已达到世界先进水平。

在此基础上,为了将高温气冷堆技术转化成商业堆技术,实现高温气冷堆技术产业化,为我国国民经济发展做出贡献,2004 年中国华能集团公司、中国核工业建设集团公司、清华大学签署了合作建设高温气冷堆核电站示范工程的框架协议。

2006 年初国务院将大型先进压水堆及高温气冷堆核电站作为 16 个重大专项之一列入《国家中长期科学和技术发展规划纲要(2006~2020)》中。2007 年 4 月国务院成立了大型先进压水堆及高温气冷堆核电站重大专项的领导组织。2008 年 2 月,国务院常务会议讨论批准了高温气冷堆核电站重大专项实施方案。根据专项实施方案,清华大学核研院是高温气冷堆专项技术研发的责任单位,中核能源科技有限公司是高温气冷堆专项核岛工程实施的责任单位,华能山东石岛湾核电有限公司是高温气冷堆核电站示范工程建设和营运的责任单位。

该专项目标是在华能山东石岛湾核电厂建设规模为 20 万千瓦级的模块式高温气冷堆核电站示范工程(HTR-PM),2017 年建成发电。

9.2　HTR-PM 模块式高温气冷反应堆

9.2.1　HTR-PM 概述

在山东石岛湾建造的华能山东石岛湾核电厂是 20 万千瓦级的模块式高温气冷堆核电站示范工程(简称 HTR-PM)。采用全陶瓷包覆颗粒球形燃料元件,氦气作冷却剂,石墨作慢化剂。电站由两座反应堆和相应的两个蒸汽发生器系统组成,每一个模块堆的热功率为 250 MW。向一台蒸汽透平发电机组提供高参数的过热蒸汽,发电功率为 20 万千瓦。两个反应堆设置在同一个反应堆厂房内。整个电站由反应堆、一回路系统、专设安全设施、仪表与控制系统、电力系统、辅助系统、蒸汽电力转化系统、放射性废物处理与排放系统、辐射防护系统等系统组成。

在 HTR-PM 中采用了两堆带一机的蒸汽透平循环方案。这种方案是基于下列考虑:为了提高经济性,需要提高机组的规模。在压水堆中,提高机组的规模是增加环路数,在压水堆核电站一个机组反应堆有 2~4 个环路,配同样数量的蒸汽发生器。模块式高温气冷堆核蒸汽供应系统也可以按其特点选用模块化方案,以一个堆配一个蒸汽发生器为一个标准模块,多个模块配一个汽轮机,即实现多模块反应堆带一机的配置模式,共享电站辅助设施。在 HTR-PM 示范工程采用双模块反应堆带一机的配置要求。即由两个 250 MW 热功率的反应堆向 200 MW 级超高压蒸汽汽轮机组的实施方案,核电站辅助系统共享。通过 HTR-PM 示范工程也可以验证多堆带一机配置模式的可行性和合理性。

HTR-PM 基本参数见表 9-4。

表 9-4　HTR-PM 总参数简表

参数	单位	数值	参数	单位	数值
电站名义电功率	MWe	200	一回路氦工作压力	MPa	7
堆总热功率(双堆)	MWt	2×250	堆入口温度	℃	250
堆芯平均功率密度	MW/m³	3.22	堆出口温度	℃	750
电站效率(额定工况)	%	40	一回路氦气流量/堆	kg/s	96
电站可利用率	%	90	控制棒数目/堆	组	24
电站设计寿期	a	40	小球停堆系统/堆	组	8
燃料元件总数/堆	个	420000	蒸气发生器出口处压力	MPa	14.1
燃料元件富集度	%	8.9	蒸气发生器出口温度	℃	571
球重金属含量	g	7	给水温度	℃	205
球平均卸料燃耗	MWd/tU	90000	主蒸汽流量/堆	kg/s	99.4
燃料循环次数		15	汽轮机额定功率	MW	200
一回路氦工作压力	MPa	7	汽轮机主蒸汽流量	t/h	716

9.2.2　HTR-PM 本体

　　HTR-PM 反应堆由活性区、控制棒和吸收小球停堆系统、堆内陶瓷构件和堆内金属构件所构成。反应堆活性区为直径 3m、等效高度 11 m 的圆柱形球床堆芯,由 42 万个球形燃料元件堆积而成,体积 77.8 m³。燃料元件平均功率 0.60 kW/单个球。燃料元件最大功率 1.72 kW/单个球。燃料元件多次(15 次)通过堆芯循环,使所有卸出堆芯的乏燃料元件达到的燃耗比较均匀。

　　HTR-PM 在物理上有以下特点:①低功率密度;②燃料元件多次通过堆芯;③卸料燃耗高;④安全特性好,温度系数($10^{-5}\delta k /k /℃$)始终为负,且温升裕度大。HTR-PM 的燃料温度系数为 $-4.36×10^{-5}\delta k /k /℃$,慢化剂温度系数为 $-0.941×10^{-5}\delta k /k /℃$。

　　反应堆活性区四围由石墨反射层和碳砖绝热层包围,侧石墨反射层接近活性区四周布置控制棒孔道和吸收小球孔道。整个堆芯陶瓷结构安装和支撑在金属堆芯壳的构件内,金属堆芯壳支承在反应堆压力容器内。

　　为保证 HTR-PM 的安全运行,在反射层内按不同工作原理设置了两套相互独立的反应性控制和停堆系统:①控制棒系统,包括控制棒组件和控制棒驱动机构;②吸收球停堆系统。

　　控制棒系统起到正常的反应性控制、补偿和调节作用,以及各种工况下的冷、热停堆。吸收球停堆系统起着备用停堆系统的作用,并与控制棒系统一起构成反应性控制的多样性。

HTR-PM 堆内构件从内向外包括：球床堆芯，石墨反射层，碳绝热层，堆芯壳，压力壳。石墨反射层和碳绝热层是由石墨和碳材料组成的堆内构件，石墨和碳都属于陶瓷材料，所以又称陶瓷堆内构件。石墨反射层和碳绝热层紧靠由燃料球组成的堆芯（活性区），形成一个大的筒体结构，称堆芯腔。石墨组成反射层，在反射层外围的碳结构组成热绝缘层。

石墨堆内构件包容堆芯，构成了石墨燃料球的流道。石墨燃料球由堆的上部经供球管进入堆芯腔向下流动，通过下面的卸球管流出堆外。石墨堆内构件形成载热剂氦气的流道。冷却后的氦气由热气导管的外侧进入反应堆压力壳的底部，然后进入侧反射层石墨砖的冷氦气通道，经由侧反射层的上部的许多狭缝进入堆芯腔。大部份氦气进入堆芯，在堆芯内的氦气被加热后继续向下流入热气室，在那里通过热气导管的内管流出反应堆，进入蒸汽发生器。石墨侧反射层内布置有许多控制棒导向孔道和许多吸收球孔道。

9.2.3　HTR-PM 一回路系统

反应堆一回路系统是保证反应堆安全运行及核电厂发电的关键系统，是一个封闭氦气回路。在一回路系统中包括进行链式核反应的球床反应堆、作为热交换系统的蒸气发生器和驱动氦气冷却剂的主氦风机等重要设备。一回路系统正常运行压力为 7 MPa，压力边界正常工作温度低于 250 ℃。

反应堆一回路系统的基本功能是：

（1）在反应堆功率运行工况下，载出核裂变产生的热能，经过封闭的氦气循环流动，在蒸汽发生器二次侧（水、蒸汽循环侧）产生过热蒸汽，并驱动汽轮机组发电。

（2）从安全角度看，反应堆一回路系统形成了一个压力边界，是纵深防御的一道重要安全屏障。

反应堆一回路的压力边界的组成包括：反应堆压力壳，蒸汽发生器压力壳，联结上述两者的热气导管压力壳与压力壳相连的系统管道（在第一个隔离阀之前）。

合理的氦气流程设计保证了一回路压力边界的三个钢制压力壳始终处于氦气的低温端，有利于一回路压力边界的完整性。反应堆压力壳、蒸汽发生器压力壳是"肩并肩"式的布置，安装在混凝土屏蔽舱室内。组件式蒸汽发生器布置在反应堆堆芯的下方，这种布置方法可以避免在蒸汽发生器断管事故下，水以液态进入堆芯的可能性，防止了突然大的正反应性的引入，有利于堆的安全性。

主氦风机使氦气冷却剂通过堆芯，带出堆芯核燃料裂变产生的热量。氦气从球床上部向下通过，氦气冷却剂进入反应堆的温度为 250 ℃，经过堆芯被加热到 750 ℃。750 ℃高温氦气经热气导管同心管的内管进入到蒸汽发生器壳内，流过蒸汽发生器，将热量传给传热管内二回路的水，水被加热产生 14.17 MPa、543 ℃的高压过热蒸汽供给汽轮机发电。在蒸气发生器冷却后 250 ℃的氦气经蒸气发生器上部的主氦风机驱动，到热气导管的同轴压力壳，送入反应堆压力壳的下部。从这里，氦气通过石墨结构内管道返回到反应堆堆芯的顶部，回到反应堆中，构成一回路的氦气闭合循环。

反应堆压力容器由筒体和顶盖组成，通过法兰用螺栓连接，密封采用两道金属"O"型密封环。反应堆压力壳内径 5.7 m,法兰最大外径 6.452 m,总高约 24.935 m,总重约 660 t。

蒸汽发生器壳体由氦风机壳顶盖、氦风机壳和壳体筒体三大部分组成。氦风机壳顶盖和氦风机壳之间、氦风机壳和壳体筒体之间都是通过法兰用螺栓连接,接触面采用两道金属"O"型环密封。

热气导管及其壳体是连接反应堆和蒸汽发生器的关键部件。采用双层同心套筒的方案,力学性能优良。其壳体按压力容器设计,降低了破裂的概率。热气导管壳体法兰最大外径 2287 mm,总长 2841 mm,总重 25.87t。

HTR-PM 一回路结构简图如图 9-3 所示。

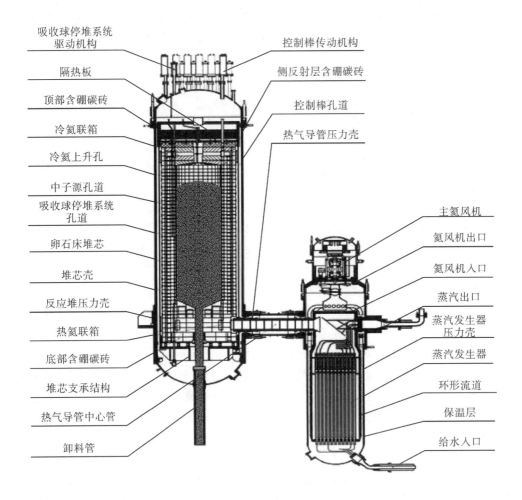

图 9-3　HTR-PM 一回路结构简图

在堆本体结构布置中,热气导管和热气导管壳体同轴。它一端靠在堆芯结构的高温氦气联箱的出口,另一端连接蒸气发生器高温氦气的入口。由蒸气发生器流出的冷氦气经过热气导管和热气导管壳体之间的环形空间流回堆压力容器,经堆芯加热后的热氦气由热气导管中心侧流入蒸气发生器。

9.2.4　HTR-PM 辅助系统

HTR-PM 的辅助系统包括:氦净化系统,燃料装卸与贮存系统 ,设备冷却水系统和厂用水系统。

氦净化系统的功能:

(1)冷却剂氦净化再生,在正常运行条件下对反应堆冷却剂氦进行净化处理,控制氦中化学杂质的水平,去除氦中的有害化学杂质(H_2O,O_2,CO_2,CO,H_2,CH_4,N_2 等)、氚及固态颗粒(主要是石墨粉尘),保持冷却剂氦必要的纯度,以便减小对燃料元件、石墨和其他结构材料的腐蚀;

(2)压力调节:氦净化系统与氦供应和贮存系统联合,调节一回路压力;

(3)提供干净氦气:为其他氦气系统提供干净氦气;

(4)启动除湿和事故除水。

燃料装卸与贮存系统包括三部分:新燃料贮存、乏燃料贮存和燃料装卸系统。

新燃料元件供应系统功能是:

(1)反应堆正常运行 6 个月的新燃料贮存;

(2)从新燃料罐向燃料装卸系统的装料缓冲管段实现单一化给料;

(3)完成从新燃料库到新燃料装料间的新燃料罐转运。

乏燃料贮存系统是完成乏燃料元件的贮存。乏燃料元件是指在堆运行并达到给定燃料的燃料球元件。乏燃料元件的贮存分为中间贮存和永久贮存两个阶段:

(1)在中间贮存阶段,乏燃料元件从堆芯卸出后输送到反应堆厂房附近的乏燃料中间贮存库,在中间贮存库贮存 80～100 年。

(2)100 年后,送到乏燃料最终贮存库进行永久贮存。

在乏燃料的中间贮存阶段,乏燃料贮存系统的主要功能包括:

(1)乏燃料元件的接收与中间贮存(贮存在乏燃料罐);

(2)乏燃料元件向中间贮存库的输送;

(3)乏燃料元件向永久贮存库的转运;

(4)石墨元件的接收与中间贮存(贮存在石墨球罐);

(5)特殊条件下,接收和暂存堆芯排空的燃料元件,并在需要时将暂存的燃料元件返回堆芯,返回堆芯前,对从罐内卸出的石墨球和燃料球进行碎球分选和贮存。

燃料装卸系统要连续供给堆芯燃料元件和从堆芯中卸出燃料元件。

燃料装卸系统的功能是:

(1)完成初始堆芯装料;

(2)新的燃料元件装入堆芯;

(3)从反应堆压力容器下部的燃料卸料管中排出燃料元件;

(4)分离破损的燃料元件和燃料元件碎片;

(5)对从堆芯排出的燃料元件进行燃耗测量,并将没有达到最终燃耗深度的燃料元件装入堆芯作再循环;

(6)卸出乏燃料元件,并输送到乏燃料贮罐中;

(7)在需要时将堆芯排空,并将排出的全部燃料元件转移到再装料贮罐中,再向堆芯重新装料。

为了保证 HTR-PM 的运行,还需要设备冷却水系统和厂用水系统。设备冷却水系统的基本功能是:冷却核岛中需要冷却的设备,将热量带到厂用水系统,保证 HTR-PM 的运行。厂用水系统是设备冷却水系统的热阱。厂用水系统是两堆共用系统,由水池、循环泵、管路、设备冷却水换热器(管侧)及玻璃钢机力通风冷却塔等组成循环回路系统。

9.3　HTR-PM 的安全特性

模块式高温气冷反应堆的最重要的安全设计特性有:

(1)利用 TRISO 包覆颗粒的燃料元件,每个燃料颗粒外包覆着两层高密度的热解碳和一层碳化硅,石墨基体内最外层有一层非燃料边界区。碳化硅层十分致密,直至燃料温度在 1600 ℃以下,对裂变产物,这种包覆颗粒能够滞留所有放射性裂变产物。

(2)反应堆堆芯设计成在任何事故工况下燃料元件最大温度不超过 1600 ℃。

(3)在事故期间,对衰变热的载出不需要能动的堆芯冷却系统。通过非能动的传热机理(热传导、辐射和自然对流),足以将衰变热带到表面冷却器。表面冷却器由放在反应堆压力壳外一回路舱室内的水冷却系统组成。

(4)反应堆的停堆采用反射层的控制棒,在需要时控制棒能够自由落入到反射层的管道中。考虑到控制棒的反应性当量,堆芯的直径限定在 3m 以下。

(5)每个燃料元件的铀含量选为 7g,这保证了在一回路进水的事故下引入的反应性较小,小于所有反射层控制棒事故抽出带来的反应性。

(6)可以通过关闭一回路风机的措施来控制所有反射层控制棒失效抽出的事故,燃料元件温度不会超过 1600 ℃的限值。

(7)石墨作为燃料元件和堆芯构件的材料在高温的堆芯内使用。在出现最大的 1600 ℃下也不会出现石墨材料的失效。

(8)单相惰性气体氦气作为冷却剂,从化学和中子物理观点来看,是良好的。

(9)由于燃料元件对放射性的滞留能力和设计上对事故的响应特性,不需要反应堆大厅承压和满足密封设计。由于低的放射性释放,在事故后的任何时间,反应堆大厅是可以接近的,以进行维修。

(10)反应堆堆芯和蒸气发生器放在各自的钢压力壳中,在一回路失效情况下也不会出现部件因过热而损坏。这种布置还增加了部件维修和修理的可接近性。

9.4　HTR-PM 的安全评价

9.4.1　采用全陶瓷包覆颗粒燃料元件

高温气冷反应堆的燃料元件有两种,一种是与压水堆相似的棱柱形的,另一种是球形的,如图 9 - 4 所示。HTR-PM 的燃料元件为全陶瓷包覆颗粒球形燃料元件,球形燃料元件的直径为 60 mm,元件中心为直径 50 mm 石墨基体燃料区,均匀地弥散了约 12000 个包覆燃料颗粒,元件外区为 5 mm 厚的不含燃料的石墨球壳。

　　包覆燃料颗粒是高温气冷堆燃料元件的关键组元,承担约束燃料和裂变产物的任务。由燃料微球化的核芯和有特定性能的复合包覆层组成。包覆燃料颗粒的核芯为0.5 mm直径的 UO_2 小球。外面包覆有三层热解炭和一层 SiC:疏松热解碳层 $95\mu m$,内致密热解碳层 $45\mu m$,碳化硅层 $35\mu m$,外致密热解碳层 $40\mu m$,包覆后的颗粒直径为0.92 mm。热解碳和碳化硅包覆层,这些包覆层既为核燃料裂变产生的气体和固体产物提供贮存的空间,又是阻挡裂变产物逸出和放射性外泄的屏障。

图 9－4　高温气冷堆燃料元件

　　实验表明,在2100 ℃的高温下,包覆颗粒燃料仍能保持其完整性,破损率可保持在10^{-6}以下,这一温度不仅大大超过高温气冷反应堆运行工况下的最高温度,也大大超过高温气冷反应堆事故工况下的最高温度,换言之,就是这种元件即使在事故条件下,也不会发生放射性物质外泄、危害公众和环境安全的情况。包覆颗粒破损率与燃料温度关系如图 9－5 所示。

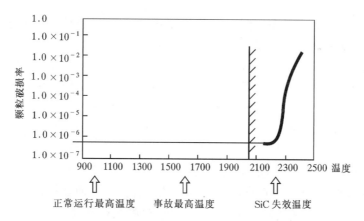

图 9－5　包覆颗粒破损率与燃料温度的关系

HTR-PM 燃料元件设计限值:

　　(1)未辐照燃料元件的自由铀含量(即未被完整包覆的铀量与总铀装量的比值)小于等于6×10^{-5}。

　　(2)最大燃耗限值为 100 GWd/tU,在此条件下,包覆燃料颗粒因辐照损伤导致的破损率小于等于2×10^{-4}。

　　(3)燃料元件温度安全限值为 1600 ℃。

　　(4)燃料元件承受静载荷的能力不低于 18 kN。(4)燃料元件由 4m 高处自由落入球床,累积次数大于 50 次,仍保持其完整性。

　　(5)燃料元件石墨基体材料在含 1Vol.％水蒸汽的氦气中,1000 ℃下 10 小时,其腐蚀速率应小于等于 1.3 mg/(cm² · h)。

　　破损了的包覆燃料颗粒中产生的裂变产物绝大部分仍被阻留在包覆燃料颗粒内和石墨基体内,只有相当小的部分会进入到一回路氦冷却剂中。随着放射性衰变、氦净化系统的分离以及在蒸汽发生器、反射层石墨块表面和石墨粉尘上的沉积,存留在一回路冷却剂中的放射性水平是很低的。

9.4.2　采用全陶瓷堆芯结构材料

　　高温气冷堆用石墨作慢化剂,堆芯结构材料由石墨和碳块组成,不含金属。石墨和碳块的熔点都在 3000 ℃以上,因此,即使在事故条件下,也绝不会发生像美国三哩岛和前苏联切尔诺贝利核电站那种堆芯熔毁的严重事故。

9.4.3　采用氦气作冷却剂

　　氦气是一种惰性气体,不与任何物质起化学反应,与反应堆的结构材料相容性好,避免了以水作冷却剂与慢化剂的反应堆中的各种腐蚀问题,使冷却剂的出口温度可达950 ℃甚至更高,这就显著提高了高温气冷堆核电站的效率,并为高温堆核工艺热的应用开辟了广阔的领域。氦气的中子吸收截面小,难于活化,在正常运行时,氦气的放射性水平很低,工作人员承受的放射性辐照剂量也低。

9.4.4　阻止放射性的多重屏障

　　模块式高温气冷堆采取纵深防御的安全原则,设置了阻止放射性外泄的四道屏障。全陶瓷的包覆颗粒燃料的热解碳和碳化硅包覆层,是阻止放射性外泄的第一道屏障。在事故最高温度 1600 ℃,包覆颗粒燃料的破损率只有百万分之几,绝大部分裂变产物都被阻留在颗粒燃料的包覆层内。球形燃料元件外层的石墨包壳,是阻止放射性外泄的第二道屏障。由反应堆压力壳、蒸汽发生器压力壳和连接这两个压力壳的热气导管压力壳组成的一回路压力边界,是阻止放射性外泄的第三道屏障。压力壳的设计、制造具有很高的可靠性,几乎可以排除发生贯穿性破裂事故的可能性,其完整性可以得到充分的保证。一回路舱室是阻止放射性外泄的第四道屏障。它不同于压水堆安全壳,没有像压水堆那么高的气密性和承压要求,但它可以与排风系统配合保持一回路舱室的负压,防止舱室内的放射性物质向反应堆建筑物内扩散。当然,包覆颗粒燃料由于制造破损与辐照破损,会有极少部分放射性物质通过扩散进入到一回路氦气冷却剂中去。随着放射性衰变、氦气净化系统的分离以及在蒸汽发生器、反射层石墨表面和石墨粉尘上的沉积,存留在一回路冷却剂中的放射性水平是很低的。所以,即使发生一回路舱室内的压力超过大气压一定值,其内的气体不经过滤通过烟囱直接排入大气,其放射性水平也低于规定的限值。

9.4.5　非能动的余热排出系统

　　模块式高温气冷堆根据"非能动安全性"原则进行热工设计,使得在事故停堆后,堆芯的冷却不需要专设余热排出系统,燃料元件的剩余发热可依靠热传导、热辐射等非能动的自然传热机制传到反应堆压力壳,再经压力壳的热辐射传给反应堆外舱室混凝土墙表面的堆腔冷却器,堆腔冷却器是设置在一回路舱室混凝土墙上的冷却水管,管内的水经加热后完全依靠自然循环将热量载到上部的空气冷却器,最终将热量散到周围环境中去。堆腔冷却器也有独立的两组,每组都具有 100% 的余热排出能力。非能动的余热排出系统如图 9-6 所示。

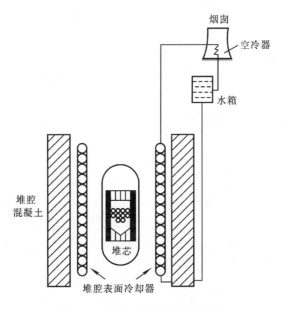

图 9-6　非能动的余热排出系统

模块式高温气冷堆堆芯直径较小,平均功率密度也较低,这种非能动余热排出系统的设计可以保证在极端的事故条件下,即在堆芯冷却剂完全流失、主传热系统的功能完全丧失的条件下,保证堆芯燃料元件的最高温度不超过 1600 ℃ 的设计限值,远低于其包覆颗粒燃料的破损温度 2200 ℃。这种非能动的余热排出系统排除了模块式高温气冷堆堆芯熔化事故的可能性,使之具有非能动的安全特性。

9.4.6　反应性瞬变的固有安全性

模块式高温气冷堆引入正反应性的事故主要有三类:

(1)在功率运行条件下全部控制棒误抽出事故;

(2)当蒸汽发生器出现断管事故时,二回路的水蒸汽进入一回路氦气冷却剂及堆芯燃料元件之间的空隙中,造成水进入堆芯的事故;

(3)吸收小球瞬时排出的事故。

球床模块式高温气冷堆采用连续换料管理方式,无需在初始堆芯中提供平衡燃耗的剩余反应性,在功率运行条件下,插入堆芯的控制棒反应性当量主要用来补偿功率变化,最大约为 2.5%。而且传动机构本身的结构特点决定了控制棒的误抽出过程不同于压水堆中的弹棒事故,而是具有一定的抽出速度。

在模块反应堆中堆芯石墨与铀的核素比(即慢化比)为 8000,具有欠慢化堆的物理特性,堆芯进入水后,慢化能力增强,将引入正反应性,所引入的正反应性最大也约为 2.5%,与满功率下全部控制棒误抽出事故引入的正反应性相当。

吸收小球停堆系统中的吸收小球依靠重力掉入堆芯活性区,依靠气体动力排出堆芯活性区,发生误操作瞬时将吸收小球排出堆外,将在冷停堆状态下引入正反应性,但气体动力排球系统一次只能将一个孔道内的吸收小球排出堆芯之外,引入正反应性的最大当量约为 1.5%.

模块式高温气冷堆的设计具有负的燃料和慢化剂的反应性温度系数,大约为 $-8\times10^{-5}/K$。在正常运行工况下燃料元件的最高温度距最高容许温度尚有约 700 ℃ 的裕度,借助负反应性温度系数可以提供 5.6% 的反应性补偿能力,大于以上三类正反应性事故引入的最大反应性当量,因而具有反应性瞬变的固有安全性。

9.5 HTR-PM 的事故分析要求

HTR-PM 是球床模块式高温气冷堆,被国际上公认为是具有良好安全性的先进堆型之一。它采用耐高温的石墨堆芯结构和全陶瓷型的燃料元件,具有堆芯功率密度小、热惯性大、负反应性温度系数等特点,使得反应堆的动态过程缓慢,在事故情况下能借助负反应性反馈和很大的温升裕度实现停堆。反应堆安全设计上考虑了放射性释放的多重屏障:包覆燃料颗粒、一回路压力边界及密封舱室、两套独立的反应堆停堆系统以及非能动余热排出系统等,使得反应堆具有高度的固有安全特性。

9.5.1 HTR-PM 的工况分类

除了正常运行工况外,HTR-PM 的工况按始发事件可能发生的频率分为四类,即预计运行事件(AOO)、稀有事故(DBA1)、极限事故(DBA2)和超设计基准事故(BDBA)。

预计运行事件(Ⅱ类事故)是反应堆的寿期中有可能出现一次或多次偏离正常运行的各种运行过程,发生概率大于 10^{-2}/堆·年。该类事故造成放射性的释放所产生的后果与反应堆正常运行产生的后果一样,对厂区边界处个人所造成的剂量值应小于 0.25 mSv/电厂·年。AOO 最多要求反应堆停堆,但采取纠正措施和满足规定的要求后,即能恢复运行。由于设计中已采取相应措施,不会导致包覆燃料颗粒破损或反应堆冷却剂系统超压以及安全重要部件的损坏,也不会导致更严重的事故发生。

稀有事故(Ⅲ类事故)是在一个反应堆模块的整个寿期中一般不会发生,但在建造的总体模块中(假设数百个模块)有可能会发生的事故,其概率为 $10^{-2}\sim10^{-4}$/堆·年。在此工况下,可能造成停堆,并使反应堆在短时间内不能恢复运行。反应堆冷却剂压力边界可能发生破坏,但释放的放射性物质对厂区边界个人可能受到的有效全身剂量低于 5 mSv,甲状腺剂量当量应低于 50 mSv。工况Ⅲ 本身不会扩大成后果更严重的Ⅳ类事故。

极限事故(Ⅳ类事故)是预计在这类堆型总体的寿期中不会发生,但出于安全的考虑,仍将它们归于设计基准事故之中,其概率认为是 $10^{-4}\sim10^{-6}$/堆·年。它代表了设计的极限情况,是设计基准事故中最严重的工况。在此工况下,释放到周围环境的放射性物质对厂区边界个人可能受到的有效剂量应控制在 10 mSv 以下,甲状腺剂量应控制在 100 mSv 以下,单一的工况Ⅳ不应使对付这类事故所需保护系统的功能丧失。

超设计基准事故(Ⅴ类事故)是发生概率极低的事故工况或事故序列,概率小于

10^{-6}/堆·年。但为了确保反应堆的安全性和公众的健康,采用概率论和工程判断相结合的方法,挑选某些事故进行分析,以确定设计源项,评价需要的应急措施。对于超设计基准事故,采用基于现实的最佳估计的假设、方法和分析准则。采用 PRA 进行事故序列分析,厂区边界处个人全身剂量超过 50 mSv 的所有超设计基准事故序列累积频率(参考URD 的推荐值)应小于 10^{-6}/堆·年。这类事故下的燃料最高温度不应超出设计限值,也不会造成反应堆一回路重要安全部件的严重损坏和功能丧失。

9.5.2　HTR-PM 的始发事件

为了便于事故的瞬态分析,将 HTR-PM 各种可能的运行和事故工况按始发事件的性质进行分类,对每一类事故的极限情况作定量分析。HTR-PM 典型的始发事件可以归成下述六类事故。

(1)反应性事故,包括:一根反射层控制棒在功率运行工况下失控提升(Ⅱ),一根反射层控制棒在低功率工况下失控提升(Ⅱ),运行基准地震下堆芯球床密实化(Ⅱ),一回路主氦风机误加速(Ⅱ),一根控制棒在功率运行下失控提升同时发生运行基准地震(Ⅳ),反应堆冷启动工况下一根控制棒失控提升(Ⅲ),氦气冷端温度下降过大(Ⅱ)。

(2)主换热系统事故,包括:失去厂外电源(Ⅱ),丧失正常给水流量(Ⅱ),丧失一回路冷却剂流量(Ⅱ),汽轮机主汽门故障关闭(Ⅱ),汽轮机快速停机(Ⅱ),外负荷丧失(Ⅱ),主蒸汽管道破裂(Ⅳ),汽轮机进口阀门误打开(Ⅱ),主蒸汽旁路阀门误打开(Ⅱ),蒸汽发生器安全阀意外开启(Ⅱ),冷凝器失去真空(Ⅱ),给水管道小破口(Ⅲ),给水管道大破口(Ⅳ),丧失正常给水流量同时氦风机隔离挡板关闭失效(Ⅴ)。

(3)一回路失压事故,包括:压力容器和一回路隔离阀之间一根直径 65 mm 大连管断裂(Ⅳ),堆舱内一回路隔离阀下游的一根直径 65 mm 大连管断裂(Ⅳ),反应堆冷却剂一根仪表测量管(直径 10 mm)破损或断裂(Ⅲ),一回路安全阀误开启(Ⅱ)。

(4)一回路进水事故:包括:蒸汽发生器一根传热管小破口(Ⅱ),蒸汽发生器一根传热管双端(2F)断裂(Ⅲ),蒸汽发生器一根传热管双端断裂,同时蒸汽发生器事故排放系统失效(Ⅴ)。

(5)辅助支持系统事故,包括:反应堆辅助系统厂房内氦净化系统的一根管道破裂(Ⅲ),放射性废液贮存罐的泄漏(Ⅲ)。

(6)未能紧急停堆的各种预计瞬态(ATWS),包括:失去厂外电源 ATWS(Ⅳ),丧失正常给水 ATWS(Ⅳ),一根控制棒误提升 ATWS(Ⅳ),运行基准地震引起球床堆芯密实化 ATWS(Ⅳ)。

9.5.3　HTR-PM 事故分析的验收准则

1. 燃料元件的温度限值

燃料元件的最高温度限值主要受到"TRISO"包覆燃料颗粒碳化硅(SiC)层材料温度性能的限制。燃料温度超过 1250 ℃,将会出现金属裂变产物从包覆颗粒内向外的少量迁移;燃料温度超过 1600~1650 ℃ 的范围时,开始出现裂变产物对 SiC 层的侵蚀;当燃料温度达到 2100 ℃ 时,就会出现 SiC 材料的热稳定性问题。

为保持包覆燃料颗粒滞留裂变产物的能力,在所有事故工况下,燃料元件的最高温度不超过 1600 ℃限值。

2. 燃料球最大功率限值

球形燃料元件的中心燃料区有几乎均匀的发热分布,内部裂变发热通过热传导输送给氦冷却剂。在球形燃料元件内形成中心高、表面低的温度分布,在燃料球体上产生热应力。此外,石墨材料在快中子通量的辐照下,会引起尺寸的收缩,形成辐照应力,它也与材料的工作温度有关。同时快中子辐照还会引起燃料球的辐照蠕变。这些因素综合的结果形成燃料球在功率运行时承受的应力,显然和燃料球的运行工况以及运行历史有关。石墨材料是脆性材料,抗压不抗拉,并且其性能呈一定概率分布,采用抗拉强度作为其失效判断标准。根据试验研究结果,60 mm 直径的球形包覆颗粒燃料球的最大设计功率限制在 3.5 kW 以下。

3. 包覆颗粒燃料的功率限值

包覆颗粒燃料是带有内热源的球体,在包覆层上会产生热应力和辐照收缩应力。此外,气体裂变产物积累会形成内压力对包覆颗粒产生应力,该应力主要由 SiC 层来承受。根据相关的试验研究结果,含铀量 0.65mg 的 TRISO 包覆颗粒燃料的最大设计功率是 0.2W。

4. 一回路的压力限值和部件温度限值

为防止一回路压力边界整体失效,保持一回路压力边界完整性,应该按 ASME 标准要求在各种工况下堆内一回路压力不超过的限值。

反应堆主要结构部件温度限值见表 9-5。

表 9-5　反应堆主要结构部件温度限值

部件	运行温度/℃	事故温度(24 h)/℃
压力容器	350	425
压力容器支承	350	425
氦风机壳	350	425
热气导管	800	1000
热气导管壳体	350	600
堆芯壳	375	500
堆舱混凝土	70	100

5. 剂量限值

预计运行事件下不应造成包覆燃料颗粒的破损或反应堆冷却剂系统超压,事故的后果与正常运行产生的后果一起,对厂区边界处个人所造成的放射性剂量值应小于 0.25 mSv/电厂·年。

稀有事故对厂区边界个人每次事故可能受到的放射性有效剂量应小于 5 mSv,甲状腺剂量当量小于 50 mSv。

极限事故的每次放射性物质释放量对厂区边界个人可能受到的放射性剂量小于 10 mSv,甲状腺剂量小于 100 mSv。

对于超设计基准事故,采用 PRA 事故序列分析,厂区边界处个人全身剂量超过50 mSv 的所有超设计基准事故序列累积频率(参考 URD 的推荐值)应小于 10^{-6}/堆·年。

9.5.4　HTR-PM 事故分析工具与方法

HTR-PM 事故分析使用德国于利希研究中心专门为球床式高温气冷堆开发的一整套物理热工程软件(THERMIX、TINTE 和 V.S.O.P 等)。可以模拟反应堆在正常运行和各种事故工况下的动态行为。这些软件已经经过德国核安全管理当局的认可和批准。在德国 AVR 高温气冷堆、THTR 高温气冷堆、THR - 500 高温气冷堆以及 HTR-Module 模块式高温气冷堆中得到应用。

在事故分析中,根据下述原则进行分析。

(1)对同类型事故仅分析最严重的,即它可以包容其他类似事故。例如挑选反应性最大的一根控制棒进行提棒事故分析。再如,挑选最大的管道或者最大可能的破口面积进行破口分析。

(2)在事故分析中,反应堆初始状态应该考虑不利的条件。如对反应堆运行功率选取 105% 额定功率进行分析。

(3)分析中使用的某些数据要考虑一定的保守性。主要考虑计算值的不确定性以及测量偏差。例如,提棒事故中,将引入的正反应性增加 10% 作为输入数据。安全保护定值要取额定值加上不利的偏差,如假定安全阀开启压力是 10 MPa,给出的偏差是 ±0.5 MPa,分析中应使用 10.5 MPa。

(4)卡棒原则,在事故分析使用安全棒紧急停堆时,要考虑一根最大反应性价值的安全棒被卡在堆外。

(5)单一故障准则,对于多列安全保障系统实施功能时,要考虑其中一列发生故障丧失安全功能。

(6)超设计基准事故分析原则,对于超设计基准事故采取现实的最佳估计的假设、方法和分析准则。初始状态可以不考虑不利的正偏差,并且在事故进程中可使用非核安全级别的普通设施,缓解和终止事故进程。

(7)人员干涉,通常不考虑运行人员在事故进程中对事故加以干涉。这是因为无法保证运行人员采取的措施是正确的,是朝缓解事故方向发展的。原则上在事故发生 24 小时以后,可以考虑运行人员的干涉行动。

9.5.5　HTR-PM 的安全保护设施

高温气冷堆示范电站设置有如下安全保护设施,以在发生危险时保护反应堆系统的安全。

(1)两套独立的停堆系统;依靠重力下落的控制棒停堆系统以及吸收球停堆系统。

通过这两套系统可以实现热停堆和冷停堆。热停堆是指反应堆系统处于热态零功率状态。冷停堆是指系统处于冷态零功率状态。从热停堆到冷停堆要补偿由于堆芯温度下降引起的正反应性,所以需要额外的停堆反应性引入。

(2)一回路压力泄放系统,第一个安全阀开启压力是 7.9 MPa,第二个安全阀的开启压力是 8.25 MPa。

（3）余热排出系统,在反应堆舱室内壁面布置的水冷壁和空气冷却塔内的空气冷却器构成非能动的余热排出系统。有三套完全独立的冷却序列,每两套正常工作时,即有 100％的 1 MV 余热载出能力。

还有蒸汽发生器事故排放系统,氦气净化系统,一回路隔离系统,二回路隔离系统等。

9.6 HTR-PM 的典型事故分析

9.6.1 反应性事故——一根控制棒在功率运行工况下失控提升

首先分析反应性事故。控制棒系统失控或人为的误操作造成控制棒的误动作、堆内进水、主氦风机误加速以及地震引起球床堆芯的密实化均可引起反应性和功率分布异常。这里将对一根控制棒在功率运行下失控提升的反应性事故进行详细瞬态分析。地震引起球床堆芯密实化引入的正反应性可被控制棒误提升事故包络,进水事故在后面分析。

1. 事故描述

反应堆控制系统失效或操作人员失误造成一根控制棒失控提出,堆功率迅速上升,反应堆将实施紧急停堆。控制棒失控提升事故所引入的正反应性取决于反应堆初始运行状态及反应堆控制棒在堆内的位置。由于 HTR-PM 控制驱动机构和保护逻辑所限,设计基准事故只考虑同一时间只有一根控制棒被提出堆外。

事故的发展过程与事故前的运行状况有关。在不同功率水平下运行的 HTR-PM 反应堆,反应性贮备是不同的。在 100％功率水平下出现的控制棒失控提出造成的反应性事故不一定是最坏的情况。根据分析在 50％功率水平下出现控制棒失控提出的反应性事故带来的的平衡氙和在氦气热端出现的最大温降,对于控制棒误提升事故来说是最不利的情况。因此,需要在 50％功率运行工况和稳态满功率平衡状态两种情况下,分析控制棒失控提出造成的反应性事故。这里只给出稳态满功率平衡状态下控制棒失控反应性事故的分析结果。

反应堆紧急停堆事故保护信号:

（1）功率量程段中子注量率过高（≥1.23）;

（2）堆出口氦气温度过高（≥795 ℃）。

反应堆保护系统探测到保护过程变量超过整定值后,将实施反应堆控制棒落棒,反应堆紧急停堆,关闭风机和风机隔离挡板,以及隔离二回路系统等保护动作。

本事故属于预计运行事件 Ⅱ 类事故,不应造成燃料包覆颗粒的破损,保持燃料包覆颗粒的完整性;不发生一回路系统的超压（7.9 MPa）,保持一回路系统的完整性。

2. 主要假设

在该事故分析中,作出了如下的假设:

（1）初始功率取额定功率,再加 5％的测量误差;

（2）反应堆氦流量取额定流量;

（3）控制棒以 5 cm/s 的速度提出,在 80 s 内线性引入 0.5％的总反应性;

（4）假设第一停堆保护信号失效;

(5)一考虑最长的停堆延迟时间和反应性当量最大的控制棒卡在堆外,控制棒落棒时间为 50 s;

(6)主氦风机挡板完全关闭时间为 30 s,同时二回路也隔离完成。

3. 分析结果

表 9-6 给出了满功率下一根当量最大的控制棒失控提升事故过程的发展进程。由表可知,满功率下一根控制棒失控提升事故过程中,反应堆功率最高升至 449.8 MW,燃料最高温度在此动态过程中为 997.5 ℃。对事故停堆后长期升温升压过程的计算结果表明,3.7 h 达到燃料元件最高温度峰值 1134.9 ℃,低于 1600 ℃的允许限值;堆芯壳和压力容器的最高温度分别在 120 h 和 122 h 达到 424.6 ℃和 330.7 ℃温度的峰值,低于材料的允许限值。100 h 后一回路系统压力为 7.76 MPa,低于第一安全阀开启压力。

表 9-6　满功率运行工况下一根控制棒误提升事故的进程

事　件	时间(s)
一根控制棒以 5 cm/s 速率开始失控提升	0.0
功率量程段中子注量率大于等于 1.23,该信号失效	9.6
堆功率升至最高峰值 449.8 MW	80
一根控制棒失控提升到堆外	80
热氦温度大于等于 800 ℃	98.5
控制棒开始下落,关闭主氦风机	106.5
燃料温度升至峰值温度 997.5 ℃	111.1
二回路系统完全隔离	136.5

由分析结果可知,反应堆功率状态下,一根控制棒以 5 cm/s 速度失控提升,会因堆功率过高和堆出口氦气温度过高触发反应堆紧急停堆。燃料最高温度和系统压力均低于设计限值,不会破坏包覆燃料颗粒和一回路压力边界的完整性。

在图 9-7 至图 9-11 给出满功率运行工况下一根控制棒误提升事故下反应堆主要参数随时间的变化。

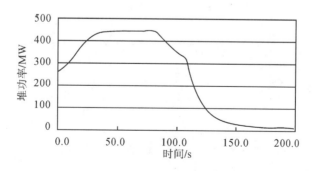

图 9-7　满功率一根控制棒误提升事故堆功率随时间变化

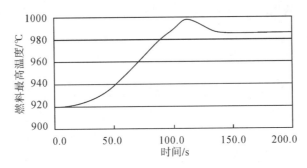

图 9 - 8　满功率一根控制棒误提升事故燃料最高温度变化曲线

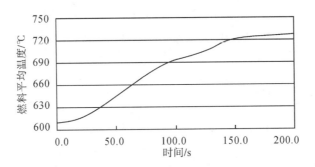

图 9 - 9　满功率一根控制棒误提升事故燃料平均温度变化曲线

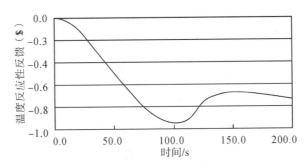

图 9 - 10　满功率一根控制棒误提升事故温度反应性反馈变化曲线

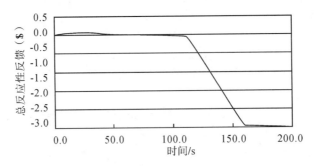

图 9 - 11　满功率一根控制棒误提升事故总反应性反馈变化曲线

9.6.2　一回路失压事故

1. 概述

一回路系统压力边界由反应堆压力容器、蒸汽发生器壳体及其间相连的热气导管壳体三个压力容器单元组成。由于有大量的质量保证措施,压力容器单元本身不做破裂的假设。

与压力容器单元连接的系统的泄漏或破口以及安全阀的误开启都可能造成一回路失压事故。其中,燃料装卸系统的 DN65 mm 输球管是直径最大的连接管。

如果某管道在一回路隔离阀之前泄漏,则一回路将彻底失压,直到与环境压力平衡为止。发生这样的泄漏的概率非常小,因为在压力容器单元与一回路隔离阀之间的管道都是按最高质量要求设计的。

尽管如此,作为设计基准事故还是假设了一根连在压力容器单元上的 DN65 mm 管道在隔离阀前的双端断裂。

一回路冷却剂泄漏将被反应堆保护系统通过触发条件"一回路压力负变化率绝对值大于等于 0.06 MPa/min"而监测到,并采取相应的保护动作:反射层控制棒落棒停堆,停一回路主氦风机和关闭风机挡板,二回路系统隔离(关闭主给水隔离阀和主蒸汽隔离阀)以及关闭一回路隔离阀。

在 HTR-PM 事故分析中,一般考虑两类典型的破口事件:

(1)压力容器与一回路隔离阀之间的大连接管(DN65 mm)断裂;

(2)与一回路连接的一根 DN10 mm 仪表测量管断裂。

在所分析的所有事故中,以一回路失冷失压事故中的燃料温度最高。

下面以压力容器与一回路隔离阀之间的大连接管(DN65 mm)断裂事故为例,对一回路失冷失压事故作详细描述。

2. 压力容器与一回路隔离阀之间的一根大连接管断裂

1)事故描述

一回路失压后,一回路冷却剂系统的部分放射性沉积物将随同排放气流排向反应堆舱室。正常运行时舱室维持一定的负压,一回路发生破口事故时,随着一回路冷却剂排放至舱室,舱室的压力升高。堆舱压力超过环境压力 0.01 MPa 时,爆破膜爆破,堆舱气体不经过滤直接排放至大气,通风控制系统停运事故负压通风系统风机。当堆内压力和堆舱压力平衡之后,为防止空气倒流进入包容体,关闭包容体卸压管道上与爆破膜相串连的常开的截止阀,并重新启动事故负压通风系统排风,经高效过滤器和除碘过滤器后由烟囱排出。

一根 DN65 mm 大连接管破裂时,压力负变化率瞬时超过保护系统触发整定值 0.06 MPa/min,采取一系列保护动作,实施反射层控制棒落棒停堆,停主氦风机和关闭风机挡板,二回路系统隔离、一回路系统隔离,使反应堆停堆。在第一紧急停堆信号失效的条件下,反应堆保护系统的动作将通过一、二回路质量流量比低于整定值 0.75 的信号来触发完成。

一回路失压后,堆内自然循环能力很弱,从已有的分析和实验结果来看,一根相当于 DN65 mm 管断裂造成的一回路失压事故,不会导致空气进入堆芯发生氧化腐蚀反应。

压力容器与一回路隔离阀之间的一根大连接管断裂事故的停堆保护触发信号为:

(1)一回路系统压力负变化率大于等于 0.062 MPa/min;

(2)一、二回路质量流量比小于等于 0.712。

反应堆保护系统探测到一回路失压事故后执行的保护动作为:

(1)反射层控制棒下落,反应堆紧急停堆;

(2)主氦风机停机,氦风机隔离挡板关闭;

(3)隔离二回路系统;

(4)隔离一回路系统。

压力容器和一回路隔离阀之间一根直径 65 mm 大连管断裂属于Ⅳ工况。按验收准则,该事故下燃料元件最高温度不应超过规定的允许限值,释放的放射性后果应满足对厂区边界任何个人可能受到的有效剂量小于 10 mSv,甲状腺剂量当量小于 100 mSv。

2)事故分析中采用的主要假设

事故分析的主要假设如下:

(1)反应堆初始功率取额定功率加 5% 的测量误差;

(2)风机循环初始流量取额定设计流量,动态过程中,保护系统动作前的堆体积流量不变,堆芯冷却剂流量为总流量的 94%;

(3)反应堆停堆保护信号的整定值考虑最大的测量误差和最长的停堆延迟时间;

(4)假设第一紧急停堆信号失效;

(5)考虑最长的停堆延迟时间和当量最大的一根控制棒卡在堆外。

3)事故分析结果和结论

DN65 mm 管道破裂后,破口的初始临界喷放流量约为 15 kg/s,初始泄压速率大于 2.4 MPa/min,12 min 左右一回路排空。堆内余热通过自然对流、传导和辐射传出堆芯壳和压力容器,由余热排出系统传至最终热阱大气。

在表 9 - 7 给出了压力容器与一回路隔离阀之间直径 65 mm 大连接管断裂的事故进程。

表 9 - 7　压力容器与一回路隔离阀之间 DN65 mm 大连接管断裂的事故序列

事　件	时间
DN65 mm 大连接管瞬时破断	0.0 s
一回路压力负变化率≥0.062 MPa/min	0.0 s
一、二回路质量流量比≤0.712	44.0 s
反射层控制棒开始下落	46.0 s
一、二回路隔离阀关闭	76.0 s
一回路排空,冷却剂总排放量约 2440 kg	746.0 s
燃料元件最高温度达到峰值 1518.0 ℃	31.5 h
燃料元件平均温度达到峰值 1002.1 ℃	49.4 h
余热排出系统最大载出功率 902.6 kW	88.0 h
堆芯壳最高温度达到峰值 455.0 ℃	89.0 h
压力容器最高温度达到峰值 355.7 ℃	90.0 h

图 9 - 12～9 - 17 给出了该事故下重要参数随时间的变化。

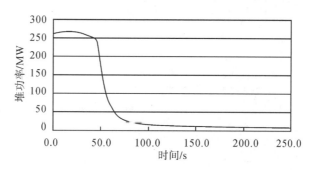

图 9 - 12　一根 DN65 管破断事故堆功率随时间变化

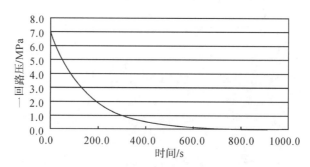

图 9 - 13　一根 DN65 管破断事故一回路压力随时间变化

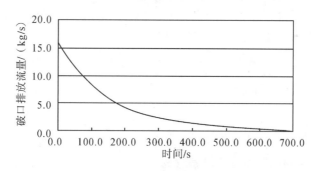

图 9 - 14　一根 DN65 管破断事故破口排放流量随时间变化

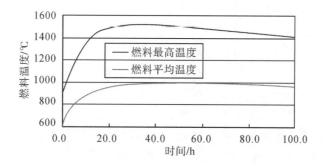

图 9 - 15　一根 DN65 管破断事故燃料温度变化曲线

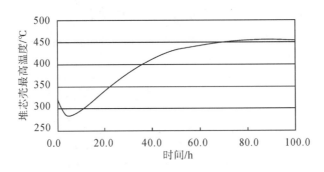

图 9 - 16　一根 DN65 管破断事故堆芯壳最高温度变化曲线

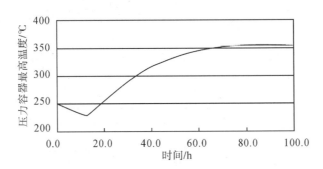

图 9 - 17　一根 DN65 管破断事故压力容器最高温度变化曲线

从事故分析结果来看,事故过程中一回路冷却剂排放总量约 2440 kg,燃料元件最高温度在约 31.5 h 后达到峰值 1518.0 ℃,低于 1600 ℃ 的设计限值,包覆燃料颗粒的完整性不受影响;压力容器和堆芯壳的最高温度分别为 355.7 ℃ 和 455 ℃,低于材料的设计限值 425 ℃ 和 500 ℃;水冷壁最大载出功率为 902.6kw,在设计的余热载出能力之内。

9.6.3　一回路进水事故

1. 概述

进水事故是高温气冷反应堆重点考虑的事故。由于反应堆设计的差别,这也是压水堆核电站没有的而在高温气冷反应堆特有的事故之一。

一回路进水事故是由于蒸汽发生器传热管发生泄漏或破口造成的。引起蒸汽发生器传热管发生泄漏或破口的主要原因有:

(1)管子承受机械的和热的应力;

(2)二回路水产生腐蚀,使管壁局部变薄及管子发生裂纹。

为此,为了纠正这些弊病并减少蒸汽发生器管子断裂的风险,采取了以下预防措施:

(1)采用高韧性材料 INCONEL-600(690)的管子;

(2)二回路水的化学处理,减少管子腐蚀。

蒸汽发生器传热管发生泄漏或破口后,由于蒸汽发生器二次侧水的压力高于一次侧氦气的压力,二次侧的水和蒸汽将在二次侧的高压作用下通过破口进入一回路。并随着氦气流入反应堆压力容器,进入堆芯。

球床内水蒸气浓度的增加,提高了堆芯中子的慢化能力,导致正反应性引入、堆芯功率上升和堆内温度升高。

进入堆芯的水蒸气会与石墨发生氧化腐蚀反应,产生水煤气。堆内过热也会引起气体热膨胀。各种因素造成一回路系统的升压过程。当压力超过安全泄放阀开启压力时,安全阀开启,导致一回路冷却剂超压排放。

进水事故通过触发条件"一回路湿度大于等于 800 cm^3/m^3"而监测到,并采取相应的保护动作:反射层控制棒落棒停堆,停一回路主氦风机和关闭风机挡板,二回路系统隔离(关闭主给水隔离阀和主蒸汽隔离阀),同时启动蒸汽发生器事故排放系统,将蒸汽发生器及其连接管内的储水排放到排放罐。破口排放时间取决于事故排放系统的工作,排放过程延续至蒸汽发生器两侧压力平衡为止。反应堆处于安全状态以后,氦净化系统工作,以除去一回路系统内的水分。

分析中考虑以下两种工况:

(1)蒸汽发生器一根传热管双端断裂;

(2)蒸汽发生器一根传热管双端断裂迭加蒸汽发生器事故排放失效。

2. 蒸汽发生器一根传热管双端断裂

1)事故概述

运行压力下一根蒸汽发生器传热管发生双端断裂时,与蒸汽发生器的质量流量相比,破口流量导致的二回路质量损失很小,将由功率调节系统所补偿。所以,在监测到事故之前,蒸汽发生器内压力并没有太大变化,水或蒸汽基本上以恒定泄漏率进入一回路。这是进水过程的第一阶段。

反应堆保护系统给出一回路湿度过高的停堆触发信号后,实施反应堆紧急停堆、主氦风机停车、氦风机隔离挡板关闭、二回路隔离。同时启动蒸汽发生器事故排放系统,蒸汽发生器及其连接管内的水将通过排放阀门从排放管线迅速进入排放罐,在短时间内排空蒸汽发生器内的水,直至一、二次侧压力平衡,这是进水过程的第二阶段。随着二回路压力不断下降,水或蒸汽的泄漏率会逐渐下降。

一、二回路压力达到平衡后,排放阀门关闭,前期进水过程结束。此后是蒸汽发生器内的残余蒸汽通过破口向一回路扩散过程。由于两侧压力达到平衡,扩散速度非常缓慢。

事故过程的瞬态分析包括三部分。首先是确定事故过程中一回路的进水量,包括第一阶段和第二阶段的进水量以及一、二次侧压力达到平衡时蒸汽发生器内的残余蒸汽量。其次是分析进水引入的正反应性所造成的堆功率增大和燃料元件温度升高。最后分析堆内进水后,水蒸气和石墨之间的氧化腐蚀化学反应产生水煤气,导致堆内石墨构件、燃料元件的腐蚀和堆内压力上升。

蒸汽发生器破口事故探测信号是:一回路湿度大于等于 800 cm^3/m^3。当反应堆保护系统探测到一回路进水事故后执行下列保护动作:

(1)反射层控制棒下落,反应堆紧急停堆;

(2)主氦风机停机,氦风机隔离挡板关闭;

(3)隔离二回路系统;

(4)蒸汽发生器事故排放。

当一回路压力上升超过 7.9 MPa 时,第一安全阀开启,排出部分氦气,过滤后排向烟囱,如果仍不能抑制压力升高,压力达到第二安全阀开启压力 8.25 MPa 时,第二安全阀开启。第一安全阀和第二安全阀的回座压力均为 6.9 MPa。

蒸汽发生器一根传热管双端(2F)断裂属于Ⅲ类工况。该事故过程中燃料元件最高温度不应该超过规定的允许限值,系统超压释放而造成的放射性后果应满足对环境放射性剂量的有关规定。

2)事故分析的主要假设

事故分析的主要假设如下:

(1)反应堆初始功率取额定功率加 5% 的测量误差;

(2)反应堆探测到事故并采取保护动作以前(10 s 内),一回路和二回路的流量为额定流量;

(3)反应堆保护系统动作后,实施氦风机停机、隔离挡板关闭、二回路隔离,以及蒸汽发生器事故排放。给水隔离阀和蒸汽隔离阀动作时间为 5 s 和 10 s,排放阀门动作时间小于 3 s;

(4)考虑最长的停堆延迟时间和当量最大的一根控制棒卡在堆外;

(5)氦净化系统的压力调节和除水功能失效。

3)结果和结论

事故发生 10 s 后,反应堆保护系统由一回路湿度信号触发,反射层控制棒下落、反应堆紧急停堆。同时氦风机停机、风机隔离挡板关闭、二回路隔离、蒸汽发生器事故排放系统和氦净化系统事故除水列投入运行。事故后 31.4 s,蒸汽发生器事故排放过程结束。事故后 60 s,所有保护动作全部结束。一回路系统的进水由氦净化系统事故序列去除,压力控制系统将堆内压力控制在正常运行水平,反应堆停堆。

假设氦净化系统的压力调节和除水功能失效,只要风机挡板正常关闭,切断了一回路的自然循环,进水过程结束后堆内的压力上升过程也非常缓慢,安全阀打开时间也较晚。

在表 9-8 给出了假设氦净化系统失效,风机挡板正常关闭情况下,一根传热管双端断裂事故的主要事故序列。

表 9-8   蒸汽发生器一根传热管双端断裂的事故序列

事 件	事故序列及后果
一根管双端断裂,5 kg/s 向一回路进水	0.0 s
一回路湿度超过整定值,触发紧急停堆,执行一系列保护动作	10.0 s
蒸汽发生器排空结束	31.4 s
氦风机停车完成	40.0 s
控制棒落至底部,保护动作完成	60.0 s
进水总共 600 kg 结束时的系统压力	7.50 MPa/120 s
压力升至第一安全阀开启压力 7.9 MPa	22.87 h
压力降至第一安全阀回座压力 6.9 MPa	24.42 h
第一阶段燃料元件最高温度峰值/时间	1026.3 ℃/3.38 h
第一阶段燃料元件平均温度峰值/时间	724.8 ℃/3.91 h
第二阶段燃料元件最高温度峰值/时间	992.8 ℃/44.0 h
第二阶段燃料元件平均温度峰值/时间	778.1 ℃/51.5 h

表 9-9 给出了蒸汽发生器一根传热管双端断裂事故中的进水量。

表 9-9　蒸汽发生器一根传热管双端断裂事故一回路进水量

	入口段破口		出口段破口	
	破口上部	破口下部	破口上部	破口下部
初始破口进水流量/(kg/s)	3.5	1.3	3.2	0.21
进水量/kg	21	27	95	8
蒸汽发生器残存水量/kg	232		495	
总进水量/kg	280		598	
排放罐排放水量/kg	3340		3022	

从计算结果可知,当蒸汽发生器传热管出口段发生双端断裂时进水量和残存水量最大。只要二回路隔离,蒸汽发生器事故排放动作,氦气净化系统正常运行,总进水量不超过 600 kg。

保守地假设 600 kg 的水全部以蒸汽的形式,以 5 kg/s 的流量,在 120 s 内进入一回路。在事故初期快速进水和升压过程中,氦净化系统的压力调节功能和除水功能有限,不足以抑制压力上涨。堆芯进水引入正反应性会造成事故初期堆功率上升。

图 9-18～19-20 给出了蒸汽发生器一根传热管双端断裂事故下堆芯功率、燃料元件最高温度和一回路压力随时间的变化。

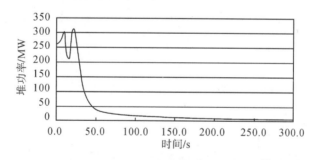

图 9-18　蒸汽发生器一根传热管双端断裂事故后堆功率

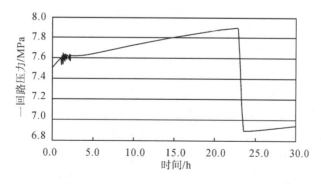

图 19-19　蒸汽发生器一根传热管双端断裂事故后一回路压力

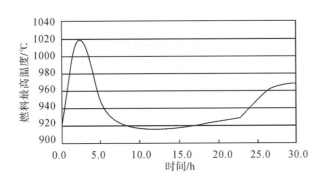

图 9 - 20　蒸汽发生器一根传热管双端断裂事故后燃料最高温度

在正常事故序列下,进水结束,反应堆处于安全状态后,氦净化系统即可恢复工作。由于氦净化系统的除水作用和压力调节作用,堆内的石墨腐蚀量很低,系统压力不会超压。事故后果被限制在较低水平,也不会造成放射性的释放。

在图 9 - 21～9 - 23 给出了进水事故下石墨腐蚀量、堆内 H_2 和 CO 含量随时间的变化。

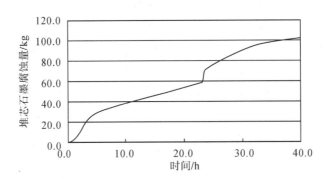

图 9 - 21　蒸汽发生器一根传热管双端断裂事故后堆芯石墨腐蚀量

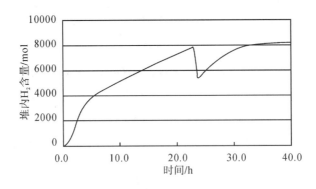

图 9 - 22　蒸汽发生器一根传热管双端断裂事故后堆内 H_2 含量

从上述分析可以看出,蒸汽发生器一根传热管双端断裂,不考虑氦净化系统工作的情况下,一回路最大进水量约 600 kg。堆内进水导致反应堆最大功率为 286 MW,燃料元件最高温度峰值1026.3 ℃,低于事故规定的允许限值。燃料元件温度大约在 50 h 以后开始下降,从而有效抑制水蒸汽与石墨的反应速率,堆内进水造成的石墨腐蚀总量只占堆芯石墨总量的 1.32‰,不会发生包覆燃料颗粒裸露和意外的燃料元件破损。在风机

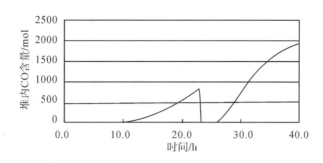

图 9 - 23　蒸汽发生器一根传热管双端断裂事故后堆内 CO 含量

挡板正常关闭情况下,一回路系统 H_2 及 CO 的摩尔含量最大值为 1.5% 及 0.35%,不存在可燃气体爆炸的潜在危险。

9.6.4　未能紧急停堆的各种预计瞬态

未紧急停堆的预期瞬态(ATWS),是指没有紧急停堆或机组跳闸的预期瞬态,在这些瞬态中,虽然一回路或二回路参数超过了保护定值,但控制棒系统失效,未能依靠落入反射层控制棒实现紧急停堆。未能紧急停堆的各种预计瞬态(ATWS)是发生概率极低的事件。

在 HTR-PM 发生未能紧急停堆的各种预计瞬态(ATWS)时,则由于主氦风机的关闭和二回路的隔离,气体流动从堆芯载出热量减少,使得燃料元件温度升高,导致事故进一步发展,必须对其作出详细分析。

分析这类 ATWS 事故的主要目的,是想考察反应堆在没有实施控制棒紧急停堆的情况下,事故的继续发展是否可能会造成反应堆一回路压力边界完整性的破坏和燃料元件包覆颗粒的损坏,或者能否依靠自身负的反应性温度系数来实现停堆。

在 HTR-PM 事故分析中,对控制棒误提升 ATWS、丧失厂外电源 ATWS 和丧失给水流量 ATWS 等几种典型的事故进行瞬态分析。

1. 一根控制棒误提升 ATWS

本事故是一根控制棒在正常功率运行下失控提升事故的发展和继续。控制棒误提升事故发生后,当反应堆保护系统相继给出功率量程中子注量率过高、堆芯出口热氦温度过高的紧急停堆信号后,反应堆保护系统将触发反射层控制棒落棒、氦风机停机、隔离挡板关闭、二回路系统隔离等保护动作。假想反射层控制棒全部卡住,未能紧急停堆,这是发生概率极低的极限事件。此后,事故进一步发展,反应堆升温升压,最终依靠堆芯的负反应性温度系数实现自动停堆,堆芯剩余发热由余热排出系统安全载出。

假设在发生此事故时反应堆功率为 100% 额定功率或 50% 额定功率。分析中作如下假设:

(1)堆芯初始冷却流量为额定值的 94%;

(2)堆芯在事故开始时处于平衡态,控制棒误提升引入的正反应性总量为 0.5%;

(3)单根控制棒以 5 cm/s 的最高速度被误抽出,80 s 后完全提出堆芯;

(4)反应堆停堆保护信号的整定值考虑最大的测量误差和最长的停堆延迟时间;

(5)假设第一紧急停堆信号失效,保护系统动作由第二停堆信号触发,但控制棒全部

被卡住,未能掉落;

(6)氦净化系统压力调节功能失效。

9-10 给出了该事故的主要发展序列。

表 9 - 10　控制棒误提升 ATWS 的事故序列

事　件	时间	
	100％功率	50％功率
一根当量 0.5％控制棒以 5 cm/s 速率失控提升	0.0 s	0.0 s
功率量程段中子注量率≥1.23,该信号失效	11.3 s	40.8s
反应堆功率的峰值	444.7 MW /45.5 s	320.6 MW /52.0 s
热氦温度≥800 ℃	112.7 s	296.7 s
保护系统动作,关闭主氦风机,二回路隔离,但假定反射层内控制棒全部卡住不能下落	120.7 s	304.7 s
氦风机档板关闭	150.7 s	334.7 s
二回路系统完全隔离	150.7 s	334.7 s
燃料元件最高温度第一峰值	1166.2 ℃/3.32 h	1020.5 ℃/1.57 h
第一安全阀达到 7.9 MPa 开启压力	76.54 h	61.51 h
第一安全阀达到 6.9 MPa 的回座压力	77.37 h	62.47 h
燃料元件最高温度第二峰值	1290.5 ℃/87.15 h	1210.5 ℃/80.41 h
堆芯壳最高温度峰值	468.5 ℃/122 h	451.7 ℃/136 h
压力容器最高温度峰值	367.2 ℃/123 h	353.2 ℃/138 h

图 9-24～9-26 给出了该事故下堆功率、燃料最高温度和一回路压力等主要参数随时间的变化。

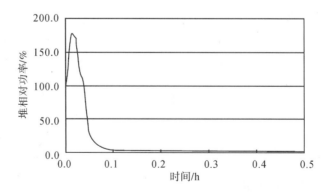

图 9 - 24　满功率控制棒误提升 ATWS 事故后堆相对功率

依靠自身固有的负反应性温度系数,随着堆内温度升高,反应堆能安全实现自动停堆。在 100％额定功率和 50％额定功率下控制棒误提升 ATWS 事故中,反应堆裂变功率分别在 310 s 和 570 s 降至额定功率的 1％以下,总功率在 2.49 h 和 2.57 h 降至额定功

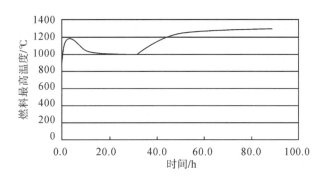

图 9 - 25　满功率控制棒误提升 ATWS 事故后燃料最高温度

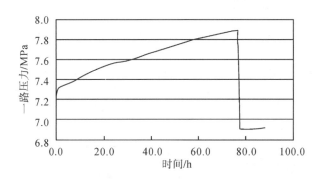

图 9 - 26　满功率控制棒误提升 ATWS 事故后一回路压力

率的 1% 以下。在第一阶段升温过程中,燃料元件最高温度峰值分别为 1166.2 ℃ 和 1020.5 ℃,低于事故限值。总功率降至额定功率 1% 以下时,系统压力分别升至 7.33 MPa 和 7.31 MPa,远低于第一安全阀的开启压力。

反应堆停堆后,在剩余发热作用下,堆芯进入缓慢的升温升压过程。燃料元件最高温度峰值分别为 1290.5 ℃ 和 1210.5 ℃,低于事故限值。停堆后的升压速率小于 0.008 MPa/h,一回路系统压力在 60 h 以后才达到开启压力。

控制棒误提升 ATWS 事故属于发生概率极低的极限事故。如果考虑氦净化系统的压力调节功能,对于上述两种情况,反应堆停堆后的升压过程非常缓慢,氦净化系统 0.35 MPa/h 的压力调节能力完全能够抑制压力上升水平,第一安全阀将不会开启,一回路压力边界完整性不会受到破坏。

2. 失去厂外电源 ATWS

本事故是丧失厂外电源事故的发展和继续。当反应堆保护系统相继给出一、二回路质量流量比过高和中子注量率负变化率过高等紧急停堆信号后,反应堆保护系统将触发反射层控制棒落棒、氦风机停机、隔离挡板关闭、二回路系统隔离等保护动作。假想反射层控制棒全部卡住,未能紧急停堆,这是发生概率极低的极限事故。此后,事故进一步发展,反应堆升温升压,最终借助于温度负反馈而实现自动停堆,堆芯剩余发热由余热排出系统安全载出。

在事故分析作如下假设:

(1)反应堆初始功率取 100% 额定功率;

(2)堆芯初始冷却流量取额定值的 94%;

(3)不考虑反应堆丧失厂外电源后,反射层控制棒的自动下落;

(4)反应堆保护信号的整定值考虑最大的测量误差和最长的停堆延迟时间;

(5)假设第一紧急停堆信号失效,保护系统动作由第二停堆信号触发,但控制棒全部被卡住,未能掉落;

(6)氦净化系统压力调节功能失效。

表9-11给出了丧失厂外电源ATWS事故的事故发展序列。

表9-11 丧失厂外电源ATWS的事故序列

事 件	时间
厂外电源全部丧失,主氦风机及给水泵停车	0.0 s
一、二回路质量流量比≥1.365	3.3 s
中子注量率负变化率≥20%/min	20.0 s
保护系统开始动作,关闭主氦风机,二回路隔离,但假定反射层内控制棒全部卡住不能下落	21.0 s
氦风机档板关闭	36.0 s
二回路系统完全隔离	51.0 s
燃料元件最高温度第一峰值 1069.8 ℃	4.06 h
燃料元件最高温度第二峰值 1232.7 ℃	79.1 h
第一安全阀达到 7.9 MPa 开启压力	108.5 h
第一安全阀达到 6.9 MPa 的回座压力	109.4 h
堆芯壳最高温度达到峰值 458.4 ℃	110 h
压力容器最高温度达到峰值 358.7 ℃	113 h

在图9-27~9-29给出了该事故下堆功率、燃料最高温度和一回路压力等主要参数随时间的变化。

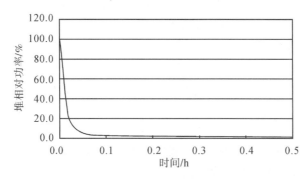

图9-27 丧失厂外电源ATWS事故下的反应堆功率

依靠自身固有的负反应性温度系数,随着堆内温度升高,反应堆能实现自动停堆。反应堆裂变功率在233 s降至额定功率的1%以下,总功率在2.44 h降至额定功率的1%以下。第一阶段升温过程中,燃料元件最高温度峰值为1069.8 ℃,低于事故限值。总功

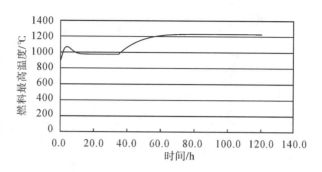

图 9 - 28　丧失厂外电源 ATWS 事故下燃料最高温度

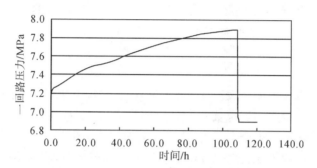

图 9 - 29　丧失厂外电源 ATWS 事故下一回路的压力

率降至额定功率 1% 以下时,系统压力升至 7.26 MPa,远低于第一安全阀的开启压力。

　　反应堆停堆后,在剩余发热作用下,堆芯进入缓慢的升温升压过程。燃料元件最高温度在 79.1 h 时达到 1232.7 ℃ 的峰值,低于事故限值。压力容器和堆芯壳的最高温度在 100 h 后达到峰值,且均低于事故限值。事故后 108.5 h 时,一回路系统压力才升至第一安全阀开启压力,升压速率小于 0.007 MPa/h。

参考文献

[1] 赵仁凯,阮可强. 八六三计划能源技术领域研究工作进展(1986—2000)[M]. 第二篇 高温气冷堆. 北京:原子能出版社,2001.

[2] Considerations in the development of safety requirements for innovative reactors: Application to modular high temperature gas cooled reactors (IAEA-TECDOC——1366).

[3] Safety related design and economic aspects of HTGR (IAEA-TECDOC——1210).

[4] Current status and future development of modular high temperature gas cooled reactor technology (IAEA-TECDOC——1198), February 2001.

[5] 吴宗鑫,等. 模块式高温气冷堆的安全特性[J]. 核科学与工程,第 13 卷第 4 期 P22,1993.

重水堆安全

在第1章中已提及,根据国际原子能机构截止2003年11月的统计数据,全世界运行的440个核发电机组中,其中重水堆有38个,约占运行总机组数的8.6%,总装机容量的5.3%;而建造32个机组中有8个是重水堆,占建造总装机容量的11.8%。商用重水堆型式主要有:压力管式重水冷却(以加拿大的CANDU堆为主),压力容器式重水冷却和压力管式轻水冷却等。由加拿大设计的CANDU重水堆与美、法等国的压水堆、沸水堆一起成为世界上有竞争力的三大商用堆型。我国秦山三期核电厂采用了两台700 MW级的CANDU-6型重水堆机组,已分别于2002年12月和2003年7月投入商业运行,中国继加拿大、印度、阿根廷、巴基斯坦、罗马尼亚和韩国之后,成为第一个拥有这种堆型的国家。

压力管式重水冷却反应堆采用天然铀作为燃料,燃料放在压力管内,以重水冷却、重水慢化;重水堆技术具有小的过剩反应性、长瞬发中子寿期、大容积常温低压慢化剂和屏蔽水热阱、燃料组件简单短小、可不停堆换料和应用多种核燃料等主要优点,已成为很多国家发展核电重要的候选堆型。

本章着重论述CANDU-6型重水堆核电厂的设计特征、安全特性和典型事故响应的分析,并论述新一代先进重水堆(ACR)的安全设计。

10.1 重水堆系统的设计特征

与压水堆一样,重水堆核电厂也可分为两个独立的回路,即热传输系统(核蒸汽供应系统)和蒸汽给水回路(二回路)。

核蒸汽供应系统包括反应堆组件、换料系统、慢化剂系统、热传输系统以及蒸汽和给水系统。图10-1显示较为详细的CANDU核蒸汽供应系统图。图10-2是CANDU反应堆简图。

反应堆本体是一个大型水平放置的圆筒形容器,称为排管容器,里面盛有低温、低压的慢化剂。在容器内贯穿许多水平管道,成为燃料通道,其中装有天然铀棒束和高温高压重水冷却剂。主泵唧送冷却剂,经燃料通道将热量带来,然后经过蒸汽发生器,利用此热量产生蒸汽供汽轮机做功。蒸汽发生器和冷却剂泵安装在反应堆的两端,以便使冷却剂自反应堆的一端流进堆芯的一半燃料通道,而从另一端以相反的方向,流入另一半的燃料通道。冷却剂系统设有稳压器,以维持较高的系统压力。从图10-1可以看出,对低温的慢化剂也设有循环冷却系统,它将重水本身与中子及γ射线相互作用产生的热量带走。

　　反应堆组件(见图 10 - 3)包括：一个不锈钢排管容器、反应性控制机构和 380 根燃料通道组件。燃料通道组件贯穿排管容器，内装燃料和重水冷却剂。每根压力管和排管的间隙充满气体，起隔热作用。

　　重水堆与压水堆在反应堆和燃料方面的主要区别见表 10 - 1。

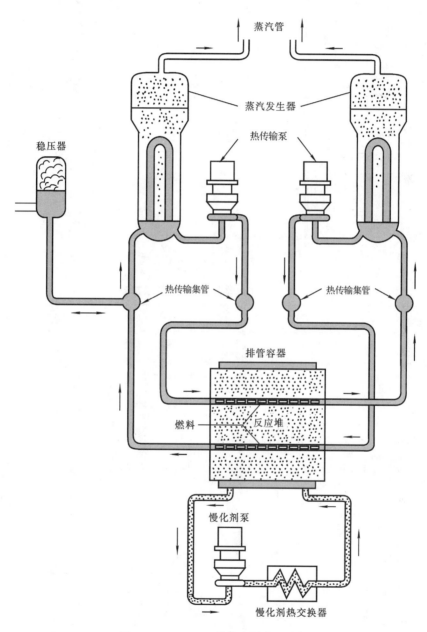

图 10 - 1　CANDU 核蒸汽供应系统图

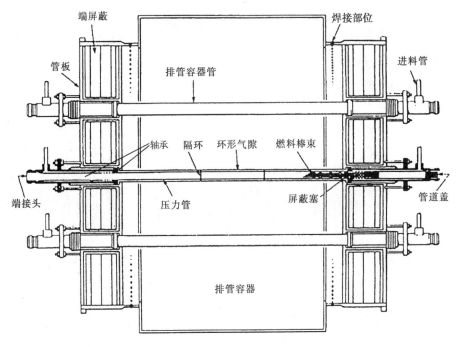

图 10 – 2　CANDU 反应堆简图

表 10 – 1　重水堆与压水堆的主要区别

	CANDU	PWR
反应堆	380 根小直径薄壁压力管	1 个大直径厚壁压力容器
	水平布置	垂直布置
	重水冷却剂	轻水冷却剂
	慢化剂和冷却剂分离,慢化剂为低温低压	慢化剂和冷却剂合二为一
	反应性控制装置在低温低压慢化剂中	反应性控制装置在高温高压慢化剂中
	大堆芯,功率密度低(约为 11 MW/m³)	小堆芯,功率密度高(约为 60 MW/m³)
燃料	天然铀	低富集度铀
	燃耗低	燃耗高
	棒束长度短,0.5 m	棒束长度长,3.8 m
	不停堆换料	停堆换料
	运行时能及时去除破损棒束	需要停堆去除破损棒束

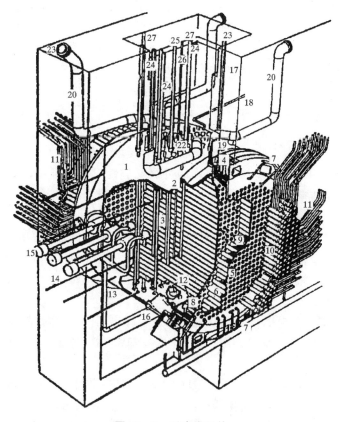

图 10 - 3 反应堆组件

1—排管容器；2—排管容器外壳；3—排管；4—嵌入环；5—换料机侧管板；6—端屏蔽延伸管；7—端屏蔽冷却管；8—进出口过滤器；9—钢球屏蔽；10—端部件；11—进水管；12—慢化剂出口；13—慢化剂入口；14—注量率探测器和毒物注入；15—电离室；16—抗震阻尼器；17—堆室壁；18—通到顶部水箱的慢化剂膨胀管；19—薄防护屏蔽板；20—泄压管；21—爆破膜；22—反应性控制棒管嘴；23—观察口；24—停堆棒；25—调节棒；26—控制吸收棒；27—区域控制棒；28—垂直注量率探测器

10.2　重水堆的安全特性

　　重水堆的结构设计具有一些独特的安全特性,与压水堆一样,这些安全特性中一部分为重水堆所固有的,另一部分则是特殊设计的工程安全设施提供的。

10.2.1　重水堆固有的安全特性

　　重水堆固有安全性是由核燃料、反应性调解特性等提供的。

1. 燃料

　　CANDU 堆采用天然铀作为核燃料,^{235}U 约占 0.7%,较压水堆低得多,这就大大降低了在堆外或者燃料贮存水池内燃料处理时发生反应性引入事故的可能性,而且堆芯严重损坏导致的燃料重新布置所引入的反应性也十分有限。

　　在重水堆中,每个水平燃料通道中有 12 个 0.5 m 长的棒束组件,而不是一个全长的棒束组件。这种设计在安全方面带来的一个优点就在于当发生某个燃料组件损坏时,进入冷却剂中的放射性剂量会大大降低。另外,由于重水堆采用不停堆换料,破损的燃料棒束可以在不停堆情况下通过换料系统从堆芯及时移走,从而不仅可以减少破损燃料在堆内的停留时间,而且不影响电厂的负荷因子。

2. 反应性调节

重水堆的瞬发中子寿期约为 10^{-3} s,比压水堆的瞬发中子寿期(约 10^{-5} s)大两个量级。当引入一定的正反应性时,反应堆的瞬变过程就相对较慢,使得反应堆更加容易控制;而且,当反应堆达到瞬发临界时,反应堆周期也不会突然下降。

由于重水堆采用不停堆换料,反应堆的过剩反应性只需要维持在最小值,因此调节系统的反应性价值也就相对较低,大约为 15 mk,这样,控制系统失调引入的反应性变化就十分有限。

重水堆的冷却剂和慢化剂是分开的,燃料通道之间的空间较大。反应性控制装置就可以安装和运行在低温低压的的慢化剂环境中,安全可靠性高,特别是排除了任何控制棒因高压水力而弹出堆芯的可能性。

3. 堆芯余热排出

通常,堆芯余热可以通过两种相互独立的途径释出:其一为蒸汽发生器,将热量传递给二回路侧的给水;其二为余热排出系统(停堆冷却系统),热量通过停堆冷却热交换器传递给工艺水系统。

在发生 LOCA 时,需要用 ECCS 冷却水再淹没堆芯,并释出一部分堆芯余热。ECCS 释出的热量最终通过 ECCS 热交换器排到工艺水系统。在重水堆中,由于承压边界在堆芯内是由几百个小直径的压力管构成,这些压力管内的冷却剂汇集于反应堆进出口的集管,所以热传输系统中发生的最大的破口尺寸仅限于反应堆进、出口集管的尺寸。由于反应堆进、出口集管的位置均高于反应堆的最高处,因此在发生 LOCA 时,堆芯在 ECCS 系统的动作下,能始终处于淹没状态。

与压水堆一样,热传输系统中蒸汽发生器的位置要高于反应堆,这使得在主泵停转和反应堆停闭后,能够依赖回路自然循环来释出反应堆的衰变余热。

热传输系统的"8 字形"设计使每个回路的冷却剂通过两个流向相反的流程通过堆芯。在发生 LOCA 时,这种布置减缓了堆芯的汽化速率,从而有效地限制了由于堆芯汽化引起的功率瞬变,这是因为对于任何一个典型的破口位置,总有一个流程通过堆芯流到破口处的长度要大于另一个。

在重水堆中,另一个重要特点是额外两重固有和非能动的热阱的设计。燃料以及冷却剂安装在压力管中,压力管浸泡在低温低压的慢化剂中,其重水质量约为 $130\sim300$ Mg(取决于反应堆尺寸),这是其一。排管容器的周围为充满轻水($360\sim600$ Mg)的屏蔽水箱,其正常功能是通过轻水包围着排管容器,对要穿过反应堆腔室空间到达混凝土墙的中子流形成一道屏蔽。在堆芯严重损坏事故工况下,屏蔽水则成了非能动的、始终到位的应急冷却水,这是其二。也就是说,即使在主热传输系统、ECCS、慢化剂排热系统失效的情况下,因为与排管容器外壁直接接触的屏蔽水至少可以在 24 h 内发挥冷却作用,排管容器仍然能包容堆芯碎片,为裂变产物的进一步衰变和衰变热的进一步减少以及应急计划的实施赢得宝贵的时间。

图 10 - 4 和图 10 - 5 分别给出了慢化剂和屏蔽水箱的释热过程。

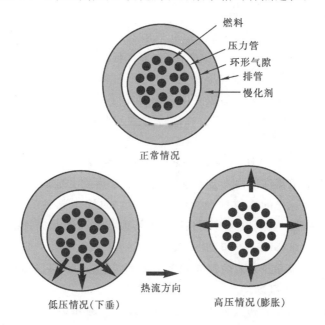

图 10 - 4　向慢化剂释热的过程图

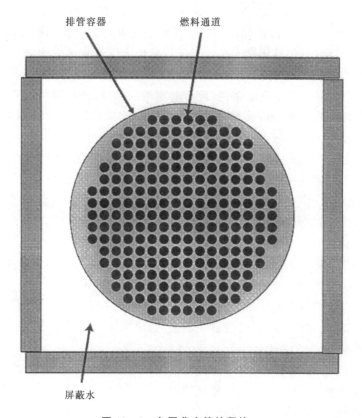

图 10 - 5　向屏蔽水箱的释热

10.2.2　工程安全特性

与现行所有反应堆一样,重水堆设计也采用了工程安全系统。同样的,其设计准则也与压水堆等其他堆型一样,如遵循纵深防御、多样性、单一故障、故障安全等原则。

这些系统在正常运行工况时并不运行,但处于热备用状态。换句话说,就是一旦工艺系统及其控制系统不能将关键参数维持在规定的许可范围内时,它们就将动作。因为发生这样的工况的话,燃料包壳的完整性就会受到威胁,并且具有放射性物质释放的可能性。

为工艺系统提供后备的是一些专设安全系统。这些系统能使反应堆停闭(停堆系统),向反应堆燃料通道再注射冷却剂和从燃料排出余热或衰变热(应急堆芯冷却系统),并防止可能从反应堆逸出的放射性物质释放到环境中(安全壳系统)。支持这些专设安全系统的是提供另一种电源(应急电源系统)和冷却水源(应急水源系统)的系统。

1. 反应堆停堆系统(SDS－1 和 SDS－2)

CANDU 核电厂设有两套完全独立和全功能的停堆系统,即 1 号停堆系统和 2 号停堆系统,简称为 SDS－1 和 SDS－2。

两个停堆系统在功能上和实体上相互独立,并与反应堆调节系统无关,每个停堆系统都能将反应堆停闭并使之处于次临界状态。

如图 10－6 所示,1 号停堆系统(SDS－1)利用固体停堆棒插入堆芯的方法来停堆,而 2 号停堆系统(SDS－2)用液体毒物直接注射慢化剂,因此,这两组停堆系统通过使用垂直穿过反应堆顶部的停堆棒和水平穿过反应堆侧面的毒物注射管来实现停堆,提供功能上、实体上的独立性。

2 个停堆系统在仪表类型的采用、停堆整定值的选择、控制设备硬件的类型和来源、所使用的软件甚至在设计分析人员方面都存在着很大的不同,这使得原来就级别很高的相互独立性得到更大的加强。

1 号停堆系统(SDS－1)是在某些参数超越可接受的范围时,使反应堆快速停堆的主要方法。这种停堆系统采用的逻辑与 2 号停堆系统(SDS－2)和反应堆调节系统采用的那些逻辑系统无关。该逻辑系统能感知应急停堆的要求并使直流离合器断电,以释放停堆装置的吸收元件,使其在燃料通道排管之间降落到慢化剂中。

每根停堆棒装有一个弹簧以提供起始加速率。

其设计原理是基于:每个变量测量的三重化和当三个脱扣信号通道中任何两个因任何变量或变量组合而脱扣时,触发保护动作。

使反应堆快速停堆的另一种方法是通过一些水平管道迅速把毒物(浓硝酸钆溶液)注射到慢化剂中,这些管道从排管容器一侧进入,终端成为管状喷嘴,并在燃料通道横排之间穿过排管容器。

在 CANDU6 反应堆中有 6 个 2 号停堆系统(SDS－2)毒物注射管嘴。这种停堆系统采用一种独立的逻辑系统,它能感知停堆的要求并打开位于高压氦气箱和毒物箱之间的管路中的快开阀。释放的高压氦气把毒物从箱中排出,通过注射管嘴进入慢化剂。

用于启动 1 号停堆系统的类似脱扣参数也可触发 2 号停堆系统的脱扣工况。然而这些脱扣的仪表在实体上和电气上是分立的。

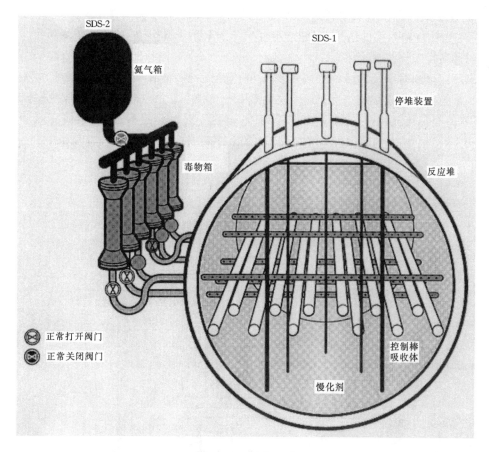

图 10 - 6　停堆系统

1 号停堆系统(SDS—1)和 2 号停堆系统(SDS—2)都对精心选择的参数作自动响应，这些参数包括中子参数以及一些工艺系统的信号。应该选择尽可能多的不同的测量参数，如果所选择的参数相同或者相类似，那么其仪表类型以及仪表的电源应该不同。

用于停堆的变量包括：中子功率高、中子功率对数变化率高、冷却剂流量低、热传输系统压力高、稳压器水位低、蒸汽发生器水位低、安全壳压力高。

2. 应急堆芯冷却系统(ECCS)

应急堆芯冷却系统向热传输系统提供轻水，以补偿发生假想的失水事故时损失的重水冷却剂，并循环和冷却从反应堆厂房地面上收集的重水/轻水混合物，将其送到反应堆集管以保持长期的燃料冷却。

应急堆芯冷却系统分 3 个阶段向回路注水：首先注射高压水，称为高压安全注射阶段；然后，随着热传输系统压力的下降，安全注射进入中压安全注射阶段；在长期冷却阶段，从热传输系统流失的水在反应堆厂房地面上收集起来，应急堆芯冷却系统利用这部分水对堆芯继续冷却，这个阶段称为低压安全注射阶段。

图 10-7 给出了反应堆出口集管前的输水管破裂以及从反应堆厂房地坑收集冷却剂的情况。在下面的各项中分别介绍运行的 3 个阶段。

当热传输系统的压力降到低于 5.5 MPa 时，安全注射系统开始动作。这时应该有一个表示热传输系统发生破口的信号，这个信号可以是热传输系统压力低、安全壳压力高或者慢化剂水位高(如果破口流量流入慢化剂中)。

（1）当热传输系统的压力还相对较高(4～5 MPa)时,高压安全注射开始动作。这个阶段叫做高压安全注射阶段。

高压安全注射系统包括一个高压空气箱、安全注射水箱、气箱和水箱之间常关的阀门以及水箱与热传输系统之间的阀门,如图 10 - 7 所示。当 LOCA 信号触发安全注射时,所有的阀门打开,这时的压力为 5.5 MPa,但由于时间延迟等原因,系统实际动作压力为 4.1 MPa。

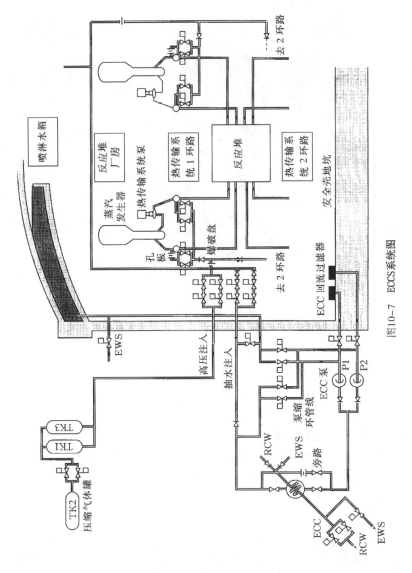

图10-7　ECCS系统图

为了加速安全注射水进入热传输系统的过程,必须使热传输系统的压力下降得越快越好。在中小破口的情况下,系统压力下降的速率不可能很快,为此,当出现 LOCA 信号后,应同时打开蒸汽发生器安全阀,从而加大蒸汽流量,使热传输系统中的冷却剂快速冷却,这就有助于降压。

在发生最大破口的情况下,高压安全注射大约持续 2.5 min,当安全注射箱中的水位达到低水位整定值时,高压安全注射自动结束。

(2)只要高压安全注射一结束,中压安全注射自动开始。它包括从喷淋水箱中取水,然后通过 ECC 泵进入反应堆集管。

在出现 LOCA 信号后,连接喷淋水箱和 ECC 泵的阀门自动打开,但中压安全注射必须等到高压安全注射结束后才能进行。

在发生最大的设计基准事故——热传输系统管道破裂的情况下,喷淋水箱中的水可以供应15 min。

该系统包括两台 100% 的 ECC 泵,能提供的压头为 1 MPa。泵电机由Ⅲ级电源供电。

(3)当喷淋水箱接近耗尽时,低压安全注射(再淹没)开始。来自喷淋水箱的阀门关闭,而反应堆厂房地坑和 ECC 泵之间的阀门打开。反应堆地坑中收集的水通过热交换器由 ECC 泵唧送入热传输系统。低压安全注射系统可以长期运行以保证长期的燃料冷却。

热交换器保持冷却剂流的温度约为 50 ℃。

对于小破口,衰变热转移到蒸汽发生器并通过主蒸汽安全阀排出。而对大破口,破口本身与 ECC 注射一起作为热阱。

在 LOCA 期间或在此之后,应急堆芯冷却系统发生故障这种极不可能的事件中,衰变热靠辐射和传导从燃料转移到慢化剂中。燃料棒束的中心元件离慢化剂重水只有 5 cm,因此即使燃料通道中没有冷却剂存在,也能确保停堆后燃料衰变热的排除,而不会使二氧化铀芯块熔化。

3. 安全壳系统

如果反应堆系统发生事故,则安全壳系统的运行可以提供包容所释放出放射性物质的密封外壳。

重水堆安全壳的结构和特点是:一个有环氧树脂涂层的后张拉预应力混凝土安全壳结构、一个自动喷淋系统、作为长期安全壳热阱的空气冷却器、一个过滤空气排放系统、人员和设备闸门、一个自动启动安全壳隔离系统。如图 10-8 所示。

安全壳系统的主体结构为反应堆厂房,采用有环氧树脂涂层的后张拉预应力混凝土安全壳结构。其地基厚度为 1.5 m,内径为 42 m,安全壳的厚度至少为1 m,在安全壳的上部为半球形空间,厚度为 0.6 m。为了控制泄漏,在安全壳内表面有环氧树脂涂层。

安全壳系统能承受发生最大假想失水事故情况下的最大压力。

1)自动喷淋系统

如果发生冷却剂的大量流失,就会导致高温高压的冷却剂汽化,从而使安全壳厂房内压力上升。当压力(表压)升高至 3.5 kPa 时,会启动安全壳隔离,如果发现厂房内出现放射性,也会产生同样的动作。在这种情况下,与反应堆有关的其他安全系统会引起应急停堆和 ECCS 运行。

厂房内压力升至 14 kPa 时喷淋系统将自动启动运行,将喷淋水喷入厂房使蒸汽冷凝,并当压力降至 7 kPa 时会停止运行。运行可以是连续的或周期性的。

2)空气冷却器

如上所述,自动喷淋系统将在压力降至 7 kPa 时停止运行。厂房内蒸汽的凝结和厂房空气冷却器的运行接着把压力从 7 kPa 降到大气压。

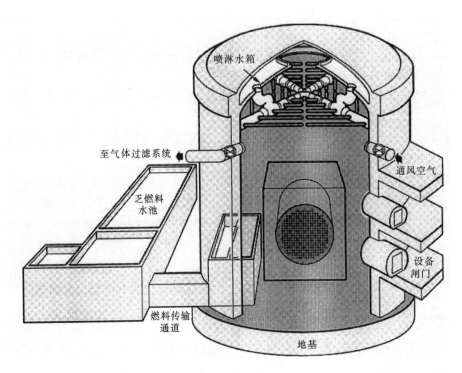

图 10 - 8　安全壳系统

在小破口工况下,空气冷却器将从热传输系统中排放出来的蒸汽冷凝,从而将厂房压力控制在大气压水平。

3)过滤空气排放系统

当失水事故进入稳定的低压安全注射阶段,且反应堆厂房的压力返回到接近于大气压的水平时,露点达到约 16 ℃,蒸汽回收干燥器开始净化安全壳大气,接着是新鲜空气吹洗(通过干燥器和反应堆厂房通风系统过滤器组排出),在向大气释放之前除去微粒放射性和放射性碘。

4)人员和设备闸门

通常,人们可以通过两个闸门之一进出反应堆厂房。当发生设计基准失水事故时,不管安全注射运行处于哪个阶段,闸门必须关闭,并且能承受所产生的压力峰值。

在正常运行工况下,安全壳内的压力要稍低于大气压,并且安全壳通风系统是打开的。当安全壳内压力或放射性水平增加时,自动安全壳隔离系统将关闭所有通向环境的通道。

10.2.3　事故响应的特点

由于重水堆和压水堆在上述各方面的异同点,使得两者在发生各类事故时,其响应也有所不同。表 10 - 2 给出了重水堆和压水堆在事故工况不同的响应。从表中可以看出,一些在压水堆必须严格加以考虑的事故发生在重水堆中时,其后果并不严重,或者根本就不可能发生;但也有一些事故,重水堆会有其他的响应,比如在大破口 LOCA 时,压水堆对停堆系统的成功与否是不依赖的,而重水堆要求停堆系统快速动作,这是通过设置两套快速和独立停堆系统来实现极高的可靠性。10.3 节将具体说明重水堆失水事故工况下的响应,鉴于篇幅有限,对于其他事故不作详细介绍。

表 10 - 2　重水堆和压水堆在事故工况时不同的响应

事　　故	重水堆	压水堆
控制棒失控抽出——短期反馈	负值,很小	负值
控制棒失控抽出——长期反馈	功率慢速增加,停堆系统动作	功率增加,稳定在更高的功率水平,可能需要停堆失水事故
失水事故	功率快速增加,需要停堆系统	功率下降
冷水(H_2O)注射	功率下降,因为 H_2O 是中子吸收体	功率增加,需要停堆
蒸汽管道破裂	功率下降	功率上升,需要停堆
弹棒事故	物理上不可能	功率急剧上升

10.3　失水事故

失水事故是对 3 个安全系统(停堆系统、应急堆芯冷却系统和安全壳系统)最具挑战性的事故。这 3 个系统的设计要求在很大程度上取决于失水事故。

对于 CANDU 堆来说,定义大破口失水事故的破口面积为超出输水管的流通断面积($>100cm^2$),小破口失水事故为破口面积相当于最大输水管的直径($2\sim100\ cm^2$),微小破口为那些小于 $2\ cm^2$ 的破口,往往能被重水补水系统所补偿。

10.3.1　主回路小破口失水事故

本小节列举 3 种情况来分析发生小破口事故时,反应堆停闭后回路和通道的热工水力学响应。这 3 种工况的事故序列分别见表 10 - 3。在发生假想的小破口事故后,热传输系统以冷却剂喷放速率确定的规律降压(图 10 - 9),相应的冷却剂装量瞬变见图 10 - 10。破口尺寸越大,降压速率越快,冷却剂装量的流失导致破口回路更小的流量(图 10 - 11)。

表 10 - 3　安全系统有效时小破口事故的事故序列

事　　件	时间/s		
	2.5%RIH	1.0%RIH	最大输水管
破口发生	0	0	0
安全壳压力高信号 (第一个停堆信号,ECC 启动信号)	8	30	<30
热传输系统压力低 (第二个停堆信号)	67	202	133
LOCA 信号(5.25 MPa(a))	92	235	164
回路隔离完成	112	255	184
蒸汽发生器快速冷却	122	265	195

事　　件	时间/s		
	2.5%RIH	1.0%RIH	最大输水管
ECC 向破口回路安全注射	172	325	254
热传输泵自动停止信号（2.5 MPa(a)）	183	337	266
破口回路再淹没，ECC 向完整回路安全注射	254	380	316
热传输泵停止	303	457	386
完整回路完成再淹没	320	430	368
中压安全注射开始	894	—	1370
低压安全注射开始	2105	—	—

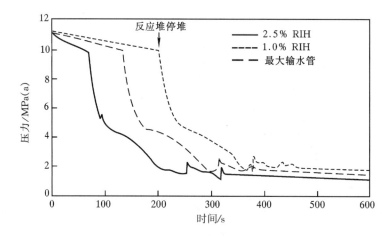

图 10 - 9　热传输系统压力

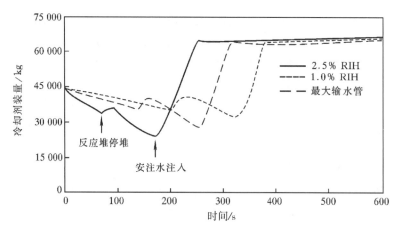

图 10 - 10　热传输系统冷却剂装量

下面以 2.5% RIH(反应堆进口集管)破口为例,说明小破口事故的主要进程。

对于 2.5% RIH 破口,其破口面积为 5.327×10^{-3} m²,初始喷放流量为 450 kg/s,喷

放的比焓为1 130 kJ/kg。由于喷放使破口回路压力下降,从而导致燃料通道内含汽量上升,并引起流动阻力的增加而使流量下降。

为了补偿热传输系统的冷却剂装量流失,稳压器中的冷却剂开始流向热传输系统。图 10-12 给出了稳压器水位的下降过程。由于破口流失的流量大于重水补给,所以导致堆芯内含汽量上升,但由于在反应堆入口集管的重水依然保持较高的欠热度,燃料不会发生过热的现象。

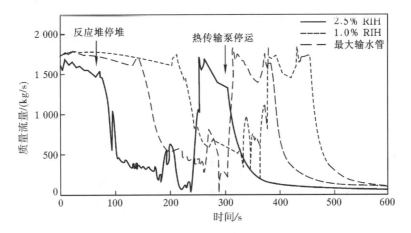

图 10-11　堆芯流量

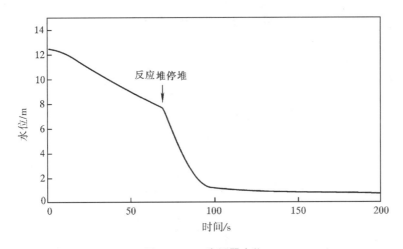

图 10-12　稳压器水位

排到安全壳中的冷却剂使安全壳压力上升,在 8 s 时达到 SDS-1 和 SDS-2 安全壳压力高停堆信号,ECCS 动作信号和安全壳隔离信号同时产生。出于保守的考虑,分析中假设这两个停堆信号均失效。在 67 s 时,达到热传输系统压力低信号,分析中采用这个信号。反应堆停闭以后,反应堆功率急剧下降,并达到衰变热功率的水平。

在反应堆停闭以后,热传输系统压力开始快速下降,这是由于堆芯的产热减少而使冷却剂收缩。稳压器中冷却剂大量地流向热传输系统以补偿冷却剂的流失,因此,堆芯中含汽量下降。

同时,由于稳压器中冷却剂的大量排出,稳压器水位快速下降,并在 90 s 时排空(图

10-12)。这以后,破口回路中的冷却剂装量开始下降,回路含汽量开始上升。在蒸汽发生器快速冷却后,降压速率明显减缓。由于泵吸入口含汽量上升,使泵的压头降低,从而流过堆芯的流量减少。

停堆后,堆芯热功率急剧减少,从而使得蒸汽发生器中的压力和水位也快速下降(图10-13和图10-14)。蒸汽发生器压力控制程序就通过将汽轮机调节阀的开度关小而使蒸汽发生器流出的蒸汽流量减少。同时,作为蒸汽发生器水位快速下降的响应,蒸汽发生器水位控制系统快速增加蒸汽发生器给水流量。

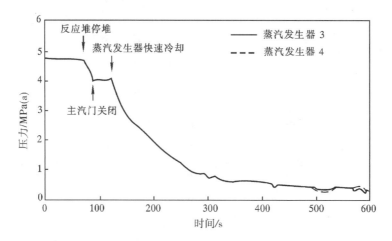

图 10-13　蒸汽发生器压力

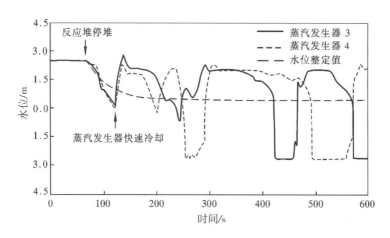

图 10-14　蒸汽发生器水位

在 92 s 时,破口回路反应堆出口集管和进口集管的压力降至分析的整定值(5.25 MPa(a)),LOCA 信号产生。在产生 LOCA 信号后,高压安全注射阀和重水隔离阀打开。在 112 s,回路之间完全隔离。

从 122 s 开始,蒸汽发生器开始快速冷却,从而热传输系统一次侧和二次侧同时开始降压。通过打开主蒸汽安全阀,使蒸汽流量大大增加,蒸汽压力快速下降。由于蒸汽发生器水位急剧上升,蒸汽发生器水位控制程序停止了蒸汽发生器给水,从而水位开始下降。

在蒸汽发生器快速冷却后,泵吸入口和反应堆入口集管的含汽量依然很高。因此燃料通道将经历一段时间的两相流,但由于流量依然保持较高的水平,所以燃料的冷却可以得到保证。

由于热传输系统压力继续下降,ECCS 的两个爆破盘相继爆破(169 s 和 191 s)。然而,由于主回路压力依然高于 ECC 安全注射箱压力,所以 ECC 安全注射的时间要比爆破的时间晚一些。一旦系统压力降至 ECC 动作压力之下(4.1 MPa(a)),安全注射水开始注射破口回路(172 s)。此时,破口流量变成了单相流(液体)。在安全注射系统投入运行后,因为由热传输系统一次侧和二次侧之间产生逆向传热,所以系统的热阱转换为应急冷却水。

当破口回路出口集管的压力下降至 2.5 MPa(a)(183 s),热传输泵的自动停止信号产生,2 min 后泵停止。

当应急冷却水注射破口回路,燃料通道将经历一段时间的低流速两相流,在这种情况下,可能会发生分层流,导致燃料温度上升,由于这段时间不长,不会发生燃料破损的现象。一旦 ECC 应急冷却水持续进入破口回路,回路的空泡开始聚集并由 ECC 冷却水替换。在 254 s 时破口回路重新被水淹没。在 254 s 时这个阶段结束。

303 s 时,热传输泵停转,在破口回路堆芯流程转为稳态单相流动。ECC 冷却水注射破口回路,以补偿流失的冷却剂,使燃料保持良好的冷却状态。此时的热阱依然为蒸汽发生器。给水温度保持在较低的温度从而保证了蒸汽发生器作为一个长期的热阱。

破口回路的长期冷却取决于长期的 ECC 冷却水注射。对于 2.5% RIH 破口,中压安全注射开始的时间约在 900 s。在这个过程中,ECC 冷却水、蒸汽发生器和破口都是热传输系统的热阱。

对于 2.5% RIH 破口的工况,完整回路的装量流失速率比破口回路要慢得多,因此,其降压速率也要慢得多。冷却剂流量和回路装量在整个瞬变过程中均维持在较高的水平。

在发生 2.5% RIH 破口后,完整回路的冷却剂通过回路的连接处向破口回路流动。在反应堆停闭后,两个回路的主回路压力均低于稳压器压力,因此,稳压器会同时向两个回路供应波动水。在 90 s 时稳压器排空。此后不久,两个回路隔离(110 s),这时,完整回路的装量几乎维持在正常功率的水平。由于完整回路的压力较高,所以在破口回路重新淹没时它还没有再淹没。然而由于回路中的装量和流量均较高,所以其燃料在整个瞬变过程中依然保持很好的冷却状态。完整回路在热传输泵停转后的很短时间内完成了再淹没的过程。

在长期冷却过程中,燃料依赖单相自然循环来冷却。由于蒸汽发生器二次侧压力在整个瞬变过程中均低于一次侧和安全注射水压力,所以起热阱作用的一直是蒸汽发生器。

对于更小的破口,完整回路的响应和 2.5% RIH 破口的响应相似。随着破口尺寸的减少,在回路隔离前完整回路的装量流失较少,完整回路的装量可以保证维持在较高的水平。

10.3.2　主回路大破口失水事故

大破口失水事故可能导致燃料通道冷却能力大幅度下降,其后果比前述的小破口事故要严重得多。由于包壳温度上升会导致燃料的损坏,因此会出现裂变产物的释放。

　　LOCA事故的严重性在很大程度上取决于破口的位置和尺寸。低流量阶段的持续时间取决于泵与破口之间的平衡。同样,回路的再淹没和长期冷却也取决于破口的位置和尺寸。另外,燃料损坏和压力管变形取决于低流量的持续时间和卸压速率。对于重水堆来说,典型的破口位置有反应堆进口集管(RIH)破口、泵吸入口破口和反应堆出口集管(ROH)破口。

　　破口位置对上游和下游的两个堆芯流程的影响是不同的。破口的上游堆芯流程(相对正常流向)中的冷却剂会加速,因此燃料的冷却条件会改善,ECCS冷却水会顺利地进入堆芯中,而下游的堆芯流程中的流量会下降直至逆向,故此流程称为"临界堆芯流程"(Critical Core Pass)。

　　当发生集管的双端剪切断裂时,会使下游的堆芯流程逆向流动,而小破口失水事故发生时,堆芯流量一直保持在正向流动。因此在两者之间必然存在一个破口尺寸,在这种破口发生时,下游的堆芯流程会出现短暂性的流动滞止现象,这种现象取决于破口以及泵之间的平衡。这种尺寸对燃料的冷却有着很重要的影响,因此,人们在研究时经常详细研究这种工况。

　　热传输系统大直径管道破裂时,冷却剂直接向安全壳喷放,安全壳内压力、温度和湿度增加;热传输系统降压导致堆芯内含汽量上升,从而引入正反应性。对于较大的大破口,反应堆调节系统不能补偿反应性的增加,而对于较小的大破口事故,反应堆调节系统则可以补偿一部分功率的增长。反应堆功率不断上升直至反应堆由于中子功率高或者其他停堆信号而停闭,因此,功率的影响是刚开始一个超功率脉冲然后衰减到衰变功率。

　　在发生安全壳压力高信号之后,安全壳自动隔离。高压信号还将作为ECCS动作和蒸汽发生器快速冷却的一个信号。当安全壳压力达到"安全壳压力高"整定值时,安全壳喷淋系统开始动作。喷淋降低了安全壳的压力和温度,并清除了裂变产物。安全壳喷淋可能继续进行直至喷淋水箱的水用光,也可能在安全壳压力下降到一定程度时关闭。安全壳大气还可以依赖于空气冷却器来冷却。

　　热传输系统的降压速率和装量的流失速率取决于破口的位置和尺寸,热传输系统在下游堆芯流程的流量下降最快。如果破口尺寸足够大,冷却剂在该流程内可能会倒流。对于某些破口尺寸,堆芯流程破口上游阻力和泵压头刚好相抵,流量就会急剧下降,一次通道就会充满蒸汽,其他一些通道会出现分层流动,使得部分燃料元件直接与蒸汽接触。因此燃料温度会升高,并使燃料元件内气压上升,从而降低了包壳的强度。通道冷却剂压力下降低于燃料元件内压,从而作用于燃料包壳。如果燃料温度高到足够高,包壳就可能会损坏。

　　在反应堆停闭前,破口回路从稳压器和完整回路接受补给水。在停堆以后,两个回路都从稳压器补水,破口回路还从完整回路补水。在回路隔离后,补水停止。稳压器水位的降低导致重水排水阀关闭,补水阀打开到最大,尽量多地从补水回路补水。在回路隔离后,补水停止。

　　在反应堆停闭后,由于堆内释热下降,燃料平均温度下降,燃料内温度分布展平。包壳温度的上升取决于从包壳向冷却剂的传热量。

　　当破口回路压力下降至特定的整定值时,ECCS开始启动。于是产生了两个信号,一个是 LOCA 信号,该信号由安全壳压力高、慢化剂水位高或者集管压力持续低产生;另一个信号为回路隔离信号,这些信号导致下列动作:

(1) LOCA 信号使高压安全注射开始运行,从安全注射箱到热传输系统安全注射点之间管道上的隔离阀和安全注射阀打开,当破口回路压力低于安全注射箱压力时,ECCS 冷却水开始注射回路;

(2) 在发生 LOCA 信号后 30 s,蒸汽发生器快速冷却。通过自动打开蒸汽发生器气动安全阀来实现;

(3) 在收到回路隔离信号后,两个回路开始隔离(隔离包括两个回路之间、与净化系统、与稳压器、与重水补排水系统);

(4) 一旦出现 ECCS 安全注射箱水位低信号,中压安全注射系统自动开始启动,从喷淋水箱取水;

(5) 一旦出现喷淋水箱水位低信号,低压安全注射泵从地坑中取水。

在回路隔离和蒸汽发生器快速冷却后不久,ECCS 冷却水开始使破口回路再淹没。结果,燃料和包壳温度开始下降。由于再湿润过程中热冲击的作用,部分燃料可能在这个过程中损坏。

在保护系统使热传输泵停转之前,正在运行的泵给完整回路提供了强迫流动,并影响着破口回路的喷放和再淹没的过程。

对于某些破口位置和尺寸,在某些通道内,压力管迅速加热并径向膨胀,有可能与排管接触,这取决于流动通道的压力。如果发生压力管与排管接触的现象,流动通道内的热量就会传给慢化剂,这也起到冷却压力管的作用。

如果燃料包壳失效,部分裂变产物将释放到冷却剂中,并随破口流量进入安全壳,在安全壳大气中形成气溶胶,而绝大部分可溶的放射性物质随液相水积累在安全壳地面。一旦进入安全壳大气,裂变产物可能积累在壁面或者内表面,可能被喷淋水冲刷掉,也可能自己衰变掉。在安全壳超压期间,一些气溶胶产物可能排到外部环境。

在破口回路再淹没和完整回路的压力降至 ECCS 动作压力之下之前,ECCS 冷却水不会进入完整回路中。然而,当回路隔离时,由于稳压器排水的作用,完整回路中充满了比 100% 功率正常值还多的冷却剂装量。强迫流动(泵停转之前)和自然循环(泵停转之后)为完整回路提供了良好的燃料冷却。

ECCS 使两条回路都再淹没。破口回路的长期冷却依赖于 ECCS 冷却剂流量。衰变热由 ECCS 热交换器和通过破口带出。完整回路的长期冷却由强迫流动、自然循环来保证,热量由蒸汽发生器或余热排出系统来带出。

下面定性地介绍发生主回路大破口失水事故时堆芯的物理和热工水力过程的特征。

1. 反应堆物理

在发生大破口失水事故时,通道内的沸腾会使反应堆引入几 mk/s 的正反应性,导致出现一个功率脉冲,根据计算,在停堆以前,最大的相对功率可以达到 3.5 左右,这会使燃料内贮存很大的能量,其峰值贮存能量大约为 656 kJ/kg。脉冲能量加上初始能量离燃料破坏的阈值(840 kJ/kg)还有较大裕量。这部分能量需要由 ECCS 冷却水带走。因此,快速停堆对大破口失水事故是十分重要的。

2. 热工水力学

为了分析破口尺寸对事故的影响,首先分析六种不同的破口尺寸,即 20%,25%,30%,35%,40% 和 100% RIH 破口。对于非常大的破口(大于 40%),破口决定了回路流动的形式(图 10-15)。在下游通道会出现非常大的倒流流量,因此,包壳温度的上升速率并不是很快(图 10-16)。对于较小的破口,泵压头控制着流动的形式,流量基本处于正向流动。在泵压头降低,ECC 注射之前,会出现分层流,而且燃料、包壳和压力管将经历一个后期加热过程。由于在反应堆停闭后,燃料贮存热量急剧下降,在后期加热过程中包壳温度的上升也是不大的。对于某个中等破口尺寸,将会出现一个滞止点,包壳温度和压力管温度将会快速上升。从图 10-15 和图 10-16 可以看出,35% 和 25% RIH 破口分别产生最大的包壳温度和压力管温度。长期的小流量和高包壳温度仅仅出现在破口 RIH 的下游通道。上游通道的包壳温度和压力管温度远远低于下游的温度。虽然完整回路的部分装量也在回路隔离前流向破口回路,但其流量依然维持在较高的水平,因此也没有发现燃料或压力管的温度上升过程。

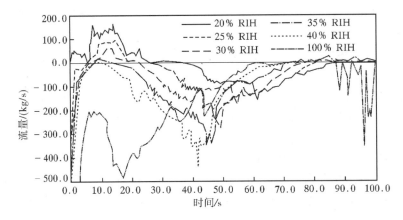

图 10-15　热传输系统流量

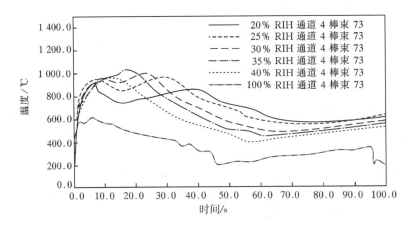

图 10-16　包壳温度

3. 35% RIH 破口

35%RIH 破口的事故序列见表 10-4。

表 10 - 4　35%RIH 破口的事故序列

事　　件	35% RIH
破口喷放流量,0.1 s (kg/s)	5 470
最大喷放流量	5 570(0.3s)
反应堆停闭/s(第 2 个 SDS 1 停堆信号)	0.43
LOCA 信号/s	8.6
回路隔离开始/s	8.6
回路隔离结束/s	28.6
高压安全注射开始/s	37.8
蒸汽发生器快速冷却开始/s	38.6
汽轮机调节阀全关/s	40.1
破口回路开始再淹没/s	62
热传输泵停运/s	176.4
流程1平均燃料通道开始沸腾/s	195
流程2平均燃料通道开始沸腾/s	195
中压安全注射开始/s	292.8
低压安全注射开始/s	678.1

　　在发生 RIH 破口后,系统压力快速下降(图 10 - 17)。燃料通道内的冷却剂不断汽化,使反应堆功率上升,并在很短的时间内紧急停堆(0.43 s)。当反应堆压力下降至低于 LOCA 信号与回路隔离信号(8.6 s),高压安全注射阀自动打开,回路隔离阀开始关闭。在回路隔离信号产生后 20s,破口回路与完整回路隔离。在发生 LOCA 信号后 30 s,蒸汽发生器开始快速冷却。当破口回路压力降至低于高压安全注射压力,高压安全注射水开始注射破口回路。由于完整回路与破口回路已经隔离,其压力保持在高于破口回路的水平,这时不需要安全注射。

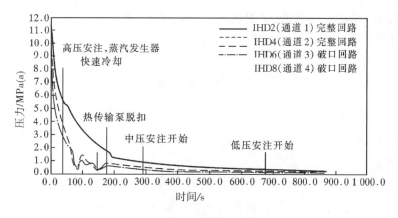

图 10 - 17　热传输系统压力

　　在事故发生后很短一段时间,在破口的下游通道出现短暂的滞止点(图10 - 15)。结果,燃料和压力管温度快速上升(图 10-16)。在滞止点后,燃料温度开始下降。大约在 62 s,ECC 安全注射水流量超过喷放流量,破口回路开始再淹没。

破口上游通道在安全注射投入之前可以得到良好的冷却,因此其温度上升十分有限。当安全注射开始后,即使在泵压头下降时,由于破口的壅塞也使这些通道快速再淹没。

当高压安全注射水快用完时,中压安全注射开始投入(293 s);在 678 s,低压安全注射开始投入。由于这时热传输泵已经停止,流动的形式就取决于破口。破口上游为正向流动而下游为反向流动。由于破口回路的蒸汽发生器已经变成了热源,系统的长期冷却就依赖于低压安全注射。

在回路隔离前,完整回路的冷却剂流向破口回路,但又从稳压器处得到补偿。在隔离后装量维持不变,而且比正常运行时更高,这是因为得到了部分稳压器的装量。其流量保持在较高的水平。因此在泵停止之前没有发生燃料温度快速增高的现象。在泵停运后,集管间的压差快速下降为零。这样流量下降,回路内开始汽化。最终建立起流量为 250 kg/s 的自然循环。即使没有应急安全注射,燃料依然可以得到冷却剂的良好冷却。

10.4 重水堆严重事故分析

由于重水堆设计本身的一些优点,使得重水堆在严重事故方面的一些表现与压水堆有较大的区别。本节主要分析重水堆严重事故的特点。

严重事故序列通常由一级 PSA 来确定。与压水堆不同的是,重水堆的严重事故包括在设计基准事故中,如 LOCA 外加 ECCS 失效。在这时,即使堆芯没有冷却剂,慢化剂也能够释出堆芯的衰变余热,这时燃料会严重损坏,但 UO2 不会熔化,燃料通道的完整性可以得到保证。

因此,重水堆的严重事故可以分为 3 类:

(1) 设计基准事故内的严重事故:堆芯结构保持完整(燃料保持在压力管内);

(2)超出设计基准事故的严重事故:堆芯结构保持完整,通常由 PSA 来确定,由于发生概率太低,因此不包含在设计基准事故内,如丧失所有的二回路热阱以及停堆冷却,但慢化剂有效;

(3)超出设计基准事故的堆芯严重损坏事故:燃料通道失效,并塌陷到排管容器底部。

在严重事故过程中,堆芯热量的排出是至关重要的。因为只有把热量成功排出,才能保证堆芯结构保持完整。如前所述,在发生严重事故时,把热量从堆芯排出的途径有停堆冷却系统、应急堆芯冷却系统、慢化剂以及屏蔽水箱。

10.4.1 严重事故序列

本小节介绍重水堆的典型严重事故序列,由于严重事故会和具体的电厂设计着有较大的关联,所以以 LOCA＋丧失 ECCS 为例,讨论一些通用的序列。

重水堆执照申请中一个假想事故就是 ECCS 失效下的 LOCA/LOECC 序列的分析,在于验证发生此类事故时剂量以及燃料通道完整的安全目标是否能实现。通道的完整为在事故过程中燃料保持在通道内提供了保证,这样,反应堆堆芯的整体几何结构就可以保证。

大破口 LOCA 会导致燃料通道内冷却剂快速汽化,这将引入一个超功率瞬变,在收到停堆信号后,反应堆停堆系统动作。反应堆功率在几秒钟内迅速衰减至衰变功率水平。热传输系统的压力下降速率取决于破口的尺寸。如果 ECCS 失效,就会导致燃料冷却的严重恶化,放射性物质显著释放。

大破口 LOCA/LOECC 事故进程可以分为两个阶段:

(1)喷放阶段,与正常的大破口 LOCA 的喷放阶段一样,此过程大约持续 40 s;

(2)晚期加热阶段,此过程发生在 ECCS 失效后,燃料会发生过热现象,此过程大约持续 40 s 到 1000 s。

这两阶段发生的物理现象介绍如下。

1. 喷放阶段

在这种工况下,燃料加热导致燃料变形,并可能会使压力管变形。燃料过热时的冷却剂压力决定压力管变形的模式。当冷却剂压力较高(>1 MPa)时,会使压力管肿胀,这样在过热区压力管和排管就会全接触。当冷却剂压力较低时(~0.1 MPa),压力管更可能会下垂,这就导致压力管和排管局部接触。当冷却剂压力在两者之间时,这两种现象都可能发生。无论发生何种情况,都会建立起一条将热量传递给慢化剂的传热途径,这对限制燃料温度并最终限制裂变产物释放和氢气释放都十分有效。详细分析表明,在大破口 LOCA/LOECC 期间,燃料的温度不会达到 UO_2 的熔点。

大破口 LOCA/LOECC 时,需要分析的另一个问题就是燃料通道的完整性。压力管失效的可能性只能在压力管与排管接触之前,这时的失效机理应该是燃料元件接触到压力管后导致的压力管过热,随之产生快速的局部变形而损坏。重水堆的安全分析报告指出,压力管过热还不至于严重到在压力管与排管接触之前引起压力管局部过度变形和失效。

为了确保压力管的完整性,压力管与排管接触之后,预防排管烧毁是一个重要条件。影响排管烧毁的主要因素有:压力管的接触温度(即储存的内能)、压力管与排管之前的接触热导以及周围慢化剂的欠热度,这决定了 CHF 的值。

2. 晚期加热阶段

由于 ECCS 冷却水丧失,在反应堆停闭后,燃料元件仍然在衰变热的作用下,温度急剧上升。燃料包壳温度的上升使得放热锆水反应成为可能:

$$Zr + 2H_2O \rightarrow ZrO_2 + 2H_2O + Q$$

在这个阶段,蒸汽流量对燃料温度有着十分明显的影响。如果没有蒸汽流量,燃料温度就会近似于绝热上升,直至压力管与排管接触后将热量传递给慢化剂。如果蒸汽流量不为零,燃料的冷却可以得到改善,因此包壳温度较低,但这仅仅针对元件功率很低的情况(使包壳温度低于 1200~1300 ℃);而对于较高的元件功率,则会发生锆水反应,锆水反应释放出的热量使得包壳温度会急剧上升,在事故过程中,氢主要来源于锆水反应以及压力管。

10.4.2　堆芯严重损坏序列

如果发生 LOCA/LOECC 时慢化剂的冷却也同时丧失。对于 CANDU 堆来说,这属于残余风险,燃料通道将最终由于慢化剂的沸腾而失效,最终掉入排管容器中。

由于慢化剂的沸腾使排管容器内重水液位下降,使上部的燃料通道裸露,因此上部燃料通道得不到足够的冷却而逐步加热而变形,然后落到其下面的燃料通道上。最后,支承的燃料通道倒塌,直至全堆芯倒塌,以固体的形式落入到排管容器底部。见图 10-18。

　　燃料通道的加热过程很慢,这是因为混合碎片的功率密度较低,并沿着排管容器壳侧空间扩散开。在碎片床加热开始后约 2 h,碎片床内部开始熔化。碎片床的上部和下部温度均低于熔点,如图 10-19 所示,排管容器到屏蔽水箱水的热流密度也低于临界热流密度(图 10-20)。因此排管容器壁面可以防止碎片床泄漏。如果屏蔽水箱中的水丧失冷却功能,水就会沸腾,排管容器壁就会熔化,但这一时间会大于一天,操纵员有足够长的时间来干预,如向排管容器或屏蔽水箱注射应急水。

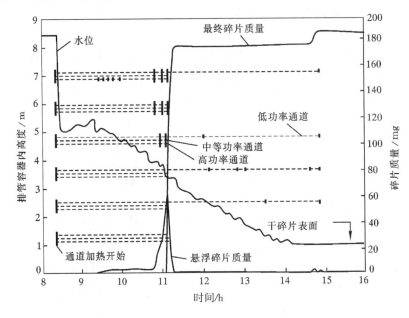

图 10-18　堆芯损坏过程图

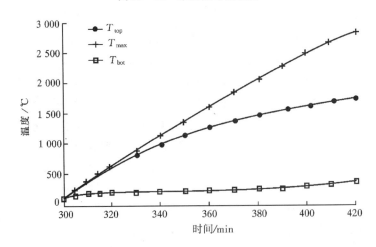

图 10-19　碎片床加热过程

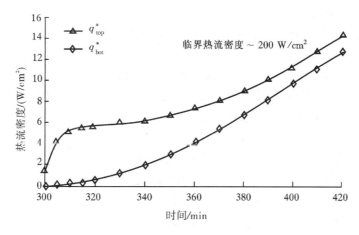

图 10‐20　热流密度图

10.5　先进重水堆 ACR 简介

10.5.1　开发 ACR 的目标

经过 50 多年的研究和发展,加拿大原子能公司(AECL)原创了一套设计、制造与运行 CANDU 压力管式重水堆的成功经验,并使之成为国际上有竞争力的商用堆型。AECL 也对 CANDU 机组进行持续改进,并且基于渐进发展策略,不断推出新的产品设计。

三里岛与切尔诺贝利核事故后,人们对核电厂的安全给予了更多关注。对在役和在建的核电厂的安全性进行认真审查,增加安全措施,提高其可靠性和安全性。另一方面,全球性的电力市场体制改革对新建核电厂的经济性也提出了更高的要求,世界各国积极开展新一代核电技术研究工作,发展先进的反应堆概念,为核电更新换代作准备。

AECL 也不例外,早就开展了先进重水堆 ACR (Advanced CANDU Reactor)的产品研发工作,并首先提出每千瓦 1000 美元、建造期 36 个月和标准化单位电能价格每度电 3 美分的挑战性目标。ACR 的设计目标主要有 3 点:

(1) 显著提高经济性。降低建造、运行和维修费用,提高机组性能和可靠性;

(2) 强化安全性。包括固有安全性和工程安全性;

(3) 优化可持续发展能力。更适合应用多种核燃料资源(包括铀、钚、钍及其混合燃料)、环境保护以及减少废物。

首台 700 MW 级的 ACR‐700 机组按计划可于 2006 年开始建造。1000 MW 级的 ACR 产品设计工作也在进行中。

10.5.2　ACR 的设计特点

ACR 设计保持了传统 CANDU 堆的设计特点,即:

(1) 堆芯由模块式水平燃料通道组成;

(2) 简单短小经济的燃料棒束组件;

(3) 不停堆的换料方式;

(4) 分离的低温低压慢化剂系统,能起到备用热阱的作用;

(5) 重水慢化而保持较高的高中子经济性。

在保持原有优势的基础上,AECL 又大量应用成熟技术于 ACR 的设计中:

(1) 通过使用 CANFLEX 棒束和稍富集铀(SEU)来显著提高燃料的燃耗;

(2) 改用便宜的轻水代替重水作为冷却剂;

(3) 更加紧凑和高度稳定的堆芯设计;

(4) 允许更大的运行安全裕量和更充裕的操纵员介入时间;

(5) 通过提高冷却剂和二回路蒸汽的温度和压力来提高热效率;

(6) 大规模应用先进模块化设计和预制技术;

(7) 采用先进的运行和维修信息系统来提高运行性能。

这些优点及相关的系统性优化改进,加上采用先进建造技术,使得 ACR 的建造投资和建造周期显著减少,而同时强化了安全性。表 10-5 给出了 CANDU 6 和 ACR-700 机组的主要参数比较。

表 10-5　CANDU 6 和 ACR-700 机组的主要参数比较

数据	CANDU 6	ACR-700
反应堆		
类型	PTR	PTR
热功率输出/MWt	2 064	1 982
冷却剂	加压重水	加压轻水
慢化剂	重水	重水
排管容器直径/m	7.6	5.2
燃料通道数目	380	284
栅距/mm	286	220
反射层厚度/mm	655	500
燃料		
燃料	天然铀	SEU
富集度/%	0.71 wt%^{235}U	2.0 wt%^{235}U
铀燃耗/(MW·d/t)	7 500	20 500
燃料棒束	37 根燃料棒	43 根 CANFLEX 燃料棒
棒束长度/mm	495.3	495.3
外径/mm	102.7	102.7
棒束质量/kg	24.1(包括 19.2 kg U)	23.1(包括 18 kg U)
每个燃料通道内棒束数	12	12

数据	CANDU 6	ACR－700
重水		
慢化剂系统/t	265	129
热传输系统/t	192	0
备用/t	9	2
总共/t	466	131
热传输系统		
反应堆出口集管压力/MPa	9.9	11.9
反应堆出口集管温度/℃	310	325
反应堆进口集管压力/MPa	11.2	13.1
反应堆进口集管温度/℃	266	278.5
堆芯流量/t/h	7.7	6.9
蒸汽发生器		
数目	4	2
类型	立式预热器 U 型管	立式预热器 U 型管
蒸汽温度/℃	260	281
蒸汽压力/MPa	4.6	6.4
安全壳		
类型	预应力混凝土环氧树脂内衬	预应力混凝土钢内衬
内径/m	41.5	38
高度/m	51.9	59

10.5.3　ACR 的安全特性

　　CANDU 反应堆核电厂在世界各地安全运行了 40 多年。先进重水堆 ACR 又在此基础上对安全特性进行了改进和增强,特别是高度稳定的堆芯设计、微负空泡反应性系数以及较大的运行安全裕量。ACR 设计在固有安全和工程安全方面的主要特性如下:

　　(1)不停堆换料使 ACR 的后备反应性很小,这个固有特点保证了控制棒或慢化剂中的毒物溶解量上只需要保持极少的反应性,这使得反应堆控制系统中出现的任何故障所能导致的反应性变化较小;

　　(2)控制和停堆设备处于低压的慢化剂之中,因此不容易受到大的液体压力,没有控制和停堆设备处于高压的慢化剂中;

　　(3)平衡堆芯有一个显著的反应性功率因子,这就能够在反应堆功率不可控增加时

提供固有的保护;

(4)空泡反应性系数小而且是负的,这就在失水事故和热传输系统中的急剧冷却事故中提供了一个很好的固有安全保护;

(5)如果热传输泵的电机失去了Ⅳ级电源,自然冷却循环能够排除燃料中的衰变热;

(6)提供了两套 100% 容量、快速、独立的停堆系统,每套系统能够在所有的设计基准事故下独立停堆;

(7)应急堆芯冷却系统能够向热传输系统注水,并且在假想的失水事故后能够从堆芯带走衰变热;

(8)主给水泵和/或Ⅳ级电源如果丧失的情况下,使用Ⅲ级电源的辅助给水泵能够使反应堆得到足够有效的冷却,并有来自蓄水箱依靠重力非能动的应急给水作为主给水的备用水;

(9)一个隔离的备用控制区在一些紧急情况下可以作为主控室的备用室;

(10)采用分散式的数字化控制系统,使得操纵员从日常冗杂的工作中解脱出来,也因此降低了操纵员操作出错的可能性。安全系统响应自动化达到了较高程度,使得在大多数设计基准事故发生后 8 h 内操纵员需要采取的行动降到最少。

1. ACR 安全系统

ACR－700 电厂设计的安全系统包括:

(1)第 1 套停堆系统(SDS－1);

(2)第 2 套停堆系统(SDS－2);

(3)应急堆芯冷却系统;

(4)安全壳系统(安全壳建筑,安全壳隔离系统,安全壳冷却系统,氢气控制系统)。

第 1 套停堆系统,第 2 套停堆系统,应急堆芯冷却系统,安全壳边界各自的失效概率必须低于 10^{-3},这一要求在系统设计时已经使用过并用可靠的分析加以验证,它在电厂运行常规基础上也得到体现。

安全支持系统可提供可靠支持服务的系统,比如电力、冷却水、安全壳通风系统等等。

安全系统和安全支持系统按照设计能够在高度的可靠性下完成它们的功能。这是通过冗余性、多样性、隔离性、可试验性、应用合格的质量保证标准、紧急技术规范,包括事故工况下的环境质量保证来达到的。

与 CANDU6 相比,两套停堆系统基本一样,而应急堆芯冷却系统和安全壳系统有较大的改变,故本节主要介绍 ACR 的应急堆芯冷却系统和安全壳系统。

2. ACR 应急堆芯冷却系统

应急堆芯冷却系统包括 2 个子系统:

(1)失水事故后用于冷却剂高压注射的应急冷却剂注射系统;

(2)失水事故后用于长期循环/恢复的长期冷却系统。此系统也用于停堆后有其他事故和瞬变发生时堆芯的长期冷却。

1)应急冷却剂注射系统

应急冷却剂注射系统在失水事故短期内向热传输系统提供轻水冷却剂,并使燃料通道再淹没。系统的流程图见图 10－21。

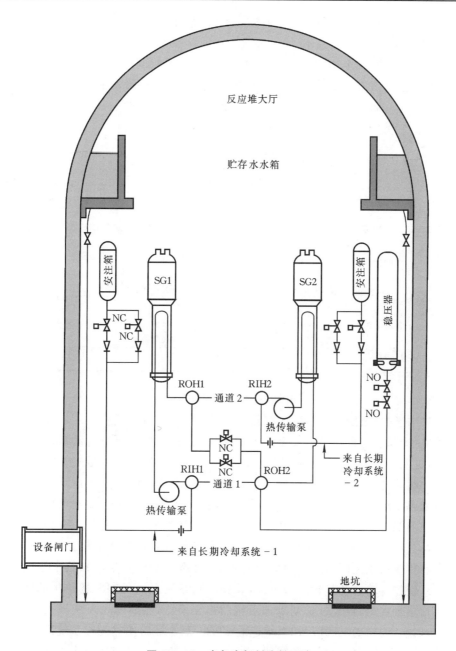

图 10-21　应急冷却剂注射系统

一旦产生失水事故信号，应急冷却剂注射系统的阀门打开，开始高压注射到反应堆进口集管。在高压注射阶段，来自加压的应急冷却水箱的冷却水被注射到热传输系统，为了提高高压注射水进入传传输系统的效率，主蒸汽安全阀在失水信号下也一起打开，使蒸汽发生器快速冷却和热传输系统减压。当热传输系统的压力下降到单向爆破膜破裂压力以下，爆破膜就会被冲破，因此能够使堆芯冷却注射系统向反应堆进口集管注射冷却剂，另外，位于反应堆出口集管间此系统互连管路上的阀门打开，这样可以协助建立一个冷却流动通道。

通过如高压箱的高压注射和爆破膜等应急堆芯冷却系统和热传输系统之间的非能

动设备的使用,应急冷却水注射系统的可靠性得以增加。

2) 长期冷却系统

长期冷却系统的安全功能是在失水事故后较长一段时间里(恢复阶段)使燃料冷却,在压力边界完整状态下出现的瞬变和事故中,它能够不停地带走衰变余热,长期冷却系统的流程如图 10-22 所示。

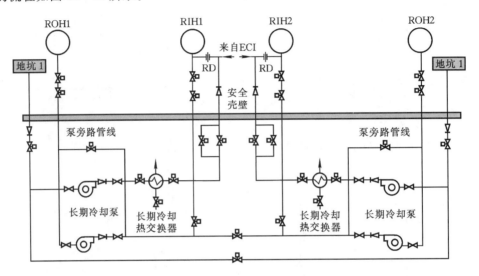

图 10-22　长期冷却系统

对于失水事故,长期冷却系统在应急冷却剂注射系统开始动作之后启动。在失水事故的信号下,冷却水被自动引入安全壳地坑中,并且长期冷却泵也自动启动。当水箱快空的时候,应急冷却水系统中水箱的隔离阀关闭,水从地坑中抽出,通过长期冷却系统的热交换器注射热传输系统,恢复阶段开始,这样长期冷却系统就开始启动。此系统利用高压应急堆芯冷却系统已建立的冷却流体通道向反应堆入口集管输送流体。系统被设成两个独立的部分,位于反应堆附属厂房中。每个部分都由一个地坑、两台并联的泵、一个热交换器、以及相应的管道和阀门构成,它能够排出长期的衰变余热。

对于热传输系统完好情况下的瞬变或事故,可通过蒸汽发生器的给水系统(主给水或应急水),使热传输系统开始冷却下来,长期冷却系统可以长期发挥热阱的作用,水从反应堆出口集管抽出,再经过长期冷却系统的热交换器,然后通过反应堆入口集管返回到热传输系统。同样的,长期冷却系统也能够在正常停堆后使热传输系统冷却至一个合适的温度,从而保持热传输系统和辅助系统运行。长期冷却系统在反应堆运行时常温常压,并与热传输系统相隔离。

3. ACR 安全壳系统

ACR 安全壳系统包括有预应力的钢筋混凝土反应堆安全壳建筑,通道气压过渡舱,为减压而设置的建筑物冷却装置以及由通风管道中的阀门和挡板,某些贯穿于安全壳的管道一起构成的安全壳隔离系统。这种安全壳设计保证了低的泄漏量,同时也为失水事故提供了一个压力边界,见图 10-23。

如果检测到安全壳内压力或放射性升高,安全壳系统自动关闭所有通向反应堆建筑以外的通道。安全壳压力和放射性的测量会提供 3 个信号,而且系统采用的是灵敏的 3

选 2 逻辑。

在事故之后安全壳空气中的热量由散布在安全壳各处相应的冷却器冷却。冷却系统包括两组冷却回路,并设置了为慢化剂冷却室和堆厂房可进入区域的冷却单元。每个冷却单元包括空气冷却器、风机以及相应的管道和仪表。空气冷却器由循环冷却水系统提供的冷却水进行冷却,见图 10 - 23。

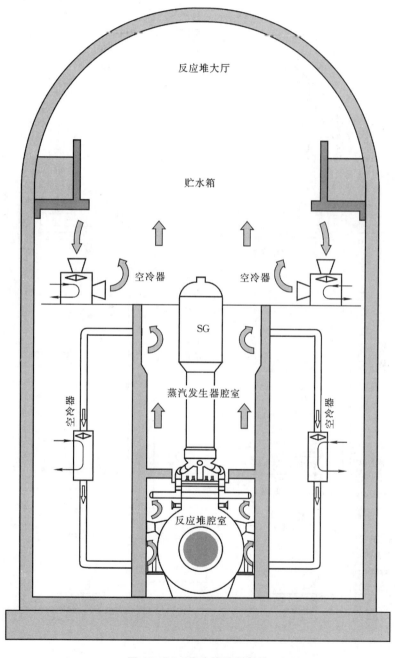

图 10 - 23　安全壳冷却系统

由位于反应堆建筑中非能动的自动催化复合器来加以控制,使得它在事故后低于燃爆点。

4. ACR 贮水系统

ACR-700 的设计包括一个有贮水箱的贮水系统,它是一个安全支持系统,如图 10-24所示。水箱位于反应堆顶上很高的地方,可以在失水事故中为长期冷却系统提供安全壳地坑中的应急水源,并且保持长期冷却系统中的泵有一个净正压头。另外,水箱还通过重力为有需要的蒸汽发生器(应急给水)、慢化剂系统、屏蔽冷却系统和热传输系统提供设备冷却水。

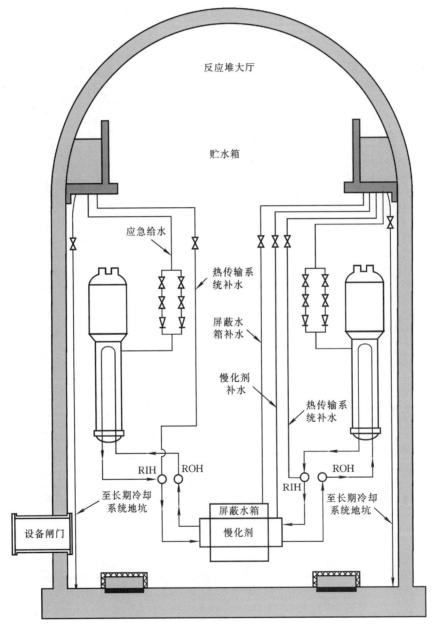

图 10-24　蓄水系统

习　题

1. 总结重水堆与压水堆在安全特性方面的异同点。
2. 定性描述重水堆在发生大破口失水事故后的堆功率、压力等参数的变化,并与压水堆失水事故作比较。
3. 说明重水堆严重事故的分类。
4. 简述重水堆堆芯严重损坏事故序列。
5. 简述 ACR 在安全方面对 CANDU 堆改进。

参考文献

［1］　Dr. George Bereznai. CANDU Nuclear Power Plant Systems and Operation, Institute of Advanced Reactor Technology.

［2］　Stephen Y U. ACR Key Product Features and Safety Improvements, CANDU Safety and Licensing Workshop, Beijing, China, Sep 23～24,2003.

［3］　Nick Barkman. CANDU Safety Overview, CANDU Safety and Licensing Workshop, Beijing, China, Sep 23～24,2003.

［4］　Victor Snell. ACR Severe Accident Prevention and Mitigation, CANDU Safety and Licensing Workshop, Beijing, China, Sep 23～24,2003.

［5］　Calvin Chan. Hydrogen Behavior in Containment, CANDU Safety and Licensing Workshop, Beijing, China, Sep 23～24,2003.

符 号 表

本书各章在每一公式之后对所用符号都给出了定义,为了读者的方便,把书中一些常用符号集中于下表列出:

A	流道截面积,cm^2或 m^2
$A(t)$	放射性活度,次衰变/s
A_{cl}	燃料元件所在栅格横截面积,m^2
A_{ct}	安全壳结构有效壁面积,m^2
B_g^2	几何曲率,cm^{-2}
C	事件后果幅值,损害/事件
C_p,C_V	定压比热,定容比热,$J/kg \cdot K$
C_{fe}	燃料元件比热,$J/kg \cdot K$
C_i	第 i 组先驱核的浓度,先驱核数/cm^3
D	扩散系数,cm
e	燃料富集度,%
f	摩擦系数
f	热中子利用系数
g	重力加速度,m/s^2
G	质量流密度,$kg/(m^2 \cdot s)$
h	传热系数,$W/(m^2 \cdot K)$
h_g	间隙热导,$W/(m \cdot K)$
h_v	饱和蒸汽比焓,J/kg
h_l	饱和水比焓,J/kg
k	有效倍增因子,
k_f	燃料芯块热导率,$W/(m \cdot K)$
k_{cl}	包壳热导率,$W/(m \cdot K)$
l	中子寿期,s
M_{fe},M_c	燃料元件、冷却剂的总质量,kg
M	徙动长度,cm
n	中子密度,n/m^3
N	原子密度,原子数/cm^3
P	反应堆功率,MW

P	事件发生概率,事件/单位时间
p_N	不泄漏几率
p	逃脱共振几率
P_{ct}	安全壳压力,Pa
P_d	β,γ 射线衰变功率,W
P_{FN}	瞬发中子慢化过程不泄漏概率
q	总释热率,W
q'	线释热率,W/m
q''	热流密度,W/m^2
q'''	体积释热率,W/m^3
R	风险,损害/单位时间
Re	雷诺数
S_e	外中子源项,n/cm^3 · s
S_f	裂变中子源项,n/cm^3 · s
T	温度,K
$T_{1/2}$	半衰期,s
T_w	加热元件壁温,K
T_{sat}	饱和液体温度,K
T_{fe},T_{cl}	燃料元件、包壳的整体温度,K
T_i,T_o	冷却剂入口、出口平均温度,K
u	比内能,J/kg
V	体积,m^3
v	中子速度,cm/s
W_{cl}	冷却剂质量流量,kg/s
Y	核数的裂变产额,%
Γ_k	由其他相向 k 相的质量转移率
α	线热膨胀系数,K^{-1}
α	空泡份额
$\alpha_{T_m},\alpha_{T_{fe}}$	慢化剂、燃料的反应性温度系数
β	缓发中子份额
γ	材料的表面能
τ	时间常数
ν	每次裂变所释放的平均中子数
φ	中子注量率,n/cm^2
k	阻力系数
Λ	中子每代时间,s
λ	衰变常数,1/s
μ	瞬发反应性系数

μ_{p}	功率系数
ψ	形状因子
μ	黏度,$\mathrm{kg/(m \cdot s)}$
ρ	反应性,绝对或 \$(元)
$\rho_{\mathrm{g}},\rho_{\mathrm{c}}$	蒸汽、冷却剂密度,$\mathrm{kg/m^3}$
$\rho_{\mathrm{f}},\rho_{\mathrm{d}}$	燃料、包壳密度,$\mathrm{kg/m^3}$
σ	热应力,Pa 或 MPa
σ	表面张力,$\mathrm{N/m}$
σ	微观截面,$\mathrm{cm^2}$(或 b)
Σ	宏观截面,$\mathrm{cm^{-1}}$
ω	泵叶轮角速度,$\mathrm{r/min}$
φ	重力势函数